KAI VOGELEY

Repräsentation und Identität

ERFAHRUNG UND DENKEN

Schriften zur Förderung der Beziehungen zwischen Philosophie und Einzelwissenschaften

Band 77

Repräsentation und Identität

Zur Konvergenz von Hirnforschung
und Gehirn-Geist-Philosophie

Von

Dr. med. Dr. phil. Kai Vogeley

Duncker & Humblot · Berlin

Gedruckt mit Unterstützung
der Trebuth-Stiftung zur Nachwuchsförderung
in der Philosophie, Essen

Die Deutsche Bibliothek – CIP-Einheitsaufnahme

Vogeley, Kai:
Repräsentation und Identität : zur Konvergenz von
Hirnforschung und Gehirn-Geist-Philosophie /
von Kai Vogeley. –
Berlin : Duncker und Humblot, 1995
  (Erfahrung und Denken ; Bd. 77)
  Zugl.: Düsseldorf, Univ., Diss., 1993
  ISBN 3-428-08294-X
NE: GT

Alle Rechte vorbehalten
© 1995 Duncker & Humblot GmbH, Berlin
Fotoprint: Color-Druck Dorfi GmbH, Berlin
Printed in Germany
ISSN 0425-1806
ISBN 3-428-08294-X

Gedruckt auf alterungsbeständigem (säurefreiem) Papier
gemäß der ANSI-Norm für Bibliotheken

Für Daniela

Vorwort

Nach Abschluß meines Medizin- und Philosophiestudiums an der Heinrich-Heine-Universität Düsseldorf wurde diese Arbeit 1993 von der Philosophischen Fakultät der Heinrich-Heine-Universität Düsseldorf als Dissertation angenommen. Die Drucklegung der Dissertationsschrift wurde finanziell großzügig von der Trebuth-Stiftung im Stifterverband für die Deutsche Wissenschaft gefördert, der ich hiermit ganz besonders herzlich danke.

Persönlich möchte ich ganz besonders meinem Doktorvater Herrn Univ.-Prof. Dr. phil. W. Hogrebe (Institut für Philosophie, Friedrich-Schiller-Universität Jena) danken für die Betreuung während meines gesamten Philosophiestudiums, der meine Grenzbegehungen zwischen Neurologie und Philosophie ganz vorbildlich begleitet und damit den fruchtbaren Boden für die vorliegende Arbeit erst geschaffen hat. Zu besonderem Dank bin ich auch Herrn Univ.-Prof. em. Dr. med. H. Schadewaldt (Institut für Geschichte der Medizin, Heinrich-Heine-Universität Düsseldorf) verpflichtet, der als mein Lehrer in der Geschichte der Medizin und Korreferent der vorliegenden Arbeit mich fachlich häufig beraten hat und so die vorliegende Arbeit ebenfalls maßgeblich unterstützte. Darüber hinaus möchte ich mich bedanken bei meinem Doktorvater der Medizin, Herrn Univ.-Prof. Dr. med. W. Wechsler (Institut für Neuropathologie, Heinrich-Heine-Universität Düsseldorf), der mich von 1990 bis 1993 in der wissenschaftlichen und klinischen Neuropathologie ausbildete. Während dieser Zeit wurde ein großer Teil der Arbeit verfaßt. Die Erarbeitung des Druckmanuskripts wurde von meinem jetzigen Arbeitgeber, Herrn Univ.-Prof. Dr. med. P. Marx (Abteilung für Neurologie, Universitätsklinikum Benjamin Franklin, Freie Universität Berlin) wohlwollend unterstützt.

Berlin, im August 1994   Kai Thorsten Vogeley

Inhalt

A. EINLEITUNG 13
   A.I. Hirnforschung 20
   A.II. Gehirn-Geist-Philosophie 23
   A.III. Konvergenz 25
   A.IV. Integration und Ausblicke 26

B. HIRNFORSCHUNG 28
   B.I. Historische Entwicklung der Hirnforschung 38
   B.II. Molekulare Neurobiologie 55
   B.III. Zelluläre Neurophysiologie 60
   B.IV. Neuronale Netzwerke 67
      B.IV.1. Modularchitektur 68
      B.IV.2. Simulation neuronaler Netzwerke 77
      B.IV.3. Reverse Engineering 84
   B.V. Das Lokalisationskonzept 86
      B.V.1. Begriff der Hirnlokalisation 86
      B.V.2. Starke und schwache Lokalisationstheorie 90
   B.VI. Höhere Hirnfunktionen 96
      B.VI.1. Funktionelle Systeme 98
      B.VI.2. Lokalisation des Bewußtseins 105
      B.VI.3. Neuropsychologie 109
      B.VI.4. Bildgebende Verfahren 114
   B.VII. Hirntheorie 118
      B.VII.1. Modularisierung 121
      B.VII.2. Konnektivität 124
      B.VII.3. Hierarchiekonzept 125
      B.VII.4. Lateralisierung 126
      B.VII.5. Topologische Kodierung 129
   B.VIII. Zum Repräsentationsbegriff 130

C. GEHIRN-GEIST-PHILOSOPHIE 134

C.I. Historische Aspekte 142
C.II. Begriffsklärungen 147
C.II.1. Gehirn 148
C.II.2. Geist 149
C.II.3. Bewußtsein 152
C.II.4. Gehirn-Geist-Philosophie 155
C.III. Dualismus 156
C.III.1. Interaktionismus 158
C.III.2. Parallelismus 163
C.III.3. Epiphänomenalismus 170
C.III.4. Emergenztheorien 175
C.III.5. Sprachendualismus 180
C.IV. Monismus 182
C.IV.1. Eliminativer Materialismus 183
C.IV.2. Idealismus 188
C.IV.3. Konstruktivismus 190
C.IV.4. Funktionalismus 194
C.IV.5. Panpsychismus 197
C.V. Identität von Gehirn und Geist 199
C.V.1. Identität und Identifikation 200
C.V.2. Postulat einer Identität von Gehirn und Geist 203
C.V.3. Das Identifikationsproblem 212
C.V.4. Das Universalienproblem 215
C.V.5. Das Reduktionsproblem 218
C.V.6. Das Repräsentationsproblem 224
C.VI. Systematisierung 227
C.VI.1. Intuitionen und Positionen 229
C.VI.2. Ontologie und Methodologie 232
C.VI.3. Dualismus und Monismus 235

D. KONVERGENZ 241

D.I. Repräsentation und Identität 242
D.II. Modularismus und Holismus 249
D.III. Dynamik und Plastizität 257
D.IV. Ereignisse und Typen 263
D.V. Repräsentationsebene 269

E. INTEGRATION 277
- E.I. Multidisziplinarität 277
- E.II. Topologie 282
- E.III. Symbole 284
- E.IV. Emergenz 287

F. AUSBLICKE 293
- F.I. Gehirne und Gedanken 293
- F.II. Gehirne im Glas 298
- F.III. Gehirne über sich selbst 302

ZUSAMMENFASSUNG 306

LITERATURVERZEICHNIS 307

AUTORENVERZEICHNIS 337

A. Einleitung

Unser Gehirn ist ohne vernünftigen Zweifel als organische Grundlage unserer mentalen und kognitiven Fähigkeiten wie Wahrnehmung, Gedächtnis, Lernen oder Bewußtsein anzusehen. Wie aber kommt eine bewußte Wahrnehmung tatsächlich zustande, zum Beispiel das Sehen der Buchstabensymbole dieser Textseite und welche Bewertungsprozesse folgen ihr, wenn wir den Inhalt lesend interpretieren? Was ist die Sprache, bis heute mehr oder weniger eine Domäne des Menschen[1]? Wie wird eine bewußte Handlung initiiert, wenn man zum Beispiel zu einem bestimmten Buch greift? Von welcher Natur sind Gefühle, die regelmäßig Lern- oder Gedächtnisprozesse begleiten und ihre Erinnerbarkeit erheblich verändern können? Wie sind die Paritäten verteilt zwischen sinnlich-empirischen und zentralnervös-rationalen Komponenten im Erkenntnisprozeß? Warum sind bei Verletzung oder Erkrankung des Gehirns bestimmte Bewegungen nicht mehr möglich, warum manche Erinnerungen nicht mehr abrufbar?[2] Was schließlich ist "Ursache" oder organisches Korrelat von Störungen des geistigen Erlebens bis hin zu halluzinierten Wahrnehmungen bei psychisch Kranken, die niemand sonst um sie herum wahrnimmt und die den Kranken in die "doppelte Buchführung" der Schizophrenie treiben? Was ist unser Geist und von welcher Art ist sein Verhältnis zur Materie? Diese Fragen, die die Funktion und organische Grundlage unseres Geistes betreffen, weisen auf Problembereiche, die heute durch ganz unterschiedliche Wissenschaftsdisziplinen abgedeckt werden wie Philosophie, Psychologie, Linguistik, Hirnforschung, Neurologie oder Psychiatrie. Diese Fragen sind aber nur vordergründig rein biologisch-medizinischer Natur. Als

---

[1] Lediglich bei den Delphinen, insbesondere den Großen Tümmlern (Tursiops truncatus), einer menschenähnlichen Intelligenz im Wasser, wird eine "Sprache" vermutet, die der menschlichen vergleichbar sein könnte (Lilly 1975).

[2] Besonders eindrucksvoll berichtet der russische Neurologe und Neuropsychologe Alexander R Lurija über einen Gedächtnisverlust in "Der Mann, dessen Welt in Scherben ging" (1991). Ebenso gehören hierher die faszinierenden Fallbeschreibungen von Oliver Sacks "Der Mann, der seine Frau mit dem Hut verwechselte" (1987).

Organ unseres Geistes nimmt das Gehirn eine Sonderstellung ein, denn "wir philosophieren nicht nur über das Gehirn, sondern es ist auch das Gehirn, welches philosophiert."[3] Ein Organ studiert sich selbst, "das Gehirn, das in seiner höchsten Form, dem menschlichen Gehirn, die Naturwissenschaften schuf und noch schafft, wird nun selbst zum Objekt dieser Naturwissenschaft"[4]. Das erkenntnissuchende Interesse richtet seinen Suchscheinwerfer auf sich selbst. Das ursprünglich überwiegend philosophisch behandelte Verhältnis von Gehirn und Geist zueinander ist sinnvoll nur noch interdisziplinär zu studieren und es ist daher "naheliegend, daß es eine rein philosophische, d. h. begriffsanalytische Lösung des Leib-Seele-Problems nicht geben wird."[5] Die Wissenschaften, die in der Schnittmenge dieses Komplexes liegen, reihen sich anhand eines multidisziplinären Kontinuums auf und bilden einen Verbund, der nicht mehr scharf in einzelne Disziplinen zu trennen ist. "Epistemology - and, one supposes, the philosophy of mind and the philosophy of language - are continuous with psychology, neuroscience and linguistics."[6] Um so wichtiger werden daher Untersuchungen, die sich um den Austausch zwischen den Methoden anhand von zentralen Schlüsselbegriffen bemühen.

Eingefügt in die Auseinandersetzung des klassischen Leib-Seele-Problems[7], das ehemals ausschließlich philosophischer Natur war, beteiligen sich längst verschiedene Wissenschaften am interdisziplinären Diskurs. Neben den klassischen Disziplinen der organischen Hirnforschung und der Psychologie sind besonders die Computerwissenschaften in den letzten Jahren in den Vordergrund getreten und haben wesentlichen Einfluß auf die Nachbardisziplinen mit den Theorien zur seriellen Informationsverarbeitung und zu neuronalen Netzwerken ausgeübt. Dialoge finden in vielen Bereichen statt[8], Medien bereiten

---

[3] Linke 1982

[4] Pawlow 1953, S. 155

[5] Kanitscheider 1987

[6] Heil 1992

[7] Hastedt (1988) nimmt diesen Begriff bewußt wieder auf als deutschsprachiges Analog zur angelsächsischen "philosophy of mind" (Bieri 1981). Daneben existieren andere Namen wie Körper-Geist-, Gehirn-Geist-, Gehirn-Bewußtsein-Problem. Begriffsklärungen folgen im Kapitel C.II.

[8] Als Beispiele: Kuhlenbeck 1973, 1982, 1986; Popper und Eccles 1984; Bateson 1984, 1985; Hofstadter und Dennett 1981; Aitkenhead und Slack 1985; Churchland

das Thema populärwissenschaftlich auf.[9] Die Erforschung unseres Gehirns/Geistes[10] ist zu einer zentralen, erfolgversprechenden wie faszinierenden wissenschaftlichen Aufgabe unserer Zeit geworden, die Mediziner, Psychologen, Biologen, Computerwissenschaftler und Philosophen gleichermaßen beschäftigt. In der amerikanischen Wissenschaftsszene ist programmatisch von 1990 bis zum Jahr 2000 die "decade of the brain" ausgerufen worden. Die konzertierte Aktion einer multidisziplinären Erforschung des Gehirns wird Zentrum der Theorie des menschlichen Geistes[11], in der die Philosophie eine Teilaufgabe und zugleich eine Moderatorfunktion übernehmen muß.

Das vorliegende Buch favorisiert diesen eingeschlagenen interdisziplinären Weg eindeutig und möchte ihn als den erfolgversprechendsten Ansatz proklamieren. Er bildet die Basis der zentralen These, die eine Konvergenz vom klassischen Lokalisationskonzept aus der Tradition der organischen Hirnforschung einerseits und der Identitätsthese aus der philosophischen Diskussion zum Leib-Seele-Problem andererseits postuliert. Die Identitätsthese als monistische Zielvorgabe ist eine besonders in der aktuellen Auseinandersetzung favorisierte und vieldiskutierte Position im Zuge einer materialistisch-naturwissenschaftlich orientierten "naturalisierten Erkenntnistheorie"[12]. Um die nötig gewordene Einbeziehung naturwissenschaftlicher Erkenntnisse aus der Hirnforschung in die philosophische Diskussion und die ebenso nötige kritische

---

1986; Pribram 1986; Blakemore und Greenfield 1987; Linke und Kurthen 1988; Oeser und Seitelberger 1988; Schmidt 1988, 1991; Coles 1989; Carrier und Mittelstraß 1989; Gardner 1989; Pöppel 1989; Bühler 1990; Lycan 1990; Metzinger 1991; Kurthen 1992; Dennett 1994.

[9] Als Beispiele: "Gehirn, Gefühl, Gedanken" (GEO Wissen, 25. 5. 1987); "Rätsel Gehirn. Forscher erkunden das Bewußtsein" (Der Spiegel, 2. 3. 1992); "Das Gehirn" (Sonderheft Spektrum der Wissenschaft, November 1992); "Gehirn und Geist" (Spektrum der Wissenschaft Verlag 1990); "Intelligenz und Bewußtsein" (GEO Wissen, 24. 8. 1992); „Die Kraft der Gedanken" (Focus, 11. 7. 1994).

[10] Patricia Smith Churchland präzisiert ihre "Neurophilosophy" (1986) in einem solchen Sinn mit "Toward a unified science of the Mind/Brain".

[11] Der ontologische Naturalismus bzw. der wissenschaftliche Realismus ziehen eine Naturalisierung der Erkenntnistheorie zwangsweise nach sich. Argumentiert man naturwissenschaftlich, "folgt das Projekt einer naturalistischen Theorie des Geistes" (Bieri 1987, S. 61).

[12] Bieri 1981, S. 20. Auch die vorliegende Arbeit kann als Dokument einer solchen naturalisierten Erkenntnistheorie aufgefaßt werden.

Reflexion grundlegender konzeptueller Voraussetzungen in Hirnforschung, Neurologie und Psychiatrie zu ermöglichen, müssen Brücken zwischen Philosophie und Hirnforschung geschlagen werden. Für solche Projekte fehlt bis heute ein verbindlicher Oberbegriff. Man könnte von "Neurowissen- schaften"[13] sprechen, von einer "Philosophie des Gehirns"[14] oder von "Neurophilosophie"[15]. Eher die Verbindung von Computerwissenschaften und Kognitiver Psychologie betreffend wird auch von "Kognitionswissen- schaften"[16] gesprochen. Der Wandel von der rein philosophischen Disziplin der Erkenntnistheorie hin zu ihrer Naturalisierung aber ist längst vollzogen. Philosophische Ausführungen zum Thema müssen meist auf Erkenntnisse aus den empirischen Wissenschaften verweisen, die ihrerseits wiederum eines philosophisch orientierten Unter- und Überbaus im Wissenschaftsverbund bedürfen. Die begrifflichen Operationen der Philosophie unterstützen naturwissenschaftliche Forschungen, die zusammen die Modifikation und Formulierung von naturwissenschaftlichen wie philosophischen Standpunkten und neuen Forschungsperspektiven erlauben.

Im Bereich der organischen Hirnforschung stehen seit Anfang der Hirnforschung Fragen zur Lokalisation oder Repräsentation psychischer Phänomene im Nervensystem im Vordergrund. Bereits in der griechischen Antike wurden - wenn auch kontrovers diskutiert[17] - erste Vermutungen geäußert zur Lokalisation seelischer Vermögen im Gehirn, bis über verschiedene Zwischenstufen die Lokalisation geistiger Fähigkeiten durch den Anatomen Franz Josef Gall in die Hirnrinde verlegt wurde, erste empirische Belege folgten Ende des 19. Jahrhunderts durch die Neurologen Broca und Wernicke. Die Forderung nach Lokalisierbarkeit von psychischen Phänomenen im Gehirn ist für die Hirnfor-

---

[13] Dieser Begriff ist in den empirisch orientierten Wissenschaften als "neurosciences" ein weit verbreiteter Versuch einer solchen Begriffsbildung.

[14] Linke 1982

[15] Churchland 1986

[16] Varela 1990

[17] Damals standen sich eine auf Platon zurückgehende "kephalozentrische" These und eine von Aristoteles vertretene "kardiozentrische" These gegenüber. Während für Platon der Kopf bereits die Verstandesvermögen beherbergte, war für Aristoteles das Gehirn mit seiner gefurchten Oberfläche nur ein mit Kühlrippen ausgestattetes Kühlorgan, an deren Oberfläche Gedanken aus dem Blut-πνευμα kondensieren könnten.

schung essentiell, da eine Erforschung des Gehirns nur dann sinnvoll sein kann, wenn von einem Zusammenhang von Geist und Gehirn ausgegangen wird. Stünde der Geist nicht in irgendeiner Form mit dem Gehirn in Verbindung, wäre er nicht in irgendeiner Form im Gehirn "lokalisierbar" oder "realisiert", so wäre eine Erforschung des Gehirns völlig sinnlos, wollte man etwas über den Geist erfahren. Insofern bildet das Gehirn trivialerweise die materielle Grundlage und notwendige Voraussetzung für den Geist[18]. Naheliegend ist im Anschluß daran die präzisierende Hypothese, daß die erkennbaren distinkten Teile des Gehirns mit verschiedenen erfahrbaren Teilen des Geistes in Verbindung stehen analog der Vorstellung, daß bestimmte Körperteile bestimmte Funktionen des Körpers erfüllen. Das Ergebnis dieser Überlegung sind Varianten einer mehr oder weniger differenzierten modularen Theorie, wie sie in vielen Ausprägungen bis heute angestrebt wird[19]. Die Lokalisierbarkeit psychischer Phänomene im Gehirn ist damit für die Hirnforschung wesentlicher Bestandteil ihres Selbstverständnisses. Hirnforschung ist ohne solche topistisch-lokalisatorischen Bestrebungen sinnlos. Klinische, tierexperimentelle Studien und theoretische Überlegungen haben auf dieser Grundlage bis heute für einige Bereiche des Gehirns eindeutige Funktionszuweisungen erarbeitet, während viele andere Gebiete weniger gut charakterisierbar sind: die Lokalisationsthese klassischer Prägung läßt für größere Teile des Gehirns Auflösungsvermögen vermissen. Auf der Basis neuerer Hirntheorien, unter anderem mit Hilfe der Theorie neuronaler Netzwerke, läßt sich aber stattdessen der Begriff der Repräsentation charakterisieren und festigen. Wie näher zu erläutern sein wird, bedarf der klassische Lokalisationsbegriff einiger Ergänzungen und Erweiterungen, die eine neue Begrifflichkeit angebracht erscheinen lassen. Die tatsächliche Realisationsebene ist am ehesten im Bereich neuronaler Netzwerkverbände zu suchen. Insbesondere die Computerwissenschaften mit der Erarbeitung von Parallelrechnermodellen, die nach dem Vorbild biologischer Nervensysteme entwickelt werden, und neuroanatomische und -

---

[18] Erste Äußerungen vom Gehirn als Zentralorgan sind bereits bei Alkmaion von Kroton um 500 v. Chr. nachweisbar. Dabei ist die Bedeutung des Gehirns im Gesamtkonzept des menschlichen Organismus wahrscheinlich aber geringer gewesen als es heute belegbar ist. Eigentlicher Sitz der Seele ist noch das πνευμα (griech.: Hauch), das nicht-stofflich zu begreifen ist und im Gehirn lediglich bestimmten Transformationen unterliegt. Diese Vorstellung kann schon als Vorbereitung des cartesischen Dualismus von res cogitans und res extensa verstanden werden.

[19] Szentágothai 1975, 1983, 1985; Arbib 1985; Kosslyn 1988; Gerstein et al. 1989; Leise 1990; Minsky 1990.

selbstverständlich, daß aus der Fülle der Einzelbefunde der Hirnforschung nur eine sehr beschränkte Auswahl zur Darstellung kommt, die als besonders wichtig und relevant für die vorliegende Studie erscheint. Gleiches gilt für die philosophische Diskussion. Hier kann ebenfalls nur ein Teil der verschiedenen Argumentationen zu Wort kommen, der aber repräsentativ den Katalog der möglichen Positionen enthält.[23] Besonderes Augenmerk liegt auf der Diskussion der Identitätsthese, die entsprechend breiten Raum einnimmt und als die plausibelste, wenn auch nicht schwächenfreie, philosophische Lösung das Analog zur Lokalisationstheorie beziehungsweise zum Repräsentationskonzept bildet.

A.I. Hirnforschung

Die organische Hirnforschung verweist in ihren abendländischen Wurzeln bis zur Antike und hat dabei verschiedene Vorstellungen zur Funktion des Nervensystems hervorgebracht, die für heutige Untersuchungen mindestens heuristischen Wert besitzen. Besonderes Interesse beansprucht daher die historische Entwicklung der Lokalisationshypothese, die seit ihrer ersten Formulierung prominenter Streitpunkt in der Medizin ist zwischen Befürwortern, die eine strenge Lokalisierbarkeit annehmen, den "Somatikern", und ihren Gegnern, die einen solchen engen Zusammenhang bestreiten, den "Psychikern". Immer aber wurde, zumindest von Somatikern, mehr oder weniger organische Hirnforschung betrieben, deren Ziel die Erforschung des makro-, mikro- und submikroskopischen Aufbaus des Nervensystems, seiner Teile, den Funktionen dieser Teile und zusammenfassenden Bau- und Funktionsprinzipien ist. Die Hirnforschung ist dabei von ihrer Grundhaltung seit ihren Anfängen eine multidisziplinäre Wissenschaft, die Anatomie, Physiologie, Biochemie, Mathematik beschäftigt, um nur einige Teilbereiche zu nennen. Die genannten Teilbereiche werden mit der Vorsilbe Neuro- charakterisiert. Die Neuroanatomie beschäftigt sich mit dem makroskopisch, licht- und elektronenmikroskopisch beschreibbaren Aufbau des Nervensystems. In Zusammenarbeit mit neueren Methoden, etwa der Immunhistochemie, werden biochemische Charakterisierungen auf morphologischer Grundlage möglich. Aktuelle Bestrebungen arbeiten zu topographischen Verteilungen verschiede-

---

[23] Aktuelle, ausführliche Monographien zum Leib-Seele-Problem haben insbesondere Hastedt (1988) und Seifert (1989) vorgelegt.

ner chemischer Überträgerstoffe, den Transmittern, und ihren Rezeptoren mit dem Ziel der Etablierung einer Chemoarchitektur. Mit der Neurophysiologie, die sich mit dem Studium der Funktion des Nervensystems und seiner Teile beschäftigt, gehört die Neuroanatomie zu den grundlegenden Disziplinen der Hirnforschung. Die Neurophysiologie kann dabei entweder auf zellulärem Niveau arbeiten, etwa mit Einzelzellableitungen oder künstlich isolierten Zellen. Darüberhinaus gehören auch die Ableitung evozierter Potentiale oder das Elektroenzephalogramm (EEG) zum erweiterten Spektrum der Neurophysiologie. Topographisch abhängige Aktivitätsdifferenzen des EEG werden im sogenannten "brain-mapping" dargestellt. Diese Verfahren leiten über zu klinisch relevanten Untersuchungs- und Forschungsansätzen. Hierbei spielen heute insbesondere radiologische und nuklearmedizinische Untersuchungen, sogenannte bildgebende Verfahren, eine zentrale Rolle. Neben rein anatomischen Rekonstruktionen des Gehirns eines Probanden oder Patienten sind damit auch funktionelle Studien möglich geworden. Mit dem Verfahren der Positronen-Emissions-Tomographie (PET) sind Untersuchungen zu regionalen Blutfluß- und Stoffwechselunterschieden möglich, die als Maß für die neuronale Aktivität genutzt werden können. Diese Untersuchungen haben besonders für den Bereich sogenannter höherer Hirnfunktionen großen Stellenwert bekommen und werden darin klinisch-phänomenologisch durch die Neuropsychologie unterstützt.

Innerhalb der Hirnforschung haben sich computerorientierte Disziplinen etabliert, die zur Lokalisation psychischer Phänomene im Gehirn Aufschluß geben können. Der serielle Informationsverarbeitungsansatz hat für die rein phänomenologisch ausgerichtete Kognitive Psychologie der letzten Jahrzehnte eine zentrale Rolle gespielt. Höhere Hirnfunktionen wurden dabei verstanden als seriell durchgeführte Operationen ähnlich gemäß den das Turing-Kriterium erfüllenden "intelligenten" Software-Programmen[24]. Solche seriellen Computer sind allerdings nur für bestimmte, mathematisch-analytisch orientierte Leistungen sinnvoll, während der Mensch andere Domänen besitzt wie etwa Wahrnehmung, assoziatives Gedächtnis und Sprache, die von einem seriellen Computer nicht reproduzierbar sind. Der massiven Parallelität Rech-nung tragend, die für viele dieser holistischen Fähigkeiten verantwortlich ge-macht

---

[24] Turing bezeichnet gemäß dem nach ihm benannten Turing-Test eine Computerleistung dann als "intelligent", wenn eine Testperson die Computerleistung nicht mehr von einer menschlichen Leistung unterscheiden kann, z. B. in einem schriftlich durchgeführten "Gespräch" mit einem Computer (Turing 1950).

wird, entwickelte sich die Arbeit hin zu Computern, die parallel arbei-ten, also aus mehreren Prozessoren bestehen.

Aus den verschiedenen Disziplinen sind Ansätze zu konzeptuellen Vorstellungen hervorgegangen, die aus zahlreichen Einzelbefunden Bau- und Funktionsprinzipien ableiten. Neben der anatomisch und transmitterchemisch ausgerichteten Zyto- und Chemoarchitektur ist die Modularchitektur, die einen Aufbau aus funktionell relevanten Zellverbänden annimmt und sich so an die moderne Netzwerktheorie anlehnt, eine interdisziplinäre Vorstellung, die physiologische und anatomische Aspekte aufnimmt und auch durch neuronale Netzwerk-Theorien aus den Computerwissenschaften bestätigt wird. Die Ebene der neuronalen Netzwerke ist heute einer der besten Kandidaten möglicher Erklärungsansätze für das Repräsentationskonzept psychischer Phänomene im Nervensystem.

Die gegenseitige Durchdringung und Befruchtung verschiedener Disziplinen macht eine Darstellung einzelner Fachgebiete wenig sinnvoll. Es soll daher eine Unterteilung nach Beobachtungsebenen vorgestellt werden, die bereits mehrfach angeregt worden ist[25]. Nach einem kurzen historischen Abriß (Abschnitt B.I.) werden zunächst subzelluläre (Abschnitt B.II.) und zelluläre neurophysiologische Aspekte (Abschnitt B.III.) vorgetragen. Die Ebene der neuronalen Netzwerke (Abschnitt B.IV.) nimmt größeren Raum ein und wird aus biologischer und computerorientierter Sicht als wichtigster Kandidat für die eigentliche Ebene der Repräsentation behandelt. Die Aussagekraft des klassischen Lokalisationskonzeptes wird kritisch überprüft (Abschnitt B.V.). Dabei stellt sich heraus, daß eine "starke" von einer "schwachen" Lokalisationstheorie abzugrenzen ist mit jeweils unterschiedlichem Auflösungsvermögen für mentale Phänomene im Nervensystem. Diese Ebene der "Hirnkarten" verlassend, spielen funktionelle Systeme als Zusammenschluß verschiedener Hirnteile eine wichtige Rolle und formieren auf höchster organische Ebene die sogenannten höheren Hirnfunktionen (Abschnitt B.VI.). Nach einer Zusammenfassung der verschiedenen theorieleitenden Konzepte der Hirnforschung (Abschnitt B.VII.), wird als Synthese der Begriff der Repräsentation charakterisiert (Abschnitt B.VIII.).

---

[25] Churchland und Sejnowski 1988; Creutzfeldt 1989; Changeux und Dehaene 1989

A.II. Gehirn-Geist-Philosophie

Die Philosophie operiert ihrer Natur nach nicht empirisch, sondern abstrakt-begrifflich. Die Diskussion des Leib-Seele-Problems hat, ähnlich der Hirnforschung, eine Jahrhunderte währende Tradition, die anhand eines historischen Rasters unter Hervorhebung der systematisch beziehbaren Positionen nachgezeichnet werden kann. Die Positionen lassen sich dabei in verschiedene Perioden einteilen.[26] Nach einführenden historischen Bemerkungen (Abschnitt C.I.) sollen zunächst Begriffsklärungen vorgenommen werden. Neben dem Begriff des "Leib-Seele-Problems" sind zahlreiche alternative Begriffe wie "Gehirn-Bewußtsein-Problem"[27], "Neurophilosophie"[28], "Philosophie des Gehirns"[29] und andere vorgeschlagen worden. Der Begriff der Gehirn-Geist-Philosophie wird favorisiert und in diesem Umfeld bestimmt und abgegrenzt (Abschnitt C.II.).

Die klassischen Positionen des Leib-Seele-Problems beruhen im wesentlichen auf der auf Descartes zurückgehende Einführung eines Dualismus, der sich entweder ontologisch oder nur symptomatisch begreifen läßt (Abschnitt C.III.). Es ergeben sich grundsätzlich die Möglichkeiten, beide Phänomenwelten anzuerkennen und ihr Zusammenwirken zu untersuchen oder den Modus des Zusammenwirkens zu ignorieren. Der Vorschlag von Descartes selbst, der bis heute diskutiert wird, ist der Interaktionismus, der eine Wechselwirkung im Bereich einer Schnittstelle fordert, deren nähere Bestimmung aber große Schwierigkeiten macht (Kapitel C.III.1.). Der Parallelismus dagegen beschreibt lediglich eine Koexistenz beider Phänomenbereiche, ohne Aussagen über ein mögliches Zusammenwirken zu machen (Kapitel C.III.2.). Der Epiphänomenalismus kann als eine materialistisch dominierte Spielart des Dualismus, in dem sich nun Gewichtungen zugunsten eines Phänomenbereiches profilieren, verstanden werden. Der Geist entwickelt sich als Nebenprodukt aus dem Nervensystem ab einem bestimmten Komplexitätsgrad (Kapitel

---

[26] In dieser Weise verfahren auch Bieri (1981) und Hastedt (1988) in ihren systematischen Überblicken zur "Philosophie des Geistes" (Bieri) und zum "Leib-Seele-Problem" (Hastedt).

[27] Kuhlenbeck 1986

[28] Churchland 1986

[29] Linke 1982

C.III.3.). Die ursprünglich in der Tradition des Epiphänomenalismus formulierten Emergenztheorien sind zunehmend auch monistisch geprägt und überführen die künstliche Einteilung in Dualismus und Monismus ihrer Schwächen (Kapitel C.III.4.). Den symptomatischen Dualismus des Aspekts schließlich behandelt der Sprachendualismus nach Wittgenstein und Ryle, der die Trennung zweier Phänomenbereiche auf die Existenz zweier verschiedener Vokabulare oder Perspektiven zurückführt (Kapitel C.III.5.).

Den dualistischen Positionen sind die monistischen an die Seite zu stellen (Abschnitt C.IV.), die entweder eine der beiden Phänomenwelten streichen oder sie enger aufeinander beziehen, als das im Dualismus geschieht. Als reine Streichungshypothesen sind der eliminative Materialismus im Sinne eines radikalen Reduktionismus (Kapitel C.IV.1.) und der Idealismus (Kapitel C.IV.2.) zu verstehen. Jeweils eine der beiden Phänomenwelten wird gestrichen, so daß sich das Problem der Wechselwirkung zweier Phänomenwelten eliminieren läßt. Eine ebenfalls idealistisch orientierte Position stellt der radikale Konstruktivismus dar, der eine "Erfindung", eine Konstruktion der Wirklichkeit in unseren Gehirnen postuliert. Allerdings treten in diesen Streichungshypothesen erhebliche Verlust-Symptome auf, die auch diese Hypothesen als nicht voll tragfähig erwiesen haben (Kapitel C.IV.3.). Im modernen Funktionalismus kodieren bestimmte funktionale Zustände, die sich aus der materiell gegebenen Konstellation ergeben, unsere psychischen Phänomene (Kapitel C.IV.4.). Der Panpsychismus schließlich als die Vorstellung einer All-Beseeltheit hat sich indessen nicht durchsetzen können und soll nur der Vollständigkeit halber behandelt werden (Kapitel C.IV.5.).

Auf der Folie dieser dualistischen und monistischen Positionen stellt sich die Identitätsthese als plausibelste Lösungsmöglichkeit dar und wird daher ungeachtet ihrer monistischen Natur in einem eigenen Kapitel besprochen. Der Begriff der Identität und seiner Prozessierung als Identifikation ist philosophisch komplex und bedarf einer näheren Bestimmung (Kapitel C.V.1.). Die Identitätsthese selbst hat historisch ebenfalls eine eigene Tradition, die im wesentlichen auf den Aspektdualismus von Spinoza zurückgeht, der bei Dualität des Aspekts einen ontologischen Monismus postuliert. Besondere Prägnanz und ausführliche Diskussion hat das Identitätspostulat von Gehirn und Geist in der analytischen Philosophie des Geistes spätestens nach Feigl erfahren (Kapitel C.V.2.). Trotz ihrer Plausibilität hat die Identitätsthese aber dennoch Schwächen, auf die im Detail aufmerksam gemacht wird (Kapitel C.V.3. bis C.V.6.). Es wird sich zeigen lassen, daß insbesondere an den Schwachstellen die empirischen Wissenschaften Hilfe bei der philosophisch geführten Diskussion leisten können.

Der Abschnitt wird beschlossen mit einem Versuch der Systematisierung (Abschnitt C.VI.), wobei auf einige allgemeine Aspekte aufmerksam gemacht wird. Bereits die initial empfundenen Intuitionen zum Verhältnis von Gehirn und Geist werfen ihre Schatten auf die im Anschluß durchgeführte Argumentation und determinieren häufig bereits a priori ihren Ausgang und gewinnen so nicht unerheblichen Einfluß auf die geführte Diskussion (Kapitel C.VI.1.). Grundsätzlich soll darüberhinaus zur Beachtung gegeben werden der ontologische Anspruch der formulierten Position, der erheblich variieren kann. Philosophische Positionen gewinnen erst eigenständiges Profil mit ontologischem Anspruch, bei Reduktion auf nur methodologischen Anspruch degenerieren sie zu bloßen Arbeitshypothesen, die die epistemische Autorität ohne Einschränkung an die empirischen Wissenschaften delegieren und sich so entwerten (Kapitel C.VI.2.). Das Kontinuum der Positionen in der Gehirn-Geist-Philosophie wird zuletzt zusammengefaßt (Kapitel C.VI.3.).

A.III. Konvergenz

Während sich die beiden ersten Teile zur Hirnforschung und zur Gehirn-Geist-Philosophie als Materialsammlung und Befunderhebung verstehen, wird die eigentliche Kernthese entwickelt, nach der eine Konvergenz zwischen dem empirischen Repräsentationsbegriff und der philosophischen Identitätsthese zu formulieren ist. Beide Positionen verlangen eine symmetrische Beziehung zwischen mentalen und physischen Phänomenen im Sinne einer Identifizierbarkeit beider Phänomenwelten. Die Konvergenz-These stützt sich auf eine durch moderne empirische Befunde gestützte Vorstellung eines Repräsentationskonzeptes, die in Beziehung zum Identitätskonzept gesetzt wird (Abschnitt D.I.). Begriffe wie physischer Zustand oder Hirnzustand oder Ereignis- oder Klassenidentität sind nicht mehr isoliert, sondern sinnvoll nur noch gemeinsam zu präzisieren, weil es *den* Hirnzustand oder *das* mentale Phänomen nicht gibt. Auf dieser Grundlage ergeben sich Spannungsfelder, die aus beiden Perspektiven parallel betrachtet werden müssen. Das Spannungsfeld Modularismus und Holismus diskutiert den Grad der möglichen Atomisierbarkeit, die strukturelle Voraussetzung einer sinnvollen Identifikation ist (Abschnitt D.II.). Diese Strukturierbarkeit erstreckt sich auch ganz wesentlich auf die

Zeitachse, die sich in extrem kurzfristigen Phänomenen wie Rindenoszillationen und in langfristigen Phänomenen wie Plastizitätsvorgängen äußert (Abschnitt D.III.). Das unterschiedliche räumliche und zeitliche Auflösungsvermögen verlangt eine empfindlichere Behandlung der Problematik von Gehirn- und/oder Geist-Universalien, die sich als nomothetische Typ-zu-Typ-Identität oder idiographische Ereignis-zu-Ereignis-Identität unterscheiden (Abschnitt D.IV.). Zuletzt muß es schließlich konkrete Vorstellungen zur faktischen Repräsentationsebene geben, auf der die Realisierung tatsächlich stattfindet, auf der also eine Identifizierung konkret vorgenommen werden kann. Als bester Erklärungs-Kandidat steht hier die Ebene neuronaler Netzwerke zur Debatte (Abschnitt D.V.).

A.IV. Integration und Ausblicke

Eine solche Engführung formuliert auch Wünsche für die Zukunft. An erster Stelle steht methodisch die multidisziplinäre Verfahrensweise, die insbesondere Philosophie und Einzelwissenschaften stärker verbinden sollte (Abschnitt E.I.). Das Prinzip der topologischen Kodierung, das sich im Repräsentationsbegriff niederschlägt (Abschnitt E.II.), könnte seine philosophische Übersetzung im Symbolbegriff finden (Abschnitt E.III.). Trotz einer Präferenz für die ontologisch monistisch definierte Identitätstheorie bleibt doch ein aspektdualistisches Unbehagen, das zwei verschiedene Phänomenenbereiche akzeptiert und einem (dann abgeschwächten) Emergenzbegriff nicht ausweichen kann (Abschnitt E.IV.).

Was aber lernen wir daraus für unsere eigenes Denken? Wie "entstehen" Gedanken aus den Modulen im Gehirn? Wie verhält sich unser kontinuierlich erfahrenes Ich zu den atomisierten und operationalisierten Zuständen? Was würde mit Gehirnen und ihrer Personalität passieren, wenn sie isoliert vom Körper weiterleben könnten? Wäre es tatsächlich eine "Todestherapie", wenn ein Gehirn komplett in einem Computer abbildbar wäre und die gleichen Dispositionen, Erinnerungen usw. wie das verstorbene Individuum aufweisen würde? Zuletzt: Was bedeutet das alles für meinen eigenen Geist? Was weiß ich über mein eigenes Gehirn, wenn ich den Suchscheinwerfer meines Erkenntnisstrebens auf sich selbst lenke? Die vorgenommenen Ausblicke (Teil F) gestatten zumindestens die Exposition dieser Fragen, die das Buch spekulativ abschließen. Insbesondere die integrativen Aspekte im Schluß der

Arbeit zeigen mögliche Schlüsselbegriffe auf, die Ausgangspunkte bilden für eine gleichzeitig experimentell und theoretisch zu konzipierende Neuroepistemologie, die im Verbund von Philosophie und Hirnforschung eine Erweiterung der Erkenntnistheorie bis hin zu den relevanten Hirnphänomenen vorsieht. Diese projektierte Neuroepistemologie ist nicht Gegenstand der vorliegenden Arbeit, diese bildet vielmehr nur den Startpunkt eines solchen umfassenden Unternehmens.

B. Hirnforschung

Das Gehirn des Menschen gehört mit dem Rückenmark zum zentralen Nervensystem (ZNS) und läßt sich didaktisch vom peripheren Nervensystem (PNS) trennen. Das periphere Nervensystem stellt die afferenten Verbindungen von Rezeptorzellen und die efferenten Verbindungen zu den Effektorzellen (zum Beispiel Muskel) her. Das vegetative oder autonome Nervensystem besitzt Anteile im zentralen wie peripheren Nervensystem.

Unterschiedliche Nervensysteme auf unterschiedlichen Entwicklungsstufen und mit verschiedenen Komplexitätsgraden weisen bemerkenswerte Übereinstimmungen auf, die sich in Bau- oder Funktionsprinzipien von Neuronen oder bestimmten neuronalen Architekturen, wie zum Beispiel der Modularchitektur, zeigen. Gemeinsam ist grundsätzlich allen Nervensystemen, daß sie Eingangssignale annehmen und Ausgangssignale abgeben mit dem Erfolg einer im einfachsten Fall reflexartigen Reizantwort.[1] Eine Definition des Nervensystems aber fällt allein aufgrund dieses Merkmals schwer, da im Ex-

---

[1]Der Begriff des Reflexes ist dabei durchaus nicht unproblematisch. I. P. Pawlow führt in "Die echte Physiologie des Gehirns" (Original 1917, in: Pawlow 1953) eine Hirntheorie aus, die eine reflexartige Tätigkeit bis hinauf zur Hirnrinde postuliert. Den Wert der Psychologie streitet er nicht völlig ab, wenn sie ihm auch "unökonomisch", weil zu wenig an der Naturwissenschaft orientiert, erscheint. Ebenso ist Kuhlenbeck davon überzeugt, "daß das Reflexkonzept die Grundlage aller wesentlichen nervösen Funktionen bildet, in einer Weise, daß sogar die kompliziertesten Aktivitäten sich von den einfacheren nur durch die mehr verwickelten synaptischen Anordnungen und funktionellen Aspekte unterscheiden, die Langzeitspeicherung, Verzögerung, ebenso wie auch Korrelation mit Bewußtsein mit umfassen." (Kuhlenbeck 1986, S. 67) Eine solche Reflextheorie wird aber heute überwiegend abgelehnt. Das Hauptargument bildet die überaus große Zahl der Nervenzellen von etwa 10^{10}, die wegen ihrer Unübersehbarkeit nicht überzeugend in einer mechanisierten Reflextheorie zusammengefaßt werden können (Szentágothai 1983). Vielmehr ist die Arbeitsweise des Gehirns durch "Kooperativität, Adaptation und lernbedingte Modifizierbarkeit ausgezeichnet" (Creutzfeldt 1989), die den Reflexbegriff als nicht adäquat erscheinen lassen.

tremfall diese Aufgabe einer Reaktionsauslösung auf einen Reiz hin von einer einzigen Zelle bewerkstelligt werden kann. Von einem Nerven-System ist daher erst sinnvoll zu sprechen, wenn neben reizaufnehmenden und reaktionsauslösenden Neuronen auch "informationsverarbeitende" Zellen am Systemaufbau beteiligt sind, die als eine Art interner "Informationspuffer" eine zunehmende Variationsbreite möglicher Reaktionsmuster erlauben. Durch die zunehmende Komplexität des Systems wird nicht mehr jedes Eingangssignal notwendigerweise simpel reflexartig beantwortet.

Funktionell sind komplexere Nervensysteme in den Dienst der Regulation des Verhaltens eines Organismus mit dem Ziel der Umweltverträglichkeit und -nutzbarmachung eingebunden. Dabei kommt es primär nicht auf eine möglichst exakte Abbildung der Umwelt an, sondern auf eine möglichst zweckmäßige Orientierung des Organismus an der Umwelt mit dem Zweck des Überlebens und der Fortpflanzung. Mit zunehmendem Komplexitätsgrad kann es dieses Ziel entsprechend subtiler gestalten, es sinkt der Anteil, der lediglich reaktiv auf bestimmte Reize hin entsprechendes Verhalten auslöst, während der Anteil von systeminternen Vorgängen wächst. Solche systeminternen Vorgänge betreffen etwa eine Zusammenführung verschiedener Sinnesqualitäten zu einem adäquaten Gesamtbild eines Gegenstandes im Sinne einer supramodalen oder synästhetischen Wahrnehmung oder eine sinnvolle Koordinierung verschiedener Muskelgruppen in einer Bewegungssequenz, die ein bestimmtes Ziel verfolgt. Diese Fähigkeiten werden auch als Integrationsleistungen bezeichnet, weil mehrere Elemente (etwa der Wahrnehmung oder Bewegung) zu einem Gesamtentwurf integriert werden. "Nervensysteme sind also im Wortsinn biologische Systeme der Informationsverarbeitung zum Zweck der Verhaltenssteuerung."[2] Wahrnehmungen können vieldeutig sein und es ist Aufgabe des Gehirns, diese Vieldeutigkeit zu reduzieren, um eine adäquate Anpassung an die Umwelt zu gewährleisten, dadurch wird jedes Nervensystem unabhängig von seinem Komplexitätsgrad auch konstruktiv tätig. "Jedes Gehirn ist im Kontext der überlebensfördernden Verhaltenssteuerung notwendigerweise konstruktiv."[3] Neben der Verhaltenssteuerung kommen bei hoch entwickelten Nervensystemen auch Kommunikationsaufgaben dazu, so daß das funktionelle Prinzip des Nervensystems als ein

---

[2] Oeser und Seitelberger 1988, S. 51

[3] Roth 1992

"korrelierender und integrierender Kommunikations- und Kontrollmechanismus"[4] bezeichnet werden könnte.

Nervensysteme mit ähnlichen Bauprinzipien können sehr distinkte und differenzierte Funktionsbereiche ausbilden, die von einzelnen grundsätzlich vergleichbar arbeitenden Neuronenpopulationen übernommen werden. Wie gehen aus gleichförmigen (physischen) Bauprinzipien unterschiedliche (psychische) funktionelle Untereinheiten hervor?[5] Die konstruktivistische Position bietet in diesem Zusammenhang Selbstreferentialität und Selbstexplikativität als Erklärungsansätze an. "Weil aber im Gehirn der signalverarbeitende und der bedeutungserzeugende Teil eins sind, können die Signale nur das bedeuten, was entsprechende Gehirnteile ihnen an Bedeutung zuweisen."[6] "Bedeutung" ist also durch Zugehörigkeit zu einem bestimmten funktionellen System oder durch den Ort im Gesamtsystem kodiert, eine Nervenzelle arbeitet einfach für das funktionelle System, in dem sie sich befindet. Das Gehirn insgesamt ist ein selbstreferentielles System, wobei die Reizunspezifität, die einen visuellen oder auditorischen Impuls neuronal prinzipiell gleich abbildet, auch zur Selbstexplikativität führt. Unterschiedliche Qualia, also etwa Informationen unterschiedlicher Sinneskanäle mit entsprechend unterschiedlichen Qualitäten, werden topologisch kodiert, also an unterschiedlichen Orten im Gehirn konkretisiert. Solche lokalisatorischen Überlegungen sind daher in der Hirnforschung immer von erheblichem Stellenwert gewesen. Unterschiedliche Aufgaben werden von topographisch distinkten Hirnanteilen ausgeführt, die vertikal im Sinne eines hierarchischen Hirnaufbaus und horizontal im Sinne verschiedener funktioneller Systeme verstanden werden können. Das Gehirn scheint aber auch holistisch oder distributiv tätig zu sein, die überwiegende Mehrzahl von Funktionsbereichen ist nicht streng zu lokalisieren, sondern ist auf verschiedene Hirnareale verteilt. Das aber wiederum ist ein Problem des Auflösungsvermögens einer Vorstellung von Lokalisation und rührt dabei nicht prinzipiell an dem Konzept der Selbstreferentialität im Sinne einer topi-

---

[4] Kuhlenbeck 1986

[5] Es ist interessant, daß eine Ausformung des traditionellen Leib-Seele-Problems der Philosophie implizit auch hier, nämlich innerhalb der Hirnforschung, formuliert werden kann. Es ist durchaus kein triviales Phänomen, unterschiedliche (psychische) "Effekte" auf vergleichbarer organischer (physischer) "Grundlage" zu erhalten. Dieser Problemkreis ist als das Lokalisationsproblem der Hirnforschung das empirische Analogon des Leib-Seele-Problems.

[6] Schmidt 1988, S. 15

schen Kodierung. Das Nervensystem "ist ein geschlossenes Netzwerk von Relationen neuronaler Aktivitäten zwischen neuronalen Elementen, so daß jede Veränderung von Relationen zwischen einigen Elementen des Netzwerks Veränderungen zwischen anderen Elementen des Netzwerks zur Folge hat. Es ist ein Netzwerk der Veränderung von Relationen neuronaler Aktivität, das durch bestimmte Elemente realisiert wird."[7] Im Sinne einer umfassenden Definition kann ein Nervensystem beschrieben werden als ein informationsintegrierendes, konstruktives, biologisches System[8] mit dem Zweck der umweltadäquaten Verhaltenssteuerung unter Verwendung eines systeminternen, relationalen, topologisch kodierten Modularitätsprinzips. Diese Definition soll in den folgenden Abschnitten illustriert werden.

Moderne Hirnforschung ist methodisch seit ihren Anfängen ein interdisziplinäres Unternehmen. Den breitesten Raum innerhalb der organischen Hirnforschung haben traditionell Neuroanatomie und Neurophysiologie eingenommen, die sich mit Aufbau und Funktionsprinzipien von biologischen Nervensystemen beschäftigen. Neben den klassischen Disziplinen sind auch aus anderen meist naturwissenschaftlichen Bereichen Fächer hinzugestoßen, längst gibt es fächerübergreifende Neuansätze, die auf das Verständnis des Gehirns gerichtet sind und Naturwissenschaft, Geisteswissenschaft und Technik miteinander verbinden. So stammt die Psychologie ursprünglich aus der Philosophie und ist zum Teil in ihr verwurzelt geblieben, zum Teil in eine naturwissenschaftliche Disziplin übergegangen. Aus dem naturwissenschaftlichen Bereich kommen die Biologie, die Chemie sowie die Mathematik, aus dem technischen Bereich die Kybernetik, um nur einige Beispiele zu nennen. Die Psychobiologie versteht sich als naturwissenschaftliche Disziplin, die das Ziel der Erforschung des Verhältnisses von Geist zu Gehirn hat[9]. Technik und Naturwissenschaften haben seit dem Beginn ihrer Idee als einer Umsetzung

---

[7] Maturana, in: Riegas und Vetter 1990

[8] Unter Nervensystem sollen in der Tat nur biologische Systeme verstanden werden in Abgrenzung gegen technisch implementierte Computersysteme. Diese Unterscheidung basiert hier im wesentlichen auf den Unterschieden in der Komplexität der untersuchten Systeme. Ein biologisches Nervensystem steuert einen gesamten Organismus, während ein technisches System bis heute lediglich einzelne Funktionen reproduzieren kann. Die grundsätzliche Diskussion zum Verhältnis von Gehirn zu Computer soll an dieser Stelle unberührt bleiben.

[9] Stichwort "The Psychobiology of Mind", in: Encyclopedia of Neurosciences (Hrsg. Adelman, G., 1987)

von wissenschaftlicher Erkenntnis in die Alltagswelt eine innige Beziehung. So hat sich unter dem Motto "Gehirn als Maschine" eine biologische Kybernetik oder Biokybernetik etabliert. Der moderne Begriff der Neuroinformatik zeugt von einer ähnlichen technisch-biologischen Verbindung. Besonders im Hinblick auf zukünftige Entwicklungen kann der Einfluß der Computerwissenschaften nicht hoch genug eingeschätzt werden. Insgesamt formiert sich mit diesen Einzeldisziplinen eine "Naturwissenschaft des Geistes"[10]. Selbst bisher ungewöhnliche Fusionen zwischen technischen Disziplinen und ursprünglich geisteswissenschaftlichen fügen sich zur "Psychokybernetik"[11] zusammen. Welche dieser neu formulierten und selbsternannten Wissenschaftszweige sich tatsächlich durchsetzen, ist sicher abhängig von ihrem Einzelbeitrag, den sie leisten können. Jedenfalls demonstrieren diese Bemühungen in der Hirnforschungs-Szene allgemein eine nie dagewesene Vielfalt an Methoden und kündigen eine Flut von Befunden an, die das Verständnis von zahlreichen Einzelphänomenen in den letzten Jahren entscheidend verbessert haben. Damit geraten aber auch theoretische Bedürfnisse immer mehr in den Vordergrund, die zum einen den interdisziplinären Charakter fördern, zum anderen meta-wissenschaftliche Fragestellungen aufbringen. Gerade für die Diskussion von in der Einzelwissenschaft vorausgesetzten Paradigmen und die anschließende integrative Zusammenführung der Befunde verschiedener Disziplinen ist das Forum der philosophischen Diskussion von ganz erheblicher Bedeutung. Ohne Zweifel bedarf es aber des gründlichen Studiums der empirischen Ergebnisse über Forschungen zum Nervensystem, um diese Diskussion sinnvoll führen zu können.

Die Grenzen der einzelnen wissenschaftlichen Bereiche, darunter auch die Dichotomie natur- und geisteswissenschaftlicher Ausrichtungen sind eingerissen und unscharf geworden. Es ist daher ratsam geworden, die Fülle von verschiedenen Disziplinen, die im weiten Umfeld der Hirnforschung entstanden sind, nach verschiedenen Beobachtungsebenen umzusortieren[12]. Eine solche Einteilung, der auch in der vorliegenden Darstellung gefolgt wird, orientiert sich an der hierarchischen Struktur von Nervensystemen, die aus zellulären Bestandteilen neuronale Netzwerke formiert, die in biologischen

---

[10] Hastedt, 1988, S. 61-91

[11] Benesch, 1988

[12] Dieser Vorschlag stammt unter anderen von: Churchland und Sejnowski 1988; Creutzfeldt 1989; Changeux und Dehaene 1989

Nervensystemen bestimmte Nervenzellverbände, die Module, und auf höherer Ebene funktionelle Systeme bilden. Bei einer groben Einschätzung könnten so etwa zelluläre, modulare und meta-modulare Ebenen bestimmt werden. Differenziertere Einteilungen favorisieren die folgenden Ebenen:

Molekularebene (z.B. Molekulargenetik, Proteinchemie, Neurotransmitter, Neuromodulatoren)

Zellmembranebene (z.B. Transmitterrezeptoren, Ionenkanäle)

Zellebene (z.B. Zellphysiologie, räumliche und zeitliche Summation)

Neuronale Netzwerke (z.B. neuronale Netzwerksimulation, Modularchitektur im Vertebratengehirn)

Neuronale "Karten" (z.B. Zyto- und Chemoarchitektur, Lokalisationhypothese)

Funktionelle Systeme (z.B. visuelles System, akustisches System, limbisches System)

Interaktion funktioneller Systeme (z.B. sensomotorische Interaktion, Handlungsinitiierung)

Verhaltensebene[13] (z.B. reflexives Verhalten bis zu höheren kognitiven und/oder affektiven Leistungen)

Diese verschiedenen Ebenen werden von verschiedenen Disziplinen untersucht, so kann etwa die Neuroanatomie auf zellulärer Ebene Morphologie betreiben oder aber für größere Hirnareale "Hirn-Karten" nach zytologischen Kriterien erarbeiten wie in der Lokalisationshypothese[14]. Die Neurophysiologie kann mit Einzelzellableitungen arbeiten oder sich im Elektroenzephalogramm (EEG) mit Aktivitäten im gesamten Gehirn beschäftigen. Es stehen sich damit die Einteilung nach Beobachtungsebenen und die Einteilung nach

---

[13] Eine "Verhaltensebene" wird an dieser Stelle lediglich als eine Art Geltungsbereich für psychologische Subdisziplinen im Gesamtkonzept eingeführt. Damit soll weder eine grundsätzlich behavioristische Orientierung ausgedrückt werden noch darüber hinweggetäuscht, daß gerade bei der Untersuchung von sogenannten höheren Hirnfunktionen (kognitive Leistungen, affektive Phänomene) die entscheidende Schnittstelle, die Gegenstand dieser Arbeit ist, bereits berührt beziehungsweise überschritten ist. Eine Kontinuität oder regelhafte Beziehung zwischen diesen Bereichen herzustellen ist ja gerade das Ziel der Bemühungen!

[14] Brodmann 1909

Methoden gegenüber. Bei der folgenden Übersicht wird primär nach Beobachtungsebenen vorgegangen. Eine solche Einteilung wird der heutigen Vielfalt an Untersuchungsergebnissen der verschiedensten Wissenschaften im Hinblick auf eine Systematisierung gerechter. Darüberhinaus werden die entscheidenden Schnittstellen klar getrennt und illustriert. Ein Gesamtüberblick über die gesamte Hirnforschung kann im Rahmen der verfolgten Fragestellung ohnehin nicht im entferntesten geleistet werden und ist auch nicht intendiert. Es werden vielmehr repräsentative Beispiele aus den verschiedenen Bereichen diskutiert, die für die formulierte theoretisch orientierte Fragestellung von Belang sind und das Lokalisationsproblem in der Hirnforschung erhellen können.

Das Gehirn wurde bereits in der Antike als Zentralorgan aufgefaßt und studiert. Seitdem ist die Hirnforschung etabliert in der Wissenschaftsgeschichte. Die lange Tradition erlaubt eine geschichtliche Betrachtung, die gewisse Leitmotive aufweist wie etwa den Versuch, geistige Phänomene oder Krankheiten im Nervensystem zu verorten. Es zeigt sich dabei, daß eben dieser Lokalisationsgedanke in der einen oder anderen konkreten Form geradezu der rote Faden ist, unabhängig davon, ob Gedanken in verschiedenen Hirnkammern aus Wahrnehmung und Erinnerung "zusammengekocht"[15] werden oder in der Hirnrinde modular vor sich gehen. Dieser Lokalisierungsgedanke prägt natürlich auch die Vorstellungen zur Funktion des Nervensystems entscheidend mit und findet seinen Niederschlag in den verschiedenen Modellvorstellungen in der Geschichte der Medizin (Abschnitt B.I.).

Es folgen die Beiträge zu den verschiedenen Beobachtungsebenen. Es wurde dazu ein "bottom-up"-Zugang gewählt, der die zunehmende Komplexität immer größerer Nervenzellverbände mit immer gröberen Rastern widerspiegelt.[16] Neurobiologische Untersuchungen auf subzellulärem Niveau (Abschnitt B.II.) betreffen genregulatorische Mechanismen, die besonders während der Ontogenese von großer Bedeutung zu sein scheinen und Rezeptorstrukturen an der Zellmembran, die für interzelluläre Kommunikation eine

---

[15] Tatsächlich wurde in der mittelalterlichen Ventrikeltheorie der in der mittleren von drei Hirnkammern stattfindende Vorgang mit πεπσις oder coctio bezeichnet. Ein Gedanke war damit ein körpernahes Phänomen und wurde aus körperlichen Phänomenen mechanistisch erklärt. Noch Schopenhauer stellt die Frage, ob das Gehirn Gedanken sezerniere wie innere Organe ihre Verdauungssäfte.

[16] Damit soll nicht von vornherein eine Emergenz suggeriert werden. Dieser in Bezug auf den Zusammenhang von Gehirn und Geist nicht unproblematische Begriff kommt später noch zu Wort.

wichtige Rolle spielen. Dieser Bereich spielt allerdings eine eher untergeordnete Bedeutung für die Fragestellung.

Im Bereich der zellulären Neurophysiologie sind Leistungen der gesamten Nervenzelle von Interesse. Hierunter fallen insbesondere die Vorgänge von Signalerzeugung und -fortleitung, unter anderem Phänomene wie räumliche und zeitliche Summation von Eingangssignalen, die die eigentliche integrative Fähigkeit einer Nervenzelle ausmachen, die Aktionspotentialgenerierung und die synaptische Übertragung zwischen Nervenzellen (Abschnitt B.III.). Bei großer Vielfalt von verschiedenen Neuronentypen ist dabei bemerkenswert, daß zahlreiche physiologische Vorgänge prinzipiell vergleichbar sind, wodurch das Augenmerk weiter auf höhere Ordnungsstufen gerichtet wird.

Die Theoriebildung neuronaler Netzwerke (Abschnitt B.IV.) stellt besonders im Hinblick auf die vorliegende Fragestellung einen sehr wichtigen Teilaspekt dar. Ursprünglich inspiriert von Vorbildern biologischer Nervensysteme handelt es sich heute ganz überwiegend um eine Disziplin aus dem Bereich der Computerwissenschaften, die bemüht ist, Modelle von leistungsfähigen Parallelrechnern zu entwickeln. Das Prinzip beruht darauf, daß statt einer seriell arbeitenden central processing unit (CPU) wie im klassischen seriell arbeitenden Computer Netzwerke von mehreren Prozessoren parallel arbeiten. Der Vorteil dieser Methode liegt nicht nur in erhöhter Rechengeschwindigkeit, sondern vielmehr in qualitativem Sinn darin, daß nur die Parallelarchitektur, die auch in biologischen Nervensystemen bestimmend ist, die technische Reproduktion bestimmter Funktionen wie Bild- oder Spracherkennung oder assoziatives Gedächtnis möglich macht. Einen interessanten interdisziplinären Ansatz auf dieser Beobachtungsebene stellt das Verfahren des reverse engineering dar. Unter Einbeziehung sämtlicher zur Verfügung stehender Daten von Teilen biologischer Nervensysteme wird eine computerassistierte Rekonstruktion, Simulation oder Modellierung des biologischen Nervensystems vorgenommen. Mit diesem technischen Modell kann dann experimentiert werden, um neue Hypothesen zum Funktionsmechanismus des biologischen Vorbildes zu erarbeiten. Diese Methode richtet sich im Gegensatz zu der Modellierung von Parallelrechnern klar auf die Erforschung biologischer Nervensysteme.

Das Lokalisationskonzept (Abschnitt B.V.) steht im Mittelpunkt der Hirnforschung und hat zur Formulierung von Hirnkarten, meistens Kartierungen der Großhirnrinde, geführt, die nach bestimmten Kriterien entworfen wurden. Der Grundgedanke war dabei, daß bestimmten anatomisch definierbaren Hirnfeldern bestimmte funktionell-physiologisch definierbare Korrelate entsprechen müßten. Dieses Konzept der Hirn-Kartierung hat bis heute großen klinischen Wert. Neben der bekanntesten auf Brodmann zurückgehende Kartierung, die auf unterschiedlichen zytoarchitektonischen Merkmalen beruht, haben elektrophysiologische Reizungen der Großhirnrinde und Befunde zur Chemoarchitektur, die die Verteilung von Neuro-Transmittern untersucht, zu anderen Kartierungen geführt, die sich zum Teil überlappen, zum Teil eigene Hirnsysteme beschreiben. Allerdings sind nur einige Funktionen nach anatomischen und physiologischen Untersuchungen überhaupt auf der Ebene dieser Hirnkartierungen lokalisierbar. Vielmehr gibt es viele, sogenannte höhere Hirnfunktionen, die sich nicht in einem eng umschriebenen Hirnareal verorten lassen, so daß die Lokalisierbarkeit von Hirnfunktionen in anatomisch definierbaren Hirnarealen immer kontrovers zwischen "Lokalisationisten" und "Holisten" oder "Globalisten" geführt wurde. In jedem Fall muß zwischen einer Lokalisierbarkeit höheren Auflösungsvermögens und einer Lokalisierbarkeit geringerer Trennschärfe unterschieden werden.

Über diese Hirnkarten hinaus ist es gelungen, zahlreiche funktionelle Systeme (Abschnitt B.VI.) zu definieren, die unter Nutzung mehrerer solcher Hirnareale in verschiedenen topographisch und hierarchisch unterscheidbaren Hirnanteilen arbeiten und anatomisch charakterisiert werden können. Zahlreiche dieser Befunde sind durch Läsionsexperimente erhoben worden. Dabei werden gezielt Hirnanteile zerstört oder Patienten mit Hirndefekten untersucht und Funktionsausfälle dokumentiert, die mit den zerstörten Arealen in Verbindung gebracht werden können. Hauptsächlich die Wahrnehmungssysteme gehören zu den gut charakterisierbaren funktionellen Systemen. Weniger gut charakterisiert sind Systeme, die das "Bewußtsein"[17] ermöglichen oder das limbische System, in dem das Gefühlsleben vor sich geht.[18] Solche als höhere Hirnfunktionen zusammengefaßte Phänomene sind heute methodisch insbesondere durch die Neuropsychologie und die bildgebenden Verfahren abge-

---

[17] Der Bewußtseinsbegriff im Sinne der klinischen Neurologie ist im wesentlichen mit Vigilanz- oder Wachheitsgrad zu übersetzen.

[18] Es ist bemerkenswert, daß gerade die höheren Hirnfunktionen nur in geringem Maße der experimentellen Untersuchung zugänglich sind und bis heute nur mit geringer Trennschärfe oder geringem Auflösungsvermögen zu lokalisieren sind. Ein wichtiger Faktor ist die unterschiedlich schwierige Operationalisierbarkeit der Phänomene. Es ist leichter, einfache Wahrnehmungsmuster zu präsentieren als distinkte Bewußtseinsgrade oder bestimmte Gefühle gezielt zu induzieren.

deckt, durch die völlig neue Forschungsperspektiven eröffnet wurden. Insbesondere durch die Positronen-Emissions-Tomographie (PET) gelingt es heute, an Probanden oder Patienten gezielte intravitale funktionelle Studien durchzuführen. Durch die computergestützte Detektion von bei verschiedenen Aufgaben unterschiedlich im Gehirn verteilten zugeführten radioaktiven Stoffen kann eine gezielte Funktionsanalyse von bestimmten Hirnteilen oder die Topik bestimmter Repräsentationsareale untersucht werden, so daß potentiell alle geistigen Funktionen mit dieser Methode im Gehirn zu lokalisieren sein werden. Damit ist zum ersten Mal in der Geschichte der Hirnforschung eine Methode verfügbar, die an einer Versuchsperson funktionelle Hirnzustände markieren kann und über während der Messung durchgeführte psychologische Testverfahren auch Anschluß zur Verhaltensebene und zur geistigen Phänomenwelt gewinnt.[19]

Diese Untersuchungen auf unterschiedlichen Beobachtungsebenen haben eine Reihe von theorieleitenden Vorstellungen hervorgebracht, die sich als roter Faden durch die Hirnforschung ziehen und wesentliche konzeptuelle Ideen formulieren (Abschnitt B.VII.). Es spielt insbesondere die Modularisierung eine vordringliche Rolle, die in der Betonung einer Aufteilbarkeit in neurale Bausteine auch gleichzeitig zum komplementären Begriff der Konnektivität, also der Gesamt-Verbindungskapazität im Nervensystem, überleitet. Andere Vorstellungen beschreiben den hierarchischen Aufbau des Nervensystems, eine insbesondere evolutionär motivierte Auffassung, sowie das populäre Lateralisierungskonzept, das beiden Hemisphären unterschiedliche Funktionsbereiche zuweisen kann. Das aus Sicht der vorliegenden Arbeit zentrale Prinzip ist das der topologischen Kodierung von neuronal primär bedeutungsneutralen Informationen.

Erweitert insbesondere durch dynamische Aspekte ist das Konzept der Repräsentation motiviert, das als historisch unbelasteter Begriff als Ersatz für die

---

[19] Während das Kernspintomographie-Verfahren zunächst nur zur hochauflösenden Darstellung anatomischer Strukturen genutzt wurde, hat es seit gut einem Jahr zunehmend auch Bedeutung im Rahmen des "functional brain imaging". Dabei wird ausgenutzt, daß Hämoglobin in oxygeniertem und deoxygeniertem Zustand unterschiedliche Signale in der Spektroskopie zeigt, welche wiederum auf das anatomische Kernspintomogramm projiziert werden können. Damit wird also der Sauerstoffverbrauch auf anatomischer Grundlage sichtbar. Unter der Voraussetzung, daß höherer Sauerstoffverbrauch auch stärkerer neuronaler Aktivität entspricht, wird damit neuronale Aktivität sichtbar (Belliveau et al. 1991; Connelly et al. 1993; Rosen et al. 1993).

eindimensionale klassische Lokalisationstheorie vorgeschlagen wird (Abschnitt B.VIII.). Anstatt einer lokalisationistischen Fixierung auf Hirnkarten wird der Begriff der Repräsentation propagiert, der primär auf der Ebene neuronaler Netzwerke ansetzt und hier eine Identifizierbarkeit psychischer und physischer Zustände gewährleisten soll.

B.I. Historische Entwicklung der Hirnforschung

Die Geschichte der Hirnforschung ist nicht nur akademisches Präludium, sondern hat eine wichtige heuristische Komponente, insofern als viele relevante Aspekte der aktuellen Forschungen und Theorien in Variationen bereits geschichtlich nachzuvollziehen und noch heute von theoriebildender Wichtigkeit sind. Das Lokalisationsproblem ist einer der roten Fäden in der Wissenschaftsgeschichte der Hirnforschung und öffnet ein Spannungsfeld, das sich zwischen einer holistisch orientierten Hirntheorie, die eine distributive Verteilung der Hirnfunktionen mehr oder weniger im ganzen Gehirn annimmt, und einer um Lokalisierbarkeit bemühten Vorstellung bewegt.[20] Die Lokalisationshypothese, nach der bestimmte Hirnfunktionen mehr oder weniger scharf umrissenen Hirnarealen zuzuordnen sind, "the notion that given behaviors are controlled by given areas of the brain"[21] in ihren vielfältigen Ausprägungen, ist darin eine zentrale Fragestellung und Herausforderung für die Hirnforschung, so daß es immer mehr oder weniger differenzierte Vorstellungen zur Lokalisierbarkeit von psychischen Phänomenen im Gehirn gab. Sie reichen von der relativ groben Ventrikeltheorie, die aus der Antike bis weit ins Mittelalter überlebt hat, bis zur hochdifferenzierten Aufteilung des Gehirns in bis zu mehrere Hundert Hirn-Organellen in der Gallschen Theorie.

Solche Theorien und Vorstellungen von der Funktion des Nervensystems dürfen aber nicht darüber hinwegtäuschen, daß eine Lokalisation psychischer Phänomene im Gehirn keine unangefochtene These war. Die Geschichte der Medizin ist im Bereich der Neurologie und besonders der Psychiatrie geprägt vom Gegensatz von Psychikern und Somatikern. Waren Psychiker der festen Überzeugung, in der Psyche des Menschen eine eigene (Phänomen-)Welt vor sich zu haben, die nicht auf das Gehirn beziehbar sei, vertraten Somatiker

---

[20] Zur Übersicht: Hecaen 1982; Schott 1987

[21] Kolb und Wishaw 1985, S. 304

B. Hirnforschung

programmatisch die Auffassung, daß Geisteskrankheiten Gehirnkrankheiten seien. Im Jahre 1845 formuliert dazu der Psychiater Wilhelm Griesinger: "So haben wir vor allem in den psychischen Krankheiten jedesmal Erkrankungen des Gehirns zu erkennen."[22] Eine solche Vorbemerkung ist nicht selbstverständlich. Die Auseinandersetzung von Psychikern und Somatikern reflektiert vielmehr die medizinische Spielweise des philosophischen Leib-Seele-Problems. Die Haltung der Psychiker, die eine eigenständige psychische Welt annehmen, die nicht durch Erforschung des Nervensystems aufgeklärt werden kann, entsprechen im philosophischen entweder einer idealistisch-spiritualistischen Ausrichtung oder einer dualistisch-parallelistischen Ausformung.[23] Somatiker gründen dagegen auf einer materialistischen These oder einer Identität von psychischen und physischen Phänomenen.[24]

Die Lokalisation geistiger Phänomene im Gehirn wurde bereits in der Antike kontrovers diskutiert. Klassisches Gegensatzpaar in der Philosophiegeschichte ist die Auseinandersetzung von Platon und Aristoteles, die sich in der Formulierung einer kephalozentrischen und einer kardiozentrischen These unterscheiden. Platon unterscheidet drei Seelenanteile, die als Begierde im Unterleib (επιθυμια), als Willenskraft zwischen Brust und Hals (θυμια) und schließlich als Sitz der Vernunft, Weisheit und Tugend im Kopf (λογιστικον) lokalisiert sind.[25] Das Gehirn (ενκεφαλον), also eben das, was im Kopf ist, "die Umläufe im Kopfe, die vor allem göttlich sind"[26], ist das Zentrum in Platons Seelenlehre. Eine andere Seelenteilung wird von Aristoteles vorgenommen, der eine vegetative, eine animalische und eine vernünftige Seelenabteilung unterscheidet. Im Rahmen der 4-Säfte-Theorie ist das Gehirn für Ari-

---

[22] Griesinger 1845, S. 1ff

[23] Eine solche parallelistische Vorstellung wird interessanterweise auch heute von Hirnforschern und Neurologen gestützt, so von Kuhlenbeck (1986), Linke und Kurthen (1988), wenn auch nur als Arbeitshypothese. Auch Schopenhauer, der gut über die Hirnforschung seiner Zeit informiert ist, ist in seiner Denkweise vom Zusammenwirken von Gehirn und Geist parallelistisch zu verstehen (Kapitel C.III.2.).

[24] Die vorliegenden Ausführungen sind in diesem Sinn auch ein Dokument eines Somatikers. Die neurowissenschaftliche Kodierung des Leib-Seele-Problems wird besonders manifest in der Psychiatrie, wo die Haltung zum Zusammenhang von Gehirn und Geist bestimmend ist für Theorieausbildung und Forschungsausrichtung.

[25] Platon, "Timaios", 69c

[26] Ibid., 85a

stoteles kalt und feucht im Gegensatz zum heiß-trockenen Blut, so daß sich aus schleimigen Körpersubstanzen im Gehirn Gedanken kondensieren können, um dann von da aus wieder zum Zentrum Herz und dann zur Peripherie und zu den Erfolgsorganen zu gelangen.[27] Das Herz aber ist "Akropolis des Körpers" und "Prinzip des Lebens und der Bewegung".[28] Medizinisch ist diese Auseinandersetzung im Corpus hippocraticum nachzuvollziehen und weist im wesentlichen dem Gehirn Funktionen der Wahrnehmung und des Verstandes zu, einzelne Beiträge diskutieren aber auch die Beteiligung des Herzens bei bestimmten Intelligenzleistungen.[29]

Der Arzt und Naturphilosoph Alkmaion von Kroton (um 500 v. Chr.) ist als erster Denker nachweisbar, der das Gehirn zum Zentralorgan, zum ηγεμονικον, erhebt. In der Mitteilung des Chalcidius heißt es: "duas esse angustas semitas, quae a cerebri sede, in qua est sita potestas animae summa ac principalis, ad oculorum cavernas meent naturalem spirituum continentes"[30]. Die engen Bahnen zu den Augen, die die Spiritus naturales führen, sind die Sehnerven. Das Gehirn als Sitz der Seele wird hier nur im Nebensatz angesprochen. Um 300 v. Chr. wirkten Herophilos und Erasistratos als Ärzte, die sich intensiv mit dem Gehirn beschäftigten[31]. In den Werken von Galen wird die Hypothese von Erasistratos und Herophilos formuliert, nach der das Gehirn die Seele beherberge. Aus dem Werk Galens läßt sich dazu in lateinischer Übersetzung entnehmen: "Quae fit pars princeps animae et in quo fit. ... Erasistratus in membrana cerebri quam epicranida vocat. Herophilus in ventriculus cerebri."[32] In der Hypothese von Herophilos ist bereits die Ventrikeltheorie angesprochen, nach der der Geist nicht im Hirngewebe selbst, sondern in den flüssigkeitsgefüllten Hohlräumen des Gehirns zu verorten sei.

Prominentester Vertreter der Ventrikeltheorie wurde in der Antike Galen aus Pergamon (131-199 n. Chr.), der die Theorie weiter konturierte und bis

---

[27] Aristoteles, "De somno et vigilia", 457b, zit. n. Schadewaldt 1967

[28] Id., "De partibus animalium" 665a, 670a, zit. n. Schadewaldt 1967

[29] Eine ausführliche und ertragreiche Untersuchung zu diesem Aspekt und zu Modellvorstellungen zur Funktion des Nervensystems in der Geschichte der Medizin hat Schadewaldt (1967) vorgelegt.

[30] Zit. n. Schumacher 1963, S. 75

[31] Galen, Band VIII, S. 212; Grünthal 1968, S. 18

[32] Galen, Band XIX, S. 315

weit ins Mittelalter trug. Die Seele (πνευμα) als der Hauch und die Lebenskraft, gelangt nach seiner Auffassung über die Lunge und das Herz in die Hirnventrikel und unterliegt dabei charakteristischen Veränderungen. Das "neutrale" πνευμα der Lunge wird im Herzen zum πνευμα ζοτικον, dann in den Hirnventrikeln zum πνευμα ψυχικον transformiert[33]. Von verschiedenen Gelehrten wiederaufgenommen wurde die Ventrikellehre im Mittelalter mit der Dreiteilung der Seele kombiniert und als Dreizellentheorie konkretisiert und verfeinert. Danach sind verschiedene mentale Fähigkeiten in verschiedenen Hirnhöhlen zu lokalisieren, so die Phantasie und die Wahrnehmung in der vorderen, der Verstand in der mittleren, das Gedächtnis in der hinteren Hirnkammer[34]. Die Wahrnehmungszelle liegt dabei gesichtsnah und kann so gute Verbindungen zu den Sinnesorganen verbürgen, während das Gedächtnis als Erinnerungs-Speicher im Hinterkopf lokalisiert wird. Zwischen beiden liegt der Verstand, in dem der auch als coctio oder πεπσις bezeichnete Vorgang stattfindet. Der Prozeß des Denkens wird damit bereits ausdrücklich als eine chemische Prozessierung verstanden, wobei verschiedene Edukte psychischer Vorgänge in einer (im Vergleich zu heutigem Verständnis vergleichsweise primitiv formulierten) chemischen Koch-Reaktion ein Produkt ergeben, das etwa einer bewußten wertenden Wahrnehmung verentsprehcen könnte, die sowohl Sinneseindrücke als auch Erinnerungsinhalte integrieren müßte.[35] Vermittelt wird mechanisch zwischen diesen Kammern durch einen vermis, der jeweils eine der beiden Verbindungen der drei Kammern verschließt, so daß zwei kommunizieren können. Verschließt der vermis die hintere Verbindung, können Wahrnehmungsinhalte in das bewertende und interpretierende Bewußtsein gelangen, ist die vordere Verbindung verschlossen, so können Gedächtnisinhalte abgerufen werden. Die einzelnen höheren Hirnfunktionen wurden dabei durchaus materialistisch-somatisch als körperliche Vorgänge verstanden (Abbildung 1). Unklar bleibt allerdings, wodurch der vermis gesteuert wird, analog zur chemsichen Vorstellung der

---

[33] Galen, Band IV, S. 509, Band V, S. 281, Band XIV, S. 710f

[34] Grünthal 1968, S. 18

[35] Die Seele als Exkrement des Gehirns war noch im 19. Jahrhundert eine populäre Vorstellung. Für Karl Vogt konnte kein Zweifel daran bestehen, "daß alle jene Fähigkeiten, die wir unter dem Namen der Seelenthätigkeiten begreifen, nur Functionen der Hirnsubstanz sind; oder, um mich einigermaßen grob hier auszudrücken, daß die Gedanken in demselben Verhältnis etwa zu dem Gehirne stehen, wie die Galle zur Leber oder der Urin zu den Nieren." (Vogt 1847).

Gedankenabläufe wäre aber eine Art Prinzip des geringsten Widerstandes, das aus der Chemie bekannt ist, denkbar, wobei überfüllte Kammern automatisch eine „Verdrängung" des vermis bedeuten würden. Eine überfüllte Sinneskammer nach konzentrierter Betrachtungstätigkeit würde sich dann durch quasi-mechanischen Druck in eine mittlere Kammer entleeren müssen, wodurch sich der vermis verschieben würde zur hinteren Verbindungsstelle. Eine vollständige Entleerung könnte dann wiederum einen „Unterdruck" erzeugen, so daß der vermis wieder vorne verschließen und nun die Verbindung zur hinteren Kammer freigeben würde, die dann eine Wertung auf Grundlage bereits gemachter Erfahrungen möglich machen könnte.

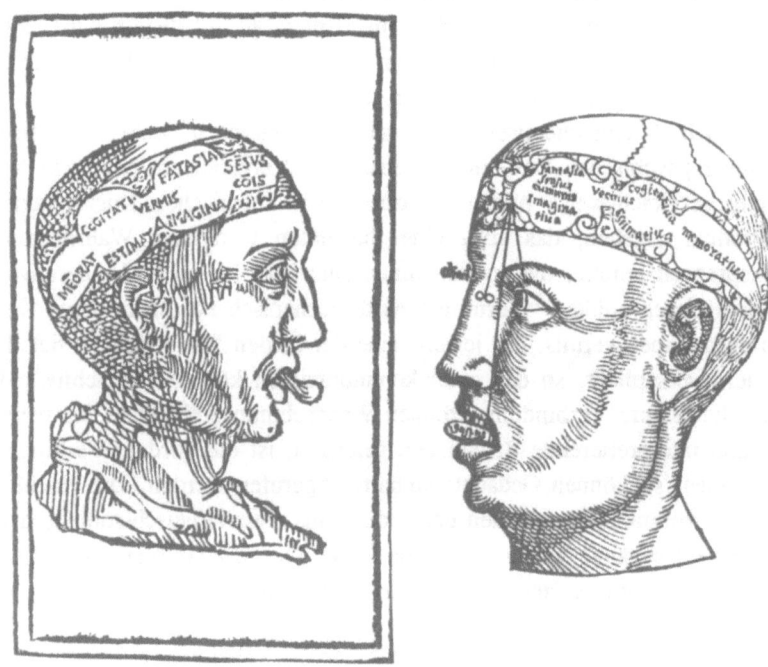

Abbildung 1: Mittelalterliche Ventrikeltheorie

(Links: Rosselli "Thesaurus artificiosae memoriae" Venedig 1579; rechts: Lull "Bernhardi de Lavinheta. Opera omnis quibus tradidit artis Raymundi Lulli compendiosam" Köln 1612). Das Gedächtnis (memorativa) steht mit dem Wahrnehmungsapparat (sensus communis) in Verbindung über die dritte Kammer (cogitativa und estimativa) in der ein mit πεπσις bezeichneter Vorgang stattfindet. Der bewegliche vermis kann je zwei der drei Kammern funktionell verbinden bzw. von der dritten abtrennen (Abbildungsnachweis: Clarke, Dewhurst, Straschill 1973).

Die Dreizellentheorie hielt sich durch das ganze Mittelalter aufrecht, zum Teil überarbeitet zu einer Fünfzellentheorie und kann noch in einer Zeichnung von Leonardo da Vinci nachgewiesen werden, die etwa um 1490 entstanden ist. Sie zeigt trotz da Vincis präziser Detailkenntnis in der Anatomie noch eine Dreizellenkompartimentierung im Gehirn (Abbildung 2).

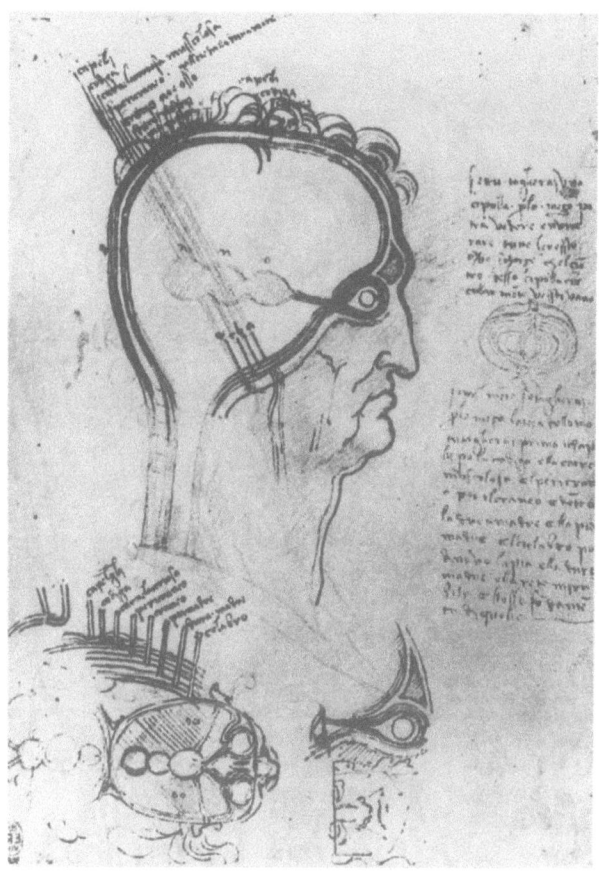

Abbildung 2: Hirnanatomie nach Leonardo da Vinci

Noch bei Leonardo da Vinci zeigen diese Skizzen eines Schädels von 1498 ein Gehirn mit seriell angeordneten Hohlräumen, das der antik-mittelalterlichen Ventrikeltheorie nachempfunden ist. Schadewaldt (1967) macht auf eine 1504 angefertigte Zeichnung von da Vinci aufmerksam, in der bereits bilateral-symmetrisch angelegte Seitenventrikel dargestellt sind. Die ersten systematischen anatomischen Untersuchungen legt allerdings erst Andreas Vesalius mit der "Corporis Humani Fabrica" (1543) vor (Abbildung 3). (Abbildungsnachweis: Popham 1977)

Erst die epochale Arbeit des Anatomen Andreas Vesalius, der als erster moderne Anatomie inklusive detaillierter Befunderhebung durch genaue

Zeichnungen betrieben hat, erbrachte gründliche morphologische Belege für die Unhaltbarkeit dieser Hypothese der Dreizellentheorie und demonstrierte unter anderem die subtile Anatomie der Hirnventrikel, die nicht der klassischen Ventrikellehre entsprach (Abbildung 3).

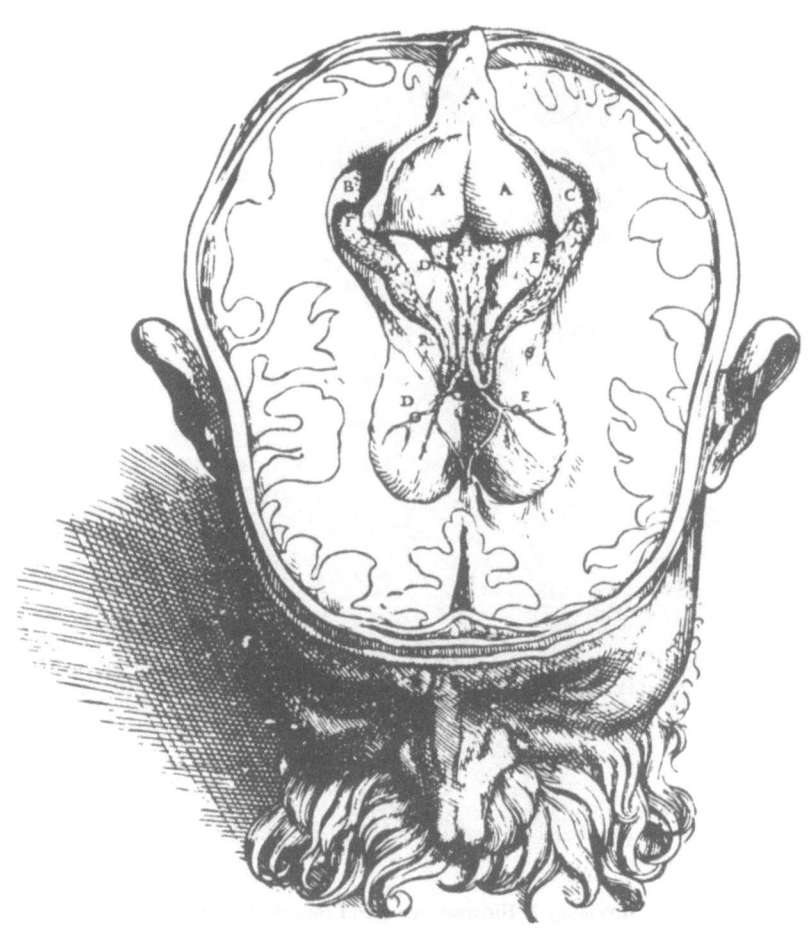

Abbildung 3: Die Hirnanatomie von Andreas Vesalius

Erst Andreas Vesalius legt in dem ersten modernen Anatomiebuch „De Corporis Humani Fabrica" von 1543 detaillierte Studien zur menschlichen Hirnanatomie vor, die die naive mittelalterliche Vorstellung von drei hintereinander geschalteten Ventrikeln als dem eigentlich zentralnervös wirksamen Substrat obsolet erscheinen lassen. (Abbildungsnachweis: de Saunders und O´Malley 1982)

René Descartes (1596-1650) steht mit seinem exklusiven ontologischen Dualismus von res cogitans und res extensa zwar bereits a priori jenseits jeder Möglichkeit, mentale Phänomene physisch repräsentiert zu sehen, aber auch er benötigt eine organische Schnittstelle, die eine Vermittlung zwischen Geist und Körper leisten kann. Diese Verbindung wird bei ihm durch die Zirbeldrüse oder Epiphyse geschaffen, die als einziger unpaarer Bestandteil des Gehirns die Einheit der Seele beim Eintritt ins Gehirn konservieren kann. Die Spiritus treten durch die Zirbeldrüse ein und verteilen sich von dort über die feinen Kanälchen, die das Hirngewebe durchziehen, in das Organ und in den Körper (Abbildung 4).

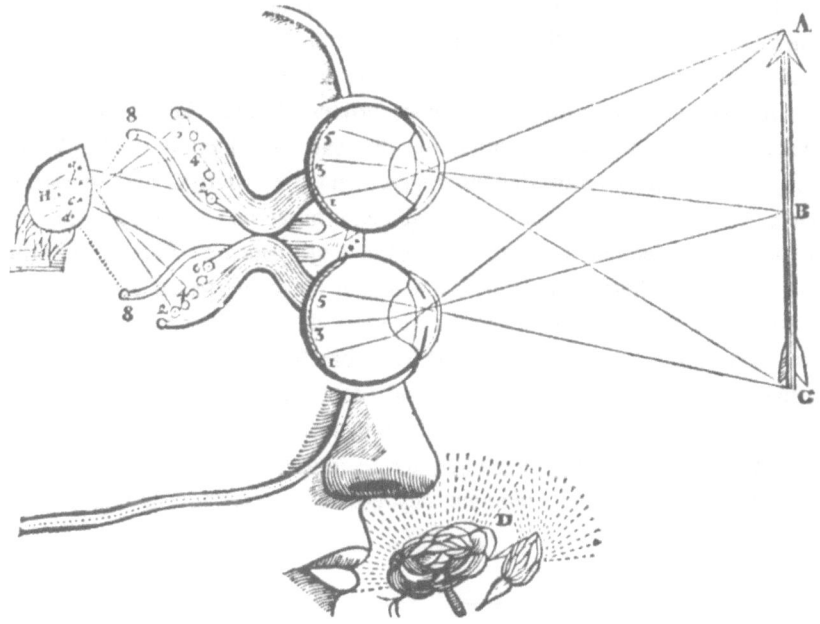

Abbildung 4: Der cartesische Interaktionismus

Die Zirbeldrüse als einzig unpaare Hirnstruktur fungiert im cartesischen Modell eines ontologischen Dualismus als vermittelnde Schnittstelle zwischen Geist und Gehirn. Wahrnehmungen aus der Umwelt werden über die röhrenartigen Nerven der Sinnesorgane (zum Beispiel Sehnerv oder Riechnerv) weitergeleitet und in der Zirbeldrüse integriert. Hier kann auch gleichzeitig res cogitans eingreifen, um die Informationen nach Bedarf zu modifizieren. Von der Zirbeldrüse gewinnen die transformierten spiritus animales wieder Anschluß an den Körper und an die Erfolgsorgane über das röhrenartige, periphere Nervensystem. (Abbildungsnachweis: Descartes "Über den Menschen", Ausgabe Heidelberg 1969)

Die Zirbeldrüse, "wo sich der Sitz der Vorstellungsvermögen und des Sensus communis befindet"[36], wird so zum Vermittler der beiden exklusiven Welten von res cogitans und res extensa.[37] Sie ist nicht Sitz der Seele, sondern nur organischer Ort konzentriertester Seelenaktivität. Innerhalb des Substanzbereiches der res extensa ist der cartesische Mensch eine technisch zu begreifende, damit auch eine potentiell reproduzierbare Konstruktion. Die Seele wird noch als antikes πνευμα oder spiritus dem Blut beigemengt und kann so den gesamten Körper für die Seelentätigkeiten dienstbar machen. Im Original: "Und damit man zu Anfang eine allgemeine Vorstellung von der ganzen Maschine bekomme, die ich zu beschreiben habe, möchte ich hier vorausschicken, daß es die Hitze ist, die sie im Herzen besitzt, die die große Triebkraft und das Prinzip aller in ihr stattfindenden Bewegungen ist. Die Venen sind die Röhren, die das Blut von allen Teilen des Körpers zu diesem Herzen hinführen, wo es zur Nahrung für die dortige Wärme dient. Auch der Magen und die Därme sind eine solche größere Röhre. Sie ist von vielen kleinen Löchern durchsetzt, durch die der Saft der Speisen in die Venen fließt, die ihn direkt zum Herzen tragen. Und die Arterien sind wiederum andere Röhren, durch welche das im Herzen erhitzte und verdünnte Blut von dort aus in alle anderen Teile des Körpers gelangt, denen es Wärme und Nahrungsmaterial zuführt. Und schließlich bilden die bewegtesten und lebhaftesten Blutteile, welche über diejenigen Arterien, die von allen am gradlinigsten vom Herzen aus verlaufen, zum Gehirn gebracht werden, etwas wie einen Lufthauch oder einen sehr feinen Wind, den man die Spiritus animales[38] nennt. Diese erweitern das Gehirn und machen es geeignet, die Eindrücke der äußeren Objekte und auch diejenigen der Seele aufzunehmen, d. h. also, Organ oder Sitz des Sensus communis, des Vorstellungsvermögens und des Ge-

---

[36] Descartes, "Über den Menschen", S. 109

[37] Ein analoges theoretisches Modell eines Interaktionismus ist von J. C. Eccles (1986, 1990) entworfen worden und beruht ebenfalls auf einem ontologisch exklusiven Dualismus (Kapitel C.III.1.).

[38] Hier allerdings zweigt Descartes diffus in einen durchaus meta-physischen Bereich ab. Er greift hier antike Vorstellungen auf, die von einer Beseelung des Blutes mit den Lebensgeistern ausgehen. Diese Spiritus animales werden offenbar in die Lage versetzt, die Empfänglichkeit des Gehirns für seelische Signale bereitzustellen. Das Gehirn (die Zirbeldrüse im speziellen) fungiert dabei als Schnittstelle im exklusiven Dualismus von res extensa (Körper und Gehirn mit Zirbeldrüse) und res cogitans (Seele).

dächtnisses zu sein. Diese gleiche Luft oder diese gleichen Spiritus fließen vom Gehirn durch die Nerven in alle Muskeln. Sie befähigen diese Nerven dazu, als Organe für die äußeren Sinne zu dienen. Und indem sie die Muskeln verschieden aufblähen, vermitteln sie allen Gliedern die Bewegung."[39] Descartes spart allerdings die Wirkprinzipien einer wesentlich andersgearteten, auf den Körper einwirkenden Seelensubstanz an dieser Stelle aus, wo es ihm nur um körperlich-medizinische Belange geht. Genau diese Art der Einwirkung wird sich bis heute als das unlösbare Problem eines ontologischen Dualismus demonstrieren lassen.

Die Überlegung, den Menschen im Sinne einer solchen Röhrenkonstruktion als Maschine zu begreifen und gewisse Fähigkeiten potentiell reproduzierbar zu machen, geht ebenfalls mindestens bis in die griechische Antike zurück. Homer beschreibt schon die künstlichen Wesen des Hephaistos, die mit technischen Mitteln hergestellt sind.[40] Später ist für Leibniz (1646-1716) der Mensch ebenfalls eine, wenn auch von göttlicher Schöpferhand kunstvoll gefertigte Maschine: "So ist jeder organische Körper eines Lebewesens eine Art von göttlicher Maschine oder natürlichem Automaten, der alle künstlichen Automaten unendlich übertrifft. Denn eine durch Menschenkunst gebaute Maschine ist nicht auch Maschine in jedem ihrer Teile. So hat z. B. der Zahn eines Messingrades Teile oder Stücke, die für uns nichts Künstliches mehr sind und die nichts mehr von der Maschine merken lassen, zu deren Betrieb das Rad bestimmt war. Aber die Maschinen der Natur, d. h. die lebendigen Körper, sind noch in ihren kleinsten Teilen, bis ins Unendliche hinein, Maschinen. Eben darin besteht der Unterschied zwischen Natur und Kunst, d. h. zwischen der göttlichen Kunstfertigkeit und der unsrigen."[41]

Daß diese Sicht des Menschen als Maschine eine materialistische These ist, belegt nicht zuletzt der französische Arzt Julien Offray de La Mettrie (1709-1751) in seinem 1748 anonym erschienenen Werk "L'homme machine", in dem er die gesamte Wirklichkeit auf eine Substanz zurückführt: "Folgern wir also kühn, daß der Mensch eine Maschine ist, und daß es auf dem ganzen Weltall nur eine einzige verschieden modifizierte Substanz gibt."[42] Die Seele

---

[39] Descartes, Aus dem Vorwort zu "Beschreibung des menschlichen Körpers und aller seiner Funktionen" 1664, zit. n. Drux 1988, S. 27

[40] Homer, "Ilias", XVIII. Gesang, 376-427

[41] Leibniz, "Monadologie", § 64

[42] Offray de La Mettrie 1748, zit. n. Drux 1988, S. 48

ist ihm nur ein nichtssagender Ausdruck. Durch diese geradezu eliminativ materialistische Position[43] ist der Grundstein gelegt für Überlegungen zu künstlicher Intelligenz und der Planung von Computern mit Parallelarchitektur, die sich an biologischen Vorbildern orientieren.

Die sehr moderne Lokalisierung der Spiritus animales, die Descartes als vitalisierendes Agens erwähnt, in die Hirnrinde als ihrem Reservoir und ihrem Bildungsort wurde erstmals von Franciscus D. Sylvius (1614-1672) und von Thomas Willis (1622-1675)[44] erwähnt[45]. Festgehalten wird dabei aber noch am Konzept der spiritus animales oder des πνευμα als einer spezifischen "Seelensubstanz". Dabei kommt der Hirnrinde neben der Kleinhirnrinde und dem Blut die Produktion der Spiritus animales durch Destillation zu sowie eine Reservoirfunktion für die spiritus: "Spiritus animales in cerebro ac in cerebello jugiter producti constituunt."[46]. Der eigentliche Wirkort ist das Marklager, das durch Anschluß an den Balken Verbindung zu allen Hirnteilen besitzt: "Sanguis ... ipsi cerebri ac cerebelli poris ac meatibus profundius instillatur, ubi quamprimum spirituosae istae particulae a partis subjectae fermento inspirantur, illico in spiritus animales puros putosque facessunt; qui mox a substantia corticali in medullarem scaturientes, ibidem functiones animalis munera exequuntur."[47]. Willis, übrigens Lehrer von Andreas Vesalius, leistet damit eine Integration der antiken scholastischen Begriffe von der Produktion der Spiritus und ihrer Lokalisation im modernen, anatomischen Sinn. Erstmals kommt in seinem Ansatz der Lokalisation mentaler Phänomene der Großhirnrinde eine außerordentliche Funktion zu, wenn auch nur als Bildungsstätte und Reservoir des Seelensubstrates.

Noch in Zusammenhang mit der antiken Hypothese im Sinne der Ventrikellehre steht die Vorstellung, das "Organ der Seele"[48] in die Hirnventrikel und dort in den Liquor cerebrospinalis zu verlegen, welche von Thomas Sömme-

---

[43] Dazu auch Materialismus (C.IV.1.)

[44] Thomas Willis, "De Cerebri Anatome" (Original 1664), in: Id. 1681

[45] Grünthal, 1968, S. 19

[46] Willis, Band 1, IX, S. 299

[47] Ibid., S. 298

[48] Eine ausgezeichnete Analyse des Werkes "Über das Organ der Seele" aus medizinhistorischer und philosophischer Sicht nimmt Weber vor (1987).

ring (1755-1830)[49] stammt. Bei ihm heißt es: "Nehmen wir als ausgemacht an, daß es eine Gemeinschaftliche Empfindungsstelle (Sensorium Commune) giebt; und daß solche sich im Hirne findet: so - glaube ich - läßt es sich wahrscheinlich machen, wo nicht beweisen. Daß dies Sensorium commune in der Feuchtigkeit der Hirnhöhlen (Aqua Ventriculorum Cerebri) bestehe, oder in der Feuchtigkeit der Hirnhöhlen sich finde, oder wenigstens in der Feuchtigkeit der Hirnhöhlen gesucht werden müsse; kurz: daß die Flüssigkeit der Hirnhöhlen das Organ desselben ist."[50]. Interessant bleibt, daß gerade die Flüssigkeit im Gehirn bei vielen Autoren der Seelenträger bleibt. Es mag sein, daß eine flüssige Seele im Gegensatz zum soliden Körper des Menschen plausibler erschien. Eine Flüssigkeit konnte auch besser alle Körperteile erreichen, was für die Seele ja zutreffen muß, da sich die selektive Aufmerksamkeit im modernen Sprachgebrauch auf potentiell alle Körperteile beziehen kann. Das griechische πνευμα als "Hauch" ist auch als gasförmig vorzustellen und wurde vom Blut transportiert. Abenteuerliche Relikte einer solchen Flüssig-Geist-Theorie haben sich bis heute erhalten können. Als "materielle Basis des Geistes"[51] könnte danach "das Wasser-Kontinuum des menschlichen Gehirns den grenzenlosen Raum der Seele bezeichnen, weil eben ein in sich geschlossenes Kontinuum die Eigenschaften des Unendlichen in sich trägt."[52] Die "Produktion von Ganzheits-Ereignissen des Geistes," die dann nämlich "im Kontinuum des Interdendritenwassers entstehen"[53] würden, wäre auf dieser Basis zwar gut erklärbar, entbehrt heute aber jeder Grundlage. Viel-

---

[49] Für Kant, Zeitgenosse und Freund Sömmerings, der mit diesem in brieflichem Kontakt stand, ist die Lokalisierung der Seele nicht nur unauflöslich, sondern auch "an sich widersprechend" (Kant, Band XI, S. 259). Die Seele ist der idealistischen Philosophie zufolge, geäußert in einem Brief Kants an Sömmering, dem inneren Sinn, der Körper dem äußeren zugänglich. Wolle die Seele, das erkennende Subjekt also, sich selbst verorten, müsse sie sich zum Gegenstand ihrer eigenen Anschauung machen, mithin aus sich selbst heraustreten, was sich widerspreche. Vielleicht bleibt Sömmering, mit seinem vagen Lokalisierungsversuch des Organs der Seele durch diese idealistische Überlegung beeinflußt. Sein Zeitgenosse Gall argumentiert später völlig entgegengesetzt, und zwar gezielt organisch. Selbst der Schädel liefert nach Gall noch Hinweise auf die Beschaffenheit und Ausprägung mentaler Fähigkeiten.

[50] Sömmering, "Über das Organ der Seele", 1796, § 28, S. 31f.

[51] Trincher 1983

[52] Ibid.

[53] Ibid.

mehr muß heute von einer Verortung der zentralnervösen Aktivität im Hirngewebe selbst ausgegangen werden.

Franz Josef Gall (1758-1828) betonte nach der idealistischen Philosophie[54] als erster die überragende Bedeutung der Großhirnhemisphären für die seelischen Phänomene.

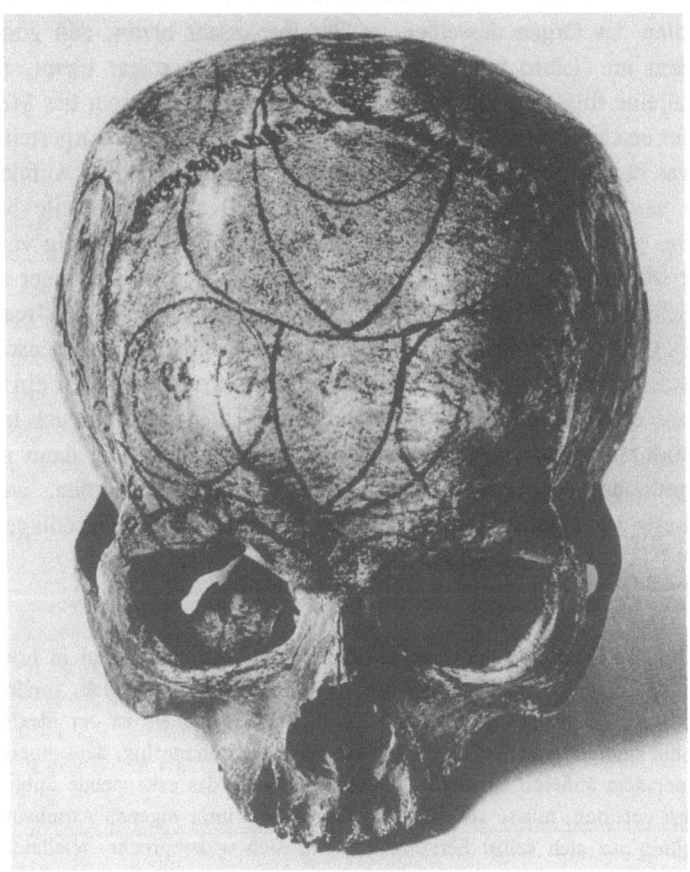

Abbildung 5: Gall'scher Schädel

Die physiognomischen Markierungen auf der Oberfläche des Schädels entsprechen den äußerlich ablesbaren unterschiedlichen Seelenorganen in der Hirnrinde. Diese jeweils besonders genutzten Hirn-Abschnitte hypertrophieren und werden durch eine Ausbeulung des Schädels auch an seiner Oberfläche sichtbar. (Abbildungsnachweis: Ackerknecht 1966)

---

[54] Also eher gedanklich nach, zeitlich während der idealistischen Philosophie.

Im zweiten der sechs Bände in seinem Hauptwerk "Sur les Fonctions du Cerveau et sur celles des Chacune de ses Parties" heißt es: "il n'y a que les hémisphères qu' établissent la différence la plus essentielle entre les divers individus de la meme espéce, relativement aux forces morales et intellectuelles"[55]. Die forces morales[56] et intellectuelles werden in der Gall'schen Phrenologie auch im Schädeläußeren sichtbar, nachdem sie die Großhirnrinde geformt haben und diese Merkmale an den Schädel weitergibt: "Les variétés de forme des parties cérébrales individuelles se prononcent sur la surface du crane et de la tete."[57] Daß sich die detaillierten Angaben zur Lokalisation von psychischen Fähigkeiten und Hirnfeldern ebenso wie der physiognomische Gedanke der Ablesbarkeit der psychischen Qualitäten auf der Schädeloberfläche im allgemeinen nicht bestätigen ließen, schmälert nicht den theoretischen Verdienst von Gall, die Lokalisierung in das Hirnparenchym verlegt zu haben. Erste empirische Belege für die Theorie Galls zur Lokalisierbarkeit höherer Hirnfunktionen im Nervensystem wurden wenig später von Paul Broca und Carl Wernicke gefunden, die das jeweils nach ihnen benannte motorische und sensorische Sprachzentrum im Frontal- und Temporallappen der dominanten Hirnhemisphäre beschrieben.[58]

Zu Anfang unseres Jahrhunderts standen mit morphologischen Untersuchungen, hier besonders die Zytoarchitektonik des Gehirns von Brodmann[59], anatomische Aspekte dieser Theorie im Vordergrund, die die Gehirnrinde mit ihren zytologisch unterschiedlichen Anteilen charakterisierten. Ziel dieses Unternehmens war "die Schaffung einer auf anatomische Merkmale gegründeten vergleichenden Organlehre der Großhirnoberfläche"[60] (Abbildung 6).

---

[55] Gall, 1825, Band 2, S. 13

[56] In der Annahme von Moralorganen in der Hirnrinde übrigens bestand für Schopenhauer "der größte Irrthum in Galls Schädellehre" (Welt als Wille und Vorstellung II, S. 287). Der Intellekt bedient sich des Gehirns wie sich die Verdauung des Magens bedient. "Hingegen ist die Beschaffenheit des Willens", als dessen Manifestation moralische Kräfte aufzufassen sind, "von keinem Organ abhängig und aus keinem zu prognosticiren." (Ibid., S. 287)

[57] Gall, 1825, Band 3, S. 3

[58] Broca 1861; Wernicke 1874

[59] Brodmann, "Vergleichende Lokalisationslehre der Großhirnrinde, in ihren Prinzipien dargestellt auf Grund des Zellenbaues.", 1909

[60] Ibid., S. 1

Darauf folgte später in der "Gehirnpathologie" von Kleist[61] der weithin fehlgeschlagene Versuch, durch Dokumentation der neurologischen Ausfälle bei Gehirnverletzten Verbindungen herzustellen zur Lokalisation geistiger Funktionen im Gehirn.

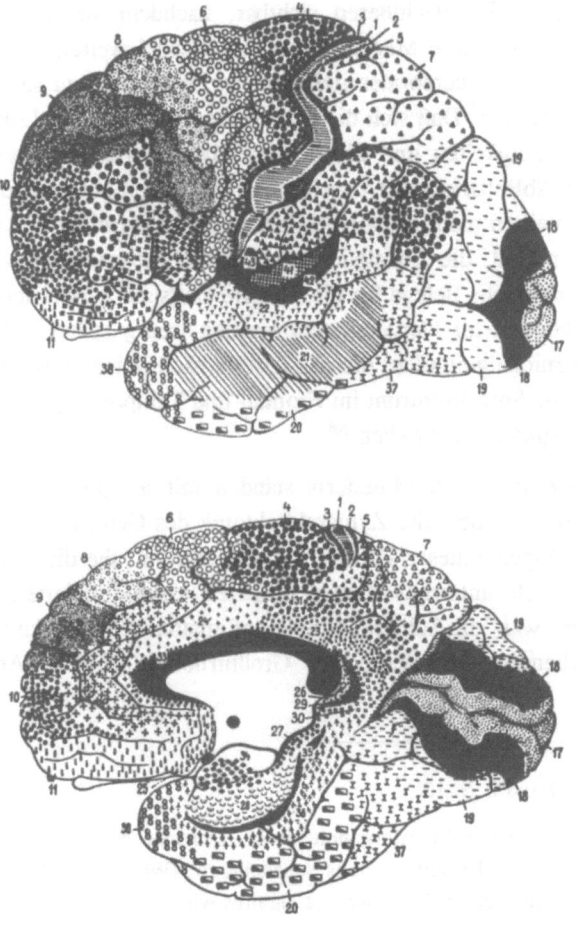

Abbildung 6: Die zytoarchitektonische Hirnkarte nach Brodmann

Die von Brodmann erarbeitete Felderung der Hirnrinde des Menschen bezeichnet in unterschiedlichen Symbolen Gebiete, die sich in ihrem Zellaufbau unterscheiden. Noch heute werden Hirnareale unter Bezug auf die Brodmann-Felderung angegeben. (Abbidlungnachweis: Brodmann 1909)

---

[61] Kleist 1934

Klinische und morphologische Studien wurden Mitte unseres Jahrhunderts durch elektrophysiologische Verfahren ergänzt, die während neurochirurgischer Eingriffe am menschlichen Gehirn erstmals erlaubten, für bestimmte Hirnareale, wie zum Beispiel die Zentralregion, genaue somatotopische "Landkarten" einzelner Gehirnabschnitte abzuleiten (Abbildung 7).[62] Die Gall'sche Theorie muß aber medizinhistorisch als Begründung der noch heute geltenden Lokalisationstheorie gelten.

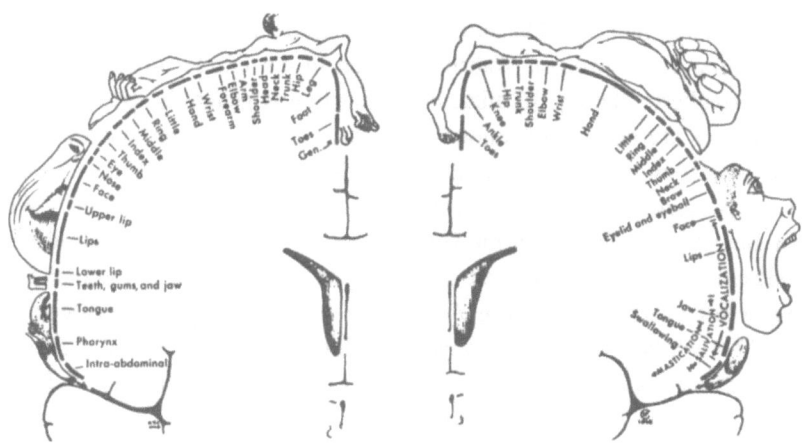

Abbildung 7: Der Homunkulus

Elektrophysiologische Befunde zur Lokalisierbarkeit bestimmter körperlicher Fähigkeiten lieferten Penfield und Rasmussen in "The cerebral cortex of man" (New York 1968). Sie konnten durch Einzelzellreizungen am offenen Gehirn während neurochirurgischer Eingriffe eine Kartierung der primär sensorischen (links) und primär motorischen Hirnrinde (rechts) in der Zentralregion vornehmen. Die somatotopische Ordnung, die sich bei verschiedenen Spezies und in verschiedenen Hirnarealen als supra-moduläres Organisationsprinzip findet, bildet innerhalb der Hirnrinde den sogenannten "Homunkulus", der durch die unterschiedlich starke Repräsentation einzelner Körperanteile verzerrt wirkt. (Abbildungsnachweis: Clair, Pichler, Pircher 1989)

Auch Arthur Schopenhauer (1788-1860) läßt an der Lokalisierbarkeit des Bewußtseins im Gehirn keinen Zweifel. "Unser erkennendes Bewußtseyn ... zerfällt in Subjekt und Objekt, und enthält nichts außerdem."[63] Dieses erkennende Bewußtsein ist in der Terminologie seines Hauptwerkes nichts anderes

---

[62] Penfield und Boldrey 1937

[63] Schopenhauer, "Über die vierfache Wurzel des Satzes vom zureichenden Grunde", S. 41

als Vorstellung, die sich aus den "untrennbaren" Hälften Subjekt und Objekt zusammensetzt[64]. "Die Bedingung jedes Bewußtseyns" aber ist "nothwendig Gehirnfunktion"[65]. Die Vorstellung selbst "ist ein sehr komplicirter physiologischer Vorgang im Gehirne ..., dessen Resultat das Bewußtseyn eines Bildes eben daselbst ist"[66]. Dabei geht "das bewußte Denken auf der Oberfläche des Gehirns, das unbewußte im Innern seiner Marksubstanz vor sich"[67].

Mit der Schopenhauerschen Auffassung vom Gehirn und seiner Beziehung zum Bewußtsein ist im wesentlichen die noch heute geltende Auffassung der Lokalisierbarkeit mentaler Phänomene in das Gehirn im allgemeinen und die Lokalisierung von bewußten Wahrnehmungen in die Großhirnrinde im speziellen formuliert. "Today, localization of function is generally used to mean that functions are distributed among different segments of the neocortex"[68]. Der Neuroanatom und Philosoph Hartwig Kuhlenbeck formuliert diese Lokalisationshypothese in einem zurückhaltenden, parallelistischen Sinn: "Wo immer Bewußtsein auftritt, ob im Traum- oder im Wachzustand, stellt dieses Bewußtsein ein Parallelphänomen dar, das mit physikalischen neuralen Ereignissen korreliert ist, d. h. mit Aktivitäten corticodiencephaler Erregungskreise."[69] Auch Popper und Eccles gehen in ihrer Theorie von einem nichtmateriellen, selbstbewußten Geist, der "aktiv mit dem Auslesen aus der Vielzahl aktiver Zentren in den Moduln der Liaison-Zentren der dominanten Großhirnhemisphäre befaßt ist"[70], von einer Beteiligung der Großhirnrinde und ihrer Modul-Architektur aus, die gewissermaßen die Schnittstelle von Gehirn und Bewußtsein in ihrem "ausgesprochenen Dualismus"[71] darstellt. Vernünf-

---

[64] Id., "Die Welt als Wille und Vorstellung I", S. 32

[65] Id., "Parerga und Paralipomena II", S. 297

[66] Id., "Die Welt als Wille und Vorstellung II", S. 224

[67] Id., "Parerga und Paralipomena II", S. 65

[68] Kolb und Wishaw 1985, S. 305

[69] Soweit Kuhlenbeck 1973, S. 237. Daß neben der Hirnrinde auch die Beteiligung eines "centrencephalen Systems" im Hirnstamm am Bewußtseinsprozeß mitwirken kann (Kuhlenbeck 1973, S. 233) und auch aktuell diskutiert wird (Crick 1984), soll hier nur am Rande erwähnt werden. Auch in einem solchen Fall würde die Hirnrinde zumindestens "benutzt" (Kuhlenbeck 1973, S. 232).

[70] Popper und Eccles 1984, S. 428

[71] Ibid.

tige Zweifel an der Beteiligung des Gehirns an den geistigen Vorgängen sind nicht mehr zu formulieren, philosophisch birgt diese kleine Auswahl aber bereits die wichtigsten dualistischen Positionen, die das Leib-Seele-Problem erst zementiert haben.

Heute beschäftigen sich zukunftsweisende Ansätze im Bereich der bildgebenden Verfahren unter Nutzung der Positronen-Emissions-Tomographie (PET) mit dem intravitalen Nachweis von entweder regional unterschiedlicher Hirnaktivität, die anhand des Sauerstoff- oder Glucose-Umsatzes beurteilt wird, oder bestimmter Transmittersysteme auf morphologischer Grundlage[72]. Mit dieser Methode ist die Identifizierung verschiedener funktioneller Systeme am lebenden Patienten oder Probanden möglich geworden (Abbildung 10, S. 116). Zum ersten Mal werden damit Aussagen zum direkten Zusammenhang zwischen Struktur und Funktion an einem Probanden beziehungsweise an ein und demselben Nervensystem möglich. Damit hat sich eine grundsätzlich neue Dimension in der neurologischen Forschung eröffnet, die Korrelationen von Funktion und Struktur im Nervensystem direkt untersuchbar macht. Ergänzt werden diese bildgebenden Verfahren durch klinische Untersuchungsbefunde und quantitative Erhebungen zu Morphologie und Chemoarchitektur im Nervensystem.

B.II. Molekulare Neurobiologie

Das Forschungsgebiet der molekularen Neurobiologie im Sinne einer subzellulären Neurobiologie spielt für die vorliegende Problemstellung einer postulierten Identifizierbarkeit und Identifikation von psychischen und physischen Phänomenen eine eher nur untergeordnete Bedeutung, da die Beobachtungsebene weit unter den hier zentral relevanten Ebenen der neuronalen Netzwerke und der Hirn-Kartierungen liegt. Erste molekularbiologische Untersuchungen in der Neurobiologie, etwa auf Proteinebene, sind bereits vor Jahrzehnten durchgeführt worden. Die enormen methodischen Entwicklungen im molekulargenetischen Bereich erlauben heute eine zuverlässige, präzise und schnelle Untersuchung der relevanten Phänomene auf der Ebene der Gene (DNA-Ebene) sowie von davon abgelesenen RNA-Transskripten bis hin zur

---

[72] Zum Beispiel Posner et al. 1988; Petersen et al. 1988; Corbetta et al. 1990; Wise et al. 1991; Pardo et al. 1991; Kew et al. 1993; Kapur et al. 1994; Rausch et al. 1994

Translation von funktionell relevanten Proteinen. Denkbar werden durch diese Untersuchungen molekulare Charakterisierungen bestimmter Neuronenpopulationen (etwa Neuronen bestimmter funktioneller Systeme oder Neuronen innerhalb von Modulverbänden), die ihrerseits mögliche neue gruppenbildende Merkmale liefern und so Anschluß gewinnen an die hier als zentral ausgewiesene Ebene der neuronalen Netzwerkverbände. Genetische Vorgänge sind weiterhin unbezweifelbar die Grundlage, aber sicher nicht der alleindeterminierende Faktor für die Gehirnentwicklung in der Ontogenese des Individuums. Vielmehr ist eine serielle Wirksamkeit von genetischen und epigenetischen Prozessen anzunehmen, wobei genetische Prozesse die Organreifung garantieren, auf deren Grundlage dann die individuelle Lebensgeschichte die Prägung des Gehirns in den ersten Lebensjahren vornimmt. "Die im ausgereiften Gehirn realisierten Architekturen resultieren somit aus einem zirkulären Prozeß von Wechselwirkungen zwischen genetisch gespeichertem Vorwissen über Gesetzmäßigkeiten der Welt und ontogenetischen Prägungsprozessen, die diese Erwartungswerte nach Bedarf modifizieren."[73] Wesentlich an der Gestaltbildung des Gehirns beteiligt sind also die Interaktionen mit der Umwelt und weniger die genetischen Prozesse, die lediglich die Reifungsvoraussetzungen einer Interaktionsfähigkeit schaffen. Es kann als erwiesen gelten, "daß ontogenetische Selbstorganisationsprozesse offenbar geeignet sind, Gesetzmäßigkeiten der physikalischen Welt auszuwerten und mittels selektiver Stabilisierung von Nervenverbindungen neuronale Repräsentationen für diese Gesetzmäßigkeiten zu generieren"[74].

Grundsätzlich besitzt mit nur wenigen Ausnahmen jede Zelle im menschlichen Organismus und auch jede Nervenzelle eine komplette Kopie aller Gene dieses Organismus in den Chromosomen innerhalb des Zellkerns und ist in der bekannten DNA(desoxyribonucleic acid)-Doppelhelix installiert. Die Gene sind auf den DNA-Strängen diskontinuierlich in sogenannten exons aufgereiht, die von nicht-kodierenden introns unterbrochen werden.[75] Wird ein Gen abgelesen, um später in ein Protein im Zelleib übersetzt zu werden, wird zunächst eine hnRNA (heterogeneous nuclear ribonucleic acid) in der Transkription abgelesen, die noch alle nichtkodierenden introns des gesamten Genabschnitts enthält. Im Vorgang des RNA splicing werden diese nichtko-

---

[73] Singer 1991

[74] Ibid.

[75] Die Funktion dieser eigenartigen Genarchitektur ist bis heute nicht bekannt.

dierenden Abschnitte herausgeschnitten, es entsteht die mRNA (messenger RNA), die aus dem Zellkern ins Zytoplasma transportiert wird. An den Ribosomen läuft dann die Translation ab, die gemäß der Basen-Sequenz der RNA die Aminosäuresequenz des entstehenden Proteins kodiert, wobei drei Basen der RNA eine Aminosäure kodieren. Das Protein kann posttranslationell modifiziert werden durch chemische Vorgänge wie proteolytische Spaltung, Phosphorylierung, Glykosylierung, Sulfatierung oder Alkylierung. Das Protein geht dann seiner Aufgabe im Zelleib nach, bis es meist durch Proteolyse inaktiviert wird. Proteine sind mit Abstand die wichtigsten Moleküle einer Zelle, die sowohl strukturelle Faktoren (Zytoskelettaufbau), den Enzymstatus und damit die Stoffwechselaktivitäten der Zelle als auch die funktionellen Aufgaben bestimmen.[76] Letztere sind besonders für Nervenzellen von Belang, wenn man nur an die Produktion von Neurotransmittern denkt.

Molekulare oder molekulargenetische Neurowissenschaft ist zentral in ganz verschiedene Fragestellungen involviert.[77] Die Neuronen-Zahl des sich entwickelnden Gehirns und der beobachtbare programmierte Zelltod während der Entwicklung werden wahrscheinlich genetisch kontrolliert. Die spezifische synaptische Konnektivität wird durch die Bildung spezifischer cell adhesion molecules bewerkstelligt. Die Herstellung bestimmter Transmitter oder Enzymsysteme zur Bildung von Transmitter- oder neuroaktiver Substanzen sowie ihrer Rezeptoren ist genetisch initiiert. Nicht zuletzt sind auch die grundlegenden strukturellen Elemente der Erregungsbildung und -ausbreitung in der Nervenzelle Genprodukt, so daß eigentlich alle wesentlichen Prozesse in einer Zelle auch genetisch mitkontrolliert werden, da im wesentlichen alle Stoffwechsel- und Signalsysteme in einer Zelle durch Proteine vermittelt werden, die wiederum genetisch kodiert sind.[78] Klinisch stehen molekularbiologische Fragestellungen im Vordergrund bei familiär gehäuften neurologischen Erkrankungen. Ist etwa der chromosomale Defekt bekannt und untersuchbar, so kann eine genetische Untersuchung bei einer geplanten Schwangerschaft indiziert sein und zu entsprechenden Konsequenzen führen. Diese subzellulären Befunde stehen aber nicht mit einer Kartierungsproblematik in Zusammen-

---

[76] Zur Übersicht Knippers et al. 1990

[77] Thompson 1986

[78] Stichwort "Molecular Genetic Neuroscience", in: Encyclopedia of Neuroscience (Hrsg. Adelman, G.), 1987

hang, wie eine Näherung an die Problematik des Verhältnisses von Gehirn und Geist sie erfordert.

Aus dem molekularen Bereich relevant werden können aber die Neurotransmitter. Diese Überträgerstoffe können zum einen in anatomisch studierbaren Systemen, die durch immunchemische Färbemethoden mit gegen bestimmte Proteine gerichteten Antikörpern definierbar werden, untersucht werden,[79] zum anderen ergeben sich Möglichkeiten mit der Positronen-Emissions-Tomographie (PET) mittels geeigneter Tracer auch Transmittersysteme im lebenden Gehirn zu studieren. Ursprünglich wurde nach der Dale'schen Regel[80] davon ausgegangen, daß ein einzelnes Neuron nur einen Transmitter bilden könne. Insbesondere durch immunhistochemische Arbeiten konnte gezeigt werden, daß in einem Neuron in verschiedenen Axonkollateralen als auch in einer Axonendigung verschiedene Transmittersubstanzen nachweisbar sind.[81] Ein klassischer Neurotransmitter muß dabei einen ganzen Katalog von Kriterien erfüllen:[82]

1. Die Substanz muß in der Axonendigung eines Neurons nachweisbar sein.

2. Die Substanz muß ausgeschüttet werden, wenn das Neuron feuert.

3. Das Aufbringen der Substanz auf das Erfolgsorgan muß den Effekt einer nervalen Stimulation nachahmen.

4. Es muß ein Mechanismus im synaptischen Spalt zur Inaktivierung der Substanz existieren.

5. Eine Substanz im synaptischen Spalt, die die verdächtige Substanz zerstört oder inaktiviert, muß den Effekt aufheben.

Es ist selbstverständlich, daß zur Identifizierung einer Substanz als Neurotransmitter im Zentralnervensystem alle diese Forderungen nicht immer erfüllbar sind, es herrscht aber generell Übereinstimmung darüber, daß ein

---

[79] Sternberger 1979

[80] Dale 1935

[81] Zur Übersicht Hökfelt et al. 1980; Lundberg und Hökfelt 1983

[82] Kolb and Wishaw 1990, S. 59

Kanon von einigen Substanzen[83] als Neurotransmitter fungiert. Darüberhinaus existieren sogenannte neuroaktive Substanzen[84], die sich in einigen Punkten von echten Transmittern unterscheiden. Klassische Neurotransmitter haben in der Regel ein kleineres Molekulargewicht und sind häufig aus der Nahrung des Menschen direkt zu entnehmen, während neuroaktive Substanzen häufig erst aus einzelnen Aminosäuren synthetisiert werden müssen. Neurotransmitter wirken nur für kurze Zeit und nur in höheren Konzentrationen, neuroaktive Substanzen sind für längere Zeit bei schon geringeren Konzentrationen wirksam. Letztere sind auch als Neuromodulatoren bezeichnet worden, da sie die Empfindlichkeit in einem bestimmten Bereich durch diffuse längeranhaltende Wirkung verändern können, während Transmitter lokal und kurzfristig wirksam sind. Neurotransmitter spielen auch während der Ontogenese eine zentrale Rolle, weil sie wahrscheinlich die Formation von neuronalen Netzen mitbestimmen und so zu "sculptors of neuronal cytoarchitecture"[85] werden können.

Die immunhistochemische Kartierung der verschiedenen Neurotransmitter und Neuromodulatoren wird anatomisch neue Organisationsformen und funktionelle Systeme definierbar machen. Grundsätzlich kann bereits jetzt konstatiert werden, daß die Verteilung von Neurotransmittern nur teilweise anatomisch bekannten Systemen folgt, sie zeigt oftmals eigene Verteilungsmuster und folgt insbesondere nicht unbedingt der Zytoarchitektur nach Brodmann, so daß klassische und chemische Neuroanatomie potentiell durchaus unterschiedliche Systeme und Entitäten im Gehirn beschreiben werden.[86] Ein Beispiel für eine solche Divergenz von Zytoarchitektur und Chemoarchitektur sind die sogenannten Striosomen, die als modulartige Bestandteile im zytoar-

---

[83] Als echte Neurotransmitter werden in der Regel folgende Substanzen bezeichnet: Acetylcholin, Dopamin, Noradrenalin, Serotonin, Gamma-Aminobuttersäure (GABA), Glycin, Glutamat.

[84] Dazu gehören Peptide, die zum Beispiel auch im Gastrointestinaltrakt gefunden werden (das vasoaktive intestinale Polypeptid (VIP), Cholecystokinin-Oktapeptid, Substanz P, Neurotensin, Methionin-Enkephalin, Leucin-Enkephalin, Glukagon), hypothalamische Releasing-Hormone (Somatostatin, Thyrotropin-Releasing-Hormon (TRH), Luteinisierendes Hormon (LH)), hypophysäre Peptide (Adrenocorticotropin (ACTH), Endorphin) und andere (Angiotensin II, Bradykinin, Vasopressin, Oxytocin).

[85] Mattson 1988

[86] Zur Übersicht Nieuwenhuys 1985

chitektonisch relativ homogenen Corpus striatum erst durch ihr Transmitterprofil erkennbar wurden und so auch in subkortikalen Hirnabschnitten die im Kortex vorherrschende Modularchitektur[87] wahrscheinlich machten.

Übergreifende Theorien, die die noch unvollständig befundete Chemoarchitektur des Gehirns erklären könnten, sind bisher nicht entwickelt. Die zentrale, noch offene Frage nach dem Ausmaß und der Relevanz nicht-synaptischer chemischer Informationsübertragung ist bisher ebenfalls unbeantwortet. Es ist aber durchaus denkbar, daß eine Kartierung bestimmter Transmitter- oder Neuromodulatorensysteme zum Beispiel bei psychiatrischen Erkrankungen, bei deren Erklärung zytoarchitektonische Erklärungsversuche häufig versagt haben, sehr gehaltvolle Informationen liefern wird. Ähnliches könnte analog dazu auch im physiologischen für den neuropsychologischen Bereich, also für sogenannte höhere Hirnfunktionen gelten. In diesem Zusammenhang erlangen die Neurotransmittersysteme nach ihrer anatomischen Lokalisierbarkeit und der Definierbarkeit von Transmittersystemen durch die Positronen-Emissions-Tomographie ganz besondere Bedeutung. Abhängig vom benutzten radioaktiv markierten Tracer werden über Ligandenbindung an den zugehörigen Rezeptoren Transmittersysteme in vivo untersucht und entwickeln sich zur Zeit zu einem äußerst wichtigen Instrument in der physiologischen Hirnforschung am gesunden Probanden und einer hochdifferenzierten Funktionsdiagnostik am neurologischen Patienten. Molekularbiologische Studien, die relevant für die vorliegende Fragestellung sind, betreffen also im wesentlichen topische Untersuchungen von Verteilungen und Verteilungsstörungen von Transmitterprofilen im Gehirn.

B.III. Zelluläre Neurophysiologie

Die Neurophysiologie bemüht sich unter Einbeziehung der morphologisch-anatomischen Befunde um das funktionelle Verständnis des menschlichen Gehirns und seiner Teile. Die zelluläre Grundlage des neurophysiologischen Geschehens sind die Nervenzellen, die über kombinierte chemische und elektrische Erregungsfortleitungssysteme miteinander verbunden sind und so das funktionelle Analog der anatomisch studierbaren Verbindungen der Zellen und Zellverbände darstellen.

---

[87] Dazu auch B.IV. und B.VII.1.

Die zellulären Elemente des Gehirns sind die etwa 10^{10} Nervenzellen oder Neuronen[88], die als die eigentlichen erregungsbildenden und erregungsleitenden Strukturen für die Funktion des Nervensystems verantwortlich sind. Im Kortex der Maus entfallen auf einen mm^3 etwa 10^5 Neuronen und knapp 10^9 Synapsen.[89] Die Nervenzellen, die aufgrund ihrer mikroskopischen Erscheinung in ganz verschiedene Typen unterteilt werden können,[90] bestehen aus dem Zellkörper, der den Zellkern und verschiedene intrazytoplasmatische Organellen umschließt, und aus Zellfortsätzen, die zusammen mit der Zellmembran der Erregungsbildung und Erregungsausbreitung dienen. Das Axon mit seinen Verzweigungen leitet als der efferente Fortsatz einer Nervenzelle die Information zu anderen Zellen weiter, während die restlichen afferenten Fortsätze der Zelle, die Dendriten, zusammen mit der Membran des Zellkörpers überwiegend der Informationsaufnahme dienen. Das Axon trägt an seinen Enden besonders ausgebildete Strukturen, die Synapsen. Synapsen enthalten als ganz wesentliche Bestandteile die Transmittersubstanzen, die bei einer elektrischen Erregung aus Vesikeln freigesetzt werden, den interzellulären Spalt überbrücken und die Information transsynaptisch weiterleiten können. Aufgrund eines bestimmten intra- und extrazellulären Ionenmilieus besitzt eine Zelle ein sogenanntes Ruhemembranpotential, das etwa -70 mV beträgt. Bei einer Erregung, die auf eine Zelle trifft, verändern sich die Membraneigenschaften des zu erregenden Zellkörpers oder seines Fortsatzes und bewirken eine Veränderung in dem intra- und extrazellulären Ionenmilieu. Diese Veränderung schlägt sich nieder in einer Depolarisation bei einer erregenden (exzitatorischen) und in einer Hyperpolarisation bei einer hemmenden (inhibitorischen) Afferenz. Bei einer Depolarisation verringert, bei einer Hyperpolarisation erhöht sich die Potentialdifferenz gegenüber dem Ruhemem-

---

[88] Neben den Nervenzellen sind auch verschiedene Gliazelltypen als Stützgewebe am anatomischen Aufbau des Gehirns beteiligt, sie greifen jedoch nur sekundär, nämlich über die Bildung von Markscheiden und damit über eine Gewährleistung der Erregungsfortleitung in die funktionellen Abläufe innerhalb des Gehirns ein.

[89] Schütz und Palm 1989

[90] Diese unterschiedliche morphologische Typisierung ist unter anderem Grundlage gewesen für die ausgedehnten zytoarchitektonischen Untersuchungen zu Anfang unseres Jahrhunderts, in denen eine hochdifferenzierte Kartierung der Verteilung dieser morphologisch unterschiedlichen Neurone in der Großhirnrinde vorgenommen wurde. Insbesondere die Zytoarchitektur nach Brodmann (1909) wird bis heute zur Definition und Charakterisierung verschiedener Kortexareale herangezogen.

branpotential. Zur Generierung eines Aktionspotentials als erregungsbildendes Ereignis ist eine Depolarisation nötig, die einen bestimmten Schwellenwert erreichen muß. Bei Erreichen des Schwellenwertes wird das Aktionspotential automatisch generiert und über das Axon zu anderen Zellen weitergeleitet. In den Synapsen werden dann konsekutiv die Transmittersubstanzen freigesetzt und erzeugen damit wiederum Depolarisationen (bei exzitatorischen Transmittern) oder Hyperpolarisationen (bei inhibitorischen Transmittern) nach Interaktion mit dem zugehörigen spezifischen Rezeptor an ihrer Zielzelle. Es handelt sich also bei der Erregungsbildung und der Erregungsfortleitung um einen kombinierten elektrischen und chemischen Übertragungsprozeß. Zu beachten ist, daß die Nervenzellen nicht nur von einigen wenigen Zellen erreicht werden, sondern eine Zelle von etwa 10.000 bis 100.000 Synapsen verschiedener Zellen, so daß sich die geschätzte Gesamtzahl der synaptischen Verbindungen im gesamten menschlichen Gehirn auf etwa 10^{14} Kontakte belaufen. Die einzelne Nervenzelle reagiert damit nicht nur in einem bloß reaktiv-repoduzierenden Sinn auf afferente Informationen, sondern integriert die große Menge an de- und hyperpolarisierenden Informationen und generiert bei Erreichen des Schwellenwertes das Aktionspotential.[91]

Unter den Gesichtspunkten der vorliegenden Arbeit, die sich insbesondere mit dem Aspekt der raum-zeitlichen Repräsentation geistiger Phänomene im Gehirn beschäftigt, sind insbesondere Phänomene interessant, die die Physiologie größerer Zellverbände betrifft. Ein sehr weit verbreitetes Modellsystem ist das Modell der sogenannten long-term-potentiation oder Langzeitpotenzierung (LTP) in der Hippokampusformation.[92] Die Hippokampusformation ist nach klinischen Beobachtungen funktionell in Gedächtnisleistungen, besonders die Aufnahme von Wahrnehmungsinhalten in das persistierende Langzeitgedächtnis, involviert. Allgemein kann die LTP definiert werden als eine andauernde Veränderung in der synaptischen Effizienz an monosynaptischen Verbindungen im Säugergehirn.[93] Eine solche synaptische Plastizität ist bereits von Hebb im Jahre 1949 postuliert worden und ist besonders prägnant als Langzeitpotenzierung in verschiedenen Afferenzen des Hippokampus

---

[91] Zur Übersicht Kuffler et al. 1984

[92] Analog gibt es auch einen Mechanismus einer long-term depression (LTD), der im Kleinhirn nachgewiesen ist (Ito 1986).

[93] Stichwort "Long-term potentiation and memory", in: Encyclopedia of Neuroscience (Hrsg. Adelman, G.), 1987; Alkon et al. 1991

nachweisbar. Wird eine tetanische Reizung, also eine hochfrequente Reizung über mehrere Sekunden bestimmter afferenter Neuronenpopulationen durchgeführt (etwa der CA1-Region im Hippokampus), so kann eine deutliche Erhöhung des postsynaptischen Potentials in den entsprechend adressierten Neuronenpopulationen bei späteren Teststimuli beobachtet werden. Interessant ist, daß diese postsynaptische Verhaltensänderung in der adressierten Neuronenpopulation über Tage und Wochen anhalten kann nach einmaliger tetanischer Reizung der afferenten Neuronen. Die induzierende Reizstärke muß dabei einen kritischen Schwellenwert überschreiten. Dieser Schwellenwert kann entweder durch die Aktivierung einer ausreichend großen Anzahl von präsynaptischen Fasern des gleichen Eingangskanals oder auch verschiedener Eingangskanäle erreicht werden. Das LTP-Phänomen ist ausgiebig diskutiert worden als möglicher Mechanismus für Lernfähigkeit, insbesondere als Korrelat für das Langzeitgedächtnis und das assoziative Gedächtnis.[94] Darüberhinaus sind auch Phänomene beobachtet worden, bei denen es zu einer Bahnung schwacher Eingangssysteme kommen kann, die alleine keine postsynaptischen Potentiale auslösen könnten. Wenn schwache Eingangskanäle mit starken kombiniert werden, sind später auch die schwachen Eingänge in der Lage, über längere Zeit postsynaptische Potentiale auszulösen.[95] Dieser Effekt der assoziativen Kooperativität ist im Detail wahrscheinlich durch postsynaptische Depolarisationen vermittelt, die im Laufe der Kooperation der Eingangskanäle bewirkt wird und unabhängig von der präsynaptischen Reizstärke bzw. Reizfrequenz ist.[96] Eine ähnliche Verknüpfung zweier Signale in der paired shock facilitation ist auch im piriformen Kortex nachgewiesen.[97] Über solche Mechanismen könnte assoziatives Gedächtnis[98] im menschlichen

---

[94] Levy und Steward 1979; Kandel und Schwartz 1982; Teyler und DiScenna 1984, 1987; Reichert 1990

[95] Walters und Byrne 1983

[96] Gustaffson et al. 1987

[97] Bower und Haberly 1986

[98] Als assoziatives Gedächtnis wird die Fähigkeit bezeichnet, eine bestimmte Information zu erinnern, wobei nur ein Teil der zu erinnernden Gesamtinformation angeboten wird. Nach Bahnung von schwachen Eingangskanälen, die mit starken Eingangskanälen gekoppelt werden, also nach einem "Lernprozeß", in dem die Gesamtinformation gespeichert wird, wäre eine solche assoziative Erinnerung dann einfach zu erklären mit der gleichen Wirkung der Erinnerung der Gesamtinformation, die

Gehirn neuronal realisiert sein. Ähnliche Bahnungsmechanismen sind auch neuroembryologisch von Interesse, und das insofern, als sie zusammen mit genetischen Faktoren, also einer Bereitstellung bestimmter chemotaktischer Lockstoffe, der Konsolidierung und Stabilisierung von sich entwickelnden Synapsen und neuronalen Netzwerkverbänden dienen könnten.[99] Diese zellulär-physiologischen Befunde werden gestützt durch klinische Beobachtungen, in denen bei Patienten mit Hippokampusläsionen schwere Defizite oder sogar ein kompletter Verlust vom Langzeitgedächtnis dokumentiert sind. Patienten mit Läsionen im Hippokampus oder in temporomedial gelegenen Hirnarealen verfügen zwar noch über ein funktionstüchtiges Kurzzeitgedächtnis, können aber diese Information nicht mehr ins Langzeitgedächtnis überführen.[100] Diese klinischen Befunde zeigen, daß der Hippokampus an der Aufnahme und Konsolidierung von Information ins Langzeitgedächtnis beteiligt ist und stehen mit der experimentell induzierbaren temporären Plastizität in der synaptischen Potentialgenerierung in dieser Hirnregion in gutem Einklang. Bereits gespeicherte Informationen können bei solchen Patienten aber immer noch abgerufen werden, so daß als eigentlicher Speicherungsort des Langzeitgedächtnisses andere Hirnareale angenommen werden müssen. Das Phänomen der Langzeitpotenzierung stellt damit ein gutes Beispiel dar, wie bereits auf zellulärer Basis einzelne Phänomene höherer Hirnfunktionen erklärbar gemacht werden können.

Eine weitere wichtige Methode, die sowohl von wissenschaftlichem als auch von diagnostisch-klinischem Interesse ist und auf neurophysiologischer Grundlage arbeitet, ist die durch den Jenaer Psychiater Hans Berger (1873 - 1941)[101] begründete Elektroenzephalographie (EEG).[102] Die elektrische Aktivität über der Großhirnoberfläche, die sich im Millivolt-Bereich bewegt, kann nach geeigneter elektrischer Verstärkung aufgezeichnet werden und unter topographischen Gesichtspunkten Aussagen machen zur regionalen Ak-

---

nach der Bahnung lediglich durch einen Teil der Afferenz bewirkt würde, um aber trotzdem den Gesamt-Erinnerungserfolg zu gewährleisten.

[99] Changeux und Danchin 1976; Frégnac et al. 1988

[100] Scoville und Milner 1957; Dimsdale et al. 1964; Milner et al. 1968; Dejong et al. 1969; Benson et al. 1974; Warrington und McCarthy 1988

[101] Die erste Erwähnung findet das EEG bei Berger in "Über das Elektro-Encephalogramm des Menschen" im Jahre 1929.

[102] Niedermeyer und Lopes da Silva 1982

tivität des Großhirns, im wesentlichen der Großhirnrinde. Präzise handelt es sich um die aufsummierten synaptischen Feldpotentiale der Apikaldendriten kortikaler Neurone, wobei auch Aussagen über thalamische Aktivität zulässig sind, da synchronisierte rhythmische Aktivitäten aus dem Thalamus über thalamokortikale Verbindungen im Kortex reflektiert werden.[103] Die im wesentlichen kortikal beobachtbare Aktivität ist heute unter der apparativen Hilfestellung von Computern[104] als sogenanntes brain-mapping wieder von wissenschaftlichem Interesse. Dabei können die unterschiedlichen im EEG detektierbaren Aktivitätstypen mit unterschiedlich zeitlichen Auflösungsfenstern und einer räumlichen Auflösung, die von der Zahl der Ableitungspunkte abhängt, sichtbar gemacht werden. Dadurch ist eine Verfolgung der Aktivität mit einem relativ schlechten räumlichen, aber relativ dazu sehr gutem Zeitfenster möglich und eröffnet insbesondere der Forschung zur Lokalisation geistiger Phänomene im Gehirn interessante Studienmöglichkeiten. Dieses Verfahren hat als brain electrical activity mapping (BEAM) bereits auch klinische Anwendung gefunden.[105] Das BEAM-Verfahren steht zur Zeit in der Grundlagenforschung hinter den strukturell- (CT, MRI) und funktionell-bildgebenden Verfahren (SPECT, PET, MRI) zurück. Das ist sicher nur zum Teil berechtigt und zukunftsweisende Ansätze werden sich auf eine Integration bildgebender und elektrophysiologischer Verfahren richten, die im Idealfall an einem Gehirn eines Patienten oder Probanden ganz verschiedene strukturelle, elektrophysiologische und funktionell-metabolische Parameter erheben lassen.[106]

Als letzte neurophysiologische und für das vorliegende Thema der Repräsentation geistiger Phänomene im Gehirn relevante Methode soll das Magnetencephalogramm (MEG) angesprochen werden. Dabei handelt es sich um eine relativ junge Methode, die die physikalische Tatsache ausnutzt, daß sich

---

[103] Reichert 1990

[104] Das Verfahren des "brain electrical activity mapping (BEAM)" arbeitet mit Hilfe von Fourier-Analysen und den fast Fourier transform (FFT) algorithms.

[105] Maurer 1990

[106] Vom 11. bis 13. Juli 1994 fand in Magdeburg der Kongreß „Mapping cognition in time and space: combining EEG, MEG with functional imaging" statt, dessen erklärtes Ziel die Vorstellung und Diskussion verschiedener Plattformen zur Integration verschiedener bildgebender und elektrophysiologischer Verfahren war. Ein Kongreßband wird Ende 1994/Anfang 1995 unter gleichem Titel erscheinen.

orthogonal zu jedem elektrischen Feld ein Magnetfeld ausbildet. Diese Tatsache wird zum einen zur Magnetstimulation genutzt, das als therapeutisches Verfahren einen Nutzen bei rehabilitativen Maßnahmen zeigt, zum anderen als Magnetencephalogramm (MEG), das auch für diagnostische und wissenschaftliche Untersuchungen zur Verfügung steht.[107] Die im EEG meßbaren Ströme im Gehirn von etwa 10 - 100 mV induzieren ein Magnetfeld, das auf der Schädeloberfläche im Bereich von etwa 10^{-12} Tesla meßbar ist, also einem extrem niedrigen Magnetfeld. Zum EEG bestehen charakteristische Unterschiede[108], die sich aus der physikalischen Natur des Verhältnisses eines elektrischen Feldes zu seinem magnetischen Feld ergeben. Das Magnetfeld erkennt schlecht oder gar nicht Dipole, also manifeste Potentialdifferenzen, die radial oder senkrecht zur Oberfläche stehen, während Dipole parallel zur Oberfläche gut detektierbar sind. Umgekehrt erkennt das EEG vorwiegend radiale Dipole, allerdings auch parallel gelegene. In der entstehenden Musterformation über der Schädeloberfläche stehen elektrisches und magnetisches Feld ebenfalls senkrecht zueinander, so daß auf der Oberfläche ein Dipol in der Richtung des elektrischen Feldes besser für das EEG, in der Richtung des magnetischen besser für das MEG sichtbar ist. Das MEG erlaubt zusätzlich eine Aussage über die Entfernung des erkannten Dipols, also eine Aussage über die Tiefe, in der sich der gemessene Prozeß, also das "physische Phänomen" der philosophischen Diktion, befindet. Insgesamt verhalten sich also EEG und MEG weitgehend komplementär zueinander und erlauben eine bessere Prozeßlokalisation, die durch Kombination mit Kernspintomographien noch eine erheblich bessere Lokalisationsdiagnostik erlaubt[109] und ihre Verwendung in der Zukunft empfiehlt. Neueste Entwicklungen befassen sich mit electrical dipole source estimation, also mit einer lokalisationsbezogenen Abschätzung zur Lage eines detektierten Dipols. Diese Verfahren sind hochinteressant, da sie das räumliche Auflösungsvermögen der Positronen-Emissions-Tomographie von wenigen Millimetern bei weitaus besserem zeitlichem Auflösungsvermögen erreichen.[110]

---

[107] Stichwort "Magnetoencephalography (Neuromagnetism)", in: Encyclopedia of Neuroscience (Hrsg. Adelman,G.), 1987

[108] Cohen und Cuffin 1983

[109] Rogers et al. 1991

[110] Romani und Rossini 1988; Levanen et al. 1993; Salmelin et al. 1994

B.IV. Neuronale Netzwerke

Die Vorstellung von modular angeordneten, wiederkehrenden Organellen im Gehirn als "Bausteine unserer Wahrnehmungen und Gedankeninhalte"[111] sind in einem weiten Sinn bereits aus der antik-mittelalterlichen Ventrikellehre bekannt, die mehrere Ventrikel funktionell integrierte, und aus der Gall'schen Vorstellung vom Vorliegen verschiedener Funktionszonen in der Großhirnrinde. Auf mikroskopischer Ebene ist diese Problematik von Ramon y Cajal (1852 - 1934) und Camillo Golgi (1843 - 1926) ausgetragen worden, die in ihren Reden anläßlich des an sie beide gemeinschaftlich 1906 verliehenen Nobelpreises ihre unterschiedlichen Positionen verteidigten.[112] Im Sinne einer holistischen Gehirntheorie unterstützte Golgi die Idee eines kontinuierlichen Nervennetzes, in dem durch chemische Diffusion ständig Veränderungen auch in anderen Hirngebieten möglich sein müßten, während Cajal die Existenz von diskreten Neuronen als funktionelle Einheiten postulierte. Die letztere Vorstellung ist als die sogenannte Neuronendoktrin insbesondere durch zahlreiche elektronenmikroskopische Untersuchungen bestätigt worden. Ein Informationsaustausch zwischen verschiedenen Neuronen findet über Synapsen aber wiederum wesentlich auf chemischem Weg statt, so daß bei dem hohen Konnektivitätsgrad des Gehirns sicher immer größere Gruppen von Neuronen aktiv sind, somit funktional zuletzt wieder ein dichtes Netzwerk geschaffen wird. Das Nervensystem ist insgesamt "ein geschlossenes Netzwerk von Relationen neuronaler Aktivitäten zwischen neuronalen Elementen, so daß jede Veränderung von Relationen zwischen einigen Elementen des Netzwerks Veränderungen zwischen anderen Elementen des Netzwerks zur Folge hat. Es ist ein Netzwerk der Veränderung von Relationen neuronaler Aktivität, das durch bestimmte Elemente realisiert wird."[113] Ursprünglich von biologischen Nervensystemen inspiriert hat die Computertechnologie mit der Entwicklung von Parallelarchitekturen[114] die Idee von neuronalen Netz-

---

[111] Palm 1989

[112] Zit. n. Kolb und Wishaw 1990, S. 341

[113] Maturana, in: Riegas und Vetter 1990

[114] Mit dem Begriff der Parallelarchitektur werden Computermodelle bezeichnet, bei denen nicht nur eine central processing unit (CPU) tätig ist und Rechenoperationen seriell ausführt, sondern mehrere, die parallel arbeiten können.

werken nutzbar und populär gemacht[115], während umgekehrt die Theorie neuronaler Netzwerke auch die medizinische Theorienbildung animiert hat.[116] Gleichzeitig sind in den letzten Jahrzehnten empirische Befunde bekannt geworden, die eine modulare Architektur des Nervensystems belegen und solche Netzwerkverbände als Bausteine des Gehirns nahelegen.

B.IV.1. Modularchitektur

Seit den zytoarchitektonischen Arbeiten von Brodmann konzentrierte sich die morphologische Hirnforschung im wesentlichen auf die Unterschiede in der Schichtenstruktur verschiedener Großhirnareale, obwohl auch die modulare Struktur des Neocortex mit der Bildung vertikaler Zylinder bereits seit den 50er Jahren durch Lorente de Nó bekannt war.[117] Elektrophysiologische Experimente, die am somatosensorischen Kortex[118] als auch am visuellen Kortex[119] durchgeführt wurden, zeigten aber erstmals auch die funktionelle Relevanz des vertikal, senkrecht zur Hirnoberfläche, ausgerichteten Strukturprinzips, wobei rezeptive Eigenschaften von abgeleiteten Nervenzellen bei unterschiedlich tief ableitenden Elektroden im wesentlichen ähnlich blieben, während aber unterschiedliche Reaktionen bei horizontal (parallel zur Hirnoberfläche) geringfügig versetzten Elektroden resultierten. Heute werden unter Nutzung moderner Methoden wie Autoradiographie, Markierung mit spannungsveränderlichen Farbstoffen und auch unter direkter Beobachtung mittels hochauflösender bildgebender Verfahren Beobachtungen in vivo möglich, die den Kortex bei seiner Aktivität verfolgen können.[120] Wegen der guten Zugänglichkeit am Hinterkopf und der gut operationalisierbaren visuellen Stimuli ist besonders gut das visuelle System untersucht.

---

[115] Crick 1989a; Gerstein et al. 1989

[116] Johnston und Brown 1986; Massing 1989; Linsker 1990

[117] Lorente de Nó 1943

[118] Mountcastle 1957

[119] Hubel und Wiesel 1962, 1963, 1965, 1968

[120] Blasdel und Salama 1986; McCasland und Woolsey 1988; Ts'o et al. 1990

Die Modularchitektur im Gehirn ist mit ihrer iterativ angeordneten modularen oder kolumnaren Organisation heute in weiten Teilen der Großhirnrinde, unter anderem im motorischen, sensorischen, dem frontal gelegenen und besonders im visuellen Neokortex nachgewiesen. Die einzelnen Elemente sind repetitiv angeordnete diskrete Arbeitseinheiten im Gehirn, sogenannte Module, die als untergeordnete Arbeitseinheiten strukturelle und funktionelle Bedeutung haben.[121] Diese Module zeigen einen überraschend gleichförmigen Aufbau innerhalb eines Individuums, der auch in verschiedenen Spezies und darüberhinaus im Vergleich von Vertebraten und Non-Vertebraten ähnlich uniform bleibt.[122] Die Module finden sich sowohl im Hirnrindenbereich als auch in stammesgeschichtlich älteren Hirnanteilen, so etwa als chemoarchitektonisch differenzierbare Striosomen in den Stammganglien.[123]

Es handelt sich bei diesen Modulen um Zellverbände, die in vertikalen, zylinderförmigen Blöcken überwiegend innerhalb des Neokortex angeordnet sind (Abbildungen 8 und 9). Die Form der Module kann dabei variieren und zylinderförmig, rund oder ellipsoid sein. Die Module sind aus Untereinheiten, sogenannten "Mini-Kolumnen", zusammengesetzt, die meist etwa 110 - 260 Neuronen mit überwiegend vertikalen Verbindungen integrieren bei einem Zylinderdurchmesser dieser Minikolumnen von etwa 30 - 50 µm. Es können diese Grundeinheiten größere Zell- und Funktionsverbände bilden durch laterale Verschaltungen innerhalb der Hirnrinde mit Ausmaßen von etwa 150 - 1000 µm im Durchmesser und bis zu mehreren Millimetern vertikal zur Hirnoberfläche, um so die Module zu konstituieren.

---

[121] Szentágothai 1983

[122] Leise 1990

[123] Graybiel und Ragsdale 1978, 1979, 1983; Graybiel 1984

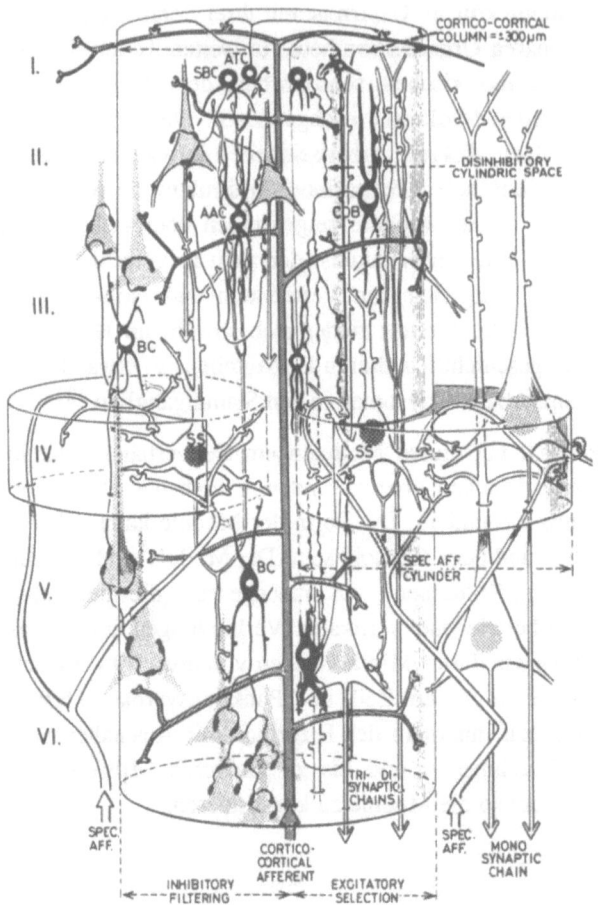

Abbildung 8: Das neokortikale Modul nach Szentágothai

Im neokortikalen Modul gruppieren sich um spezifische thalamische und intrakortikale Afferenzen die Neuronenverbände, die efferente Pyramidenzellen und intrakortikal wirksame Interneuronen speisen. Ein Modul umfaßt üblicherweise alle Rindenschichten und stellt im Gegensatz zur horizontal ausgerichteten Schichtengliederung ein vertikal ausgerichtetes Architekturprinzip dar. Der Durchmesser eines Moduls beträgt entsprechend der Reichweite der Afferenzen etwa 300 µm, wobei sich die Afferenzen an der Oberfläche des Gehirns als Parallelfasern noch weiter ausbreiten können. (Abbildungsnachweis: Szentágothai 1983)

Wahrscheinlich spielen thalamische Afferenzen als Orientierungspunkt eine wesentliche Rolle bei der Formation der Module, die zudem aus intrakortikal vernetzten Neuronen und modul-internen kortikalen Interneuronen zusammengesetzt sind. Als Hauptverarbeitungsinstrument und Ausgangskanal dienen die Pyramidenzellen, die zum Teil direkt von den thalamischen Afferenzen angesteuert, zum Teil innerhalb eines Moduls und über mehrere Module interneuronal über Sternzellen erreicht werden. Die Afferenzen haben auch insofern eine zentrale Bedeutung, als sie die Modulbildung wahrscheinlich erst initiieren.[124] Der Durchmesser der Module wird dann von der Reichweite der thalamischen Afferenzen bestimmt, deren terminales Feld maximal eine Weite von etwa 500 - 1000 µm erreicht. Die Verknüpfung über Sternzellen als Interneurone reduziert diese Reichweite auf 100 - 200 µm. Durch diesen zellulären Aufbau wird die eigentliche Trennschärfe zwischen den Modulen erreicht. Solche Elementareinheiten sind anatomisch mittels der Golgi-Imprägnation schon von Lorento de Nó 1943 beschrieben worden, der sie in allen Rindenschichten nachweisen konnte. Mountcastle konnte zwar diesen Aufbau aus Elementareinheiten im physiologischen Experiment nachvollziehen[125], war aber nicht in der Lage, sie zytoarchitektonisch zu definieren.

Am besten untersucht ist die Modularchitektur im Bereich des visuellen Kortex. Aus ausgedehnten elektrophysiologischen Einzelzell-Untersuchungen sind in "Mini-Kolumnen" von etwa 20-50 µm Durchmesser angeordnete Neuronen bekannt, die auf Linien-Segmente mit einer bestimmten Winkelorientierung, die als optischer Reiz angeboten werden, reagieren. Eine Gruppe von mehreren solcher Minikolumnen, die insgesamt auf alle möglichen Orientierungsrichtungen reagieren, wird als Modul oder auch Hyperkolumne bezeichnet und mißt zum Beispiel im Affen-Kortex etwa 570 µm im Durchmesser. Daneben existiert ein anderes Ordnungsprinzip, nach dem Module augenspezifisch auf angebotene Impulse reagieren. In diesem System enthält ein Modul sogenannte okuläre Dominanz-Kolumnen beider Augen. Bezogen auf die Oberfläche des Kortex sind diese beiden intrakortikalen Modul-Systeme topographisch im visuellen Kortex orthogonal zueinander angeordnet.[126] Über die

---

[124] McConnell 1988, 1991; Leise 1990. Eine solche Formatierung des Kortex durch Separierung in Module oder Kolumnen wird allerdings kontrovers diskutiert. Creutzfeldt unterscheidet sogenannte afferente und intrakortikale Modulstrukturen voneinander, die unterschiedliche Radien aufweisen und sich stark überlappen. Eine Modularisierung erscheint für ihn daher nicht mehr gerechtfertigt und er schlägt eine Sichtweise eines "kooperativen Netzwerkes" vor (Creutzfeldt 1976). Trotzdem aber bleiben die Module Bauprinzip des Kortex und anderer Hirnanteile, wenngleich sie stark überlappen und daher eine empirisch sichere distinkte Trennung erschweren.

[125] Mountcastle 1957

[126] Creutzfeldt (1976, 1989) macht zurecht darauf aufmerksam, daß sorgfältig zwischen einem topographischen und einem funktionalen Aspekt unterschieden werden

Integration und Interkonnektion dieser beiden funktionellen Systeme innerhalb des visuellen Kortex bestehen noch offene Fragen. Neuere Untersuchungen legen eine dritte Entität nahe, die zwischen beiden Merkmalen integriert[127]. Simulationen haben ergeben, daß diese Strukturen wahrscheinlich auf der Grundlage von sogenannten cortical templates in selbstorganisierender Manier entstehen.[128]

Solche Module kommen nicht nur im Kortex, sondern als distinkte Einheiten zum Beispiel auch in subkortikalen Kernlagern, den Stammganglien vor. Sie sind zum Teil erst durch immunhistochemische Verfahren chemoarchitektonisch differenzierbar geworden und zeichnen sich durch ein bestimmtes Transmitterprofil aus[129]. Diese sogenannten Striosomen sind durch hohe Immunreaktivität für Enkephalin, Substance P, GABA und Neurotensin gekennzeichnet. Die Striosomen scheinen auch mit den sogenannten Dopamin-Inseln zusammenzufallen. Es findet sich weiterhin eine hohe Konzentration von Opiatrezeptoren in diesen Einheiten, während die Hintergrundmatrix des Striatums komplementär durch hohe Acetylcholinesterase-Immunreaktivität und somatostatin-haltige Nervenzellfortsätze gekennzeichnet ist. Die Striosomen messen etwa 500 µm im Durchmesser und erstrecken sich auf zum Teil mehrere Millimeter und bilden innerhalb der Striatum-Matrix ein komplexes labyrinthartiges Netz. Nach diesen Befunden stellt man sich heute die Binnenstruktur der Basalganglien aus zwei distinkten Neuronenpopulationen zusammengesetzt vor, die ebenfalls einer modularen Bauweise folgen.

Neben diesen Befunden zum Modulaufbau des Neokortex und Anteilen der Stammganglienregion im Primatengehirn sind ähnliche anatomische Befunde im Sinne einer Modularchitektur auch in Nervensystemen von Invertebraten bei Arthropoden und Kephalopoden bekannt, so zum Beispiel beim Tintenfisch, dessen Lobus opticus zum großen Teil in alternierenden Kolumnen von Neuropil organisiert ist. Diese Kolumnen messen etwa 25 - 150 µm und erinnern damit stark an die Mini-Kolumnen des Neokortex höherer Vertebraten.

---

muß. Sensorischer und visueller Cortex unterscheiden sich darin, daß eine funktionale Zusammengehörigkeit von Zellgruppen nicht notwendig auch mit einer topographischen Zusammengehörigkeit zusammenfällt. Im sensorischen Cortex ist das der Fall, im visuellen Cortex dagegen nicht.

[127] Blasdel und Salama 1986

[128] Götz 1988; Obermayer et al. 1990a,b

[129] Graybiel und Ragsdale 1978, 1979, 1983; Graybiel 1984

Die somatotope Anordnung verschiedener sensorischer und motorischer Systeme im Nervensystem ist als meta-moduläres Ordnungsprinzip in Vertebraten-Gehirnen für primäre motorische und sensorische Rindenareale sowie für Anteile der Stammganglien wie zum Beispiel für den Thalamus lange bekannt. Für Insekten und Mollusken sind ebenfalls solche topographischen Repräsentationen nachgewiesen.[130]

Insgesamt variieren die Module mit einem Durchmesser zwischen 150 und 1000 µm und einer vertikalen Ausrichtung von 250 bis 3500 µm relativ wenig und korrelieren mit der Reichweite der Modul-Interneurone. Sie können verschiedene Leistungen ausführen, die bei sensorischen Systemen die Integration von Tausenden von Afferenzen erfordern, bei der Generierung motorischer Programme aber nur wenige, bis zu etwa 20 Neuronen, benötigen. Im Vergleich verschiedener Organismen variieren die Hirngewichte entsprechend den Hirn-Körpergewichtsbeziehungen bei unterschiedlichen taxonomischen Gruppen, die Größe der Module bleibt dabei aber erstaunlich konstant, so daß die Größenzunahme der Gehirne in der Evolution auf eine zunehmende Zahl von Modulen, nicht aber etwa auf qualitative oder quantitative Veränderungen der Module zurückzuführen ist. Diese Überlegung legt die Hypothese nahe, daß es sich bei der Modularchitektur um ein grundsätzliches, speziesunabhängiges Ordnungsprinzip von Nervensystemen handelt. Die Module stellen offensichtlich zentrale Verarbeitungseinheiten dar, die ein relativ uniformes Bild sowohl in Vertebraten- als auch in Invertebraten-Gehirnen zeigen. In komplizierten Vertebraten-Gehirnen sind Modularchitekturen sowohl im Kortex als auch in stammesgeschichtlich älteren Hirnanteilen wie den Stammganglien oder dem Mittelhirn nachweisbar. Ähnliche Modulstrukturen finden sich auch bei Invertebraten, falls die Nervensysteme einen "über-modularen" Komplexitätsgrad erreicht haben. Limitiert durch die Verzweigungsfähigkeit der Interneurone zeigen Module den durch Größe, Zellaufbau und Verschaltungsmuster charakterisierten Aufbau und können als ubiquitäre, funktionelle Elementar-Einheiten eines Nervensystems aufgefaßt werden. Physiologische Daten unterstreichen die funktionelle Bedeutung dieser Zellaggregate, die als zelluläre Basis eines dynamischen Konzeptes der Modultheorie aufzufassen sind.

---

[130] Leise 1990

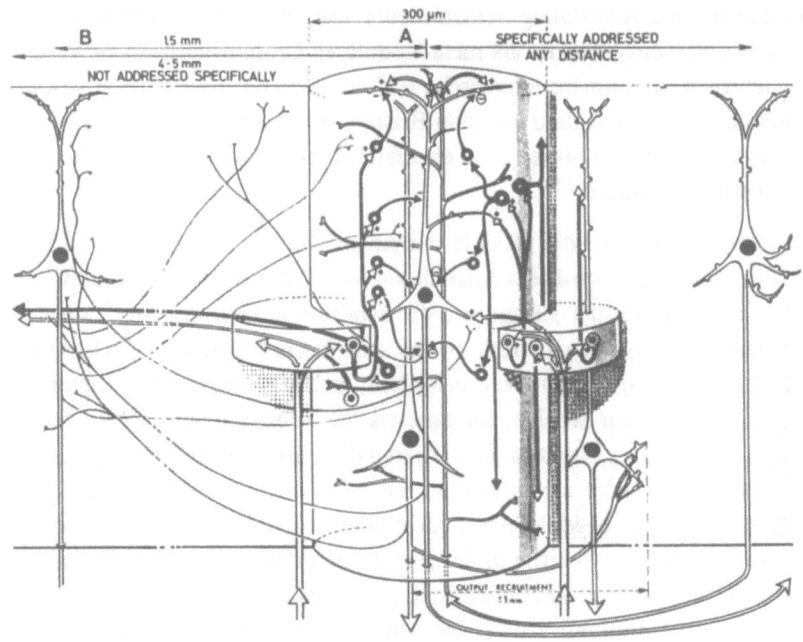

Abbildung 9: Interaktion verschiedener neokortikaler Module

Zusammenfassend zeigt dieses Schema mit den spezifischen thalamischen und intrakortikalen Afferenzen sowie den intrakortikal und kortikofugal wirksamen, efferenten Pyramidenzellen Verbindungen und Interaktionswege von Modulen. Das Modulkonzept ist dabei wesentlich dynamisch, bestimmte Neuronen gehören zu unterschiedlichen Zeitpunkten also unterschiedlichen Modulen an. Eine Theorie der Repräsentation verschiedener geistiger Inhalte in Hirnarealen muß diesem Gedanken der Dynamik, die sich in der Modularchitektur ausbildet, notwendigerweise Rechnung tragen. (Abbildungsnachweis: Szentágothai 1983)

Die modulare Architektur bietet teleologisch gesehen die Vorteile einer hohen Verknüpfungskapazität bei relativ geringer Fortsatzlänge einzelner Nervenzellen, also Vorteile eines ökonomischen Bauprinzips. Die Einführung solcher multizellulären Verarbeitungseinheiten bietet weiterhin die Möglichkeit einer Informationsverarbeitung auf verschiedenen Ebenen, die durch eine modulare und metamodulare Physiologie beschrieben werden können. Über kortiko-kortikale Verbindungen findet ein Austausch zwischen Modulen im Sinne einer horizontalen Integration statt.[131] Die Vorstellungen zum Zusammenwirken dieser Moduleinheiten zu metamodularen Verbänden können als

---

[131] Gilbert 1985

parallel und hierarchisch zusammengefaßt werden. Dieses über-modulare System ist durch Modifizierbarkeit bei äußeren Sinneseinflüssen mit allerdings hohem intermodularen Verknüpfungsgrad zwischen diesen Bestandteilen gekennzeichnet.[132] Das Postulat ist, daß mentale Leistungen und Phänomene in diesen hierarchisch und parallel verkoppelten dynamischen Strukturen realisiert sind.[133]

Die modulare Architektur des Gehirns impliziert dabei allerdings nicht automatisch, daß es sich bei den neuronalen Modulen notwendigerweise um anatomisch und funktionell distinkte Einheiten handelt. Vielmehr muß ein einzelnes Neuron anatomisch nicht zwingend einem bestimmten Modul zugeordnet werden können, ebenso ist eine funktionelle Überlappung in geringen Dimensionen denkbar, ohne daß Daten physiologischer Experimente davon berührt würden.[134] Das Modulkonzept ist darüberhinaus nicht statisch zu verstehen, es handelt sich vielmehr wesentlich um ein dynamisches Konzept. Die individuelle zelluläre Zusammensetzung einzelner Module kann sich zum einen langfristig ändern, ist aber auch von aktuellen Aktivierungszuständen im Gehirn abhängig. Die Plastizität funktioneller Verbindungen zwischen Neuronen über Synapsen wird als strukturelles Korrelat von langfristigen Erinnerungsinhalten angesehen.[135] Zu unterschiedlichen Zeitpunkten können sich dabei die zentralen Modulachsen verschieben und werden dann von einer benachbarten thalamischen Afferenz bestimmt, die wiederum mit den zu einem Modul gehörigen Neuronenverband verbunden ist. Einzelne Neurone können also zu unterschiedlichen Zeitpunkten verschiedenen Modulen angehören. Weiterhin stehen die Module darüberhinaus auch durch kortikokortikale Verbindungen untereinander in Kommunikation, so daß die Vorstellung der Modularchitektur des Gehirns insgesamt eher als dynamischer Prozeß

---

[132] Das Modulkonzept ist nicht nur in der Anatomie, sondern auch in der Psychologie weit verbreitet, so daß die Modularität als wichtige hirntheoretische Idee übergreifende, wesentliche Bedeutung hat. Dabei ist zu bemerken, daß die anatomischen und die psychologischen Module nicht deckungsgleich sind, sondern eine Begriffsbildung darstellen, die Befunde auf ganz unterschiedlichen Untersuchungsebenen zusammenzufassen. Gemeinsam ist aber der prinzipielle Gedanke der Modularität sowohl des Gehirnaufbaus als auch der Psychologie.

[133] Szentágothai 1985

[134] Creutzfeldt 1989; Stichwort "Modular Architectonics of Neural Centers", in: Encyclopedia of Neuroscience (Hrsg. Adelman, G.), 1987

[135] Greenough 1984

denn als statische Struktur verstanden werden muß. Der anatomisch relativ uniforme Aufbau liefert nur die neuronale Grundlage und Organisation, die variable, elektrophysiologisch relevante Phänomene ausbilden kann und wahrscheinlich auf diesem Weg die Informationen kodiert.

Ganz entscheidende Beiträge zur funktionellen Verbindung und Dynamik der Module betreffen ein Phänomen, das man als kortikale Oszillation bezeichnet hat.[136] Bei Angebot etwa eines sich bewegenden Lichtbalkens, der durch entsprechend spezifische Merkmalsdetektoren erkannt wird, muß ein Mechanismus dafür sorgen, daß der wahrgenommene Stimulus in seiner Gänze als sich bewegender Lichtbalken auch tatsächlich aus den einzelnen Merkmalsdetektoren herauslesbar wird. Alle Merkmalsdetektoren, die auf den Lichtbalken reagieren, müssen also durch irgend einen Mechanismus ihre Zusammengehörigkeit, ihre Kohärenz innerhalb des Netzwerkes belegen. Es hat sich zeigen lassen, daß diese Kohärenz durch rhythmische Oszillationen zustande kommt, die mit einer Frequenz von etwa 40 Hz über dem Kortex zu messen sind.[137] Die rhythmischen Oszillationen können sich unter bestimmten Bedingungen synchronisieren[138]. Eine zu kodierende Figur wird also durch Reaktionen von Neuronen repräsentiert, die sich in ihrer Phasenlage als zueinander kohärent ausweisen. Eine effektive Abgrenzung zu Inkohärentem, zum Beispiel zu einer anderen Gruppe von Merkmalsdetektoren, ist mit diesem Mechanismus bereits gewährleistet, wenn eine nur geringfügige Phasenverschiebung eintritt, die die unterschiedlichen Gruppen als nicht zusammengehörig markiert. Die beiden so kodierten Figuren können auf diese Weise als zwei distinkte Figuren unterschieden werden. Die Tatsache, daß die Trennung von Kohärentem und Nicht-Kohärentem in allen kognitiven Tätigkeiten eine zentrale Rolle spielt sowie Nachweise dieses Oszillations-Phänomens in unterschiedlichen Hirnarealen legen seine Bedeutung als universell wirksames Funktionsprinzip nahe und lassen vermuten, "daß Synchronisationsprozesse im Gehirn konstituierend für einen Großteil seiner Funktionen sind"[139]. Nervenzellen, die unter künstlichen Bedingungen in Zellkulturen kultiviert werden und unter diesen Bedingungen in ihrer elektrischen Aktivität abgeleitet werden, zeigen ebenfalls dieses Phänomen rhythmischer Entladungen, die sich

---

[136] Frégnac et al. 1988; Gray et al. 1989; Barinaga 1990; Singer 1991

[137] Eckhorn et al. 1988, 1990

[138] Gray et al. 1989

[139] Singer 1991

bereits nach wenigen Tagen, die die zufällig zusammengegebenen Neuronen kultiviert sind, nachweisen lassen im Sinne einer funktionellen Selbstorganisation.[140]

B.IV.2. Simulation neuronaler Netzwerke

Versteht man unter Biokybernetik die Wissenschaft, die sich unter der Arbeitshypothese "Mensch (oder Gehirn) als Maschine" zum einen der Erkenntnis biologischer Prinzipien, zum anderen technischer Prinzipien nähert, um in technischen Systemen biologisch wirksame Mechanismen[141] zu implementieren, so hat auch diese Hypothese bereits Tradition. In der aktuellen biokybernetischen Forschungsrichtung kommen im wesentlichen zwei Ansätze zum Zug, mit denen an die allgemeine Multi-Ebenen-Strategie der Hirnforschung angeknüpft wird. Der Top-Down-Ansatz schließt "von oben" an die phänomenologische Ebene an und versucht, menschliches Verhalten zu imitieren. Dabei ist der Weg zur phänomenologischen Imitation bestimmter, menschlicher Verhaltensweisen eher zweitrangig. Er ist meist ein nicht-neuronaler Software-Weg und kein hardware-abhängiger Weg, dieser Zugang ist hauptsächlich in der Forschung zur künstlichen Intelligenz bearbeitet worden.

Der Bottom-Up-Ansatz dagegen versucht "von unten", ein Gehirnmodell oder ein funktionelles System unter Verwendung von technisch modellierten, neuronartigen Prozessoren zu implementieren. Dabei rückt das Computermedium, nämlich das technische neuronale Netzwerk, neben der phänomenal zu reproduzierenden "künstlich intelligenten" Leistung mit in den Vordergrund. Eher eine Spielart des Bottom-Up-Ansatzes als einen radikal neuen Forschungsansatz stellt die heute etablierte Neuroinformatik dar, die durch Simulation (und nicht mehr durch aufwendige Realisation) dieser neuronalen Netzwerke den Weg zu sinnvollen Hardware-Lösungen abzukürzen hilft. Interessanterweise ist die Neuroinformatik als Simulation neuronaler Netzwerke die beherrschende Methode geworden, weil es einfacher geworden ist,

---

[140] Droge et al. 1986

[141] Zur (nicht an dieser Stelle zu führenden) Diskussion kann der technisierte Sprachgebrauch einer technisch transformierten Welt begründet in Frage gestellt werden.

solche Parallel-Netzwerke (wohlgemerkt auf einem seriellen Computer) zu simulieren, als sie mit Hilfe von elektronischen Bauteilen durch aufwendige Schaltungen aufzubauen.[142]

Der Erkenntniswert für die tatsächlichen Vorgänge im menschlichen Organismus tritt hinter die praktische Nutzanwendung der Optimierung von Computerleistungen insgesamt eher in den Hintergrund. Grundsätzlich wird auf ganz verschiedene Charakteristika einer Nervenzelle Wert gelegt, jedoch versteht sich die Forschung zu neuronalen Netzwerken nicht als der Versuch, Neuronenverbände im menschlichen Gehirn nachzubilden. Vielmehr geht es grundsätzlich um eine Übernahme von effektiven Eigenschaften einer natürlichen Nervenzelle oder eines natürlichen Zellverbandes. Die Namensgebung mit der Bezeichnung als "Neuronale Netzwerke" oder "Neural Nets" ist damit nicht unproblematisch und kann irreführen. Es handelt sich eben nicht um kompromißlose Nachbildungen natürlicher Nervenzellen und Nervenzellverbände, sondern um eine natur-inspirierte Technik, die besser mit "Prozessor-Netze" benennbare Strukturen enthält.[143]

Als der erste wesentliche Beitrag zur Entwicklung solcher neuronalen Netze[144] entwickelten McCulloch und Pitts[145] die sogenannten "formal neurons". Die Autoren wandten Verfahren der symbolischen Logik an, um die Prozesse in ihren formalen Neuronen zu beschreiben. Sie konnten zeigen, daß alle

---

[142] Diese Simulationen sind allerdings langsamer bezogen auf die Echtzeit möglicher Hardwarelösungen. Bis zur Verfügbarkeit geeigneter Betriebssysteme und Software für Computer mit mehreren Prozessoren, können auch mehrere Computer zusammengeschaltet werden, wobei dann jeder Computer einen neuronalen Prozessor repräsentiert (Prange 1990).

[143] Eine sehr wichtige Vorbemerkung betrifft die Art der technischen Realisation. Ein großer Teil dieser hier diskutierten Schaltungen ist tatsächlich in Form von elektronischen Bauteilen nicht gebaut worden. Die Hauptarbeitsmethode für den Bereich der neuronalen Netze ist die Neuroinformatik. Dabei werden die Grundstrukturen eines Netzes wie Anzahl der Prozessoren und ihre synaptische Verknüpfung vorgegeben und auf einem (seriellen) Computer simuliert, der in der Lage ist, die "Verhaltensmerkmale" von einem oder mehreren (bis zu einigen tausend) Prozessoren zu imitieren.

[144] Im folgenden soll der Begriff der neuronalen Netze weiter benutzt werden. Wichtig bleibt, des Unterschiedes gewahr zu bleiben, den solche neuronalen Netze von tatsächlichen biologischen Neuronenverbänden trennen.

[145] McCulloch und Pitts 1943

Prozesse, die mit einer finiten Zahl von symbolischen Ausdrücken beschreibbar sind, von ihren formalen Neuronen durchführbar sind. Die einzelnen Prozessoren sind in diesen Verbänden miteinander durch quantifizierte, positive oder negative Beträge tragende Verbindungen zusammengefügt, die bei Aktivierung eine exzitatorische oder inhibitorische Information weiterleiten. Zu ihren Leistungen gehören einfache arithmetische Operationen wie die Klassifizierung, Speicherung und der Abruf von endlichen Datenmengen oder die rekursive Anwendung von logischen Regeln. Dabei besteht zumindestens ein wesentlicher Unterschied zu biologischen Neuronenverbänden in der Synchronizität der "McCulloch-Pitts nets"[146]: Die Zellen entladen sich nur in bestimmten diskreten Zeitintervallen und sind damit in Bezug auf den biologischen Mechanismus der zeitlichen Summation kein Modell für die Neuronenverbände. Allerdings läßt sich jede logische Operation in einem solchen Netz von Prozessoren realisieren. Die Arbeit von McCulloch und Pitts knüpft damit an die universelle Computertheorie an von Alan M. Turing[147]. Darin werden formal äquivalente Computer für beliebige, automatische, formale Systeme konzipiert.[148] Es entwickelt sich aber daraus ein Verläßlichkeitsproblem. Bei einem temporären oder kontinuierlichen Ausfall einiger Prozessoren würde nämlich unweigerlich die Gesamtfunktion empfindlich beeinträchtigt. Um die Netze verläßlicher und sicherer zu machen, mußte deshalb Redundanz eingeführt werden. J. von Neumann[149] benutzte daher mehrere Prozessoren

---

[146] Cowan und Sharp 1988

[147] Turing 1936

[148] Eine sogenannte Turing-Maschine besteht aus einem Lesekopf und einem abzulesenden Band mit verschiedenen Zeichen aus einem endlichen Zeichenvorrat. Das Band wird zur Eingabe und zur Ausgabe benutzt. Vor dem Start wird das Band beschrieben, nach dem Durchlaufen wird abgelesen, welches Ergebnis das Band produziert hat. Der Kopf als der aktive Teil der Maschine liest und beschreibt das Band. Bei bestimmten Halt-Zeichen wird der Lese- und Schreibevorgang gestoppt und das Ergebnis ist einsehbar. Die Tätigkeit des Kopfes (und damit der ganzen Maschine) ist abhängig von dem abzulesenden Zeichen, das sich direkt unter dem Lesekopf befindet und dem inneren Zustand des Lesekopfes, der sich ebenfalls aus einem endlichen vordefinierten Vorrat an möglichen Zuständen rekrutiert. Damit ist das vom Kopf neu auf das Band zu schreibende Ergebnis in einer zweidimensionalen Matrix eindeutig beschreibbar. Daraus ergibt sich Turings These "Für jedes beliebige deterministische automatische formale System existiert eine formal äquivalente Turing-Maschine." (Haugeland 1985, S. 118).

[149] von Neumann 1956

für eine Information von einem bit und konnte dadurch eine hohe Verläßlichkeit bei verschiedenen arithmetischen Berechnungen erreichen.

Der nächste, wesentliche Schritt nahm die "Lernfähigkeit" der neuronalen Netze mit in die Überlegungen auf. Nach der Hebb'schen These, daß synaptische Modifikationen Grundlagen des Lernens seien und die Verbindungen der Nervenzellen im Gehirn mit dem Lernen von bestimmten Aufgaben ständig modifiziert werden und dabei zur Ausbildung von stark miteinander verbundenen cell assemblies führen[150], führte zu "adaptive nets"[151], die mit Hebb-ähnlichen modifizierbaren "Synapsen"[152] tatsächlich "lernten", einfache Datensätze von binären Zahlen (111010100, 101110101, usw.) zu klassifizieren (z.B. "alle binären Zahlen, die mit der Ziffernfolge 101 beginnen"). Die technisch erreichbare Leistung der Musterklassifikation und - in Verbindung mit der Wahrnehmung - der Mustererkennung ist damit vorbereitet worden. Nach Pitts und McCulloch[153], die diese Leistung zuerst als essentiell wichtig für "intelligente" Leistungen erachtet hatten, war die Entwicklung von "perceptrons" die weitere Folge[154]. Diese Perzeptronen können über die Modifikation ihrer synaptischen Gewichte, also die Stärke der synaptischen Gewichte, trainiert werden, bestimmte dargebotene Musterkonstellationen wiederzuerkennen und sind damit bereits der Reproduktion eines assoziativen Gedächtnisses näher gekommen. Eine andere, ganz vergleichbare Lösung lieferten Widrow und Hoff mit dem Namen "adaline" (adaptive linear neuron).[155] Die Leistungen sind vergleichbar, unterschiedlich sind die Trainingsprozeduren für beide Netzlösungen. Zur Implementierung von assoziativem

---

[150] Hebb 1949

[151] Uttley 1954

[152] Hier ergibt sich wieder ein ähnliches Problem wie bei der Nutzung des Begriffes "neuronale Netze". Es geht trotz der Verwendung des Begriffes der Synapse wieder nicht darum, biologische Synapsen zu reproduzieren. Der Begriff Synapse meint nur eine Verbindung zwischen Prozessoren in einem neuronalen Netz. Daß diese Verbindung gerade Synapse heißt, ist darauf zurückzuführen, daß die Natur die Technik inspiriert hat und die Idee einer modifizierbaren Verbindung (eben die biologische Synapse) aus der Natur stammt.

[153] Pitts und McCulloch 1947

[154] Rosenblatt 1958

[155] Widrow und Hoff 1960

Gedächtnis in neuronale Netzwerksysteme[156] wurde die Hebbsche Regel nutzbar gemacht, nach der synaptische Gewichte verstärkt werden bei wiederholtem Angebot eines sensorischen Stimuluspaares[157]. Kann zunächst nur ein Element des Paares eine motorische Reaktion bewirken, ist es später auch das zweite Element[158]. Dieses Grundprinzip der assoziativen Verknüpfung über eine "learning matrix" innerhalb des neuronalen Netzwerkes ist von mehreren Arbeitsgruppen weitergeführt worden[159]. Wesentliches Grundprinzip ist dabei die Tatsache, daß über die Ansprache von Speicherinhalt oder Teilen davon eine vordefinierte Reaktion abgerufen werden kann. Die Netze sind so content addressable, also über den Inhalt adressierbar. "Thus the net can be "addressed" using the (partial) content of a memory, rather than just its location. Because of this property associative nets are now generally referred to as associative content addressable memories (ACAMs)."[160] Die moderne Entwicklung auf dem Gebiet der neuronalen Netze kann in Anschluß an den Konnektionismus von Ramon y Cajal, der als erster die Neuronendoktrin des Gehirns vertrat, als Neo-Konnektionismus[161] bezeichnet werden und wird damit später auch Gegenstand einer theoretischen Diskussion.

In den sogenannten "Hopfield nets"[162] sind alle beteiligten Prozessoren mit jedem anderen (symmetrisch) verknüpft. In einem Hopfield-Netz existieren bei zwei möglichen Zuständen ("on" und "off") von n Prozessoren genau 2n mögliche, verschiedene Konfigurationen des gesamten Netzes. Diese Gesamtanzahl von möglichen Konfigurationen werden in m stabilen subsets organisiert, wobei gilt: $m = n/n*4log2*n$. Damit beträgt m etwa 0,14 n. Diese m stabilen Zustände innerhalb des Netzes aus n Prozessoren werden bei jeder beliebigen Eingangskonfiguration automatisch erreicht, wobei der für die

---

[156] Taylor 1964

[157] Hebb 1949; Brindley 1967

[158] Es handelt sich hier also um technisch reproduzierte, klassische Konditionierung (Rescorla und Wagner 1972).

[159] Anderson 1968; Marr 1969, 1971; Kohonen 1977

[160] Cowan und Sharp 1988, S. 23

[161] Der Konnektionismus besagt, daß sich Information im Gehirn als Muster von synaptischen Gewichten innerhalb von Zellverbänden niederschlägt, das sich im Laufe von Lernprozessen manifestiert.

[162] Hopfield 1982, 1984

Eingabekonfiguration jeweils nächste stabile Zustand erreicht wird, mithin "assoziiert" wird. Wenn auch die Realisation dieser Hopfield-Netze keine Reproduktion der biologischen Verhältnisse ist, ist die Arbeitsweise des Erreichens von stabilen Zuständen innerhalb eines Vernetzungsapparates wegweisende Hypothese auch für die Hirnaktivität. Diese Befunde sind gut vereinbar mit dem Phänomen einer Rindenoszillation, in deren Einzelzuständen wahrscheinlich ebenfalls solche instabilen mit stabilen Hirnzuständen abwechseln. Braitenberg hat diese Hypothese zur Vorstellung einer Gedankenpumpe gebracht.[163] Zu Beginn der Beobachtung ist danach eine bestimmte Neuronenpopulation aktiv, die mit einem bestimmten Gedanken korrespondiert. In der Folge wird die diffuse Eingangserregung erniedrigt, bis die assembly, der "Hirnzustand", zusammenbricht. Jetzt setzt ein Regelmechanismus ein, der dafür sorgt, daß die Eingangserregung wieder hochreguliert wird, wodurch ein neuer Zustand der Neuronenpopulation stabilisiert wird, der einen anderen Gedanken bedeutet. Entgegen der sogenannten "grandmother cell"-Hypothese, wonach jede elementare Information genau in einer Zelle lokalisiert ist (z. B. "Jedesmal, wenn ich meine Großmutter sehe, ist immer eine bestimmte Nervenzelle aktiviert, die grandmother cell.")[164], handelt es sich offensichtlich um ein komplexes Netzwerk, das unsere Gedanken hervorbringt. Offenbar unterliegen diese dynamischen Oszillationen spontanen, sich selbstorganisierenden Prozessen. Koordinierte, rhythmische Entladungen können auch als Phänomen der Kultivierung von zentralnervösen Neuronen in der Zellkultur nachgewiesen werden.[165]

Hopfield Netze leiden allerdings an einer Schwäche, insofern sie deterministisch und regelgebunden einen nächsten Zustand anstreben, der aber nicht der dem Eingangssignal ähnlichste sein muß. Die Eingangssignale erreichen im Hopfield-Netz zwar das nächstgelegene lokale Energieminimum, aber sie können dabei das globale Minimum des Systems[166], also den dem Eingangs-

---

[163] Palm 1988, 1990

[164] Cowan 1968; Wilson und Cowen 1972, 1973

[165] Droge et al. 1986

[166] Man kann eine Energiefunktion E formulieren, bei der die Energie gegen die Konfigurationszustände aufgetragen wird. Dabei treten bei bestimmten Zuständen Energieminima auf, die bevorzugt vom System eingenommen werden. Es ergibt sich für den Graphen ein Verlauf mit Bergen und Tälern, wobei die Berge die energie-

signal ähnlichsten Zustand, verpassen. Deshalb muß von Zeit zu Zeit ein randomisierter Zufallssprung eingebaut werden, den die Systemkonfiguration ausführt, um einen anderen beliebigen Zustand einzunehmen. Diese mit Zufallssprüngen erweiterten Hopfield-Netze wurden Boltzmann-Maschinen genannt[167]. Damit können auf der Basis von Assoziationsmechanismen zum Beispiel Optimierungsprobleme gelöst werden, die im Nervensystem wahrscheinlich ähnlich realisiert sind.

Neben der Nutzung für logische und insbesondere optische Anwendungen soll hier noch das NETtalk-System[168] vorgestellt werden, das als ein spracherkennendes und -reproduzierendes Netzwerk besonderes Interesse beanspruchen kann. Das Netz besteht aus insgesamt 309 Prozessoren oder units, davon sind 203 "sensorische", also afferente Prozessoren, in 7 Gruppen zu je 29 angeordnet, 26 "motorische", also efferente Prozessoren und 80 hidden units, also "Interneurone", die nur innerhalb des Systems verknüpft sind und keine Verbindung zur Außenwelt haben. In jeder der sensorischen Prozessorgruppen kodieren 26 die Buchstaben des englischen Alphabets, ein Prozessor die Interpunktion, zwei die Wortgrenzen. Ein Stimulus besteht also aus 7 Signalen für jede Gruppe der sensorischen Prozessoren. Die motorischen Prozessoren kodieren Sprachklänge oder Phoneme, aber auch Betonung und Silbenstruktur. NETtalk wurde ein 1.000 Wörter umfassender Text von informeller Sprache eines Kindes 50 Mal dargeboten.[169] Danach "sprach" NETtalk mit einer Genauigkeit von etwa 95%. Ein vom gleichen Kind gesprochener Text (mit unbekannten Wörtern) wurde von NETtalk mit einer Genauigkeit von etwa 78% reproduziert. Dieser Effekt der Generalisierung erlaubt es NETtalk, mit einer so hohen Genauigkeit auch unbekannte Texte (bei vorhergehendem "Training") nachzusprechen. Damit ist mit technischer Implementierung von Prozessornetzwerken, wie sie auch im Gehirn vorkommen, durchaus eine technische Reproduktion möglich von menschlichen Fähigkeiten. Neben rein logischen und arithmetischen Anwendungen ist mit begrenzter Fehlertoleranz auch die Reproduktion von Sprache in begrenztem

---

reichsten, somit die unwahrscheinlichsten Zustände, die Täler die energieärmeren und somit die wahrscheinlicheren Zustände markieren.

[167] Ackley et al. 1985

[168] Sejnowski und Rosenberg 1986

[169] Dazu wurde nicht mehr - wie bei der Boltzmannmaschine - der relativ langsame Monte Carlo-Algorithmus benutzt, sondern ein als back-propagation error-correction bezeichneter Algorithmus.

Umfang möglich geworden. Nach heutigen Vorstellungen werden beim Sprechen durchaus mehrere Hirnareale genutzt, Sprache ist also multipel repräsentiert und ist damit eine relativ komplexe höhere Hirnfunktion, die bereits in Ansätzen reproduzierbar geworden ist.

B.IV.3. Reverse Engineering

Die technischen neuronalen Netze sind wesentlich auf das Ziel der Optimierung von Computern gerichtet, während die organischen Hirnforscher interessiert am Studium biologischer Nervensysteme sind. Eine Brücke zwischen diesen beiden Perspektiven schlägt das Verfahren des reverse engineering.[170] In diesem Verfahren wird eine computergestützte Sammlung von allen verfügbaren empirischen Daten vorgenommen, die dann als heuristisches Instrument zur Formulierung sinnvoller Arbeitshypothesen genutzt werden kann. Durch die Simulation werden neue Einsichten in die funktionellen Zusammenhänge des simulierten Netzwerkes erhofft. Darüberhinaus ist es möglich, mit den vorhandenen Daten über eine bestimmte Hirnstruktur eine Modellierung oder Simulation vorzunehmen, so daß empirische Untersuchungen vorhersagbar werden.[171]

Grundlage für solche Installationen ist die zugrundeliegende anatomische Struktur des fokussierten Hirnabschnitts, die durch entsprechende Daten der Physiologie auf der Basis eines general purpose neural network simulation system[172] ergänzt und erweitert wird. Am Beispiel des piriformen Kortex, der das primäre kortikale Projektionsareal olfaktorischer Reize darstellt, wurden verschiedene Phänomene reproduziert wie etwa das Phänomen der elektrischen Oszillation der Hirnrinde, die erstmals im visuellen Kortex nachgewie-

---

[170] Bower 1990

[171] Nicht zu unterschätzen ist der Effekt, daß der Modellierer dieses Netzwerkes gezwungen ist, alle verfügbaren Daten zu sammeln und dann entsprechend auch die Lücken offen zu Tage zu legen. Gerade solche Lücken stimulieren sowohl das "Design" neuer Experimente als auch das Formulieren von Theorien, die das Bekannte integrieren.

[172] Wilson et al. 1989

sen worden ist[173]. Somatotopische Kartierungen in der Rinde können ebenfalls simuliert werden.[174] Hierher gehören auch Versuche, biologische Modelle mathematisch nachzuvollziehen wie etwa die Studie der Gruppe von Shaw[175], die nach dem Vorbild des von Mountcastle beschriebenen Moduls das mathematische Modell eines trions beschreiben, das als idealisierte Substruktur eine lokale Gruppe von Neuronen repräsentiert. Mehrere solcher trions, die mit symmetrischer Verbindung[176] zu einem Modul zusammengesetzt werden, zeigen, daß sie mehrere Hundert verschiedener raum-zeitlich-definierbarer "firing patterns", also bestimmter Funktionszustände entwickeln können. Diese verschiedenen "complex spatio-temporal firing patterns ... constitute the basic events of short-term memory and information processing"[177] und werden damit als der grundlegende Mechanismus kortikaler Informationsverarbeitung angesehen. Interessanterweise werden auch im Trion-Modell die kortikalen Oszillationen von etwa 30 - 100 Hz nachvollziehbar und schaffen durch die Bestätigung biologischer Befunde im Modell ein konsistentes, plausibles Bild der Modularchitektur.

Die Existenz von anatomisch nachweisbaren und funktionell relevanten Modularchitekturen im menschlichen Gehirn als auch in anderen Vertebraten- und Nicht-Vertebraten-Gehirnen kann als gesichert gelten. Die Vernetzung oder Konnektivität in den neuronalen Modulen des Gehirns ist offenbar ein ganz wesentlicher Mechanismus in der neuronalen Informationsverabeitung.

Diese Module können als vielversprechendster Kandidat einer Erklärungsebene des Repräsentationskonzeptes als auch zur Etablierung neuer Forschungsprogramme avisiert werden. Sie könnten dann das entscheidende Bindeglied zwischen psychologisch beobachtbaren Makrophänomenen und neuronalen Vorgängen werden.[178] Die technische Forschungsausrichtung hat dabei ohne Zweifel die biologische Forschung befruchtet und weist in eine

---

[173] Eckhorn et al. 1988; Gray et al. 1989

[174] Obermayer et al. 1990a,b

[175] Shaw et al. 1985

[176] Eine symmetrische Verbindung bedeutet in diesem Zusammenhang, daß die verschiedenen Elemente, hier die trions, qualitativ und quantitativ ähnlich miteinander verknüpft sind.

[177] Shaw et al. 1985

[178] Palm 1986, 1990

optimistische Zukunft. "We predict that the 'top-down' approach of conventional AI, and the 'bottom-up' approach of neo-connectionism will eventually join to produce real progress in what McCulloch (1964) called 'experimental epistemology', the study of how knowledge is embodied in brains and may be embodied in machines."[179] Die Theorie neuronaler Netzwerke hat auch in konzeptueller Hinsicht bereits befruchtend gewirkt. So haben Pellionisz und Llinás ein Metaorganisationsprinzip vorgestellt, das eine Erklärung liefern kann für komplizierte sensomotorische Abläufe im Sinne eines metamodulären Organisationsprinzips.[180]

B.V. Das Lokalisationskonzept

Das Lokalisationspostulat in der Hirnforschung ist zwar eine sehr plausible Vorstellung und läßt sich auch auf fast allen Beobachtungsebenen nachvollziehen, allerdings ist die konkrete Lokalisation von geistigen Vorgängen nicht trivial, wie schon die historischen Aspekte gezeigt haben, nach denen sich ganz unterschiedliche Organe oder Organteile als Lokale geistiger Phänomene demarkieren. Ein Grund dafür mag sein, daß keine der diskutierten Lokalisationsbemühungen eine überzeugende Erklärung für alle geistigen Phänomene hat anbieten können, eingeschlossen die noch heute gültige Lokalisationsvorstellung. Vielmehr gibt es hoch und niedrig auflösende Lokalisationskonstrukte, die in ihrem Gültigkeitsbereich entsprechend divergieren und häufig nicht mit der nötigen Bescheidenheit behandelt worden sind.

B.V.1. Begriff der Hirnlokalisation

Das Lokalisationskonzept in der Hirnforschung[181] ist ein sehr facettenreicher Komplex und ist mit "the notion that given behaviors are controlled by

---

[179] Cowan und Sharp 1988, S. 78

[180] Pellionisz und Llinás 1985

[181] Hécaen 1982; Pribram 1982

specific areas of the brain"[182] nur oberflächlich beschrieben. Zum ersten stellt sich die Frage, was eigentlich lokalisiert wird und die Antwort stößt bereits auf Schwierigkeiten. Es sind, intuitiv formuliert, im weitesten Sinne geistige Phänomene oder Eigenschaften oder Fähigkeiten, die lokalisiert werden sollen, etwa eine Empfindung, eine Wahrnehmung, das Auslösen einer Bewegung, Sprache, ein Gedanke. Wie aber kann zweitens ein solcher Gedanke (z.B. "Die Sonne scheint."), der subjektiv ein nicht raumzeitlich bestimmbares Gebilde ist, in einem raumzeitlich beschreibbaren System wie dem Nervensystem "lokalisierbar" werden oder "lokalisiert" sein?[183]

Nach Kuhlenbeck operiert das wahrnehmende und handelnde Subjekt in einem privaten Raum-Zeit-System, während sich Wahrnehmungsgegenstände und Objekte möglicher Einwirkungen des wahrnehmenden Subjekts auf ein öffentliches Raum-Zeit-System beziehen. Das einzelne Individuum erlebt sich selbst also in einem anderen, eben nicht-öffentlichen Raum-Zeit-System, als es (und sein Gehirn) von anderen erlebt wird, die dieses beobachtete Subjekt in einem öffentlichen Raum-Zeit-System beobachten. Es sind unterschiedliche Voraussetzungen oder gewissermaßen unterschiedliche Perspektiven, die in ihrem Wesen inkompatibel scheinen. Diese beiden scheinbar wesensverschiedenen Phänomenbereiche sind zu überbrücken. Als Lösung bleibt zunächst nur, sich auf eines dieser Raum-Zeit-Systeme zu beschränken, aus dessen Sicht das andere beschreibbar wird.

In der Lokalisationshypothese breitet sich bei genauerer Betrachtung also bereits das gesamte Spannungsfeld des philosophischen Leib-Seele-Problems oder Gehirn-Geist-Problems aus. Es soll hier aber nicht die philosophische Diskussion des zweiten Teils dieser Arbeit vorweggenommen werden. Vorläufig kann eine unverfängliche Parallelität zwischen Gehirn und Geist als Arbeitshypothese formuliert werden, die beide Phänomenbereiche des Geistigen und des Physischen akzeptiert, aber die Frage nach einer möglichen Interaktion oder Identifikation zunächst unbeantwortet läßt. Eine solche Parallelität ist für die empirisch ausgerichtete Naturwissenschaft ein nützliches Konzept, da sich die Hirnforschung heute als ein nicht abgeschlossenes Unternehmen mit offenem Ende betrachten muß, das mögliche Hinweise auf eine Interaktion oder auf Identifikationskriterien später aufzunehmen in der Lage sein muß.

---

[182] Kolb und Wishaw 1990, S. 327

[183] Auch eine Lokalisation im Gehirn ist nicht trivial, wenn ich einen Schmerz im Bein verspüre, worauf Nagel aufmerksam macht (Nagel 1965, in: Bieri 1981).

Es ist so ein sinnvolles, wenngleich auch vorsichtiges und zurückhaltendes Konzept. Diese Parallelität ist in eine operationalisierte Formulierung überführbar: "nimmt man einen Beobachter und ein beobachtetes Nervensystem an, welche grauen Kerngebiete und welche Erregungskreise müssen aktiviert werden, damit ein Zustand von Bewußtsein entsteht oder aufrechterhalten wird, der zu dem beobachteten Nervensystem gehört?"[184] Kuhlenbeck beschreibt einen Parallelismus von geistigen und neuralen Prozessen, die parallel zueinander ablaufen und offenbar gewisse Rückschlüsse aufeinander erlauben, so daß eine pragmatisch begründete Berechtigung zur Lokalisierbarkeit trotz der prinzipiellen Unmöglichkeit ihrer Identifizierbarkeit, die Kuhlenbeck aus der Unvereinbarkeit eines subjektiven und eines öffentlichen Raum-Zeit-Systems ableitet, bleibt. "Wo immer Bewußtsein auftritt, ob im Traum- oder Wachzustand, stellt dieses Bewußtsein ein Parallelphänomen dar, das mit physikalischen neuralen Ereignissen korreliert ist, d. h. mit Aktivitäten corticodiencephaler Erregungskreise. Je nach der Modalität der beteiligten geistigen Phänomene, d. h. also je nachdem, ob visuelles, taktiles, auditorisches, Gedanken- oder Emotionsbewußtsein beteiligt ist, scheinen sich gewisse zusätzliche Lokalisationsprinzipien zu ergeben."[185] Ist eine solche Parallelität, die an dieser Stelle noch die Möglichkeit einer Interaktion oder Identifikation diskutabel läßt, als Basis empirischer Arbeit akzeptiert, ist der Lokalisationsbegriff im engen, naturwissenschaftlichen Sinn operationalisiert angehbar. Mit einem solchen ungefährlichen Parallelismus werden natürlich ontologische Aussagen unmöglich und es können lediglich Korrespondenzen erwogen werden, die aber bereits a priori keine Identifikationen in einem ontologisch-faktischen Sinn mehr erlauben würden.

Für den naturwissenschaftlichen Bereich, auf dessen Basis hier argumentiert wird, ist eine realistische Perspektive, also eine Orientierung am öffentlichen Raum-Zeit-System, naheliegend. Auf der Basis eines solchen realistischen Raum-Zeit-Systems schließt sich die Frage an: Wie soll lokalisiert werden? Nach welchen Prinzipien also soll praktisch eine Lokalisation vorgenommen werden? Sollen nur Klassen geistiger Phänomene, bestimmte Phä-

---

[184] Kuhlenbeck 1986, S. 105

[185] Id. 1973, S. 237

nomentypen mit ebensolchen Klassen von Hirnstrukturen korreliert werden? Oder soll vielleicht jeder Einzelzustand im Hirn charakterisiert werden?[186]

Die Problematik des Lokalisationsbegriffs erschöpft sich so durchaus nicht in seiner philosophischen Dimension. Aus naturwissenschaftlich-medizinischer Sicht ergeben sich ganz wichtige Verfahrensunterschiede in der Operationalisierung, man könnte von einer Positiv- und Negativ-Lokalisation sprechen. Unter Positiv-Lokalisation ist eine Lokalisierung zu verstehen, die durch die Stimulierung eines Hirnareals und den Nachweis des parallel dazu hervorgerufenen psychischen Phänomens, also durch eine physiologisch existierende Hirnfunktion belegt ist. Im Gegensatz dazu werden in der Negativ-Lokalisation Funktionszuweisungen zu einem Hirnareal vorgenommen, wenn dieses Areal zerstört ist und die zugewiesene Funktion nicht mehr erhalten ist. Die Ergebnisse dieser beiden Verfahren haben sich als nicht notwendig deckungsgleich erwiesen, da eine Lokalisation im Sinne von distinkten Zentren ("Sprachzentrum", "Sehzentrum", usw.) nicht möglich ist und in seiner naiven Form heute obsolet ist. Stattdessen sind verschiedene Hirnfunktionen distributiv organisiert, verteilen sich also auf größere oder mehrere Hirnareale in unterschiedlichen hierarchischen Hirnabteilungen als ursprünglich in den Anfängen der Lokalisationstheorie postuliert. Heute muß man auch von der Existenz sogenannter Diskonnektionssyndrome[187] ausgehen, deren Defizit durch unterbrochene Verbindungen zwischen zwei oder mehreren Hirnarealen hervorgerufen ist.[188] In der Geschichte der Hirnforschung ist ganz überwiegend Negativ-Lokalisation betrieben worden, in dem durch postmortale Un-

---

[186] In der philosophischen Auseinandersetzung um die Identitätsthese sind diese beiden Fragen in den Variationen Typ-zu-Typ-Identität und Ereignis-zu-Ereignis-Identität dokumentiert.

[187] Es handelt sich dabei um ein von Geschwind (1965) revitalisiertes Konzept, das auch in den klassischen Arbeiten von Wernicke (1874) eine Rolle gespielt hat.

[188] Die klassischen Aphasie-Formen einer motorischen und sensorischen Aphasie, also eines reinen Wortproduktions- oder Wortverständnisdefizits, entsprechen gewissermaßen nur idealisierten Aphasietypen. In verschiedener Ausprägung finden sich Anteile beider Defizittypen in allen Aphasien. Bei einer Leitungsaphasie, in der die Leitung zwischen beiden Arealen unterbrochen ist, ist eine unverhältnismäßig schwere Störung beim Nachsprechen zu beobachten. Gut bekannt sind die Untersuchungen an sogenannten split-brain-Patienten, bei denen eine Durchtrennung des Balkens, des größten Kommissurenfasersystems des Gehirns, ebenfalls in einem allerdings komplexen Diskonnektionssyndrom resultiert.

tersuchungen am Menschen und Läsionsexperimente am Tier die Auswirkungen von Hirnläsionen studiert wurden. Erst die Einführung von elektrophysiologischen Methoden (Elektroenzephalogramm, Einzelzellableitungen) und insbesondere die Entwicklung strukturell-bildgebender (Computer-Tomographie und Kernspinresonanz-Tomographie) und funktionell-bildgebender Verfahren (elektrophysiologisch: EEG und brain electrical activity mapping; metabolisch: Positronen-Emissions-Tomographie und Kernspinresonanz-Tomographie) erlauben erstmals systematische Untersuchungen intakter Hirnareale am lebenden Probanden oder Patienten. Zu beachten ist hierbei, daß eine physiologische Hirnfunktion sich auch zeitabhängig darstellt, damit nicht ohne weiteres nur räumlich lokalisierbar, sondern notwendig auch zeitlich zu analysieren ist[189], ein Aspekt, der ganz eigene technische Probleme bergen kann, wenn das zeitliche Auflösungsvermögen nicht befriedigend ist.

B. V. 2. Starke und schwache Lokalisationstheorie

Im klassischen Rahmen der Lokalisationstheorie, die wesentlich auf Läsionsstudien beruht, lassen sich relativ gut abgrenzbare Areale in der Großhirnrinde voneinander trennen wie zum Beispiel die primär motorischen Areale und primären Projektionsareale der verschiedenen sensorischen Systeme, deren Zerstörung (etwa durch eine Läsion im Tierexperiment oder einen Schlaganfall beim Menschen) mit einem Verlust bestimmter motorischer Fähigkeiten, also Lähmungen, oder Affektionen bewußter Wahrnehmungen, z. B. Taubheitsgefühle, einhergehen. Allerdings stößt die Lokalisierbarkeit über die sogenannten primären Projektionsareale hinaus auf immer größer werdende Schwierigkeiten. Sie verliert mit zunehmender Komplexität der sensomotorischen Integration an Auflösungsvermögen bezüglich der Lokalisierbarkeit im Nervensystem. Solche komplexen Phänomene können die assoziative Verknüpfung verschiedener Sinneseindrücke, die Programmgeneration von komplizierten Bewegungsabläufen oder ihre Initiative und Motivation sein. Psychische Eigenschaften einer Person wie Antrieb, Motivation, Temperament oder Charakter sind schließlich nur noch sehr ungenau oder gar nicht zu lokalisieren. Die Frage nach der Repräsentation von einzelnen Symbolen, Mustern, Gedächtnisinhalten im Gehirn ist mit den klassischen Methoden der

---

[189] Auf diesen Aspekt hat von Monakow (1914) bereits aufmerksam gemacht.

Lokalisationsdiagnostik, z. B. im Läsionsexperiment, überhaupt nicht auflösbar. Im Rahmen des klassischen Konzeptes der Lokalisationstheorie haben sich im Anschluß an diese Diskrepanzen eine schwache und eine starke Variante herauskristallisiert mit jeweils starker und schwacher Auflösbarkeit für unterschiedliche Hirnareale. Eine konsequente, starke Lokalisierung ist nur für einige Hirnabschnitte und -funktionen erwiesen, während für große Anteile der übrigen Hirnrinde, der sogenannte "Assoziationskortex"[190] oder auch "stumme Hirnzonen", eine Funktionszuweisung mittels der beschriebenen anatomischen, elektrophysiologischen Methoden oder der Analyse von Hirnläsionen bis heute in dieser Genauigkeit nicht möglich ist.

Diese unterschiedlich genauen Befunde haben zur Ausbildung einer starken und einer schwachen Form der Lokalisationshypothese geführt, die auch als Lokalismus (oder Atomismus) und Globalismus (oder Holismus) bezeichnet werden können[191] und Einzelbefunde zum Gesamtkonzept extrapolieren. Die starke Variante des Lokalismus ist als Programm der engen topographischen Zuordnung von geistigen Phänomenen und parallelen Hirnarealen zu beschreiben. Historisch muß Franz Josef Gall (1758-1828) als Vorläufer der modernen Lokalisationstheorie angesehen werden, er erarbeitete als erster eine umfassende und systematische Theorie der Lokalisierbarkeit von Hirnfunktionen.[192] Im Anschluß an die ersten klinischen Beobachtungen[193] entwickelte sich zu Ende des 19. und Anfang des 20. Jahrhunderts unter Hinzunahme der ersten reizphysiologischen Experimente und systematischer histologischer Untersuchungen die starke Ausprägung der Lokalisationstheorie. In der extremen Form war danach die Hirnsubstanz in distinkt voneinander unterscheidbare "Zentren" aufzuteilen, denen bestimmte psychische Fähigkeiten oder Charaktereigenschaften entsprachen. Elektrophysiologische Experimente konnten die Zentrenhypothese des Gehirns stützen, nachdem die elektrische Erregbarkeit des Großhirnkortex in primären Projektionsarealen des Hundes[194], nicht-menschlicher Primaten[195] und schließlich auch des Menschen

---

[190] Duffy 1984

[191] Hecaen 1982

[192] Daß sich dabei keine einzige inhaltliche Detail-Information bestätigen ließ, tut der grundsätzlichen Idee und ihrer erstmaligen systematischen Aufarbeitung keinen Abbruch.

[193] Broca 1861; Wernicke 1874

[194] Fritsch und Hitzig 1870

während neurochirurgischer Untersuchungen[196] nachgewiesen waren. Klinische Bestätigung erfuhr diese Position durch die Lokalisierung von Sprachzentren durch die Neurologen Broca[197] und Wernicke[198] anhand von postmortalen Hirnuntersuchungen von Patienten. Besonderer Optimismus wurde durch den Forschungszweig der Zytoarchitektur ausgestrahlt. Die Argumentation Brodmanns in seiner Schrift "Vergleichende Lokalisationslehre der Großhirnrinde" formuliert das Programm des Lokalisationisten paradigmatisch. Zwar in dem Bewußtsein, "nur Unvollständiges bieten zu können", wird auf Grundlage der "Einteilung des Cortex cerebri nach anatomisch übereinstimmenden Merkmalen" das weitgesteckte Endziel formuliert der "Schaffung einer auf anatomische Merkmale gegründeten vergleichenden Organlehre der Großhirnoberfläche".[199] "Organologisch ist daher die Großhirnrinde der Mammalier als ein Organkomplex zu betrachten, mit anderen Worten, als eine Summe oder eine Aggregation von ... Partialorganen, welche ihrem histologischen Bau nach spezifisch differenziert und regionär mehr oder minder scharf gegeneinander abgegrenzt sind."[200] Der Sprung von Struktur und Funktion wird kühn überbrückt durch die These "Die Funktion schafft sich ihre Organe."[201] Die regionale Differenziertheit des Kortex verbürgt dann im teleologisch ausgerichteten Umkehrschluß auch eine entsprechende funktionelle Differenzierung, "Organteile, welche strukturell verschiedenartig sind, müssen verschiedenen Verrichtungen dienen." Als "Prinzip der lokalisierten Funktion" belegen die regionalen anatomischen Unterschiede auch funktionelle Belegungen, "sie beweisen ... mit unumstößlicher Gewißheit das Vorhandensein einer streng zirkumskripten regionalen Lokalisation gewisser Funktionen"[202].

---

[195] Ferrier 1878; Grünbaum und Sherrington 1902

[196] Krause 1909-1911; Penfield und Boldrey 1937

[197] Broca 1861

[198] Wernicke 1874

[199] Brodmann 1909, S. 1

[200] Ibid., S. 254

[201] Ibid., S. 285

[202] Ibid., S. 300

Bereits Brodmann läßt diese zentrale These allerdings eine empfindliche Abschwächung erfahren, indem er ein "Prinzip der absoluten Lokalisation" und ein "Prinzip der mehrfachen funktionellen Vertretung von Rindenbezirken" unterscheidet. Mit zunehmendem Komplexitätsgrad psychischer Funktionen, den Brodmann leider nicht näher definiert, verliert sich die Definierbarkeit oder das Auflösungsvermögen und die Lokalisation des Phänomens diversifiziert sich in verschiedene Hirnareale, die funktionell mehrfach belegt sein können. "Gewisse komplexe Prozesse" sind "immer ... die Resultante (nicht etwa nur die Summe) der Funktionen einer großen Zahl mehr oder weniger weit über die Oberfläche zerstreuter Teilorgane, niemals kann sie das Produkt eines in sich morphologisch oder physiologisch einheitlichen 'Zentrums' sein".[203] Die interessante Vision eines "psychischen Zentrums" ist am Ende überhaupt nicht mehr auflösbar und nur noch im gesamten Gehirn zu finden. Brodmann schreckt vor einer harten Auflösung einer kondensierten Psyche zurück, die dagegen für basale Phänomene wie einfache Wahrnehmungsleistungen bewiesen ist. "In Wahrheit gibt es nur ein psychisches Zentrum: das ist das Gehirn als Ganzes mit allen seinen Organen, die bei jedem verwickelteren psychischen Vorgang entweder sämtliche oder in der Mehrzahl zugleich und in so weiter Ausdehnung über die verschiedensten Teile der Rindenfläche in Aktion treten, daß von irgendeinem innerhalb dieses Ganzen abzugrenzenden 'psychischen' Sonderzentrum niemals die Rede sein kann."[204]

Damit ist bereits von der starken Lokalisation zu den schwachen Varianten übergeleitet, die keine distinkte Zentrenlehre vertreten, sondern allgemein in einer ganzheitlichen Sicht das gesamte Gehirn als eine Art Netzwerk betrachten, in dem alle psychischen Phänomene immer notwendig im Gesamtverband des Nervensystems installiert sind. Diese als Holismus oder Globalismus bezeichnete Sicht zur Hirnorganisation hat einen frühen Vertreter in dem Franzosen Pierre Flourens (1794 - 1867), der eine holistische Hirntheorie erstmals auf dem Boden von Experimenten formulierte. Danach ist ein Prinzip der Äquipotentialität zu formulieren, wonach verschiedene Rindenanteile gleichwertig sind und keine distinkten Funktionen ausüben. Unterschiedliche psychische Phänomene sind danach nur als verschiedene Aspekte einer einheitlichen Seele zu verstehen.

---

[203] Ibid., S. 303

[204] Ibid., S. 303

Im Zuge der Gestalttheorie wurde das Gehirn ebenfalls als eine ausschließlich holistisch begreifbare funktionelle Entität begriffen. Das Lokalisationskonzept wurde ganz verlassen und das Gehirn danach als ein Organ betrachtet, das in der Lage ist, holistisch zu verstehende ganzheitliche "Gestalten", also unterschiedliche Hirnfunktionen zu emergieren, die über größere Hirnareale verteilt und lokalistisch nicht mehr sinnvoll definierbar sind. Die enge lokalisationstheoretische Verortung von Hirnfunktionen wurde nur im Bereich primärer Projektionsgebiete anerkannt, das Konstrukt Intelligenz wurde als eine Funktion der Integrität des gesamten Gehirns angesehen. Lashley deutete in diesem Sinne seine Kortex-Läsionsexperimente der Ratte, bei denen er Funktionseinbußen im Verhalten der Tiere unabhängig vom Ort der Läsion, aber abhängig von der Menge der lädierten Kortex-Areale beschrieb.[205] Unterschiedliche Hirnareale wurden als äquipotential angenommen, Intelligenz als eine Funktion der Gesamtmasse des Gehirns angesehen. Anstelle der qualitativen Überlegungen der Lokalisationisten formulierte Lashley sein Prinzip der mass action, wonach quantitativ ein Verhältnis bestehe zwischen Ausmaß der Schädigung und Ausmaß der Verhaltensdefizite.

Die Position zum Grad der Lokalisierbarkeit von Hirnfunktionen ist übrigens nicht unwesentlich methodenabhängig. So erlaubt die Zytoarchitektur eine sehr differenzierte Unterteilung und Kartierung der Großhirnoberfläche und läßt eine in ähnlichem Maße ausgeprägte Differenzierung der dazugehörigen Hirnfunktionen und funktionellen Korrelate vermuten. Die Neurophysiologie mit ihren Methoden der Einzelzellableitung und der Aufzeichnung sensorisch evozierter Potentiale[206] ist in der Lage, diese distinkten Ergebnisse zu unterstützen: eine einzelne Zelle ist zum Zeitpunkt ihrer Ableitung zwangsläufig "monofunktional" und erlaubt daher ebenfalls die Hypothese einer distinkten Funktionszuweisung. Ebenso kann von den modernen bildgebenden Verfahren wie Kernspintomographie und Positronen-Emissions-Tomographie ein ähnlich "hochauflösender" Aussagenkatalog erwartet werden. Aus der psychologischen Perspektive ist ein Lokalisieren um so schwieriger, je unschärfer die zugehörigen psychischen Phänomene definiert sind. Das Phänomen Intelligenz etwa ist als theoretisches Konstrukt nur operationalisiert meßbar, während einfache Wahrnehmungen sehr viel besser induzierbar und ent-

---

[205] Lashley 1937, 1950

[206] "Sensorisch" ist hier als Oberbegriff für verschiedene sensorische Systeme zu verstehen, also für visuell, akustisch oder somatosensorisch evozierte Potentiale.

sprechend auch hirnphysiologisch mit geeigneten Methoden nachvollziehbar sind.

Der Problembereich der Lokalisation psychischer Vorgänge im Nervensystem ist also ein außerordentlich vielschichtiges Diskussionsfeld und oszilliert zwischen einer aussagekräftigen Lokalisationstheorie, nach der distinkte Hirnareale distinkten Funktionen nachgehen, und einer holistischen Äquipotentialitätstheorie, nach der nur rein quantitativ Hirnläsionen mit Funktionsausfällen korrelieren. Diese beiden Pole einer starken und einer schwachen Variante der Lokalisationstheorie sollten nicht notwendig exklusiv diskutiert werden. Vielmehr müssen offenbar für verschiedene Phänomene des geistigen Lebens unterschiedliche Geltungsbereiche dieser Varianten formuliert werden. "'Holismus', 'Äquipotentialität', und 'Lokalisation von Zentren' können nicht als genau definierbare Konzepte angesehen werden, die einander ausschließen, sondern als gegenseitig miteinander zu vereinbarende Formulierungen verschiedener gültiger Aspekte neuraler Aktivitäten."[207] Vorstellbar wäre eine Definierung verschiedener Geltungsbereiche unterschiedlich starker Lokalisierungsaussagen für bestimmte geistige Phänomene. Die letzte Frage der funktionellen Organisation des Gehirns, also die Frage nach Verknüpfungsprinzipien von Struktur und Funktion ist damit allerdings noch nicht beantwortet. Die einzelnen mehr oder weniger distingiblen Funktionszentren des Gehirns ermöglichen über die Vielfalt von Verknüpfungen der Nervenzellen untereinander[208] eine dynamische Interaktion und Integration verschiedener Hirnareale mit "spezifischen", also stark lokalisierbaren, oder "unspezifischen", also nur schwach lokalisierbaren Aufgaben: "Functional organization of the brain may be seen as being a dynamic combination of complex systems, of brain areas with specific and nonspecific functions with multiple interconnections."[209] Brodmanns Prinzip der funktionellen Multivalenz von Hirnarealen könnte hier von zentralem Interesse werden. Wahrscheinlich ist die überwiegende Mehrzahl psychischer Funktionen distributiv organisiert, insofern ihre Lokalisierbarkeit nicht distinkten Hirnarealen folgt, sondern vielmehr in verschiedenen horizontal und vertikal miteinander verbundenen

---

[207] Kuhlenbeck 1986, S. 112

[208] Das Ausmaß dieser komplexen Verknüpfung von Nervenzellen im menschlichen Gehirn wird eindrucksvoller, wenn man erinnert, daß etwa 10000-mal so viel Verbindungen zwischen Neuronen existieren wie Neuronen selbst, also bei schätzungsweise 10^{10} Neuronen im menschlichen Gehirn etwa 10^{14} Verknüpfungen.

[209] Hecaen 1982

Gebieten implementiert ist. Eine starke Lokalisation mit hohem Auflösungsvermögen ist also nur für ganz wenige Hirnareale möglich. Andererseits ist aber eine universale Gleichförmigkeit des Hirns im Sinne einer Äquipotentialität aufgrund stark oder schwach lokalisierbarer Phänomene ebenfalls nicht anzunehmen, wenngleich sich die neuronal-zelluläre Arbeitsweise wie auch der modulare Aufbau des Nervensystems prinzipiell relativ monomorph[210] darstellen. Topische Kodierung, also die Position der neuronalen Netzwerk-Aktivität im Gesamtsystem Gehirn ist ein zentrales Prinzip in der funktionellen Organisation des Gehirns, das mit den Mitteln der klassischen Lokalisationstheorie, im wesentlichen postmortem-Untersuchungen und Mikroskopie, nicht aufzulösen ist. Moderne funktionell-bildgebende Verfahren bieten hier einen prinzipiell neuen Ansatz zur Überprüfung des Konzeptes einer topischen Kodierung, da eine Korrelation psychischer und zerebraler Zustände zum ersten Mal in der Geschichte der Hirnforschung simultan untersucht werden kann. Zwar sind elektrophysiologische Untersuchungen wie das EEG seit Jahrzehnten möglich. Neue Entwicklungen aber ermöglichen computergestützt die schnelle Verfügbarkeit und übersichtliche Handhabung großer Datenmengen, die methodenabhängig unter strukturellen, elektrophysiologischen und metabolischen Aspekten eine Reevaluierung des Lokalisationskonzeptes erlauben, indem sie Zustandsbilder des gesamten Gehirns liefern.

B.VI. Höhere Hirnfunktionen

Als sogenannte höhere Hirnfunktionen werden allgemein komplexe psychische Phänomene wie Wahrnehmung, Gedächtnis oder Lernen zusammengefaßt. An solchen funktionellen Systemen sind in der Regel Hirnstrukturen aus verschiedenen hierarchischen Hirnanteilen beteiligt. Bei der Bewegung sind zum Beispiel neokortikale Anteile für die Initiierung einer Bewegung und das Bereitstellen des Bewegungsprogramms, also einer Vorschrift, die die sequentielle Kontraktion verschiedener Muskelgruppen für eine bestimmte beabsichtigte Bewegung beschreibt, beteiligt. Das Zusammenwirken verschiedener Muskelgruppen läuft auf unterschiedlichen Ebenen ab, die den Bereich des Neokortex, die Stammganglien und das Kleinhirn umfassen. Im Bereich des Hirnstamms und des Rückenmarks liegen dann die Motoneuronen, die

---

[210] Im Vergleich zur Komplexität des menschlichen Geistes, den sie formieren.

schließlich als unterste Ebene des motorischen Systems die motorischen Einheiten im Muskel innervieren.

Die höheren Hirnfunktionen sind das Resultat funktioneller Systeme, die rein psychischen Funktionen dienen, wie etwa der Wahrnehmung, dem Gedächtnis oder Lernvorgängen, also Funktionen, die mehr oder weniger intrapsychisch ablaufen. Eine wohldefinierte Abgrenzung gegenüber "basalen" Hirnfunktionen existiert aber nicht, es handelt sich vielmehr um eine im weitesten Sinn didaktische oder taxonomische Trennung. Ganz im Gegenteil sollte eine Unterscheidung höherer Hirnfunktionen von vergleichsweise niedrigeren fallengelassen werden zugunsten eines stufenlosen Kontinuums, auf dem unbewußt-reflektorische einerseits und bewußt-reflektierte Vorgänge als Pole angeordnet werden können. Dabei sind Zuordnungen zu bestimmten "hierarchischen" Ebenen relativ willkürlich, da bestimmte geistige Vorgänge sowohl bewußt als auch unbewußt ablaufen können. Am Beispiel des Erlernens eines komplexen motorischen Bewegungsablaufes (z.B. das Spielen eines Musikinstrumentes) kann veranschaulicht werden, daß sowohl bewußte Anteile als auch unbewußt-automatisierte Anteile das komplexe Bewegungsmuster generieren. Zunächst erfordert das Erlernen einer bestimmten Bewegungssequenz etwa am Musikinstrument unsere ganze Aufmerksamkeit, bis wir uns nach Aneignung technischer Fertigkeiten "höheren", interpretativen Aspekten zuwenden können. Trotzdem ist es aber auch zu späterem Zeitpunkt möglich, die selektive Aufmerksamkeit bewußt zurück auf die Spielweise oder technische Einzelheiten zu wenden. Solche gelernten, automatisiert-reflexhaften Bewegungsmuster würde man kaum geneigt sein, als höhere Hirnfunktionen zu bezeichnen. Höhere Hirnfunktionen sind also offenbar sowohl durch ihren Inhalt als auch durch ihren Bewußtseinsgrad, durch ihren Anteil an dem, was uns bewußt ist, gekennzeichnet.

Das Phänomen der selektiven Aufmerksamkeit, das uns erlaubt, uns auf bestimmte Gegenstände in einer Art von mentalem Vordergrund zu konzentrieren, während andere Gegenstände abgeblendet, damit unbewußt werden, (aber trotzdem schnell für unsere Aufmerksamkeit und unser Bewußtsein verfügbar gemacht werden können,) ist offenbar ein zentrales Element unseres geistigen Lebens. Die Beteiligung des Bewußtseins, die wir als Aufmerksamkeit intentional auf einen Gegenstand oder auf ein Phänomen richten können, eignet sich also sehr viel besser zur näheren Bestimmung von potentiell "höheren" Hirnfunktionen. Das Bewußtsein könnte im Sinne Kuhlenbecks als unser subjektiv wirksames oder relevantes Raum-Zeit-System beschrieben werden, in dem sich unsere Wahrnehmungen und Rückkopplungen unserer

Interaktionen mit unserer Umwelt abspielen, gewissermaßen als Plattform unseres geistigen Lebens. Dann wäre es aber nicht unser geistiges Leben selbst oder auch nur Bestandteil desselben, sondern nur eine Rahmenbedingung im Sinne einer Anschauungsform. Wenn es aber direkt im Konzept der selektiven Aufmerksamkeit mit bestimmten psychischen Vorgängen koppelbar ist als bewußte Bewegung oder bewußte Wahrnehmung, scheint es nicht prinzipiell unterscheidbar von anderen psychischen Phänomenen zu sein. Dann muß das Bewußtsein auch ähnlich allen anderen geistigen Phänomenen im Gehirn realisiert sein und es fällt schwer, Kuhlenbeck zu folgen, indem er sagt: "Bewußtsein ist weder in irgendeinem wahrgenommenen Gehirn eines gegebenen wahrgenommenen Raums lokalisiert noch in irgendeinem angenommenen Gehirn eines postulierten physikalischen Raums."[211] Bewußtsein, das mit anderen funktionellen Leistungen zusammenwirkt, die hirnorganisch "lokalisierbar" sind, muß ebenfalls ein Hirnphänomen sein und damit ein hirnphysiologisches Korrelat haben. Diskutable Vorschläge zur Lokalisation von Bewußtsein im Gehirn werden nach einem Überblick über funktionelle Systeme im allgemeinen vorgestellt. Methodisch stehen heute zur Erforschung dieser komplexen psychischen Phänomene neuropsychologische und bildgebende Verfahren ganz im Vordergrund.

B.VI.1. Funktionelle Systeme

Funktionelle Systeme setzen sich aus verschiedenen Anteilen des Nervensystems aus wiederum verschieden hierarchisch geordneten Hirnabteilungen zusammen und dienen einem bestimmten funktionalen Zweck, zum Beispiel einem Sinneskanal oder einem motorischen Teilaspekt. Zu einem funktionellen System gehören in der Regel Abschnitte sowohl der Hirnrinde als auch des Zwischenhirns, Mittelhirns und des Hirnstamms.

Makroskopisch läßt sich das menschliche Gehirn (Cerebrum) in Hirnmantel (Pallium cerebri) und Hirnstamm (Truncus cerebri) trennen. Dabei besteht der Hirnmantel im wesentlichen aus dem Großhirnbereich, der sich in zwei Hirnhemisphären, diese sich wieder in je vier Lappen (Lobi) gliedern lassen sowie aus dem Zwischenhirnbereich. Der Hirnstamm ist in verschiedene anatomisch unterscheidbare Anteile zu trennen. Es sind das verlängerte Mark (Medulla

---

[211] Kuhlenbeck 1973, S. 182

oblongata) zu unterscheiden gegenüber dem Mittelhirn (Mesencephalon) und gegenüber dem Rautenhirn (Rhombencephalon), welches wiederum aus Brücke (Pons) und Kleinhirn (Cerebellum) besteht.[212]

Die Hirnrinde besteht anatomisch aus sechs Zellschichten, die in Abhängigkeit ihrer Lage und damit der zytoarchitektonisch differenzierbaren Areale je unterschiedliche Ausprägung aufweisen. Dabei existieren Areale mit offenbar höherer Differenzierung, die mehr als sechs Schichten erkennen lassen, nämlich bis zu acht, und Areale, die in weniger kompliziertem Aufbau nur fünf oder drei Schichten aufweisen. Die gefurchte Rindenoberfläche selbst ist makroskopisch interindividuell unterschiedlich.[213] Die Hirnrinde der Großhirnhemisphären ist über zu- und abführende Fasersysteme mit anderen Teilen des Nervensystems verbunden (Projektionsfasersysteme) sowie über solche Fasersysteme, die Hirnrindenareale mit anderen Hirnrindenarealen verbinden: Assoziationsfasersysteme verbinden verschiedene Hirnrindenareale einer Hemisphäre. Entsprechend unterscheidet man in der Gliederung der Hirnrinde Projektionsfelder und Assoziationsfelder. Projektionsfelder sind Gebiete, die mit dem übrigen Körper oder mit untergeordneten Hirnteilen afferent oder efferent in Verbindung stehen. Afferente Impulse erreichen die entsprechenden Hirnrindenareale von den sensorischen Apparaten (z. B. visuelles, akustisches System), efferente Impulse erreichen entweder motorische Rindenareale, die entsprechende Muskeltätigkeiten auslösen oder hypothalamische Hirnteile, die auf humoralem Wege in Kontakt zum Körper stehen. Kommissurenfasersysteme verbinden analoge Hirnrindenareale beider Hemisphären. Wichtigstes Kommissurenfasersystem ist der Balken (Corpus callosum), der bei bestimmten Erkrankungen chirurgisch durchtrennt werden kann. Die in ihrer Hemisphärenverbindung getrennten "Split-brain"-Patienten wurden neuropsychologisch untersucht. Dabei konnte interessanterweise eine hohe Spezialisierung und eine unterschiedliche Aufgabenverteilung der beiden Hemisphären beobachtet werden. Bereits makroskopisch kann graue von weißer Substanz differenziert werden. Die graue Substanz entspricht mikroskopisch der Ansammlung von Nervenzellkörpern[214], während die weiße Substanz mikroskopisch

---

[212] Nieuwenhuys et al. 1988

[213] Auf eine detaillierte Beschreibung von Hirnstrukturen soll hier verzichtet werden. Ich verweise auf die in den Literaturhinweisen angegebenen Werke zur Neuroanatomie (Brodal 1981; Nieuwenhyus et al. 1988).

[214] Diese sind von den teilweise meterlangen (!) Fortsätzen der Nervenzellen zu unterscheiden.

überwiegend die Fortsätze der Nervenzellen, also den Leitungsapparat des Gehirns enthält.

Im mikroskopischen Aufbau des Gehirns sind besonders die Verbindungen zwischen Nervenzellen von größtem Interesse, die entweder innerhalb eines Kerngebietes oder Hirnrindenareals liegen oder verschiedene Gebiete grauer Substanz verbinden. Methodisch werden dabei im Tierexperiment die sogenannte transsynaptische oder transneuronale Degeneration (auch anterograde Degeneration[215]) von nicht mehr innervierten Nervenzellen sowie die retrograde (und auch anterograde) Degeneration[216] von in ihren Fortsätzen durchtrennten Nervenzellen gezielt ausgenutzt: bestimmte, umschriebene Hirnteile werden zerstört, andere von den zerstörten Hirnarealen innervierte Gebiete zeigen einen massiven transneuronalen oder transsynaptischen Untergang von Nervenzellen[217]. Direkt retrograd degenerieren Zellen, deren Fortsätze durchtrennt wurden. So sind Fasersysteme Zellen in bestimmen Arealen zuzuordnen sowie Verbindungen verschiedener Bezirke grauer Substanz untereinander festzustellen. Eine andere Methode stellt die Markierung mit Farbstoffen dar, bei der der Mechanismus einer Stoffaufnahme der Zellfortsätze und dem sogenannten retrograden, axonalen Transport hin zum Nervenzellkörper oder dem anterograden Transport vom Nervenzellkörper zum Fortsatzende genutzt wird. In bestimmte Hirnareale injizierte, später nachweisbare Reagentien werden von den hier endenden Nervenzellfortsätzen oder Nervenzellkörpern aufgenommen, retrograd oder anterograd axonal transportiert und markieren so später die gesamte Nervenzelle mit ihrer afferenten (retrograd) oder efferenten (anterograd) Verbindung zu dem injizierten Gebiet. Es werden dabei radioaktiv markierte Aminosäuren benutzt, die in Proteine eingebaut, zum Zellkörper befördert und dann durch Autoradiographie sichtbar gemacht werden, oder exogen zugeführte, visualisierbare Proteine wie die Meerrettich-

---

[215] Brodal 1981

[216] Ulrich 1975; Okazaki 1983

[217] Besonders untersucht sind bei menschlichen Erkrankungen z. B. der Untergang des dem optischen System zugeordneten Thalamusanteils des äußeren Kniehöckers (Corpus geniculatum laterale) nach Zerstörung von Netzhautgebieten (Retina) sowie der Untergang von Zellen im Hirnstamm (Pons) nach Unterbrechung bestimmter Afferenzen aus der Hirnrinde (Ulrich 1975; Okazaki 1983). Der äußere Kniehöcker stellt die erste Projektion von Netzhautrezeptoren dar, der Pons die erste Projektion von einem bestimmten Kontingent der die Hirnrinde verlassenden Fasersysteme.

Peroxidase (Horseradish-peroxidase = HRP).[218] Damit werden Verbindungen zwischen den Kerngebieten und Hirnrindenarealen sichtbar, die "Verschaltung" des Gehirns. In Verbindung mit neurophysiologischen Erkenntnissen lassen sich so die funktionell-anatomischen Systeme charakterisieren, die die Organisation des Gehirns wesentlich mitgestalten. Die Grenze zwischen anatomischen, die Struktur betreffenden Erkenntnissen und physiologischen, die Funktion betreffenden, ist dabei fließend.

Die funktionellen Systeme beziehen sich auf im weitesten Sinne sensorische, motorische oder zwischengeschaltete, integrative Aufgaben. Die sensorischen Systeme lassen sich in allgemeine und spezielle sensorische Systeme einteilen. Die allgemeinen sensorischen Systeme umfassen den Tast- und Geschmackssinn, die speziellen sensorischen Systeme umfassen den visuellen, auditiven und vestibulären Apparat.[219] Eine besondere Bedeutung erhält der Thalamus als Anteil des Zwischenhirns (Diencephalon). Alle sensorischen Systeme, die Eingang zur Hirnrinde bekommen, passieren den Thalamus als Durchgangsstation, bevor sie die primären Projektionsfelder in der Hirnrinde erreichen.[220] Für alle sensorischen Systeme sind diese primären Rindengebiete sowohl anatomisch als auch funktionell-elektrophysiologisch gut charakterisiert und liegen im Parietallappen (Tastsinn), im medialen und lateralen Temporallappen (Geruchssinn und Hörsinn) und im Okzipitallappen (Sehsinn).

Die motorischen Systeme als Verbindungen des Gehirns zum ausführenden Organ Muskel können in drei Systeme getrennt werden: das pyramidalmotorische, das extrapyramidalmotorische und das zerebelläre System. Den verschiedenen Systemen kommen dabei verschiedene Aufgaben zu. Das pyramidalmotorische System dient der bewußt ausgelösten Willkürmotorik, während

---

[218] Brodal 1981

[219] Die Unterscheidung von speziellen und allgemeinen sensorischen Systemen richtet sich nach entwicklungsgeschichtlichen Gesichtspunkten, wobei spezielle sensorische Systeme sich aus der Kopfanlage entwickeln, allgemeine sensorische Systeme aus der Anlage des restlichen Körpers.

[220] Als einzige Ausnahme von dieser Regel ist der Riechsinn zu betrachten. Das Riechhirn gehört entwicklungsgeschichtlich zum Endhirn und wird damit nicht im Thalamus des Zwischenhirns, also einer hierarchisch tieferen Ebene, umgeschaltet. Das Riechhirn steht in engem Kontakt zu dem limbischen System, das weiter unten besprochen werden soll.

das extrapyramidalmotorische und das zerebelläre System überwiegend unbewußt ablaufen. Das pyramidalmotorische System - so genannt wegen der mikroskopisch pyramidenförmig imponierenden Zellen, von denen es ausgeht - ist dabei das ausführende "Organ" im Gehirn, wenn es um die psychophysische Kopplung im Sinn einer bewußt ausführbaren Bewegung geht. Aus anderen Hirnarealen wird zu Willkürhandlungen der "Anstoß" gegeben[221], das pyramidalmotorische System löst die bewußte Handlung dann aus. Das extrapyramidalmotorische System - so genannt, weil es vom pyramidalmotorischen System abtrennbar ist - dient unbewußt ablaufenden Bewegungsprozessen. Dabei werden in computeranaloger Beschreibung Bewegungsprogramme gespeichert, die nach Anregung durch einen entsprechenden Generator (wahrscheinlich im Parietallappen) abgerufen werden können.[222] Anatomisch liegen dem extrapyramidalmotorischen System die Stammganglien oder das basale Kernlager, also verschiedene Kerngebiete im Inneren des Gehirns zugrunde, die in neuronalen Schleifen zusammengeschlossen sind. Die im basalen Kernlager generierten Bewegungsprogramme werden über efferente Bahnen an Motoneurone weitergegeben, die im direkten Kontakt zu Muskelzellen stehen.[223] Dem zerebellären System kommt die Funktion der Feinabstimmung zu. Bewegungsabläufe, die aus den erstgenannten Systemen generiert werden, erreichen die Muskelzellen, ihre Effektoren, über Motoneurone, werden aber parallel auch im Kleinhirn "verrechnet" und feinmotorisch abgestimmt.[224]

---

[221] Diese Anstöße geben vornehmlich Gebiete der frontalen Hirnrinde.

[222] Extrapyramidalmotorisch organisiert sind gelernte Bewegungsabläufe, die jedem von uns zum Beispiel beim Autofahren nützlich sind. Das Spielen eines Musikinstrumentes ist ein sehr komplexes Beispiel für die Tätigkeit des extrapyramidalmotorischen Systems. Zwar müssen in mühevoller Übung Fertigkeiten erworben werden, sind aber in dieser komplexen Form beim Reproduzieren des Gelernten nicht mehr bewußt, wenngleich sie ins Bewußtsein gerufen werden können.

[223] Interessanterweise ist eine der efferenten Bahnen des extrapyramidalmotorischen Systems das pyramidalmotorische System. Hier kann also ein anatomisches Korrelat für die Erfahrung vorliegen, daß ein zunächst bewußt ausgeführter und eingeübter Prozeß (also pyramidalmotorisch) später automatisiert werden kann (also extrapyramidalmotorisch). Umgekehrt kann ein automatisierter Prozeß auch wieder bewußt gemacht werden. Die Trennung zwischen diesen beiden motorischen Systemen ist damit künstlich.

[224] Eccles, Ito, Szentágothai 1967

Neben diesen sensorischen und motorischen Systemen ist das limbische System von zentraler Bedeutung für das menschliche Verhalten. Es handelt sich dabei um ein umfassendes System, das funktionell "in die Regulierung unbewußter vitaler Reaktionen und Verhaltensweisen" eingreift, das "aber auch bei der Integration angeborener (Nahrungsaufnahme, emotionales Verhalten, Sexualverhalten) und erlernter Verhaltensmuster eine Rolle" spielt[225]. Dabei handelt es sich um ein funktionelles System, das aus verschiedenen anatomisch lokalisierbaren Kernlagern und Bahnen besteht. Man trennt einen inneren von einem äußeren Bogen, die sich durch ihre anatomische Lage unterscheiden sowie durch ihre Beziehung zu den in verschiedenen, entwicklungsgeschichtlichen Stufen entstandenen Hirnabteilungen. Der äußere Bogen umfaßt Anteile von relativ kompliziert strukturiertem 5- bis 6-schichtigen Kortex oder von Periarchikortex (Gyrus parahippocampalis, Gyrus cinguli), der innere Bogen umfaßt relativ weniger kompliziert gebaute Rindenanteile des Archikortex und Palaeokortex (Hippocampus, Gyrus dentatus, Gyrus fasciolaris, Indusium griseum, Gyrus paraterminalis, Regio septalis, Fornix)[226]. Der Hippokampus spielt dabei eine besondere Rolle, da er "auf einer kartenartigen Repräsentationsmatrix Informationen aus der äußeren und inneren Umwelt mit Rücksicht auf vitale Erfordernisse des individuellen Organismus integriert, was für Lernvorgänge und primitive Verhaltensmuster von Bedeutung ist"[227]. Die Hippokampusformation ist bereits als sehr wichtiger organischer Bestandteil des Gedächtnis vorgestellt worden. Das bei Affen beobachtete Klüver-Bucy-Syndrom[228] nach Entfernung des Temporallappens umfaßt neben visueller Agnosie (Unfähigkeit, vorher bekannte Gegenstände visuell wiederzuerkennen), oralen Tendenzen (Bestreben, alle Gegenstände der Umwelt oral zu erfassen) und Hypersexualität vor allem auch einen Verlust des Kurzzeitgedächtnisses, wofür der im medialen Temporallappen gelegene Hippokampus verantwortlich gemacht wird. Weiterhin sind Anteile des

---

[225] Frick, Leonhardt, Starck 1980

[226] Bei den Bezeichnungen Neo-, Archi- und Palaeokortex handelt es sich um entwicklungsgeschichtlich verschiedene Anteile des Großhirns, die in der Evolution der Gehirne sukzessiv auftreten. Das Riechhirn bildet den ältesten Anteil (Palaeokortex). Es entwickelt sich später die Hippokampusformation als Teil des limbischen Systems (Archikortex). Der das Großhirn umspannende Neokortex bildet sich in der Entwicklung der Gehirne zuletzt aus.

[227] Oeser und Seitelberger, 1988, S. 100

[228] Klüver und Bucy, 1937

Zwischenhirns mit dem Hypothalamus, der enge Beziehungen hat zur Hypophyse[229] und des Mittelhirns, das in reflektorische, unbewußte Regelkreise eingebunden ist[230], beteiligt. In dem sogenannten Neuronenkreis von Papez[231] kann eine Kontinuität nachgewiesen werden von Kortexarealen, also hierarchisch hochstehenden und entwicklungsgeschichtlich jungen Anteilen bis hin zu Hypothalamusanteilen, also "körpernahen" Gehirnteilen, die durch Vermittlung der Hypophyse direkt auf den Körper einwirken können. Papez konnte eine neuronale Verbindung vom Gyrus cinguli (Neokortex) über den Hippokampus (Archikortex) bis hin zu Zwischenhirnanteilen, nämlich Nucleus anterior thalami (Thalamus) und Corpora mamillaria (Hypothalamus), nachweisen. Der Nucleus anterior thalami seinerseits projiziert wieder direkt zum Neokortex, wodurch über wenige Neurone[232] ein Kreis demonstriert werden kann, der in emotionale Vorgänge eingebunden sein könnte.[233] Es ist allgemeinpsychologisch bekannt, daß in positiv gestimmter Atmosphäre bessere Lern- und Konzentrationserfolge zu erzielen sind. Dieser Einfluß wird hirnorganisch durch die enge Verbindung, die von der Hippokampusformation zum limbischen System besteht, erklärt. Die Bedeutung von

---

[229] Die Hypophyse kann durch ihre Einflußnahme auf den Hormonhaushalt ("Adrenalinstoß") und damit auf unspezifische, körperliche Reaktionen auch als eine Schnittstelle zwischen Gehirn und Körper angesehen werden. Insofern bedeutet eine anatomische Beziehung zum Hypothalamus auch gleichzeitig funktionelle Beziehung zu unspezifischen körperlichen Reaktionen.

[230] Das Mittelhirn stellt die höchste Stufe der Reflexorganisation im menschlichen Gehirn dar. Unwillkürliche Kopfbewegungen auf verdächtige Geräusche hin, konjugierte Augenbewegungen sind Beispiele der komplizierten mittelhirn-organisierten Reflexantworten auf äußere Reize.

[231] Papez, 1937

[232] Im Extremfall ist das nur eine neuronale Umschaltstelle, nämlich Gyrus cinguli - Nucleus anterior thalami - Gyrus cinguli.

[233] Hier muß deutlich methodische Kritik oder Anregung zu vorsichtiger Interpretation der Ergebnisse geführt werden. Bei einer geschätzten Gesamtzahl von 10^{10} Zellen in einem menschlichen Gehirn wird es mindestens auf lange Sicht unmöglich bleiben, zweifelsfreie funktionelle Identifikationen von Zellen und Zellverbänden zu leisten. Die Neuroanatomie kann nur morphologisch-organische Indizien liefern für psychologische Phänomene. Es können nur Erklärungsmodelle geliefert werden. Solche Neuroanatomie und Psychologie korrelierenden Überlegungen sind also entsprechend vorsichtig zu behandeln.

Emotionen im Sinne einer affektiven Tönung in der ganz überwiegenden Mehrheit unserer geistigen Phänomene kann gar nicht genug betont werden. Zusammen mit dem Bewußtseinsphänomen stellt das limbische System wahrscheinlich das wichtigste, weil übergreifend wirksame und modulierende System dar, das einen bestimmten Aktivitätsgrad als Grundlage unseres geistigen Lebens bildet. Die Forderung nach einer Anbindung auch der Psychiatrie an die Neuropsychologie liegt nahe[234], eine Modellierung von einem solchen Verbund retikulärer, limbischer und frontaler Systeme könnte eine der möglichen Brücken hin zur Psychopathologie schlagen, beispielsweise die ganz zentrale Affektregulierung betreffend.[235]

B.VI.2. Lokalisation des Bewußtseins

Das Bewußtsein ist in erster Linie ein ausschließlich subjektiv erfahrbares Phänomen. In dieser Tatsache liegt seine unbezweifelbare Problematik. Bewußtsein ist nur mir selbst direkt zugänglich, während das Bewußtsein anderer nur indirekt über Verhaltensäußerungen im weiteren Sinn zugänglich ist, die über einen Analogieschluß das Vorliegen von Bewußtsein verbürgen. Hier soll ein pragmatischer Zugang gewählt werden, der plausiblerweise ein Bewußtsein auch in anderen Menschen annimmt.[236] Nach den einführenden Bemerkungen muß das Bewußtsein als Hirnphänomen aufgefaßt werden. Verschiedene funktionale Hirnzustände wie zum Beispiel eine Bewegung kann automatisch-reflexiv ablaufen, aber auch bewußt "gemacht" werden. Das Bewußtsein ist als Additiv von geistigen Funktionen vorhanden. Es ist dann immer ein intentional gerichtetes Bewußtsein von etwas. Das Bewußtsein existiert als Attribut eines geistigen Vorgangs und geht ganz verschiedene Verbindungen zu unterschiedlichen funktionellen Systemen ein. Diese Multifunktionalität des Bewußtseins ist gut vereinbar mit dem Problem seiner Lokalisierbarkeit.

---

[234] Gillett 1990

[235] Bradley 1990

[236] Problematisch ist die Diskussion eines Bewußtseins anderer Spezies, an erster Stelle sind hier die Delphine zu nennen, die über ein ähnlich komplex organisiertes Gehirn wie der Mensch verfügen.

Die hier in den Vordergrund gestellten hirnorganischen Überlegungen betreffen nach Oeser und Seitelberger[237] den empirisch-operationalisierten Bewußtseinsbegriff, der neben einen introspektiven Bewußtseinsbegriff und einen nichtempirisch-intentionalen Bewußtseinsbegriff zu stellen ist. Medizinisch findet der Bewußtseinsbegriff in der Psychiatrie größere Geltung. Dabei ist der Zustand des voll erhaltenen Bewußtseins gegenüber Bewußtseinstrübungen nur von untergeordnetem Interesse und wird medizinisch nur selten berührt. "Wir verstehen also unter dem üblichen Ausdruck "Bewußtsein" wie unter "Bewußtheit" nicht Vorgänge, sondern die subjektive Qualität eines psychischen Vorgangs. Dieser Qualität müssen wir gegenüberstellen das Fehlen der Bewußtheit bei anderen psychischen Vorgängen, die wir "unbewußt" nennen. Bewußtsein in unserem Sinne kann man direkt nur an sich selbst wahrnehmen; bei anderen Menschen haben wir intuitive und empirische Gründe, seine Existenz anzunehmen."[238] Eine Bewußtseinstrübung ist dann durch Unkonzentriertheit, Schläfrigkeit, mangelnde zeitliche, örtliche Orientierung, eine verminderte Beteiligung des Patienten an seiner Umwelt gekennzeichnet. Eine Bewußtlosigkeit ist ein Zustand, in dem der Patient nicht mehr ansprechbar ist, nicht mehr auf seine Umwelt reagiert. Die in Neurologie und Neurochirurgie verwandte Glasgow-Coma-Scale verbindet verbale Äußerungen, den Status der Pupillenreaktion und die Reaktionen des Patienten auf Schmerzreize zu einer 13 Stufen umfassenden Skala der Bewußtseinstiefe oder -losigkeit.

Lokalisatorisch fällt das Bewußtseinsphänomen unter die am wenigsten distinkt zu lokalisierenden Phänomene und wirft wegen seiner hirnorganischen Distributivität und Beteiligung bei verschiedenen geistigen Phänomenen große Probleme auf. Es müssen mehrere Hirnareale angenommen werden, die am Bewußtsein maßgeblichen Anteil haben. Die Hirnrinde wird in erster Linie in Zusammenhang mit dem Bewußtsein gebracht. Bereits die ersten empirischen Arbeiten von Broca und Wernicke zur Aphasie haben Hinweise dafür erbracht, daß Rindenstrukturen an der Ausführung höherer Hirnfunktionen beteiligt sind, die bewußter Sprachanalyse und -produktion bedürfen. Läsionen im Bereich primärer Projektionsareale wie dem Okzipitalkortex (Area 17 nach Brodmann) und dem primär auditorischen Kortex (Area 41 nach Brodmann) führen zu Ausfällen, die eine bewußte Wahrnehmung des Sinneskanals nicht mehr ermöglichen, obwohl reflektorische Antworten, die

---

[237] Oeser und Seitelberger 1988

[238] Bleuler 1983, S. 27

nicht kortexvermittelt sind, erhalten bleiben. Patienten können auf einen Lichtblitz hin reflektorisch reagieren, geben aber später an, nichts gesehen zu haben. Diese Krankheitsbilder werden in der klinischen Medizin auch treffend als Seelenblindheit und -taubheit bezeichnet. Im Bereich der Hirnrinde gehört der Frontallappen des Menschen zu den Hirnarealen, die nur gering lokalisatorisch auflösbar sind. Für das Bewußtsein hat dieser Hirnteil aber insofern eine besondere Bedeutung, als es bei Ausfall von Frontalhirnstrukturen zu Antriebslosigkeit, Bewegungsverlangsamungen, Persönlichkeitsstörungen und Wesensveränderungen ohne wesentliche Intelligenzdefizite kommt. Größere Patientenzahlen mit Frontallappensyndrom kamen zur Untersuchung in den Anfängen der Psychochirurgie. Bei bestimmten psychiatrischen Kranheitsbildern wurden operativ in einer Lobotomie alle Verbindungen vom Frontallappen zum übrigen Gehirn durchtrennt. Der Frontallappen wird heute im wesentlichen als relevant für die zeitliche Koordination und Planung von Bewegungen vorgestellt und kann so zu einem großen Teil der Symptome führen, die eine sinnvolle Verhaltenskoordination massiv stören. Diese Verlangsamungen und Fehlplanungen in Bewegungsmustern werden von der Umwelt interessanterweise als charakterliche Veränderungen empfunden, die die Persönlichkeit des Patienten zu affizieren scheinen. Die durch Intelligenztests operationalisiert bestimmte Intelligenz der Patienten leidet offenbar nicht unter der Operation.

Neben der Hirnrinde kommt dem Thalamus als "Tor zum Bewußtsein" eine wesentliche Rolle zu im Verhältnis von Gehirn und Bewußtsein. Bis auf Geruchsinformationen müssen alle sensorischen Informationen den Thalamus passieren und werden hier über eine räumliche und zeitliche Summation integriert. Die (in einem hierarchischen Sinn) aszendierenden Sinnesinformationen werden im Thalamus modulierbar durch Aktivitäten aus anderen Hirnanteilen, besonders der Hirnrinde. Zur Beteiligung von Thalamus-Strukturen bei dem psychologischen Konzept der selektiven Aufmerksamkeit sind bereits Hypothesen geäußert worden. So kann eine zentrale Beteiligung des Nucleus reticularis thalami an dem Prozeß der selektiven Aufmerksamkeit angenommen werden. Alle Eingänge zur Hirnrinde von im Thalamus umgeschalteten Afferenzen müssen zusätzlich den Nucleus reticularis thalami passieren, der inhibitorischen Einfluß auf aus dem Thalamus kommende und in die Hirnrinde ziehenden Impulse hat, die Thalamuseffenzen werden so "gefiltert". Hauptsächlich reguliert durch die Hirnrinde kann sich dieses durch den Nucleus reticularis thalami geschaffene Fenster verschieben und so die selektive Aufmerksamkeit auf andere Inhalte richten, die als wichtig vor anderen ausgewählt werden können.[239] Der beschriebene Thalamusanteil könnte so als ein "overall thermostat of thalamic activity" bezeichnet werden. "If the thalamus is the gateway to the cortex, the reticular complex might be described as the guardian of the gateway."[240]

Zwischen Hirnrinde und Thalamus bestehen anatomisch enge, häufig reziproke, bilaterale Verbindungen in kortikodienzephalen Verbindungen. Kuhlenbeck faßt diese Verbindung von Kortex und thalamischen Kerngebieten in seiner parallelistischen Terminologie zusammen: "Zusammenfassend kann man sagen, daß Bewußtsein bis zu einem gewissen Grade lokalisiert sein kann, nämlich in Bezug auf die physikalischen neuralen Parallelphänomene, die mit eben diesem Bewußtsein korreliert sind. Die physikalischen und "öffentlichen" Parallelprozesse müssen in vielen Fällen - und je nach der betroffenen Bewußtseinsmodalität - verschiedene Regionen der Hirnrinde beteiligen. Zusätzlich scheinen diese kortikalen Aktivitäten thalamo-kortikale Rückkopplung vorauszusetzen. Die geistigen Parallelprozesse, oder mit anderen Worten Bewußtseins-Modalitäten im perzeptuellen Raum-Zeit-System, sind wahrscheinlich in eine Beziehung zu parallelen neuralen Kreisprozessen innerhalb des postulierten physikalischen Raum-Zeit-Systems zu setzen, welche man in der Endhirnrinde wie auch im Zwischenhirn lokalisieren muß. Diese Beziehung ist sicher nicht kausal, wohl aber nach Art mathematischer Funktionen zu deuten."[241]

Besonders zur Tiefe des Bewußtseins können aus klinischer Sicht verschiedene, besonders im Stammhirn lokalisierbare, also hierarchisch tiefer stehende und entwicklungsgeschichtlich ältere Anteile zugeordnet werden, im wesentlichen ein nicht näher anatomisch unterteilbares Neuronennetz in der Formatio reticularis. Diese Struktur wird aus funktioneller Sicht auch als aszendierendes retikuläres aktivierendes System (ARAS) bezeichnet und beherbergt neben Taktgebern für Atmung und Kreislauf auch Regulatoren, die die Vigilanz, also den Wachheitsgrad des Menschen steuern und sind als basales, stammesgeschichtlich altes Strukturkorrelat des Bewußtseins wirksam.

---

[239] Die Frage, welche Instanz solche Entscheidungen trifft, was letzten Endes wichtig ist und was selektiver Aufmerksamkeit wert ist, bleibt dabei natürlich unbeantwortet. Wahrscheinlich handelt es sich dabei um eine emergente Netzwerkeigenschaft des Gesamtsystems.

[240] Crick 1984

[241] Kuhlenbeck 1973, S. 236

Roth glaubt so "vier funktionale Großbereiche des Gehirns an der Konstitution des Ich beteiligt", wenn auch er nicht in der Lage ist, dem Bewußtsein und dem Ich einen genau lokalisierten Ort im Gehirn zuzuweisen. "Das ist zuerst der Hirnstamm und besonders die Formatio reticularis, die Wachheit und Aufmerksamkeit steuern. Zum zweiten die gesamte Sensorik und Sensomotorik, die, was die bewußte Wahrnehmung betrifft, im sogenannten thalamocorticalen System des Zwischenhirns und Großhirns zu finden ist. Drittens der Gedächtnisbereich, in dem das sogenannte limbische System eine entscheidende Rolle spielt; und schließlich das System der Handlungskoordination und -planung, das im Stirnbereich der Großhirnrinde zu finden ist. Diese vier funktionalen Großsysteme unseres Gehirns konstituieren unsere bewußte Wahrnehmung und unser Ich-Identitätsgefühl."[242] Im Zentrum stehen also die Verbindungen von Hirnrinde und Thalamus und das limbische System.

Insgesamt muß das Bewußtsein als ein Hirn-Phänomen betrachtet werden, das hirnorganisch-strukturell nur schlecht auflösbar ist. Offenbar sind mehrere funktionelle Systeme am Werk, die zudem unterschiedlichen hierarchischen Hirnabschnitten angehören. Die Distributivität des Bewußtseins auf organischer Ebene korreliert mit der Erfahrung, daß das Bewußtsein, das immer ein intentional gerichtetes Bewußtsein von etwas ist, mit verschiedenen höheren Hirnfunktionen verknüpft sein kann und auch psychologisch distributiv ist.

B.VI.3. Neuropsychologie

Die Neuropsychologie ist eine relativ junge Wissenschaft, deren Begriff zum ersten Mal von William Osler zu Anfang des Jahrhunderts benutzt worden sein soll[243] und später namentlich Nennung in D. O. Hebbs Buch "The Organization of Behavior: A Neuropsychological Theory" (1947) findet. Die Neuropsychologie ist definierbar als "the study of the relation between brain function and behavior ... its central focus is the development of a science of human behavior based on the function of the human brain"[244] oder als die "Untersuchung von Zusammenhängen zwischen physiologischen Korrelaten

---

[242] Roth 1988

[243] Nach Kolb und Wishaw 1990, S. 325

[244] Ibid., S. 325

der Hirnaktivität und psychischen Prozessen"[245] mit dem Ziel "die Zusammenhänge zwischen den Funktionen des Zentralnervensystems, vor allem des Gehirns, und den psychischen Prozessen aufzuklären"[246]. Eine solche Definition schließt natürlich auch das Studium der normalen, nicht krankhaft geschädigten Gehirn-Verhalten-Beziehung ein, während eine ausgesprochene klinische Neuropsychologie sich auf Patienten mit Hirnläsionen und die Befundung ihrer Leistungsausfälle konzentriert. Eine solche Abgrenzung dieser Disziplin liest sich geradezu wie eine Definition einer empirischen Gehirn-Geist-Wissenschaft. In der Tat ist ihr Gegenstand nicht neu, sondern in der Vergangenheit von Neurologen, Psychiatern und Philosophen gleichermaßen angegangen worden, wobei der klinischen Neuropsychologie als der Wissenschaft von Ausfällen höherer Hirnfunktionen historisch besondere Wertigkeit zukommt. Der Ausfall einer Funktion im Sinne einer Negativ-Lokalisation stand mangels Methoden, die eine Positiv-Lokalisation erlauben, immer im Vordergrund und wird heute entscheidend durch bildgebende Verfahren erweitert. Eine generelle Theorie zum Zusammenhang von Gehirn und Geist, die es nach ihrer Formulierung gälte, empirisch abzusichern, existiert zwar nur in Ansätzen, die Neuropsychologie aber hat sich bereits als eigenständige Disziplin in Forschung und Klinik etabliert.

Differenzen bestehen bezüglich einiger methodischer Probleme. Die klassische Neurologie (z.B. Broca, Wernicke) hat ihre neuropsychologischen Befunde im wesentlichen auf Einzelfälle gestützt. Eine Korrelation von Hirnpathologie und Psychopathologie war nur postmortal möglich, der Patient mit seiner Krankengeschichte und seinen Untersuchungsbefunden mußte bis zu seinem Tode verfolgt und dann seziert werden, was nur in Einzelfällen, nicht in großen kontrollierten Studien, möglich war. Die Kunst des Forschers bestand in der Suche nach dem "reinen Fall", der nur bestimmte Leistungsausfälle bot, die sich zur Hirnpathologie in Verbindung stellen ließen. Eine solche Falldokumentation erlaubt zwar eine detaillierte Analyse dieses einzelnen Gehirns und "seines" Geistes, läßt aber nur mit Einschränkung verallgemeinernde Aussagen zu, bleibt also idiographisch. Damit ist auch hier wieder die Problematik der Auflösung der klassischen Lokalisationsbemühungen berührt. Eine einzelne dokumentierte Gehirn-Geist-Korrelation eines Individuums erlaubt streng genommen keine Deduktion eines nomothetischen Regelwerkes zu Zusammenhängen von Gehirn und Geist für viele Individuen. Zudem wur-

---

[245] Poeck 1989, S. 4

[246] Ibid., S. 1

den von den Neurologen selbstentwickelte Tests verwandt, die keine direkte Vergleichbarkeit zuließen.

Es ist daher eine berechtigte Forderung, größere Patientenkollektive mit standardisierten Testbatterien zu untersuchen, um vergleichbare Befunde zu erheben.[247] Repräsentativ werden dabei normale Testpersonen untersucht, um eine Eichung für bestimmte Funktionen zu erstellen. Kranke Personen werden auf dieser Folie mit den Standards verglichen.[248] Natürlich ergeben sich hier umgekehrte methodeninhärente Probleme. Unterschiedliche Bildungsniveaus werden die Ergebnisse zum Beispiel bei sprachlichen Fähigkeiten beeinflussen, bei denen leichte aphasische Störungen bei Patienten mit elaboriertem Sprachcode verdeckt bleiben können. Der individuelle Fall kann bei starker Abweichung seiner "Normallinie" vom Kollektiv falsch beurteilt werden. Individuellen Unterschieden muß mit Korrekturen Rechnung getragen werden. Wünschenswert wäre also eine Untersuchung vor und nach einer Läsion, was auch nur in wenigen Einzelfällen möglich ist, um einen individuellen Standard zu definieren. Es stehen daher heute gleichberechtigt die Interessen nebeneinander, einerseits einen solchen Standard zu definieren, auf dessen Hintergrund Einzelschicksale beurteilbar werden, andererseits darf der individuelle Charakter des Geistes nicht unterschätzt werden.

Auf dem Gebiet der Neuropsychologie gehören zu den interessantesten Forschungsergebnissen die Untersuchungen von Sperry an den sogenannten Split-Brain-Patienten, die die funktionellen Asymmetrien des Gehirns aufzeigen halfen. Nach der Brocaschen Beobachtung von Läsionen im linken Frontallappen bei sprachgeschädigten Patienten kam schnell die Idee einer zerebralen Dominanz auf, die die bilaterale Symmetrie aufgab und der linken Hemisphäre die Führungsrolle zuschrieb. So schreibt der englische Neurologe John Hughlings Jackson, "daß bei den meisten Menschen die linke Seite des Gehirns die führende Seite ist - die Seite des sogenannten Willens - und daß die

---

[247] Ibid.

[248] Der Standard- oder Normbegriff stützt sich auf einen statistischen Normbegriff, der auf dem Boden einer repräsentativ ausgewählten Stichprobe entwickelt wird. Natürlich kann in keinem Einzelfall eine partielle Gehirn-Geist-Korrelation vorhersagbar werden, weder bei Untersuchung einzelner Patienten noch bei einer Standardisierung durch Normalkollektive. Sicher aber ist eine sinnvolle Orientierung gegeben, die pragmatisch unbezweifelbare Berechtigung hat.

rechte Seite die automatische Seite ist"[249]. Dabei scheint der wichtigste Grund für die lange Vernachlässigung der rechten Hemisphäre zu sein, daß die linke Seite eher streng lokalisationistisch, die rechte Seite eher holistisch organisiert zu sein scheint. Die Sprachregionen der linken Hemisphäre sind leicht und relativ diskret zu lokalisieren, während auf der rechten Seite die Funktionen diffus über die ganze Hemisphäre verteilt sind. Patienten mit Schädigungen der rechten Hemisphäre zeigten besonders Verluste im musikalischen Bereich und in der räumlichen Orientierung.

Die erste Kommissurotomie genannte Operation mit Durchtrennung des Balkens (Corpus callosum), die eine isolierte Beobachtung beider Hirnhemisphären erlaubte, wurde von William van Wagenen, einem Neurochirurgen aus Rochester, New York, durchgeführt.[250] Die Indikation zu diesem massiven Eingriff wurde aufgrund von epileptischen Anfällen gestellt, die auf beide Hemisphären übergriffen und so einen lebensgefährlichen Zustand darstellten. Durch die Durchtrennung konnte eine Konzentration des epileptischen Fokus auf eine Hemisphäre geleistet werden. Charakteristisch für die frühen systematischen Untersuchungen von Roger Sperry zu Split-Brain-Patienten, die hier begannen, ist der Chimärentest.[251] Darin werden Split-Brain-Patienten sogenannte Chimären vorgelegt, die einen aus zwei verschiedenen Gesichtshälften zusammengesetzten Kopf zeigen. Die linke Hemisphäre bekommt also über das rechte Gesichtsfeld andere Informationen als die rechte Hemisphäre über das linke Gesichtsfeld. Wurden die Patienten nun aufgefordert, das Gesicht aus einem Vorrat von normalen Porträtbildern verbal zu benennen, so empfanden sie, das Gesicht gesehen zu haben, das ihrer linken Hemisphäre in dem Chimärenbild angeboten worden war. Sollten sie jedoch auf das gesehene Bild zeigen, wiesen sie auf das Porträt, das ihrer rechten Hemisphäre im Chimärenbild angeboten worden war. Wurde also die linke - Sprache vermittelnde - Hemisphäre angesprochen (nämlich verbal aufgefordert), so wurde das ihr zugängliche Halbbild identifiziert. Wurde aber die rechte - räumliche Vorstellung vermittelnde - Hemisphäre angesprochen (nämlich aufgefordert, auf das Bild zu zeigen), so wurde das der rechten Hemisphäre zugängliche Bild identifiziert. Diese Befunde sprechen für eine auf Sprache gerichtete linke Hemisphäre und für eine auf räumliche Vorstellung gerichtete rechte

---

[249] Zit. n. Springer und Deutsch 1987, S. 9

[250] van Wagenen und Herren 1940

[251] Levy et al. 1972

Hemisphäre. Unter gewissen Bedingungen - so im Chimärentest oder auch spontan - scheinen die beiden Gehirnhälften als unabhängige Verarbeitungseinheiten zu fungieren. "Jede Gehirnhälfte ... besitzt ihre ... eigenen Empfindungen, Wahrnehmungen, Gedanken und Vorstellungen, die alle von den entsprechenden Erfahrungen in der gegenüberliegenden Hemisphäre abgeschnitten sind. Die linke und die rechte Gehirnhälfte haben jeweils ihre eigene, individuelle Kette von Erinnerungen und Lernerfahrungen, auf die die andere Hemisphäre nicht zurückgreifen kann. Jede getrennte Gehirnhälfte scheint in vieler Hinsicht einen "eigenen Geist" zu haben."[252] Interessanterweise scheinen geschlechtsspezifische Unterschiede zu bestehen in der Kommunikabilität beider Hemisphären untereinander. Der Balken ist bei der Frau als signifikant größer in einigen Anteilen nachzuweisen, was eine bessere Verknüpfung der in beiden Hirnhemisphären etablierten Funktionen nahelegt.[253]

Neuropsychologische Untersuchungen solcher Split-Brain-Patienten schlossen sich in den nächsten Jahrzehnten an und sind bei Gazzaniga und Le Doux[254] übersichtlich zusammengefaßt. Von den Patienten selbst wurden teilweise bizarre Erlebnisse geschildert, die die Bezeichnung "Split-Brain" sehr treffend werden lassen. So berichtete ein Patient beispielsweise, wie seine rechte Hand mit der linken kämpfte, wenn er sich morgens anzog. Die rechte Hand zog die Hose hoch, die linke herunter. In einer anderen Situation hatte der Patient sich geärgert und schlug mit der rechten Hand seine Frau, während die linke Hand die rechte aufhalten wollte. Eine Patientin beschrieb morgendliche Konflikte bei der Wahl ihrer Kleidungsstücke. Die rechte Hand griff nach einem blauen Kleid, während "sie selbst" das rote wollte.[255] Insgesamt stellen sich also eindrucksvoll die beiden Großhirnhemisphären als "zwei voneinander potentiell unabhängige mentale Systeme"[256] dar, die bei intaktem Verbund im gesunden Gehirn die "Illusion eines einheitlichen Ich"[257] produzieren können.

---

[252] Sperry 1974

[253] Steinmetz et al. 1992

[254] Gazzaniga und LeDoux 1983

[255] Gazzaniga 1970

[256] Gazzaniga und LeDoux 1983, S. 7

[257] Ibid., S. 119

Die halluzinierte[258] Wahrnehmung eines zweiten Ichs, also einer Kopie des Selbst, ist im neuropsychiatrisch relevanten Phänomen der Autoskopie in Nichtoperierten dokumentiert, in denen der Patient sich selbst meist im Halbdunkel und in hypnagogischen Grenzzuständen als Gegenüber wahrnimmt. Die Wahrnehmung ist meist auf den visuellen Kanal beschränkt, häufig finden sich aber auch Wahrnehmungen im kinästhetischen Bereich, was sich in der Fähigkeit der Patienten äußert, die Bewegungen ihres Zwillings vorhersagen zu können. Als Krankheitsphänomen ist es als solches nicht pathognomonisch und kann bei vaskulären, neoplastischen, infektiösen, toxischen Affektionen des Nervensystems auftreten als auch bei neurotischen oder psychotischen Störungen. Auf der Grundlage der erwähnten Untersuchungen zu split-brain-Patienten, in denen die Befunde eine Trennung der durch beide Hemisphären vermittelten "Geiste" nahelegen, entwickelt Grotstein eine Theorie eines "image rectifier", der normalerweise die Einheit des Bewußtseins gewährleistet, aber in den autoskopischen Erlebnissen ausfällt und der Selbständigkeit beider Hirnhemisphären Vorschub leistet.[259]

B.VI.4. Bildgebende Verfahren

Neben die mittlerweile klassische Methode der Computer-Tomographie (CT) des Schädels, die auf einer computergestützten herkömmlichen Röntgentechnik beruht, ist längst auch die Kernspintomographie oder das nuclear magnetic resonance imaging (NMR oder MRI) fester Bestandteil der neurologisch-topischen Diagnostik geworden, bei der die unterschiedliche Beweglichkeit (Resonanz) ausgenutzt wird, die kleine Atome, besonders Wasserstoffatome im Wassermolekül, in verschiedenen Gewebsbestandteilen unter Einfluß von starken Magnetfeldern zeigen. Durch diese Verfahren werden strukturelle Veränderungen mit einem Auflösungsvermögen von bis zu einem Millimeter sichtbar gemacht, so daß mit diesen Techniken eine Anatomie am

---

[258] Die psychiatrische Diktion unterscheidet zwischen einer Halluzination eines nicht real gegebenen Gegenstandes, der nur vom Halluzinierenden wahrgenommen wird einerseits von einer Illusion andererseits, die einen gegebenen Gegenstand im Sinne einer illusionären Verkennung anders wahrnimmt als er gemeinhin wahrgenommen wird.

[259] Grotstein 1983

Lebenden betrieben werden kann, die sich in wenigen Jahren als fester Bestandteil klinischer Medizin etabliert hat (Abbildung 10).[260]

Neben diese rein strukturellen Verfahren sind in neuer Zeit metabolisch-funktionelle Verfahren getreten, besonders die Positronen-Emissions-Tomographie (PET), die bereits auch Einzug in die klinische Diagnostik gehalten hat.[261]

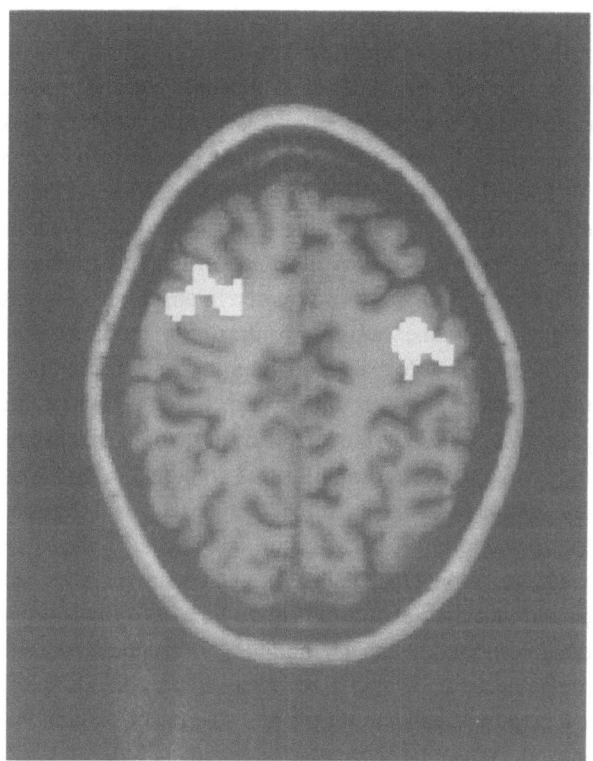

Abbildung 10: Lokalisierung spezifischer Hirnfunktionen beim Menschen

In diesem integrierten NMR-PET-Bild läßt sich die Hirnaktivität (PET) bei rechtsseitigen Fingerbewegungen zeigen. Die Aktivierungen (motorischer Kortex links im Bild rechts, prämotorischer Kortex rechts im Bild links) sind dargestellt auf der Grundlage eines anatomischen Hirnbildes (NMR). (Abbildungsnachweis: PD Dr. med. R. J. Seitz, Neurologische Klinik, Heinrich-Heine-Universität Düsseldorf)

---

[260] Edelman 1990; Steinmetz und Huang 1991

[261] Brooks 1991

Diese Technik beruht auf der Gabe von einer mit einem Radionuklid markierten Tracersubstanz. Das Radionuklid ist charakteristischerweise in der Lage, Positronen zu emittieren. Ein solches emittiertes Positron tritt in Interaktion mit einem in der Umgebung liegenden Elektron und beide Elementarteilchen werden annihiliert, in welchem Prozess ihre Massen konvertiert werden in elektromagnetische Energie in Form zweier Photonen, die sich beide unter 180° mit 511 keV (Kilo-Elektronen-Volt) voneinander entfernen. Diese Photonenstrahlung oder Annihilationsstrahlung wird von Gamma-Kameras, aus denen der PET-Scanner besteht, detektiert. Computergestützt kann ein dreidimensionales Bild vom Gehirn und seiner Utilisation zum Beispiel von Glukose rekonstruiert werden. Unter Zuhilfenahme geeigneter mathematischer Modelle ist zudem auch eine quantitative Auswertung möglich. Das Verfahren erreicht dabei ein räumliches Auflösungsvermögen von einigen Millimetern und ein zeitliches Auflösungsvermögen von wenigen Minuten (also die Datensammlungszeit, um ein Signal zu definieren). Es sind aber weitere technische Verbesserungen zu erwarten. Das Auflösungsvermögen ist dabei nicht immer konstant, sondern auch zum Beispiel von der Intensität des Signals abhängig. Ein starkes Signal, das eine bessere Kontrastierung erlaubt zum normalen Gewebe, ist auch stärker auflösbar, weil Rausch-Signale, die durch unspezifische Strahlung entstehen, besser unterdrückt werden können. Entscheidend für die Fragestellung ist die Wahl der markierten Tracersubstanz. In erster Linie werden der regionale zerebrale Blutfluß (regional cerebral blood flow = rCBF) und die regionale Glukose-Aufnahmerate (regional cerebral metabolic rate of glucose consumption = rCMRGlc) untersucht.[262] Diese Untersuchungen basieren auf der Annahme, daß regional verstärkte neuronale Aktivität auch eine regional gesteigerte Blutfluß- und Glukose-Aufnahmerate zur Folge hat und so die Interpretation einer Abbildung neuronaler Aktivität gestattet. Daneben kommen heute auch Tracer zur Anwendung, die als spezifische Neurotransmitter-Rezeptor-Liganden wirken und so eine Abbildung von Transmitterverteilungen ("Transmittersystemen") erlauben. Besondere Bedeutung kommt damit auch der Chemoarchitektur des Gehirns zu, die intravital verfolgbar wird.

Erste Zusammenfassungen von PET-Daten zum Verständnis höherer Hirnfunktionen als neue Ära einer "cognitive neuroanatomy"[263] unterstützen die Vorstellung, daß mehrere Hirnareale interagieren müssen, um einzelne höhere

---

[262] Petersen et al. 1988; Corbetta et al. 1990; Pardo et al. 1991; Wise et al. 1991

[263] Witelson 1992

Hirnfunktionen zu konstituieren. Sie haben ergeben, daß "mental operations of the type that form the basis of cognitive analysis are localized in the human brain. This form of localization of function differs from the idea that cognitive tasks are performed by a particular brain area and ... are not performed by a single brain area. Each of them involves a large number of component computations that must be orchestrated to perform the cognitive task."[264] Die PET-Daten unterstreichen die Auffassung, daß tatsächlich mehrere Hirnareale kooperativ zusammenwirken müssen, um einzelne Funktionen emergieren zu lassen. An die Modulvorstellung angelehnt ist die cortical field-Hypothese, nach der biochemisch-metabolische Veränderungen nicht in einzelnen Neuronen, sondern immer in größeren Neuronenverbänden, die etwa 100 - 400 mm^3 Kortex ausmachen, vor sich gehen. "Thus, in the cerebral cortex the normal mode of work is activation of fields of 100 - 400 mm^3."[265] Die Ausführung auch einfacher sensomotorischer Aufgaben bedarf ganz verschiedener Hirnareale. Die kortikalen Felder könnten kleineren Modulverbänden der Großhirnrinde entsprechen.[266]

Kritisch ist allerdings anzumerken, daß das zeitliche Fenster nicht klein genug, nicht genau genug ist, um zum heutigen Zeitpunkt mit Bestimmtheit eine serielle Verarbeitung in den verschiedenen markierten Hirnarealen ausschließen zu können. Es ist durchaus denkbar, daß das mehrere Minuten umfassende Zeitfenster viel zu groß ist, um einen möglichen sequentiellen Ablauf, der in der Größenordnung von Millisekunden liegt, zu differenzieren. Eine weitere Schwierigkeit wird durch die relativ lange Meßzeit aufgeworfen, weil die Aufgaben, die dem Probanden gestellt werden, natürlich über den gesamten Zeitraum ausgeführt werden müssen, weil sonst eine Kontamination des gewünschten Signals eintreten würde. Es wird also immer die aktive Mitarbeit des Probanden gefordert, der sich über mehrere Minuten auf ein Thema bzw. eine Bewegung konzentrieren muß.

Neben diese im engen Sinne bildgebenden Verfahren müssen die elektrophysiologischen Verfahren des brain electrical activity mapping (BEAM) und der Magnetenzephalographie (MEG) gestellt werden. Zwischen elektrophysiologischen und funktionell-metabolischen bildgebenden Verfahren bestehen grundsätzliche Unterschiede. Die neuronale Aktivität ist in ihrer Natur ein

---

[264] Posner et al. 1988

[265] Roland und Seitz 1988

[266] Ibid.

elektrophysiologisches Phänomen, so daß Verfahren wie das brain electrical activity mapping (BEAM) ein direktes Abbild der neuronalen Aktivität geben, das durch elektrische Verstärker nur quantitativ verändert wird. Wird aber, wie es in der Positronen-Emissions-Tomographie (PET) geschieht, ein metabolischer Parameter wie zum Beispiel die regional cerebral metabolic rate of glucose consumption (rCMRGlc) als Maß für neuronale Aktivität benutzt, so tritt zusätzlich ein qualitativer Unterschied dazu, da die regionale Glukose-Aufnahmerate im Gehirn nur indirekt die neuronale Aktivität abbildet. Dem Verfahren der PET liegt die Annahme zugrunde, daß die Glukose-Aufnahmerate höher ist, je höher die neuronale Aktivität in dieser Hirnregion ist. Ein weiterer Unterschied betrifft das bereits diskutierte Zeitfenster, das bei elektrophysiologischen Verfahren in der Größenordnung der neuronalen Aktivität liegt, bei PET jedoch weit darüber. Diese Unterschiede empfehlen zusammengefaßt die simultane Anwendung der verschiedenen Methoden, die je ihren eigenen Beobachtungskanal ausnutzen, sich aber potentiell ergänzen können.

B.VII. Hirntheorie

Theoretische Konzepte, die die unüberschaubare Komplexität des menschlichen Nervensystems durchschaubar machen können, sind heute von ganz wesentlichem Interesse. Dieses Bedürfnis wird von ganz verschiedenen Motiven gespeist. Zunächst verlangt die Datenfülle, die sich aus empirischen Untersuchungen der verschiedenen Neurowissenschaften ergibt, nach übergreifenden Mustern und Zusammenhängen. Es gilt als unbestritten, daß die neurowissenschaftliche Befundflut für einzelne Wissenschaftler nicht mehr zu bewältigen ist. Eine Beobachtungsebene, eine Disziplin oder ein funktionelles System auf verschiedenen Beobachtungsebenen zu überblicken, kann heute schon als universalistisch gelten. Diese Tatsache verlangt nach Konzeptualisierungen in der Hirnforschung, die die Datenmenge nicht nur überschaubarer und handlicher, sondern häufig erst zugänglich macht. Dazu kommt, daß alte hirntheoretische Konzepte wie die Lokalisatonstheorie in ihrer klassischen Prägung in Form einer distinkten Zentrenlehre nicht mehr haltbar sind und einer Erweiterung bedürfen.

Gar nicht überschätzt werden kann die Rolle, die Computer heute in der Hirnforschung spielen. Wesentliche Entwicklungen in der modernen Hirnforschung wie zum Beispiel alle bildgebenden Verfahren, die große Datenmengen dreidimensional rekonstruieren und so eine Topographie von Strukturen oder Vorgängen erlauben, wären ohne Computer nicht denkbar. Ebenfalls die Erleichterung der Zugänglichkeit von großen Datenmengen durch Computer betreffend, wurde in den USA im Jahr 1989 vom Committee on a National Neural Circuitry Database eine auf anatomischer Grundlage beruhende Datenbank des Nervensystems projektiert. Langfristiges Ziel dieses Modellunternehmens ist: "developing three-dimensional computerized maps and models of the structure, functions, connectivity, pharmacology, and molecular biology of human, rat, and monkey brains across developmental stages and reflecting both normal and disease states"[267].

Auch inhaltlich beeinflußte das Computerwesen maßgeblich die moderne kognitive Psychologie, die den Informationsverarbeitungsbegriff aus den Computerwissenschaften entlehnte, der von einer seriellen Informationsverarbeitung ausgeht. Die Parallelarchitektur von Rechnern ist als theoretischer Begriff ebenfalls ganz wesentlich von der Computerwissenschaft nutzbar gemacht worden, wenn auch ursprünglich von der Biologie inspiriert.

Nicht zuletzt existiert eine philosophisch hochinteressante Diskussion, ob der Computer selbst vielleicht auch eine Art Gehirn sei. Diese Diskussion ist noch nicht abgeschlossen, der Computer fungiert aber längst als Gehirnmodell für einzelne Fähigkeiten. Fest steht auch, daß der Computer in Zukunft immer mehr Fähigkeiten, die ursprünglich nur vom menschlichen Gehirn auszuführen waren, übernehmen und so den Arbeits-, wissenschaftlichen oder künstlerischen Prozeß wesentlich verändern wird, und das mit einer immer größeren Präzision.[268] Diese Konkurrenz für das menschliche Nervensystem verlangt natürlich auch nach Abgrenzung des Menschen gegenüber seiner computerisierten Umwelt und nach anthropologischen Definitionen. Auch dazu aber muß das Gehirn als der Geistträger des Menschen besser definierbar werden.

Insgesamt wird so als Ziel hirntheoretischer Überlegungen formulierbar: "to search for unifying operational principles that explain the largest possible amount of current experimental evidence and conceptually organize our un-

---

[267] Pechura and Martin 1991, S. 114

[268] In rein arithmetischen Aufgaben ist der Computer weit überlegen. Neue Computerentwicklungen betreffen Mustererkennung, Spracherkennung oder assoziatives Gedächtnis.

derstanding about the system function".[269] Einige durchaus nicht neue Aspekte haben sich als Leitideen herauskristallisiert, die die Diskussion beherrschen. Dabei handelt es sich zum einen um das Modulkonzept, das von einem Aufbau des Gehirns aus einzelnen Systembausteinen ausgeht, die relativ unabhängig voneinander einzelne Teilaufgaben bewältigen, die wiederum von anderen Systemeinheiten zusammengesetzt, beurteilt und in Handlungsdirektiven umgesetzt werden können. Der postulierte modulare Aufbau des Gehirns steht einem konsequenten Globalismus oder Holismus gegenüber. Dieser Aspekt der Parallelverarbeitung, die in einzelnen Modulen stattfindet, bedingt auch die Vorstellung einer distributiven Verteilung von Informationen, die den Begriff des Konnektionismus geprägt hat. Gewissermaßen auf vertikaler Ebene wird dieses horizontal wirksame Konzept ergänzt durch die Idee der Hierarchie, wonach unterschiedliche Arbeitsschritte in der Sequenz der Informationsverarbeitung auf unterschiedlichen Hierarchiestufen durchgeführt werden. Diese Hierarchieidee rekrutiert sich unter anderem aus der vergleichenden Neuroanatomie, die unter phylogenetischen Gesichtspunkten eine breitere Palette von Funktionen beobachtet mit zunehmender Komplexität des Nervensystems. Insbesondere beim Menschen sind zusätzlich Beobachtungen an den sogenannten split-brain-Patienten hinzugekommen, die einen Lateralisierungsaspekt in der funktionellen Organisation des Gehirns erkennen lassen. Es sind der linken und rechten Hemisphäre ganz unterschiedliche Funktionen zugewiesen, die eine Modularisierung in großem Maßstab vermuten lassen. Nicht zuletzt schließlich ist der fünfte wichtige Aspekt einer topischen Kodierung zu erwähnen, der eine bestimmte Klasse von Informationen zu dieser bestimmten Klasse werden läßt durch die Stellung und Position des sie repräsentierenden neuronalen Netzwerkes im Gesamtverband. Dieser Aspekt ist aktuell besonders im Konstruktivismus thematisiert und vielleicht das geheimnisvollste Bau-Prinzip, das unser Gehirn konstituiert. Insgesamt muß immer wieder betont werden, daß die vorgetragenen Ideen immer nur Teilaspekte eines Ganzen sind, die zwar isoliert erörtert werden müssen, aber immer integriert wirksam werden. Diese Tatsache erschwert die Möglichkeit, eine Vorstellung vom Gehirn zu entwickeln, das auf vielen unterschiedlichen Beobachtungsebenen und bei einer ungeheuren zahlenmäßigen Komplexität beurteilbar wird. In diesem Sinn sind die folgenden Leitideen zu unterscheiden.

---

[269] Marmarelis 1989

B.VII.1. Modularisierung

Eine der Leitideen der Hirnforschung ist die Zerlegung des Gehirns in Kompartimente, die unterschiedlichen geistigen Funktionen dienen. Dieser Gehirnkompartimentierung entspricht idealerweise eine Kompartimentierung des Geistes und würde optimalerweise einer Identitätstheorie folgen. Besteht nicht eine identitätstheoretische Eins-zu-Eins-Beziehung zwischen den Gliedern beider Kompartimente, wäre die Annahme eines Funktionalismus berechtigt, nach dem die psychischen Zustände selbst ausschlaggebend sind, die neuronale Realisierung aber durch ganz verschiedene Zustände erst geschaffen werden kann.

Diese Bestrebung einer gedanklichen Aufteilung in funktionell relevante Bestandteile im Sinne einer theoretischen Leitidee als Modularisierung ist durchaus keine neue Idee, sondern ist vielmehr in der Spielart der Lokalisationshypothese historisch bereits in der Galen'schen Ventrikeltheorie oder in der Gall'schen Phrenologie angelegt. In ihrer klassischen makroskopischen Zentrenlehre ist sie zwar nicht mehr aufrechtzuerhalten, findet aber heute ein Analog in der Idee der Modularchitektur des Gehirns, das ein uniformes und in der Evolution der Gehirne gut konserviertes Bauprinzip darstellt. Aus anatomischer Perspektive stellen sich diese Module als uniforme, räumlich definierbare Neuronenverbände von einer bestimmten Größenordnung dar. In ähnlicher Weise stellen auch die Befunde zur Transmitterverteilung im Nervensystem, die unterschiedliche Systeme erkennen lassen, eine solche Modularisierung im weiteren Sinn dar. Mit einer solchen Vorstellung von kleinen Neuronenverbänden, die morphologisch, elektrophysiologisch oder neurochemisch definiert sind, ist auch die Vorstellung einer Parallelarchitektur verbunden. Es muß davon ausgegangen werden, daß Informationen nicht nur seriell wie im klassischen Computer, sondern auch parallel verarbeitet werden. Die Module und Systeme des Gehirns bieten hierzu eine sinnvolle Grundlage. Als universelles Bauprinzip sind sie als das strukturelle Korrelat für gleichberechtigt und parallel nebeneinander ablaufende neuronale Prozesse anzusehen. Ein Schlüsselproblem betrifft die ontogenetischen Entwicklungsprozesse, die zu dieser Vernetzung hinführen. "The key problem seems to be finding out not only how rewiring of networks can take place but how that rewiring is monitored."[270] Möglicherweise ist eine Aktualisierung der vor-

---

[270] Epstein 1989

herrschenden teleologischen Sichtweise vonnöten, die fragt: Wie muß eine Gehirnentwicklung verlaufen, um eine bestimmte Funktion im Gehirn zu implementieren? Damit ist implizit eine Erwartung eines Endzustandes, der erreicht werden soll, formuliert. In einem konstruktivistischen Sinn könnte man stattdessen eine Frage formulieren wie: Welche Funktionen entstehen, wenn eine bestimmte Entwicklungsperiode, eine zeitlich fixierte Prägungsperiode durchlebt wird? Das Nervensystem erwirbt eine Wirklichkeitssicht aus Umweltinformationen, ein Endzustand ist dann nicht mehr definierbar. Die Frage nach der Supervision der "Verdrahtung" während der Entwicklung gewinnt aber wiederum Berechtigung, weil man von einem pragmatischen Standpunkt durchaus zugeben muß, daß eine grundsätzliche Verständigung ja möglich ist zwischen Nervensystemen, die vergleichbare Instrumente besitzen müssen, mit denen sie in eine sinnvolle Kommunikation eintreten können. Es sieht sich der Konstruktivismus als radikaler Idealismus den Evidenzen für eine real existierende Welt gegenüber.

Einen anderen hochinteressanten Aspekt, der die Relevanz der anatomischen Modularchitektur unterstreicht, liefert eine evolutive Betrachtung zur Entstehung von Neurotransmittern und Neuropeptiden.[271] Die Transmittersysteme sind bereits vor über vielen Hundert Millionen Jahren in primitiven Organismen vorhanden gewesen, so daß wahrscheinlich nicht das Vorhandensein verschiedener Transmittersysteme die Komplexität von Nervensystemen determiniert, sondern offenbar andere Faktoren wie etwa die Konnektivität, also der Grad der Vernetzung von Neuronen in Nervensystemen. Eine chemische Modularisierung hat sich möglicherweise assistierend an der Hirnentwicklung beteiligt.

Aus psychologischer Perspektive entsprechen solche Kompartimentierungen empirisch beobachtbaren und experimentell operationalisierten Verhaltenssequenzen, die meist als Defizit bei hirngeschädigten Patienten beschreibbar werden.[272] Einen sehr spannenden in der Tradition der künstlichen Intelligenz entwickelten Entwurf hat Marvin Minsky mit "Mentopolis" vorgelegt.[273] Der Gesamtentwurf ist eine Metapher für den menschlichen Geist, der

---

[271] Venter et al. 1988

[272] Es ist noch einmal darauf aufmerksam zu machen, daß die Module der Psychologie in der Regel funktionelle Systeme meinen, die natürlich nicht mit den mikroskopisch kleinen Modulen der Hirnarchitektur kongruent sein können.

[273] Minsky 1990

aus einer Gesellschaft einzelner Agenten zusammengesetzt ist, die je für sich genommen ihren modularen Aufgaben nachgehen. Durch entsprechende Kommunikation werden Funktionen zur Verfügung gestellt, die im Element selbst noch nicht angelegt sind. Das Modulkonzept als der Versuch, geistige Fähigkeiten zu kompartimentieren (und sie danach zu "lokalisieren"), steht in einem Spannungsfeld zu holistischen Thesen, die keine solche Kompartimentierung für möglich halten, sondern vielmehr davon ausgehen, daß die geistigen Fähigkeiten im Gehirn global implementiert sind, einzelne Läsionen also nur graduelle Unterschiede in der gesamten Leistungsfähigkeit bewirken, aber keinen Verlust einzelner Geist-Module.[274] In der Geschichte der Hirnforschung wurden diese Begriffe immer unterschiedlich gefüllt, die Grundidee einer Geist/Gehirn-Kompartimentierung ist aber konstant zu verfolgen. Es ist davon auszugehen, daß auch die zukünftige Forschung in diesem Spannungsfeld verbleiben und oszillieren wird, weil es offenbar auch eine Notwendigkeit für unterschiedlich breite Geltungsansprüche von modularer und globaler Theorie gibt.[275] Es ist aber auch eine Synthese von Konzentration und Distribution neuraler Funktionen denkbar: "Each cerebral zone may contain diverse functional potentialities while remaining primarily responsible for certain specific behavioral skills."[276]

---

[274] Solche holistischen Vorstellungen sind in diesem Jahrhundert insbesondere von Karl Lashley vertreten worden (Lashley 1937, 1950).

[275] R.-A. Müller, der in seinem Buch "Der (un)teilbare Geist. Modularismus und Holismus in der Kognitionsforschung" (1991) dieses Spannungsfeld aufzeigt, hält diese Begriffe für Metaphern und als solche für verbraucht. Seine Ersatzvorstellungen "Abfolgen vektorialer Zustände" oder "polyrhythmische Distributionen" sind aber auch nur wenig hilfreich und konstruktiv. Man muß vielmehr davon ausgehen, daß die Begriffe Modularität und Holismus als Konstrukte weiter bestehen bleiben. Das beschriebene Spannungsfeld ist sicher ein sehr wichtiges theoretisches Konzept und muß im Verbund mit anderen Konstruktionsprinzipien wie der Hierarchisierung, Lateralisierung und topologischen Kodierung studiert werden.

[276] Hecaen 1982

B. VII. 2. Konnektivität

Die außerordentlich große interneuronale Verbindungskapazität, die etwa das 10.000-fache der bereits astronomisch anmutenden Zahl von Neuronen beträgt, hat zu der Begriffsschöpfung des Konnektionismus, oder, nach historischer Miteinbeziehung älterer Theorien, die ebenfalls ein solches Neuronennetz favorisierten, des Neo-Konnektionismus, geführt. Innerhalb der Module führt diese hochkonnektive Matrix zu einer deutlich verbesserten Arbeitsökonomie innerhalb der Netzwerkverbände, denn eine solche neuronale Matrix mit hoher Verbindungskapazität hat weitaus mehr Möglichkeiten, unterschiedliche Zustände einzunehmen, als die Neuronen allein sie hätten. Teleologisch macht eine solche hohe Konnektivität also durchaus Sinn, da sie weitaus mehr "Speicherkapazität" bereitstellt.[277]

Durch die Modularisierung wird diese Konnektivität weiter ökonomisiert, indem die Module ein präformiertes Netz anbieten, das sich durch eine hohe Konnektivität auf kleinem Raum, also Verbindungen mit überwiegend kurzen interneuronalen Strecken, auszeichnet. Es können damit dem Gehirn, das sich in seiner ontogenetischen Prägungsphase befindet, besonders disponierte Speichereinheiten angeboten werden. Andere Begriffe wie Parallelität oder Distributivität treffen eher den funktional relevanten Aspekt des Phänomens und werden in einem Standardwerk auch als "parallel distributed processing"[278] bezeichnet. Durch die modulare Bauweise wird eine schnellere und effektivere Informationsverarbeitung möglich, die distributiv bearbeiten "läßt" und dadurch einen hohen Grad an paralleler Informationsverarbeitung gewährleistet.[279] Das Prinzip der parallel - und nicht nur seriell - ablaufenden informationsverarbeitenden Prozesse ist bereits sehr wirkungsvolles Stimulans der Computerentwicklung[280] und ist seinerseits bereits als Simulationsgrundlage auch Instrument der Erforschung kognitiver Vorgänge[281] geworden.

---

[277] Dieses teleologische Argument geht auf Palm (1990) zurück.

[278] Rumelhart und McClelland 1986

[279] Ballard et al. 1983; Mpitsos und Cohan 1986; Feldman 1988

[280] Hopfield 1982; Hopfield und Tank 1986; Recce und Trelaeven 1988; Sejnowski 1988

[281] Salu 1984; Grant und Lumsden 1988; Gonzales 1988; Hunter 1988; Kurfeß 1988; Levy und Stenning 1988; Mainzer 1990

Damit hängt auch zusammen der Repräsentationsbegriff, der sich als dynamisches Konzept gut in diese Parallverarbeitungsvorstellung einarbeiten läßt. "Connectionist models are described in terms of representations, and cognitive processing is construed as the system's evolving from one representational state to another."[282]

B.VII.3. Hierarchiekonzept

Neben der eher horizontal-parallel angeordneten Modularchitektur im engeren Sinn ist immer auch eine vertikal angeordnete Hierarchisierung des Nervensystems wesentlich gewesen. Dabei ist die Vorstellung leitend, daß in der Evolution eine zunehmende Komplexität des Nervensystems auch zunehmend komplexe psychische Funktionen bereitgestellt hat. Zu einem großen Teil beruhen die Erkenntnisse, die eine Hierarchisierung von Hirnanteilen erlauben, auf der vergleichenden Neuroanatomie, die eine Rangfolge von Gehirnen gemäß ihres Komplexitätsgrades aufstellt. Danach sind die Teile des Hirnstamms früh entstanden, während das Großhirn ein relativ junges Evolutionsprodukt ist. Der Neokortex, durch dessen Quantität sich der Mensch von den meisten Lebewesen unseres Planeten unterscheidet, ist der jüngste Hirnanteil. Spekulationen des Hirnforschers Hugo Spatz, die auf vergleichenden Schädelausgüssen beruhen und die unterschiedlichen Impressionen des Gehirns im Schädel als Maß für ihre Entwicklungspotenz zum Gegenstand hatten, vermuten eine Weiterentwicklung des Gehirns im frontobasalen Neokortex.[283] Im Interspeziesvergleich sind diese vergleichenden Untersuchungen von besonderem Interesse. Die Delphine, insbesondere die großen Tümmler (Tursiops truncatus), weisen als einzige Säugetiere einen ähnlich komplexen Hirnaufbau auf wie der Mensch, aus qualitativer wie aus quantitativer Sicht.[284] Problematisch ist aber die Beurteilung der psychischen Fähigkeiten, die nur abgeschätzt werden können. Aufgrund der Anpassung an unterschiedliche Lebens-

---

[282] Horgan und Tienson 1990

[283] Spatz 1961

[284] Ridgway et al. 1966; Gihr und Pilleri 1969; Schusterman et al. 1986

räume von Mensch und Delphin hat eine Kommunikation[285] trotz intensiver Versuche bis heute nicht stattgefunden.

Das Hierarchiekonzept äußert sich methodisch in der Unterscheidung verschiedener Beobachtungsebenen, die auch der vorliegenden Darstellung zugrunde liegen. Die hier vorgestellten Ebenen von der molekularen Neurobiologie bis hin zu höheren Hirnfunktionen spiegeln die hierarchische Vorstellung von verschiedenen funktionellen Ebenen, die vom Molekül über das Neuron und den neuronalen Verband bis zum System reichen. Eine komplexe Struktur wie das Nervensystem ist ohne die Annahme stützender intermediärer Erklärungsebenen nicht begreifbar. Der hierarchisch aufgebaute, methodische Pluralismus der Neurowissenschaften ist ein notwendiges Instrument, es bleibt aber im Rahmen einer Hierarchievorstellung nur Konstrukt, weil eine feste Grenze zwischen einzelnen Stufen letztlich nicht zu ziehen ist.

B. VII.4. Lateralisierung

Die Lateralisierung, die besonders ausgeprägt bei dem hochentwickelten Gehirn des Menschen ist, kann als die höchste Form einer Kompartimentierung betrachtet werden. Empirische Befunde, besonders der Arbeitsgruppen von Sperry und Gazzaniga, zeigten funktionelle Asymmetrien der beiden Großhirnhemisphären an den sogenannten Split-Brain-Patienten auf. Jede Hirnhemisphäre funktioniert unter den künstlichen Bedingungen des Splitbrains isoliert und "besitzt ihre ... eigenen Empfindungen, Wahrnehmungen, Gedanken und Vorstellungen, die alle von den entsprechenden Erfahrungen in der gegenüberliegenden Hemisphäre abgeschnitten sind. Die linke und die rechte Gehirnhälfte haben jeweils ihre eigene, individuelle Kette von Erinnerungen und Lernerfahrungen, auf die die andere Hemisphäre nicht zurückgreifen kann. Jede getrennte Gehirnhälfte scheint in vieler Hinsicht einen 'eigenen Geist' zu haben."[286] Jede der beiden Hemisphären versorgt sensomotorisch eine Körperhälfte. Offenbar ist es zu einer Fortsetzung der Symmetrie auch im Gehirnbereich gekommen. Die metamere Gliederung, die als ein serielles Bauprinzip des Körpers zum Beispiel noch am Brustkorb mit der

---

[285] Lilly 1975

[286] Sperry 1974

seriellen Rippenanordnung nachzuvollziehen ist, wird ergänzt durch das bilateral-symmetrische Bauprinzip. Das Gehirn bildet mit seinem symmetrischen Aufbau keine Ausnahme.[287] Teleologisch kann spekuliert werden, daß jeder Körperseite eine Hirnhemisphäre zugeteilt ist, die ihre sensorische Informationen sammelt und unter den individuellen Interessen (Überleben, Fortpflanzung, Kommunikation usw.) verarbeitet. Die bilaterale Anordnung mit dem Vorhandensein zweier Großhirnhemisphären ist ein grundlegendes Bauprinzip des gesamten menschlichen Körpers, nicht nur des Menschen, sondern der ganz überwiegenden Zahl von Lebewesen. Interessant aus hirntheoretischer Sicht ist die Möglichkeit eines intensiven Erfahrungsaustausches beider Körperhälften, die auf Hirnniveau durch den Balken als mächtiges Kommissurenfasersystem gewährleistet wird. Es wird angenommen, daß "das kommissurale System wie ein Mechanismus funktioniert, durch den die neurale Aktivität der höchst spezifizierten kortikalen Zellpopulationen der einen Hirnhälfte ein Duplikat bei der mit ihr in Verbindung stehenden Zellpopulationen der anderen Hemisphäre hat."[288] Auf diese Weise wird wirkungsvoll die "Illusion eines einheitlichen Ich"[289] geschaffen. Möglicherweise ist auch unsere höchste, über uns hinausweisende Fähigkeit, nämlich Kreativität, auf den Austausch von "high-level information" zwischen beiden Hemisphären von wesentlicher Bedeutung.[290]

Davon ganz unberührt bleiben aber Phänomene, die mit Intelligenz zu tun haben, Phänomene, deren Intaktheit mit Intelligenztests operationalisiert bewertbar sind. Intelligente Vorgänge, die also nicht nur auf sensorischer Ebene ein intaktes Bewußtsein und ein einheitliches Ich erfordern, sondern ein Vernetzen verschiedener Sinneskanäle, eine stärkere intermodale Verarbeitung, erfordern, bleiben offenbar überwiegend in einer Hemisphäre "lokalisiert". "Die Intelligenz, die kognitive Kapazität und andere mentale Vorgänge spiegeln mit anderen Worten tatsächlich die Komplexität der intrahemisphäralen

---

[287] Bekannterweise gibt es nur einen unpaaren Hirnbestandteil, der für Descartes als Seelenantenne dadurch ganz besondere Bedeutung erhielt: die Zirbeldrüse oder Epiphyse. Der Auffassung eines solchen Seelenorgans können wir uns heute natürlich nicht mehr anschließen. Warum aber die Epiphyse unpaar ist, ist übrigens immer noch unbekannt.

[288] Gazzaniga und LeDoux 1983, S. 13

[289] Ibid., S. 119

[290] Bogen und Bogen 1988

Mechanismen wider, und sie sind somit lediglich indirekt von der interhemisphäralen Integration abhängig, die durch die großen zerebralen Kommissuren möglich gemacht wird."[291] Ganz ohne Zweifel aber bleibt das Kommissurenfasersystem des Balkens von entscheidender Wichtigkeit für ein Leistungsmaximum des Individuums. "Allein durch ein aktives, interhemisphärales Kommunikationssystem kann der sensorische Input für jede potentiell unabhängige Hirnhälfte ein Maximum erreichen. Nur dadurch werden die Verarbeitungsmechanismen und die Vorgänge für das Erreichen von Leistungen koordiniert und, als Ergebnis davon, bewahrt die adaptive Kapazität des integrierten Organismus ihre volle Leistungsstärke."[292]

Auch in Bezug auf den Balken und seine interhemisphärale Verbindungs-Kapazität sind evolutive Spekulationen erlaubt. Die fortschreitende Evolution des Gehirns ist durch die zunehmende Fähigkeit zur intersensorischen Kommunikation gekennzeichnet. Die synästhetische Wahrnehmung, also die Verknüpfung von Erinnerungen verschiedener Sinneskanäle, ist eine grundlegende Voraussetzung, um ein leistungsfähiges assoziatives Gedächtnis aufzubauen. Die klassische Lokalisationstheorie hat nur einige wenige Kortexanteile sicher charakterisieren können. Der größere Teil des Neokortex ist als sekundäres oder tertiäres Projektionsareal für die intermodale oder intersensorische Verknüpfung zuständig. Daneben treten aber besonders die interhemisphäralen Verbindungen in den Vordergrund. "Die Evolution von Gehirn und Intelligenz ist noch genauer durch ein Anwachsen der Komplexität der Verbindungen gekennzeichnet, die nicht zwischen den sensorischen Systemen bestehen, sondern in dem Gesamtmuster der intrahemisphäralen Organisation. Solche Komplexitäten stellen mit Gewißheit eine Widerspiegelung - und wahrscheinlich eine Determinierung - des Ursprungs individueller Unterschiede dar, und sie bilden den Kern des menschlichen Wesens sowie seiner charakteristischen Flexibilität."[293]

---

[291] Gazzaniga und LeDoux 1983, S. 90

[292] Ibid., S. 92

[293] Ibid., S. 91

B.VII.5. Topologische Kodierung

Die topologische Kodierung ist vielleicht das Wesen und der Grund des Geheimnisses des Gehirns. Das Nervensystem ist aus relativ gleichförmigen funktionellen Bestandteilen aufgebaut, den Neuronen. Die Module als übergeordnete Baueinheiten sind anatomisch und elektrophysiologisch ebenfalls charakterisiert und sind Bauprinzip der gesamten Hirnrinde und sogar untergeordneter Hirnanteile aus den Stammganglien. Wie gehen aus diesen gleichförmigen (physischen) Funktionsprinzipien unterschiedliche (psychische) funktionelle Untereinheiten hervor? Eine gegebene einzelne Nervenzelle "weiß" nicht, zu welchem funktionellen System gehört, sie arbeitet mehr oder weniger wie jede andere Nervenzelle. Sie gehört aber faktisch zu einem funktionellen System, weil sie sich an einer bestimmten Position innerhalb des Nervensystems befindet, die zu diesem funktionellen System gehört. Es existiert also so etwas wie ein Prinzip einer topologischen Kodierung, das Nervenzellen Funktionen zuweist, weil sie sich an einem bestimmten τοπος im Nervensystem befinden. Es geht also um das Geheimnis, wie die einzelnen Neuronen und Module - wahrscheinlich schon während der Ontogenese - erfahren, "wer mit wem spricht".

Der Konstruktivismus nimmt diesen Aspekt auf und formuliert aus diesen Beobachtungen die Konstrukte der Selbstreferentialität und Selbstexplikativität. "Weil aber im Gehirn der signalverarbeitende und der bedeutungserzeugende Teil eins sind, können die Signale nur das bedeuten, was entsprechende Gehirnteile ihnen an Bedeutung zuweisen."[294] Zugehörigkeit zu einem bestimmten funktionellen System oder "Bedeutung" ist also durch die Topologie im Netzwerk kodiert. Die Bedeutung, die einem Neuronenverband zukommt, wird ihm von einem anderen Neuronenverband zugewiesen bzw. ergibt sich aus der Position im Gehirn. Das Nervensystem insgesamt weist seinen Subsystemen Bedeutung zu eben durch seine Subsysteme und ist damit selbstreferentiell. Innerhalb des Nervensystems sind die verschiedenen Sinneskanäle, über ihre topographische Kodierung, einheitlich abgebildet durch einheitliche neuronale Entladungsmuster. Eine bestimmte Qualität wird also reizunspezifisch abgebildet und topisch hergeleitet. Das über Sinnesorgane mit seiner Umwelt in Verbindung stehende Gehirn ist so selbstexplikativ.

---

[294] Schmidt 1988, S. 15

Bemerkenswert ist in diesem Zusammenhang auch, daß die ganz überwiegende Mehrheit von Nervenzellen nur indirekt über die Sinnesorgane Informationen über die Welt erfährt, das Gehirn ist mit seinem ganz überwiegenden Teil in sich gefangen und ist "von Anfang an nur darauf angewiesen, sekundär zu empfinden, d. h. nur die Übertragungen der Reize oder Neurokyme von Schmerz- und anderen Empfindungskomplexen niederer zentraler Nervenapparate zu verarbeiten"[295]. Daraus folgt die im Grunde idealistische Vorstellung, daß das Gehirn in seiner Ontogenese seine eigene Welt schafft. "Es gibt keine einheitliche Welt des Denkens; jeder Geist entwickelt sein eigenes Universum."[296] Wie aber das geschieht, ist wieder ein entwicklungsgeschichtliches Problem. Das Gehirn hat offenbar eine Grundausstattung an Erbinformationen, die die großen Wanderungsbewegungen der noch undifferenzierten Stammzellen in den Kortex, die Bildung von Schichten und Modulen vor Ort und die Vernetzung unter den Zellen und Zellverbänden grob disponieren. Der eigentliche Prägungsvorgang ist aber auch ganz wesentlich von Umwelteinflüssen abhängig, während dessen bestimmte Sinnesinformationen, die das Gehirn erreichen, in neuronale Vernetzungen übersetzt werden. Diese frühen Eindrücke können so dafür sorgen, daß eine ganz individuelle Wirklichkeit im Gehirn verdrahtet wird, die dann später (beim Menschen etwa ab dem 5. Lebensjahr) fixiert ist und als Matrix für neue Informationen dient. Das Gehirn entwickelt sich also nicht, um die Welt begreifen zu lernen, sondern das Gehirn durchlebt eine bestimmte Entwicklungsphase, in der es eine ganz individuelle Welt kennenlernt, die nach diesen Informationen eine ganz individuelle Wirklichkeit in unserem Gehirn konstituiert. "Die Eindrücke der Außenwelt ordnen und korrigieren einander von selbst in unserem Gehirn, entsprechend ihrer eigenen Ordnung."[297]

B.VIII. Zum Repräsentationsbegriff

Aus den Ausführungen zu den aktuellen Entwicklungen der Hirnforschung ist ersichtlich geworden, daß verschiedene Leitmotive, in erster Linie das Bemühen einer Atomisierung des Geistes und über das Lokalisationsbestreben

---

[295] Forel 1918, S. 73

[296] Minsky 1990, S. 65

[297] Forel 1918, S. 75

auch des Gehirns, die Theorie- und Konzeptbildung beherrschen. Es wird hier der Begriff der Repräsentation vorgeschlagen, der durch einige wesentliche Aspekte erweitert werden muß gegenüber dem klassischen Lokalisationsbegriff.

Das klassische Theorem der Lokalisation im Sinne einer naiven statischen distinkten Zentrenlehre ist obsolet. Stattdessen steht das Lokalisationsbedürfnis in einem Spannungsfeld zwischen Modularismus und Holismus, zwischen einer topographisch begrenzten Funktion und einer distributiven Verteilung. Beiden Aspekten muß Bedeutung zugemessen werden. Wie moderne PET-Befunde demonstrieren, führt eine Positiv-Lokalisation am gesunden Probanden zur Markierung von mehreren Hirnarealen bei Stimulation einzelner geistiger Phänomene (zum Beispiel einfache sensomotorische Übungen, Sprache), die bei größerem Zeitfenster gleichzeitig aktiviert sind. Bestimmte Funktionszuweisungen sind ohne Zweifel möglich, jedoch nicht in einer Eindimensionalität, wie es die Läsions- oder Negativ-Lokalisation nahegelegt hatte. Unterschiedliche sensorische Informationen sind räumlich unterschiedlich im Gehirn abgelegt und es folgt daraus, "...daß das Gedächtnis im Gehirn multipel repräsentiert ist. Wesentlich ist dabei nicht, daß ein bestimmtes Engramm, assoziiert mit einer bestimmten Erfahrung, multipel repräsentiert ist, sondern daß eine bestimmte Erfahrung multiple Aspekte hat und diese an verschiedenen Stellen im Zerebrum gespeichert werden."[298] Der Repräsentationsbegriff muß also räumlich erweitert werden und muß die multiple Repräsentierung einer psychischen Funktion in verschiedenen Hirnarealen einschließen.[299]

Das Wesen der Realisierung von geistigen Phänomenen im Gehirn ist darüberhinaus wesentlich ein dynamisches Konzept. Es muß notwendig die zeitliche Dimension in die Beschreibung neuronaler Zustände mitaufgenommen werden. Nicht nur anatomische Zentren allein, sondern vor allem die in ihnen ablaufenden Vorgänge sind die wesentlichen neuralen Phänomene, die potentiell in Beziehung gesetzt werden müssen zu psychischen Prozessen mit dem Ziel der Aufklärung ihres Zusammenhangs. Die Beziehung zwischen Struktur und Funktion im Nervensystem ist dabei komplex. "It is intuitively obvious that brain structure bears upon brain function." Aber: "brain function can

---

[298] Gazzaniga und LeDoux 1983, S. 104

[299] Kosslyn 1988; Petersen et al. 1988; Roland und Seitz 1988; Corbetta et al. 1990; Wise et al. 1991; Pardo et al. 1991

determine brain structure".[300] Weiterhin sind Plastizitätsphänomene von großer Wichtigkeit, die im Rahmen von Lernvorgängen funktionell und sogar strukturell Veränderungen herbeiführen können, die das Gehirn im ganzen ständigen Veränderungen unterzieht. Die elektrische Aktivität läuft also nicht in statischen Verbänden reproduzierbar ab, sondern hängt auch ganz wesentlich von der augenblicklichen Formation des Moduls ab, die auch kurzfristig geändert sein kann, "the older view of electrical coding in relatively static circuits is already moving towards a newer view of the brain in which the code is the neuronal cytoarchitecture"[301]. Insgesamt ist die eigentliche Informationskodierung und die Modulierung benachbarter Zellverbände und der näheren Umgebung nicht zu unterscheiden. Bei gegebenem Signal ist nicht zu klären, ob es sich um eine Information oder um eine Umgebungsmodulierung handelt. "It is becoming increasingly clear that the normal interneuronal signals involved in information coding are also involved in regulating the formation and modulation of the very circuits in which they participate"[302]. Der Repräsentationsbegriff schließt also auch die zeitlich-funktionellen Vorgänge in einer anatomischen Struktur mit ein sowie kurz- und langfristige plastische Vorgänge, die die Vernetzung oder Konnektivität des Nervensystems moduliert, Repräsentation ist somit ein wesentlich dynamisches Konstrukt. Dieser Begriff der organischen Repräsentation im Sinne einer Demarkierung von verschiedenen neuronal realisierten Hirnzuständen ist zu unterscheiden vom Repräsentationsbegriff kognitiver Psychologen.[303]

Wird der Repräsentationsbegriff so erweitert, indem er räumliche Mehrdeutigkeit aufnimmt und zeitliche Charakteristika, die jeden Hirnzustand ganz

---

[300] Mattson 1988

[301] Ibid.

[302] Ibid.

[303] In der propositional attitude psychology (PAP) werden unsere kognitiven Leistungen versuchsweise "language-like" systematisiert mit dem propagierten Ziel, eine Art Sprache des Geistes zu etablieren. Jeder mögliche Gedanke soll programmatisch sprachlich formulierbar sein und in Diagrammen ausgedrückt werden können (z. B. Yolton 1987; Kukla 1992; Stecker 1992; Stich 1992). Dieses Programm, nur formalisierbare Gedanken als Gedanken zuzulassen, wird zu Recht kontrovers diskutiert. Alternativen zu einer propositional attitude psychology diskutiert Schwartz (1992). Hogrebe (1992) skizziert additiv einen mantischen Weg in der "semantischen Unterwelt" (S. 23), der auf eine "Erweiterung von Metaphysik, Erkenntnistheorie, Bewußtseinstheorie, Ontologie und Semantik nach unten ausgelegt" (S. 18) ist.

individuell von einem folgenden unterscheiden, wird natürlich die Frage aufgeworfen, wie handlich solch ein Begriff ist, denn es ist evident, daß angesichts der Komplexität des Nervensystems eine so definierte Repräsentation eines geistigen Phänomens technisch nur begrenzt nachvollziehbar oder reproduzierbar ist. Ein bestimmtes geistiges Phänomen ist mit einem bestimmten parallelen Hirnzustand zu beobachten, wird also arbeitshypothetisch durch ihn repräsentiert in allen seinen räumlichen Ausdehnungen und allen seinen zeitlich-funktionellen Charakteristika. Das "gleiche" geistige Phänomen zu einem späteren Zeitpunkt (im engen Sinn nur ähnlich, da es ja mindestens sich durch den Zeitpunkt unterscheidet) ist bereits mit einem anderen Hirnzustand verknüpft, wird jetzt als ähnliches geistiges Phänomen durch einen ähnlichen Hirnzustand repräsentiert, aber nicht unbedingt durch den gleichen Hirnzustand, der dann eine regelhafte Ableitung erlauben würde. "Die Verschiedenheit, die Art- und Gradabstufungen höherer Bewußtseinsvorgänge sind demnach nur der Ausdruck einer unendlich großen Variabilität funktioneller Zusammenfassungen von kortikalen Einzelorganen."[304] Dieses Problem der Diskretisierung von mentalen und physischen Phänomenen findet ihren Niederschlag in der philosophischen Diskussion in der Differenzierung von Ereignis-zu-Ereignis-Identität und Typ-zu-Typ-Identität.[305]

Aus empirischer Sicht ist daher eine methodische Pluralität empfehlenswert, die erhobene Befunde verschiedener Beobachtungsebenen sammelt und mit psychischen Phänomenen korreliert, ohne zunächst Aussagen über ihren Zusammenhang zu machen. Wesentlich ist die Einschließung multipler räumlicher Repräsentationen und zeitlicher Abläufe neuronaler Erregungsmuster in den Beschreibungsrahmen. Zentral wird jetzt die Frage, unter welchen Bedingungen die Korrelate der Hirnaktivität, die mit modernen bildgebenden Verfahren zu beobachten sind, auch aus philosophischer Sicht als Repräsentation der mentalen Vorgänge angesehen werden dürfen.

---

[304] Brodmann 1909, S. 303

[305] Dazu auch C.V.4. und D.IV.

C. Gehirn-Geist-Philosophie

Der Auseinandersetzung um das Verhältnis von Gehirn und Geist liegt das Phänomen zugrunde, das man als intuitiven Dualismus bezeichnet hat. Es beschreibt die Existenz zweier möglicher Perspektiven der Weltsicht, die man als idealistische und materialistische Näherung bezeichnen kann.[1] Diese beiden Näherungen implizieren das unabhängige Vorhandensein mentaler oder psychischer Vorgänge unseres Geistes einerseits und neuraler oder physisch-physiologischer Vorgänge in unserem Nervensystem andererseits. So können wir intuitiv unterscheiden zwischen einer Entscheidung, eine bestimmte Bewegung in naher Zukunft auszuführen, also einem Gedanken der Bewegung und der Bewegung selbst. Wir können unterscheiden zwischen dem Gefühl der Aufregung und körperlichen Korrelaten wie Steigerung des Adrenalinspiegels oder der Herzfrequenz. Wir unterscheiden zwischen einem Zustand der Euphorie oder Depression und einer ihr zugrunde liegenden Psychopharmakologie.[2] Diese intuitive Vorstellung des unabhängigen Vorkommens von psychischen und physischen Phänomenen prägt unsere Weltsicht und läßt einen psychischen und einen physischen Phänomenbereich entstehen, deren Unterschiedlichkeit auch durch die Trennung von Geisteswissenschaften und Naturwissenschaften dokumentiert ist. Dieser Dualismus und seine Überwindung ist das eigentliche Problem des Verhältnisses von Geist und Gehirn.

Wir beziehen uns in unserem gesamten Leben auf eine kontinuierliche, raum-zeitlich definierte, äußere Ordnung der uns umgebenden Welt. Unser Körper, der direkt Einfluß auf diese Welt nehmen kann, ist ebenfalls Bestandteil dieser äußeren Welt. Wir können über diese raum-zeitliche Welt in Kommunikation treten und gelangen ganz überwiegend zu plausiblen und praktikablen, interindividuell vergleichbaren Auffassungen in unserer Weltinterpre-

---

[1] Eine solche Systematisierung ist der Ausgangspunkt des Postulats des psychophysischen Parallelismus von Kuhlenbeck (Kuhlenbeck 1973).

[2] Die intuitiv nachvollziehbare Existenz dieser beiden Phänomenbereiche bleibt von der Tatsache, daß die körperlichen Funktionen im einzelnen zum Teil noch nicht verstanden sind, unberührt.

tation. Es ist daher möglich, die Existenz einer raum-zeitlich definierten, vierdimensionalen Welt anzunehmen und gewissermaßen aus unseren Sinnesdaten, die mit den ausgetauschten Sinnesdaten anderer Personen weitgehend übereinstimmen, ihre Existenz zu extrapolieren. Diese Welt ist von unserem Bewußtsein unabhängig, wir können sie als Außenwelt bezeichnen. Sie ist Grundlage der Naturwissenschaft. In ihr herrschen die Prinzipien der Kausalität, die sich definieren läßt als "Ausdruck der geordneten Folge von Ereignissen in der physikalischen Welt, so daß in einem System zusammenhängender Zustände alle Veränderungen in einer konstanten streng bestimmten Weise aufeinander folgen."[3] Aus dieser beobachtbaren Konstanz und Kontinuität der Phänomene in der Außenwelt im Sinne der Kausalität läßt sich das Konzept der Materie entwickeln als die Annahme eines raumzeitlich definierbaren, von unserem Bewußtsein unabhängigen und kontinuierlich existierenden Bauprinzips der Natur. Diese Außenwelt mit ihrem Konzept der Materie wird dann interindividuell verbindlich. "Der Materialismus ist jede Hypothese, die innerhalb einer Raum-Zeit-Struktur die Existenz einer objektiven physikalischen Welt annimmt, die unabhängig von jeder bewußten Wahrnehmung ist."[4] Unbelebte und belebte Natur einschließlich des Nervensystems ist bei dieser Annäherung naturwissenschaftlich studierbar, also unter Annahme eines Materialismus. Das Problem aber tritt auf bei dem Versuch, Bewußtsein oder psychische Phänomene auf rein materialistischer Grundlage zu erklären. Geistige Vorgänge treten in einem phänomenologischen Sinn parallel zu einigen physischen Phänomenen auf. Psychische Phänomene sind aber in ihrer Zugehörigkeit zu einem anderen Phänomenbereich, zu einer anderen "Welt", nicht ohne weiteres auf der Basis des materialistischen Vorgehens abzuleiten und lassen sich aus naturwissenschaftlicher Sicht höchstens als korrelatives Ereignis zu Aktivitäten des Nervensystems verfolgen. Wie aber diese Wahrnehmung subjektiv empfunden wird, ist auf materieller Grundlage nicht erschöpfend zu erklären, so daß notwendigerweise die materialistische Weltsicht durch die idealistische Annäherung ergänzt werden muß.

Komplementär zum Materialismus, der das Primat in der interindividuell zu beobachtenden Außenwelt sieht, ist auch die umgekehrte Setzung berechtigt, die vom erkennenden Subjekt ausgeht. "Idealismus (in seiner erkenntniskritischen Bedeutung) kann als die Lehre verstanden werden, die annimmt, daß Bewußtsein das einzige Prinzip oder das Wesen der Erscheinungswelt ist ... , daß die materielle Welt ausschließlich ein geistiges Phänomen ist, in

---

[3] Kuhlenbeck 1973, S. 18

[4] Id. 1986, S. 5

derselben Weise wie die Welt des Denkens und des Fühlens."[5] Die Auseinandersetzung mit unserer Umwelt und uns selbst setzt unseren Geist als Instrument voraus. Die Welt wird so in der idealistischen Perspektive zum Produkt unseres Bewußtseins und unserer Wahrnehmung. Auch das eben entwickelte Konzept der Materie wird jetzt Derivat des Geistes. "Jedoch alles Wissen und alle Abstraktionen einschließlich Materie sind nur Modalitäten von Bewußtsein. Daher ist es unmöglich, das Problem des Bewußtseins mit rationalem menschlichen Denken zu lösen."[6] Die idealistische Sichtweise ist insofern eine notwendige Ergänzung zur materialistischen Perspektive, als sie der Betrachtung der Außenwelt die Betrachtung der subjektiven Bewußtseinswelt an die Seite stellt. Erst beide Sichtweisen, materialistische und idealistische, formieren zusammen den Dualismus. Die Gefahr des Idealismus tritt wie beim Materialismus durch den Exklusivitätsanspruch auf. So wie der Materialist das Bewußtsein als Phänomen des Subjekts nicht leugnen kann[7], kann der Idealist die ihn umgebende Welt nicht sinnvoll leugnen. Wird die Welt ausschließlich ideal erklärt, also als ein ausschließlich subjektives Phänomen, und erfährt in diesem Modell jeder andere ebenfalls nur seine ureigene Welt, dann sind beide Erfahrungen nicht mehr kompatibel und nicht mehr mitteilbar. Diese Entwicklung eines philosophischen Autismus hat als Solipsismus eine notwendige Isolation jedes einzelnen Subjekts zur Folge. Über die Welt ist kein kommunikativer Austausch mehr möglich, die Annahme der Materie wird zu sinnloser Illusion, jede Diskussion und Auseinandersetzung wird unmöglich gemacht, die Existenz der Welt in das Bewußtsein zurückgedrängt und damit ihre reale Existenz außerhalb des Bewußtseins in Frage gestellt. So wie kein letztgültiger Beweis zu führen ist, daß das Bewußtsein kein Epi-Phänomen des Materialismus ist, so auch nicht, daß die gesamte Welt nur ideale Illusion sei. Unsere gesamte Welterfahrung spricht aber entschieden gegen beide radikalen Hypothesen, so daß sowohl die Konstruktion des Materiebegriffs als auch die subjektiv-ideale Wertigkeit der Welt anerkannt bleiben müssen, wenn sich die Philosophie nicht gegen das Leben wenden will. Spätestens mit der dualistischen Weltsicht von René Descartes (1596-1650) ist

---

[5] Ibid., S. 7

[6] Id., 1973, S. 39

[7] Das Bewußtsein läßt sich als jedem einzelnen erfahrbares Phänomen nicht leugnen. Wird im eliminativen Materialismus ein solcher Versuch gestartet, bleibt das Psychische mindestens immer noch Epi-Phänomen. Das Phänomen an sich bleibt also auch dann noch unbestritten, lediglich seine ontologische Relevanz und Wertigkeit bleibt diskutabel.

das Verhältnis von Gehirn und Geist als manifestes philosophisches Problem zementiert, der intuitive Dualismus ist ontologisiert worden.

Wie der erste Teil der Arbeit belegt, ist das Verhältnis von Gehirn zu Geist heute auch zugleich naturwissenschaftliches Problem, und es hat insofern eine "Naturalisierung der Erkenntnistheorie"[8] stattgefunden, als das Problem unter Anwendung neuer Methoden auf einer materialistischen Basis weiter erhellt zu werden verspricht. Diese Hoffnung ist ohne die philosophische Reflexion aller Voraussicht nach aber wohl nicht einzulösen. Eine rein naturwissenschaftliche Näherung weist mindestens zwei Defizite auf. Zum einen ist mit einer Naturalisierung der Erkenntnistheorie auch notwendig eine Materialisierung verbunden, die immer potentiell der Gefahr eines Reduktionismus ausgesetzt ist. Die empirischen Wissenschaften bedürfen in ihrem Wesen einer Standardisierung ihrer experimentellen Bedingungen und einer Bezugnahme auf ein gemeinsames, verbindliches und damit vergleichbares Raum-Zeit-System, ohne das Naturwissenschaft sinnlos wäre. Diese Forderung nach Vergleichbarkeit der empirischen Befunde gilt natürlich auch für das Studium des Nervensystems. Damit verbunden ist aber ein komplettes Ausblenden der idealistischen Perspektive, die zusammen mit der materialistischen Perspektive die Gehirn-Geist-Philosophie erst konstituiert. Es muß daher eine Aufgabe der Philosophie sein, auf diese zweite Perspektive des notwendig subjektiven Bewußtseins im Sinne eines paritätisch wirksamen erkenntnistheoretischen Idealismus aufmerksam zu machen und sie als wesensmäßig philosophische Aufgabe zu bearbeiten. Die "Naturalisierung der Erkenntnistheorie"[9] ist insofern eine unschätzbare Bereicherung, als sie auf materialistischer Ebene in der "decade of the brain" die Hirnforschung durch revolutionäre Untersuchungen bereichern wird, wie sie zum Beispiel durch funktionell-bildgebende Verfahren (Positronen-Emissions-Tomographie, funktionelle Kernspintomographie, Brain Electrical Activity Mapping) am Lebenden prinzipiell möglich sind. Sie ist aber insofern eine Verlustbilanzen erwirtschaftende Gefahr, als sie suggeriert, daß das Problem damit allein gelöst werden könnte, die Naturalisierung die hinreichend erfolgreiche Strategie bleiben könnte.

Zum zweiten ist die Beteiligung der Philosophie notwendig, um auf konzeptioneller und systemischer Ebene Modelle zur Hirnfunktion und zur Korrelation psychischer und physischer Phänomene zu entwickeln, etwa zusammem mit den Computerwissenschaften. Dazu gehört das Bereitstellen des Katalogs

---

[8] Bieri 1981, S. 19

[9] Ibid.

von möglichen in der Gehirn-Geist-Philosophie beziehbaren Positionen, die im folgenden skizzenhaft entwickelt werden. Dieser Katalog muß im Verbund mit naturwissenschaftlichen Untersuchungen und Befunden auf nützliche und hilfreiche Theorien zur Interaktion oder Korrelation oder Identifikation psychischer und physischer Phänomene geprüft werden. Insbesondere geht es also um die Qualitätssicherung von empirisch nahegelegten Hypothesen, die auf den logischen Prüfstand gehören. Eine letzte Einordnung ist bis heute nicht möglich, das traditionelle Leib-Seele-Problem noch immer ungelöst. Die Philosophie hat aber die Positionen in jahrhundertelanger Tradition entwickelt, die Naturwissenschaften haben neuerdings ungeahnte Möglichkeiten der empirischen Überprüfbarkeit dieser Positionen geschaffen, die noch vor wenigen Jahrzehnten nicht in Aussicht waren.[10] Wir befinden uns zur Zeit noch am Anfang dieser stürmischen Entwicklung, die in den nächsten Jahren eine Fülle von naturwissenschaftlichen Befunden zur Natur des menschlichen Geistes zu Tage fördern wird. Diese Befunde sind aber bereits heute derart gewachsen, daß eine ausgeprägte Spezialisierung von jedem Hirnforscher verlangt wird. Konsequent werden Rufe laut nach Strategien zur Wissensrepräsentation in Form von Hirn-Datenbanken, die das vorhandene Wissen zugänglich machen können. Die Philosophie, die ihrem Wesen nach nur begrifflich operieren kann, hat hier mindestens eine zweite Aufgabe in der neuerlichen Überprüfung der Anwendbarkeit der diskutablen Positionen der Gehirn-Geist-Philosophie in einem konzeptionellen Sinn. Einzelne Problemstellen wie z. B. das Diskretisierungsproblem von Geist- und Gehirnzuständen, das in der Identitätstheorie als Diskussion von Ereignis- und Typ-Identität reflektiert ist, erfordern bereits heute eine gemeinsame Anstrengung. Neue empirisch-technische Methoden fordern auch immer den Philosophen.

In diesen Zusammenhang ist die Fragestellung der vorliegenden Arbeit einzuordnen. Das Idealbild der Korrelation ist die gegenseitige Identifizierbarkeit psychischer mit physischen Phänomenen und vice versa, also eine monistische Unternehmung, die die noch näher zu erläuternden Probleme des Dualismus eventuell überwinden kann. Zu zeigen, daß eine solche Annahme der Identifizierbarkeit, kurz Identitätsthese, kompatibel mit den modernen Befunden und Konzepten der Hirnforschung ist und mit dem empirischen Repräsentationskonzept konvergiert, ist Ziel der vorliegenden Studie. Die Identitätsthese ist nur eine von mehreren klassischen Hypothesen zum Verhältnis von Gehirn und Geist, die aber am plausibelsten erscheint, zumal mit dieser Position in

---

[10] So erfüllen die modernen bildgebenden Verfahren durchaus charakteristische Bedingungen des von Feigl postulierten "Autocerebroscops" (Feigl 1967).

der Gehirn-Geist-Philosophie am ehesten dem Postulat nach Ökonomie in der Theoriebildung gerecht werden kann. Die Identitätsthese akzeptiert beide Phänomenbereiche in ihrem Anspruch auf Realität. Weder die äußere Welt mit ihrem Konstrukt der Materie noch die innere Erfahrungswelt mit idealsubjektivem Charakter müssen geleugnet werden. Unter Annahme beider Phänomenbereiche aber wird mit dem Postulat der Identität auch die nur unplausibel beantwortbare Frage nach der Art und Weise der Interaktion in einem ontologischen Dualismus cartesischer Prägung überflüssig, die bis heute nicht überzeugend beantwortet ist. Der Parallelismus stellt die Frage nach dem Zusammenwirken überhaupt nicht oder hält sie für unbeantwortbar, zieht sich als philosophische Position zurück und kapituliert vor dem ontologischen Anspruch.

Im folgenden sollen die wesentlichen beziehbaren Positionen der Gehirn-Geist-Philosophie dargestellt werden. Eine solche Darstellung kann primär historisch oder systematisch geordnet werden. Ähnlich der systematischen Gliederung der Hirnforschung soll hier primär systematisch mit der Dichotomie dualistischer und monistischer Positionen vorgegangen werden. Eine solche Einteilung ist notwendigerweise künstlich und soll die unterschiedlichen Nuancen nicht verschleiern, die eine Einteilung durchaus schwierig gestalten.[11] Die dualistischen Positionen folgen dem intuitiven Dualismus und werden entsprechend zuerst dargestellt. Monistische Theorien können, indem sie den intuitiven Dualismus zum Teil verlassen, als eine weiterbearbeitete Form der Reduktion oder Integration verstanden werden. Die primär nach systematischem Raster aufgebaute Arbeit ist sekundär auch historisch orientiert und stellt innerhalb systematischer Ordnung nach historischen Gesichtspunkten vor. Trotzdem aber ist die Gehirn-Geist-Philosophie auch historisch bedingt und soll in ihrer Entwicklung, die eine traditionelle von einer moderneren Diskussion trennen kann, kurz skizziert werden (Abschnitt C.I.).

In der Gehirn-Geist-Philosophie sind begriffliche Klärungen (Abschnitt C.II.) vonnöten. Hier wird der Begriff der Gehirn-Geist-Philosophie favorisiert, der eine möglichst präzise Beschreibung des untersuchten Gegenstandes

---

[11] Etwa der Epiphänomenalismus steht zunächst in der Tradition des Dualismus, ist aber auch monistisch deutbar, wenn man von einem Materialismus ausgeht, der zwar noch ein mentalistisches Vokabular zugesteht, das aber keine ontologische Wertigkeit mehr beanspruchen darf. Die Emergenztheorie, die ebenfalls aus ihrer historischen Nähe zum Epiphänomenalismus unter die Dualismen einsortiert ist, sprengt ihre Position, weil es dualistisch wie monistisch geprägte Emergenztheorien gleichermaßen gibt.

verbürgt gegenüber Begriffen wie Leib-Seele-Problem oder auch Gehirn-Bewußtsein-Problem, das eine gewisse Einschränkung des psychischen Phänomenbereiches bedeuten würde. Es wird auch auf die Problematik der Begriffe psychischer und physischer Phänomene und Phänomenbereiche hingewiesen.

Der Dualismus geht von der Existenz beider Phänomenbereiche des Psychischen und des Physischen aus (Abschnitt C.III.). Die klassische cartesische Position, die sich auf den zu einem ontologischen erhobenen, intuitiven Dualismus stützt, postuliert Interaktionsmechanismen zwischen psychischen und physischen Phänomenen. Descartes nahm als die Schnittstelle die Zirbeldrüse an, während moderne Fassungen des Interaktionismus, vertreten durch Eccles, die Großhirnrinde und auf neuronaler Ebene die Mechanismen, die zur Transmitterfreisetzung führen, verantwortlich machen (Kapitel C.III.1.). Der Parallelismus hält den Mechanismus des Zusammenwirkens beider Phänomenbereiche für nicht eruierbar. Die Parallelität, also ein Beobachten beider Phänomene in einer sinnvollen Ordnung zueinander sind entweder Dokument einer "prästabilierten Harmonie" oder der Unvereinbarkeit zweier verschiedener Phänomenwelten, die durch zwei unterschiedliche Raum-Zeit-Systeme definiert und dadurch inkompatibel und nicht ineinander überführbar sind (Kapitel C.III.2.). Neben diesen populären Dualismen haben sich Übergänge zum Monismus entwickelt. Sie betreffen zum einen den Epiphänomenalismus und die Emergenztheorie, die eine Emergenz als Grundlage des menschlichen Geistes annehmen, also ein Entstehen des Bewußtseins und des Geistes als komplexes Phänomen aus weniger komplex aufgebauten Bauteilen postulieren (Kapitel C.III.3. und C.III.4.). Der Sprachendualismus betrifft eine sprachphilosophische Entwicklung, die auf dem Weg, das Gehirn-Geist-Problem als Scheinproblem zu qualifizieren, einen sprachlichen Aspektdualismus annimmt, der sich zweier verschiedener Vokabelpakete bedient und so den Eindruck eines ontologischen Dualismus aufkommen läßt, der in Wahrheit aber gar nicht gerechtfertigt ist (Kapitel C.III.5.).

Der Monismus (Abschnitt C.IV.) als Theoriekomplex gegenüber dem Dualismus kann auch als reduktionistisch beschrieben werden. Einer der beiden für den Dualismus existenten Phänomenbereiche kann geleugnet werden und es resultiert ein eliminativer Materialismus. Das Bewußtsein wird eliminiert und zu einem nur scheinbar selbständigen Epi-Phänomen degradiert, das nur als Nebeneffekt der Tätigkeit des Nervensystems abfällt, aber keine eigenständige Existenz und damit auch keine Bedeutung beanspruchen darf (Kapitel C.IV.1.). Dem Materialismus steht der Idealismus gegenüber, der im Extremfall eine Leugnung der materiellen Welt als eigenständig existent vornimmt und negativ in den Solipsismus verfällt (Kapitel C.IV.2.). Eine interessante moderne Fortführung des Idealismus bietet der Konstruktivismus, der ausgeht von neurobiologischen Daten einer "Konstruktion" der Welt und Wirklichkeit außerhalb unsere Gehirns, die während unserer Ontogenese stattfindet. Der Konstruktivismus ist damit ein interessantes Konzept, das Hirnforschung und Philosophie gleichermaßen stimuliert hat und Ansätze zu einer Überbrückung ganz verschiedener Wissenschaftsdisziplinen bereits geleistet hat (Kapitel C.IV.3.). Im Funktionalismus werden mentale Zustände nur noch in ihrer Funktionalität relevant, also in ihrer Bedeutung, die sie für das Systemverhalten des Systems Mensch im System Welt einnehmen. Die neuronale Realisierung wird dabei zweitrangig (Kapitel C.IV.4.). Eine radikal-idealistische Position ist der Panpsychismus, der eine Allbeseelung annimmt und so jeder Materie, auch unbelebter, Idealität zuweisen kann. Diese Position ist aber bei naturwissenschaftlicher Ausrichtung nicht vertretbar und wird hier nur der Vollständigkeit halber erwähnt (Kapitel C.IV.5.).

Schließlich wird dem monistischen Konzept der philosophischen Identitätstheorie von Gehirn und Geist ein neuer Abschnitt gewidmet (C.V.). Dabei werden sowohl die Begriffe der Identität und Identifikation und das Postulat der Identitätstheorie voneinander abgegrenzt, ebenfalls unter systematischen und historischen Gesichtspunkten. Die Identitätsthese ist natürlich nicht ohne Kritik geblieben und kann sich gegen Schwächen nicht komplett immunisieren. Schwachpunkte betreffen besonders den Vorgang der Identifikation, in der ein erweiterter Gültigkeitsbereich des Identitätsbegriffs zugestanden werden muß (Kapitel C.V.3.), das Universalienproblem, das zwischen der Identifizierbarkeit von Einzel-Ereignissen und Ereignis-Klassen unterscheidet (Kapitel C.V.4.) und das Reduktionsproblem, bei dem sich die Identitätstheorie gegen materialistische und idealistisch argumentierende Positionen gleichermaßen wehren muß (Kapitel C.V.5.). Zuletzt ist einer der häufigsten Kritikpunkte, nämlich die noch ausstehende, empirische Konkretisierung von identifikablen Geist-Gehirn-Zuständen, thematisiert (Kapitel C.V.6.). Gerade der letzte Kritikpunkt ist der zentrale Gegenstand einer in Teil D folgenden Engführung des Repräsentations- und Identitätskonzepts.

Eine Systematisierung soll die Diskussion der dargestellten Positionen zusammenfassen (Abschnitt C.VI.). Es zeigt sich, daß einige Gesichtspunkte, die leicht zu systematischen Fehlern werden können, besonders hervorzuheben sind. Insbesondere spielt die zugrundegelegte Intuition bei der Diskussion eine wichtige, möglicherweise determinierende Rolle. Sie kann die bezogene Position maßgeblich bestimmen, wenn die gegnerische, intuitiv unplausible Position dann unter Beweislast gestellt wird, die sie nicht abtragen kann

(Kapitel C.VI.1.). Die Philosophie sollte darüberhinaus in der Lage sein, ihren ontologischen Anspruch aufrechtzuerhalten. Eine rein methodologische Argumentation läßt sie lediglich als eine Zulieferdisziplin von empirischen Unternehmen erscheinen (Kapitel C.VI.2.). Zuletzt verschmelzen unter diesen Aspekten auch die Antipoden von Dualismus und Monismus (Kapitel C.VI.3.).

C.I. Historische Aspekte

Im Gegensatz zur Hirnforschung, die als eine empirische Wissenschaft wesentlich abhängig ist von den ihr bereitgestellten Methoden und Techniken, ist die Philosophie begrifflich-argumentativ tätig. Historische Positionen sind so prinzipiell als gleichwertig zu modernen Positionen zu betrachten, während in der Hirnforschung allein durch neue technisch-methodische Werkzeuge bereits neue Befunde und darauf fußende Theorien erarbeitet werden, die zum Teil ältere Konzepte völlig obsolet machen können. Natürlich ist auch die Philosophie jeweils geprägt von den parallel gewonnenen naturwissenschaftlichen Erkenntnissen, sie ist ebenfalls den historischen Entwicklungen unterworfen. In der philosophischen Diskussion aber stehen historische Positionen mehr oder weniger gleichberechtigt nebeneinander. Diese Bemerkung soll nicht jede mögliche Entwicklung und ein völliges Fehlen jeder Weiterentwicklung in der Philosophie implizieren, sondern lediglich unterstreichen, daß die Philosophie ihr Instrumentarium potentiell immer verfügbar hat und sich darin wesentlich von der Hirnforschung unterscheidet, die einen Autozerebroskopen lange Zeit nicht zur Verfügung hatte. Die historischen Vertreter von philosophischen Positionen werden daher in die Einzelbesprechungen eingereiht.

Der Systematisierung zufolge, die verschiedene Autoren angestellt haben[12], läßt sich die Diskussion aber insgesamt einteilen in verschiedene historische Stadien. In Anlehnung an den in der Einleitung skizzierten Dualismus werden die klassischen Hypothesen aus folgenden Überlegungen abgeleitet. Versteht man mentale und physische Phänomene als eine "Unterscheidung des common sense ..., die einfach eine intuitive Differenzierung zum Ausdruck bringt", dann heißt, Phänomene als mental oder physisch einzuordnen, "sie auf diese

---

[12] Einer solchen historischen Folie folgen Bieri (1981) und Hastedt (1988).

Weise intuitiv einzuordnen"[13]. Philosophisch interessant und problematisch wird dieser intuitive Dualismus, der zu einem ontologischen wird, wenn man die Welt aus zwei exklusiven Problembereichen zusammengesetzt sieht, durch seine Implikationen.[14] Aus diesem traditionellen Dualismus erwachsen schnell Probleme, die sich in folgenden, nicht kompatiblen Sätzen zusammenfassen lassen[15]:

1. Mentale Phänomene sind nicht-physische Phänomene. (Ontologischer Dualismus)

2. Mentale Phänomene sind im Bereich physischer Phänomene kausal wirksam. (Mentale Verursachung von Verhalten)

3. Der Bereich physikalischer Phänomene ist kausal geschlossen. (Methodologischer Physikalismus)

Der erste Satz bezeichnet den zu einem ontologischen erhobenen, intuitiven Dualismus, der die Wirklichkeit in mentale und physische Phänomene exklusiv dividierbar sieht. Jedem ist im Sinne des common sense zunächst klar, daß es geistige und körperliche Zustände gibt, die nicht ohne weiteres ineinander überführbar sind. Ein Gedanke ("Die Sonne scheint.")[16] ist intuitiv wesensverschieden von einer körperlichen Bewegung, die allerdings selbst wiederum mental ausgelöst sein kann. Der intuitive Dualismus entspricht der kooperativen Formulierung einer materialistischen und einer idealistischen Perspektive, die beide intuitiv evidente Phänomenbereiche der Welt repräsentieren. Ist aber nach Satz 3 die physikalische Welt kausal geschlossen, kann es keine mentale Verursachung von Verhalten geben, was Satz 2 widerspricht.

---

[13] Bieri, 1981, S. 2. So wird jeder bereit sein, den Zorn von dem ihn auslösenden Adrenalinstoß zu trennen, den Traum von seinen relevanten Gehirnströmen, das Psychopharmakon von dem bewirkten Stimmungswechsel.

[14] Ibid., S. 2-4

[15] Einer solchen Inkompatibilitätsüberlegung folgen zum Beispiel Bieri (1981, S. 5) und Skillen (1984).

[16] Aus identitätstheoretischer Sicht ist eine wesentliche Frage die nach der raumzeitlichen Verortung eines solchen nicht raum-zeitlichen Gebildes, wie es ein Gedanke ("Die Sonne scheint.") ist. Als weiteres Problem und eine zu überbrückende Schnittstelle ist der sozusagen geistimmanente Übergang vom Gedanken zur Sprache aufzuzeigen. Was denkt jemand, wenn er das Gedachte ausdrückt mit "Die Sonne scheint"? Was denkt ein anderer, wenn er sagt "Die Sonne scheint"? Sind beide Gedanken äquivalent und vergleichbar und beide an analogen Stellen verortbar?

Die mentale Verursachung von Verhalten, die der zweite Satz formuliert, wird uns evident in jeder willkürlich ausgeführten Handlung. Der "Wille" als eine mentale Leistung oder ein mentales Phänomen läßt uns eine bestimmte, geplante Handlung ausführen. Im übrigen sind nur durch mentale Verursachung körperliche Phänomene in Aufregungs- und Angstzuständen plausibel, ebenso der große Komplex von psychosomatischen Wechselwirkungen und Krankheiten. Aus dieser Perspektive ergibt sich ein Widerspruch, weil bei kausaler Geschlossenheit der physikalischen Welt und bei kausaler Einwirkung mentaler Vorgänge die letzteren nicht wesensverschieden von physikalischen Vorgängen sein können. Sie gingen in diesem Fall vielmehr in ihnen auf. Die Annahme dieses Satzes widerspräche also dem intuitiven Dualismus (Satz 1).

Der dritte Satz schließlich bezeichnet ein Axiom der Naturwissenschaft: physikalisch-physische Phänomene können nur durch andere physikalisch-physische Phänomene im Sinne einer kausalen Wechselbeziehung erklärt werden. Die physikalische Welt ist kausal in sich geschlossen und bedarf keiner weiteren einwirkenden Kraft "von außen", die als Bestandteil einer wie auch immer gearteten res cogitans auf sie einwirken könnte. Ohne diesen Satz wird zumindestens die klassische Newton'sche Physik ad absurdum geführt.[17] Hält man am methodologischen Physikalismus fest, muß entweder der Dualismus aufgegeben werden oder die Theorie der mentalen Verursachbarkeit von Verhalten.

Auflösen lassen sich diese Widersprüche nur unter Streichung von Sätzen. Verzichtet man auf den ersten Satz, so materialisiert man die mentalen Phänomene, die damit zu einem Epiphänomen reduziert werden. Psychische Phänomene sind dann nichts weiter als materielle Phänomene. Sie können zwar kausale Wirksamkeit innerhalb der materiellen Welt entfalten, aber keinen Anspruch auf eigenständige Existenz erheben. Diese Streichungshypothese widerspricht dem intuitiven Dualismus[18]. Eine weitere Interpretation der durch Streichung des 1. Satzes entstehenden Situation stellt aber auch die Identitätsthese dar, die in Form des Aspektdualismus durch Spinoza historisch vertreten wurde. Der Dualismus wird partiell eliminiert, da die beiden ur-

---

[17] In den Vorschlägen von Eccles ergeben sich allerdings neue Gesichtspunkte, die von modernen Theorien der Physik getragen sind und Unschärferelationen ausnutzen, in deren Spielraum psychische Einflüsse wirksam werden könnten, um auf körperliche und besonders zerebrale Prozesse einzuwirken.

[18] In gewisser Weise kann jeder Versuch, bestimmte mentale Phänomene im Gehirn lokalisierbar zu machen, als materialistisch verstanden werden.

sprünglich als ontologisch exklusiv charakterisierbaren Wirklichkeiten ineinander überführbar werden. Unter dem Postulat eines Idealmodells psychophysischer Korrelationen können psychische Phänomene materiell genau einem neurophysiologischen Zustand zugeordnet werden und umgekehrt. Der intuitive Dualismus kann als Aspektdualismus erhalten bleiben, muß aber seinen ontologischen Status aufgeben.

Ein psychophysischer Parallelismus resultiert bei Streichung von Satz 2. Sind mentale Phänomene nicht mehr kausal wirksam im Bereich der physischen Wirklichkeit, so laufen sie den physischen Phänomenen nur noch parallel, da sie ja noch immer im Dualismus in Erscheinung treten (Satz 1). Die Interaktion von Geist und Körper ist allerdings nicht mehr von Interesse. Beide Welten leben nebeneinander und ohne direkten Bezug zueinander. Eine besondere Form der Streichung des Prinzips von mentaler Verursachung stellt der Epiphänomenalismus dar, wenn man ihm unidirektionale Verursachung erlaubt, eine Verursachung mentaler Phänomene durch physische nämlich. Er stellt also nicht notwendigerweise eine Streichungshypothese im materialistischen Sinne dar.

Ein Panpsychismus resultiert unter Aufgabe des dritten Satzes, unter Aufgabe der kausalen Geschlossenheit der physikalisch-physischen Welt. Die Schaffung einer eigenständigen, psychischen Welt, die zwar neben der körperlichen Welt existiert (Satz 1) und auch physische Wirksamkeit entfalten kann (Satz 2), ist nicht mehr nötig. Das geistige Substrat wird in die Materie eingefügt und beseelt sie, ohne "von außen" eingreifen zu müssen.[19] Damit aber wäre ein grundlegendes Prinzip der Naturwissenschaft, das mindestens seit dem 17. Jahrhundert Geltung beansprucht und die Grundlage aller empirischen Wissenschaften bildet, nicht zuletzt der Hirnforschung, verletzt.[20] Durch diese drei zunächst intuitiv einleuchtenden Sätze ergeben sich die genannten Widersprüche. Durch Streichung oder Modifizierung einzelner Sätze und Aufrechterhaltung anderer ergeben sich als klassische Lösungsvorschläge für das Leib-Seele-Problem die zu skizzierenden erwähnten Positionen.

---

[19] Problematisch bleibt das Grundproblem dennoch. Wenn auch die Dimensionen von Organgröße in atomare Größenordnungen verschoben werden, ist auch auf atomarer oder subatomarer Ebene noch fraglich, ob Materie und Geist zwei verschiedene Entitäten sind und wie sie zusammenhängen.

[20] Ebenso wird damit auch der besprochenen organischen Hirnforschung das Fundament entzogen. Diese Konsequenz wirkt sich heute um so gravierender aus, da auch in der analytischen Philosophie des Geistes ein naturwissenschaftlicher Realismus die Diskussion beherrscht (Bieri, 1981, S. 17ff).

Aus den genannten klassischen, den ontologischen Dualismus akzeptierenden Alternativen hatte sich mit Ausnahme der Identitätsthese keine Hypothese als geeignet herausgestellt, das Gehirn-Geist-Problem zu entkräften. Materialistisch müssen wir annehmen, daß mentale Phänomene in Wirklichkeit physische Phänomene sind, die damit auch kausal relevant werden können als verhaltens-verursachend. Auf der anderen Seite stehen unsere dualistischen Intuitionen, die uns mentale Phänomene als getrennt von physischen erleben lassen. "Wenn wir verstehen wollen, wie unsere mentalen Zustände in der physischen Welt wirksam sein können, müssen wir den ontologischen Dualismus aufgeben."[21] Ziel ist es also, mentale und physische Phänomene, die sich seit Descartes in einem ontologisch exklusiven Dualismus gegenseitig ausschließen, wieder anzunähern. Man kann auch dieses Problem formalisieren:

1. Wenn mentale Phänomene im kausal geschlossenen Bereich physischer Phänomene eine kausale Rolle spielen sollen, dann müssen sie physische Phänomene sein.

2. Mentale Phänomene haben bestimmte mentale Charakteristika.

3. Phänomene, die bestimmte mentale Charakteristika aufweisen, können keine physischen Phänomene sein.

Auch diese Sätze sind unvereinbar durch den dritten Satz, der den ontologischen Dualismus wiederaufnimmt. Aufzuklären ist, daß mentale Phänomene mit bestimmten Charakteristika nicht notwendigerweise dadurch eine eigene, substantielle Klasse von Phänomenen schaffen müssen. "Wir müssen deutlich machen, daß das Mentale mit allen seinen spezifischen Eigenschaften ontologisch neutral ist." Weiterhin müssen positiv Modelle für die Behauptung entwickelt werden, "daß mentale Phänomene bestimmte Phänomene in unserem Körper sind"[22]. Damit ist in der gegenwärtigen Diskussion Wert gelegt auf materialistische, also hirnorganische Theorien, die in der Lage sind, mentale Phänomene mit in die Diskussion aufzunehmen, die aber trotzdem charakteristische mentale Eigenschaften haben. Bieri diagnostiziert in der aktuellen Diskussion eine Wendung zum wissenschaftlichen Realismus. Er kann in diesem Zusammenhang auch von einer Naturalisierung der Erkenntnistheorie sprechen: "Die analytische Philosophie des Geistes ist durch den Übergang von einer cartesianischen zu einer naturalistischen Erkenntnistheo-

---

[21] Bieri 1981, S. 9

[22] Ibid., S. 10

rie geprägt."[23] Das Programm einer zeitgemäßen Gehirn-Geist-Philosophie, die sich an empirischen Befunden orientiert, muß sich ontologisch um eine Dementalisierung psychischer Phänomene bemühen. Daß eine solche Materialisierung geistiger Phänomene keinen Reduktionismus bedeuten muß, davon versucht die Identitätstheorie zu überzeugen. "Das Leib-Seele-Problem des ontologischen Dualismus verschwindet, wenn es uns gelingt, mentale Phänomene als eine bestimmte Art von physischen Phänomenen zu verstehen. Das ist das Programm einer materialistischen Theorie des Geistes."[24]

C.II. Begriffsklärungen

Die traditionsreiche und gleichzeitig hochaktuelle Problematik des Verhältnisses vom Gehirn zum Geist und vice versa benutzt zahlreiche verschiedene Vokabeln, die nicht unbedingt eindeutig verständlich sind und deren Definitionen durchaus nicht trivial erscheinen. Traditionell wird ganz überwiegend vom Leib-Seele-Problem[25] gesprochen. Daneben haben sich auch andere Bezeichnungen demarkiert wie Gehirn-Bewußtsein-Problem[26] oder das Φ-Ψ-Problem[27]. Im Rahmen der vorliegenden Untersuchung wird der Begriff Gehirn-Geist-Philosophie als adäquat erachtet. Gegenstand der durch diese Begriffe beschriebenen Problemstellung ist das Verhältnis von Elementen zweier verschiedener Phänomenbereiche zueinander, nämlich des Phänomenbereichs physischer oder körperlicher und des Phänomenbereichs mentaler oder psychischer Phänomene.

---

[23] Ibid., S. 20. Der Gegenstand dieser Arbeit mag auch als eine Äußerung in einer naturalisierten Erkenntnistheorie betrachtet werden.

[24] Ibid., S. 31

[25] Hastedt (1988) nimmt diesen Begriff bei seiner umfassenden Analyse der überwiegend angloamerikanischen analytischen Philosophie des Geistes bewußt wieder auf, um die Kontinuität zur Diskussion in der deutschsprachigen Philosophie zu erhalten.

[26] Kuhlenbeck 1973

[27] Feigl 1967

C.II.1. Gehirn

Der Begriff des Nervensystems ist in der Einführung zu Teil 2 definiert worden als ein informationsintegrierendes, konstruktives, biologisches System mit dem Zweck der umweltadäquaten Verhaltenssteuerung unter Verwendung eines systeminternen, relationalen, topologisch kodierten Modularitätsprinzips. Das Nervensystem als Bestandteil des Organismus des Menschen und höherer Vertebraten besteht aus Gehirn und Rückenmark. Nach heutiger Auffassung finden alle bewußten geistigen Funktionen im Gehirn statt, während im Rückenmark neben einem komplizierten zentralen Leitungsapparat für sensorische Informationen und motorische Bewegungsimpulse zwar komplizierte neuronale Netzwerke existieren, die aber keine Rolle bei bewußten oder geistigen Prozessen spielen. Das Gehirn muß daher sinnvollerweise in den Terminus (Gehirn-Geist-Philosophie) mitaufgenommen werden. Dabei handelt es sich um eine notwendige Präzisierung, es kann heute kein vernünftiger Zweifel mehr daran bestehen, daß das Gehirn organische Grundlage unserer geistigen Fähigkeiten ist. Der individuelle Geist ist abhängig von der Existenz und Intaktheit seines Gehirns[28], das als Untersuchungsgegenstand einer interdisziplinären Hirnforschung ausgiebig studiert wird.

Alle funktionalen Zustände, die das Gehirn einnehmen kann, also alle möglichen distinkten Erregungsmuster des Gesamtnetzwerkes bei einer aktuell gegebenen, strukturellen Netzwerkkonfiguration, die dieses Gehirn potentiell einnehmen kann, sollen als physische Phänomene bezeichnet werden.[29] Ein-

---

[28] Es ist fraglich, ob auch die Umkehrung gilt. Ist auch das Gehirn abhängig vom Geist? Aus idealistischer Sicht ist das Gehirn als Untersuchungsgegenstand ein Phänomen oder Derivat des wahrnehmenden Subjekts. Im von Kuhlenbeck und neuerdings auch von den Konstruktivisten formulierten Hirnparadox tritt dann die Schwierigkeit auf, daß das Gehirn sich gewissermaßen selbst produziert, da es die Grundlage des wahrnehmenden Subjekts ist. Ein individueller Geist ist bei naturwissenschaftlicher Orientierung ohne Gehirn aber nicht vorstellbar.

[29] Es ist in diesem Zusammenhang auch wieder die jeweilige Auflösungskapazität der Untersuchungsmethode wichtig, also die Beobachtungsebene. Bei geringer Auflösung der Untersuchungsmethode werden entsprechend nur Bündel von Hirnzuständen unterscheidbar. Eine solche "funktionale Atomisierung" eines Gehirns und seiner möglichen Hirnzustände ist technisch nicht möglich und würde bei der astronomischen Zahl aller möglichen Konfigurationen bei einer geschätzten Verknüpfungszahl von etwa 10^{14} nur hoffnungslos unübersichtliche Informationen liefern. Im Gedankenexperiment muß eine solche Atomisierung mit ihren Konsequenzen aber durchdacht werden.

geschlossen werden also alle Phänomene, die aufgrund von empirischen Beobachtungen oder aufgrund theoretischer Überlegungen als Ereignisse im Nervensystem erkannt werden oder potentiell erkannt werden können. Solche physischen Phänomene werden synonym auch als Hirnzustände bezeichnet. Physisch sind natürlich auch Vorgänge im übrigen Körper, der Begriff ist im Rahmen dieser Diskussion aber für neurophysiologische Phänomene reserviert. Es ist sinnvoller, von Phänomenen als von Zuständen zu sprechen, letztere suggerieren Statik, während der erste Begriff die Dynamik des intrazerebralen Prozessierens miteinbeziehen soll. Bei der Konfiguration des Gesamtnetzwerks im Gehirn handelt es sich um eine morphologisch-anatomisch beschreibbare, neuronal realisierte Struktur. Langfristig sind im Rahmen des Plastizitätskonzeptes Änderungen in den anatomisch realisierten Verknüpfungen möglich, so daß strukturelle Veränderungen im Gesamtnetzwerk eintreten und so die Gesamtkonfiguration ändern. Kurzfristig ist auf der Grundlage des Netzwerks eine funktional beschreibbare Änderung möglich, die die Wertigkeit von Verknüpfungen (synaptische Wichtungen) betrifft. Durch plötzlich unterschiedlich gängig gemachte Verbindungen bilden sich andere Aktivitätsmuster aus, die kurzfristig einen anderen Hirnzustand formieren, ohne daß die strukturelle Konfiguration verändert wäre. Einzelne Hirnzustände oder physische Phänomene sind also momentane Zustandsbeschreibungen des Gesamtnetzwerkes im Nervensystem. Dem Begriff des physischen oder neuralen Phänomens soll der Vorzug gegeben werden, da er der Dynamik des beschriebenen Phänomens eher Rechnung trägt und wertfrei dem Begriff des mentalen Phänomens gegenübergestellt werden kann.[30] Der Begriff des neuralen Phänomens hat im Begriff des Neurokym ("Nervenwelle") einen historischen Vorläufer und wird von Forel salopp als "das von außen (bei anderen) beobachtbare Gehirnleben"[31] beschrieben.

C.II.2. Geist

Der Begriff Geist ist dagegen sehr viel schwerer einzugrenzen. "So etwas wie Geist ist überhaupt nicht zu begründen, wenn begründen heißt, etwas aus

---

[30] Daß solche mentalen Phänomene auch identisch oder identifizierbar mit Hirnzustände sind (und nicht nur die physischen Zustände), soll ja gerade gezeigt werden.

[31] Forel 1918, S. 75

einem anderen her, was es selbst nicht ist, zu bestimmen."[32] Die Verwendung des Begriffes Geist reicht von metaphysischen bis hin zu individualpsychologischen Bezugsrahmen. Die Vokabel wird in einem kollektiven und einem individuellen Sinn genutzt. Der kollektive Geistbegriff beschreibt Kulturleistungen, die über unsere individuell erfahrbaren mentalen Phänomene hinausgehen. Es wird die Gesamtheit künstlerischer und wissenschaftlicher, auch politischer Ereignisse und Entwicklungen eines Jahrhunderts oder einer ganzen Epoche zusammengefaßt im "Geist des 19. Jahrhunderts" oder im "Geist der Antike". Ähnlich kollektiv wird auch das Leben eines Menschen mit seinem Lebenswerk später in seinem "Geist" manifest, so "im Geiste Platons". Dabei handelt es sich zwar um die Leistungen einer Person, die aber als Gesamtheit von außen betrachtet wird. Allen Verwendungen aber ist gemeinsam eine zumindest implizite "existentielle Entbundenheit vom Organischen"[33]. Zuletzt wird der Geistbegriff axiomatisch gesetzt.

Unter der Zielvorgabe, im Rahmen einer naturalisierten Erkenntnistheorie eine sinnvolle Beziehung zwischen mentalen und physischen Phänomenen herzustellen, ist eine operationalisierte Geistdefinition[34] in den folgenden Punkten vorgeschlagen worden:

1. Der Geist ist eine Funktion des Gehirns.

2. Geist und Gehirn sind wesensverschieden. Geist ist Prozeß und Aktion, Gehirn sein Mechanismus. Der Geist verhält sich metaphorisch zum Gehirn wie die Drehung zum Rad.

3. Der Geist ist ein individueller, intrapersoneller, privater Prozeß.

4. Geist ist ein moderner Begriff für Seele, Bewußtsein, Ego und andere historische Begriffe.

5. Der Geist ist real existent und kein Artefakt von Introspektion.

Dieser Kriterien-Katalog zur Definierung des menschlichen individuellen Geistbegriffs spiegelt die wesentlichen Schwierigkeiten wider. Empirisch evident ist der Geist eine Funktion des Gehirns, allerdings ist der Geist eine eigene Entität. Auf ungeklärte Weise ist er wesensverschieden vom Gehirn,

---

[32] Stichwort "Geist", in: "Handbuch philosophischer Grundbegriffe" (Hrsg. Krings, H., Baumgartner, H.M., Wild, C.) 1973

[33] Scheler, "Die Stellung des Menschen im Kosmos" (Original 1928), 1988, S. 38

[34] Stichwort "The Psychobiology of Mind", in: Encyclopedia of Neurosciences (Hrsg. Adelman, G.) 1987

ähnlich wie die Drehung sich zum Rad verhält. Das Gehirn kann Geist hervorbringen, muß es aber nicht. Dagegen ist individueller Geist ohne Gehirn nicht sinnvoll denkbar. Damit ist der intuitive Dualismus unterstützt, allerdings wird auch das Bedürfnis nach Naturalisierung deutlich. Der hier verwandte Geistbegriff ist abzugrenzen von kollektiven Geistbegriffen und stellt historische Kontinuität her zu anderen Begriffen wie "Seele". Die existentielle Realität des Geistes wird eigens erwähnt. Der Geist ist also nicht bloßes Epiphänomen von materiell-physiologischen Prozessen. Der Geist bleibt nicht nur Artefakt von Introspektion, sondern ist nach der behavioristisch-positivistischen Ära wieder legitimer Gegenstand der kognitiven Psychologie.

Im nachfolgenden soll der Geistbegriff in diesem individuell-subjektiven Rahmen verwandt werden. Für den individuellen Geist existiert keine eindeutige, interdisziplinär übereinstimmende und verbindliche Definition weder in der philosophischen noch in der naturwissenschaftlichen Literatur. Hier soll mit Geist die Gesamtheit potentiell erfahrbarer, subjektiver, psychischer Phänomene eines Individuums beschrieben werden. Darunter sollen sowohl die aktuellen Bewußtseinsinhalte als auch die potentiellen Bewußtseinsinhalte verstanden werden, die etwa durch Erinnerung oder Eingriffe ins Unbewußte mobilisiert werden können.

Analog zu physischen oder neuralen Phänomenen im Phänomenbereich des Nervensystems sprechen wir von geistigen oder mentalen Phänomenen im Phänomenbereich des Geistes. Mentale Phänomene umfassen Bewußtseinsinhalte eines Individuums, also aktuell bewußte Geistesinhalte. Wenn eine Erfahrung eines bestimmten mentalen Phänomens (z. B. einer Wahrnehmung oder eines Gedankens) möglich wird, ist diese Erfahrung immer an das Bewußtsein des Individuums gebunden. Eine solche Erfahrung ist notwendig individuell und wird damit dem Beobachter nur indirekt zugänglich und ist nur durch Verhalten im weitesten Sinne, etwa Gestik oder Sprache, abzuleiten. Eine solche Erfahrung eines mentalen Phänomens ist also nur in mir möglich und in jedem anderen außer mir selbst nur indirekt ableitbar.[35] Un-

---

[35] Ob dieser Sachverhalt der nicht direkten Zugänglichkeit der mentalen Phänomene eines anderen außer mir wirklich eine so außergewöhnliche Situation in der Wissenschaft darstellt, ist in Zweifel zu ziehen. Im Bereich der Newton'schen Mechanik sind die für unbezweifelbar real befundenen physikalischen Kräfte ebenfalls nur indirekt ableitbar, indem nämlich auch hier nur "veräußerlichte" Phänomene etwa der Bewegung bestimmter Elemente einer Versuchsanordnung direkt zugänglich sind. Im Unterschied zu mentalen Phänomenen sind allerdings physikalische Kräfte (via mechanische Phänomene) reproduzierbar, dagegen kann es im psychischem Bereich in äußer-

bewußte Vorgänge sind insofern aus der erkenntnistheoretischen Perspektive sehr problematisch, als sie bewußte Konstruktionen eines Individuums zu nicht-bewußten Phänomenen eines anderen Individuums darstellen. Aus idealistischer Sicht ist der Geist nur dem Geist-Träger selbst direkt erfahrbar, allen anderen aber nur mittelbar. Uns selbst direkt erfahrbar aber ist nur der Anteil bewußter Phänomene, nur solche können uns zugänglich sein. Unbewußte Vorgänge sind Konstruktionen eines Individuums, die aus dem Rohmaterial bewußter Phänomene eines anderen Individuums stammen. Das Unbewußte verkompliziert den Sachverhalt, weil es weder dem Subjekt ideal direkt erfahrbar noch dem Beobachter über direkte Sprach- oder Verhaltensinterpretation zugänglich ist, sondern erst nach zusätzlicher Konstruktion im Bewußtsein des Beobachters "entsteht" und somit keine echten Rohdaten mehr liefert, um die es im Gehirn-Geist-Problem zunächst geht. Die Existenz des Unbewußten soll damit aber nicht kategorisch geleugnet oder ausgeklammert werden, sondern in den Begriff des Geistes mitaufgenommen werden.

C.II.3. Bewußtsein

Das Bewußtsein ist als mein Bewußtsein nur mir selbst unmittelbar zugänglich. Weder ist mein Bewußtsein einem anderen noch das Bewußtsein eines anderen mir direkt zugänglich. Diese Tatsache ist unbestreitbar, radikalphilosophisch folgt daraus unweigerlich der erkenntnistheoretische Solipsismus. Eine solche Haltung würde jede denkbare Form der Auseinandersetzung mit der Umwelt und den Mitmenschen ausschließen. Von einem pragmatischen Punkt und der Alltagsperspektive aus erfahren wir aber die Mitteilbarkeit unserer geistigen Inhalte und der unserer Mitmenschen. Basierend auf der Erfahrung des eigenen Bewußtseins, das sich über bestimmte Handlungen (Sprache, Gestik, Bewegungen) ausdrücken läßt und Reaktionen hervorruft, die darauf schließen lassen, daß die Mitteilungen im Sinne des mitzuteilenden Bewußtseinsinhaltes von der Umwelt wahrgenommen wurden, ist sinnvoll von einer Mitteilbarkeit und Übersetzbarkeit des Bewußtseins auszugehen. Eine wichtige Rolle spielt dabei auch die Akzeptanz des eigenen Bewußtseins, das die Reaktionen auf den mitgeteilten Bewußtseinsinhalt als kohärent und

---

lich vergleichbaren Situationen zu ganz verschiedenen Verhaltensäußerungen kommen, die dann nicht reproduzierbare psychische Kräfte, sondern "nur" ganz individuierte psychische Abläufe abzuleiten erlauben. Die Komplexität und Vielfalt des psychischen Geschehens ist so ein Grund, warum die Existenz eines mentalen Phänomens häufig bezweifelt wird.

passend zur eigenen Wirklichkeit interpretiert.[36] Das Bewußtsein muß also nach diesen Erfahrungen als zumindest partiell mitteilbar anerkannt werden. Die eigenen Handlungen (Sprache, Gestik, Bewegungen) als Mitteilungsinstrumente sind dem Bewußtsein als mitteilungsfähiges Korrelat bekannt geworden. Genau diese Mitteilungsinstrumente sind aber auch in der Umwelt zu beobachten und umfassen die direkten beobachtbaren Handlungen eines Menschen wie auch die Dokumentationen solcher Handlungen mit Hilfe verschiedener Medien.[37]

Das Bewußtsein ist also das uns unmittelbar Evidente und gegenwärtig Zugängliche in unseren Denkvorgängen, organisch formuliert könnte man sagen: "Bewußtsein ist die Summe der Erfahrung aller Reiz- und Handlungsrepräsentationen, wie sie sich in den verschiedenen Regionen des Gehirns als zeitlich und örtlich variable Erregungsmuster darstellen."[38] Es steht zur Diskussion, ob das Wort Bewußtsein als "die abstrakte, über den spezifischen Inhalt unserer Denkvorgänge hinwegsehende Bezeichnung für das von uns momentan Gewußte und uns Beschäftigende"[39] für sich existiert als eine eigenständige psychische Entität oder als ein übergeordnetes System, ob es also ein distinktes Bewußtseinssystem gibt, das denkt, ohne an etwas Bestimmtes zu denken.

---

[36] Diese Einbindung der Reaktionen auf den mitgeteilten Bewußtseinsinhalt in einen kohärenten Wirklichkeitsraum sind dynamisch zu sehen und entwickeln sich in einem begrenzten Zeitraum und konstituieren schließlich eine neuronal kodierte Wirklichkeit, die als Matrix für alle weiteren Erfahrungen dient. Nur so ist zu erklären, warum zu einem "erwachsenen" Zeitpunkt Reaktionen der Umwelt auf einen mitgeteilten Bewußtseinszustand als unerwartet, unpassend oder überraschend empfunden werden können, ohne aber noch Zweifel über eine grundsätzliche Inkohärenz im Prozeß der Mitteilbarkeit von Bewußtseinsinhalten aufkommen zu lassen. Prinzipiell ähnliche Erfahrungen werden in unterschiedlichen ontogenetischen Entwicklungsphasen unterschiedlich bewertet.

[37] Solche Medien umfassen unter anderem Zeitungen und Bücher, in denen zum Beispiel sprachlich vermittelbare Bewußtseinsinhalte dargestellt werden. Der Bereich der mittelbar medial mitgeteilten Bewußtseinsinhalte spielt im Computerzeitalter eine immer größere Rolle. Es ist in diesem Zusammenhang interessant, daß eine Diskussion geführt wird über die Intelligenz eines Computers, allerdings eine Diskussion über die Intelligenz eines Buches absurd erscheint, obwohl es sich in beiden Fällen in erster Linie um Speichermedien handelt.

[38] Creutzfeldt 1989

[39] Rau, "Über das Wesen des menschlichen Verstandes und Bewußtseins", 1910, S. 177

Dagegen steht die Vorstellung, daß das Bewußtsein sich lediglich aus der Summe seiner möglichen Inhalte formiert. Das Bewußtsein ist gemäß dieser zweiten Vorstellung ein intentional gerichtetes, ein jedem möglichen Bewußtseinsinhalt beigegebenes Adjuvans, das den Bewußtseinsinhalt einer bestimmten Aufmerksamkeitsstufe zuführt. Empirische Hinweise deuten auf ganz verschiedene Repräsentationen von stimulierten Vorgängen im Bewußtsein des Untersuchten. Durchgängig sind immer solche Hirnareale beteiligt, die auch direkt eine inhaltliche Funktion übernehmen (z. B. sensorisch oder motorisch). Subjektiv würde ein isoliertes Bewußtseinssystem implizieren, bewußt sein zu können, ohne einen bestimmten Bewußtseinsinhalt zu haben, also zu denken ohne an irgendetwas Bestimmtes zu denken. Eine solche Aktivität erscheint mir nicht vorstellbar. Auch das Selbst-Bewußtsein hat bereits einen Gegenstand.[40] Teleologisch fragt sich auch, welchem Zweck ein solches isoliertes Bewußtseinssystem zugute kommen könnte. Eine bewußte Verarbeitung einer Information zur besseren Umweltbewältigung benötigt immer die zugrundeliegende Information, die den nötigen Wissensvorsprung bewirkt. Ein Bewußtsein ohne die Verarbeitungsmöglichkeit einer konkreten Information bewirkt für sich genommen gar nichts. Insgesamt erscheint also eine bewußte Tätigkeit empirisch und teleologisch nur sinnvoll anzunehmen, wenn sie an einen konkreten Bewußtseinsinhalt geknüpft bleibt.

Eine ganz entscheidende Bedeutung spielt für das Bewußtsein sicher auch das Gedächtnis. "Das Gedächtnis ist wohl kaum die allein notwendige und hinreichende Bedingung für bewußte Erfahrungen, aber es ist zweifellos eine notwendige und grundlegende Bedingung."[41] Ein einzelner Bewußtseinsinhalt kann erst dann sinnvoll zu einer Information verarbeitet werden und zur Verhaltenssteuerung beitragen, wenn er auf der Grundlage von bereits bestehenden Informationen bewertet und eingeordnet werden kann. Das Bewußtsein liefert den Denkinhalten ihre Aktualität, während das Gedächtnis ihre Hintergründe, Bewertungsmaßstäbe und über den Vergleich zu Bewußtseinsinhalten der Vergangenheit auch in gewisser Weise den jeweiligen Zweck einbringt.

---

[40] Lediglich die Meditation als eine Form der inneren Ruhe und Konzentration, die durchaus nicht als unbewußt bezeichnet werden kann, könnte ein solches isoliertes Bewußtsein sein. Allerdings gibt es auch hier äußere oder innere Objekte, sogenannte "Meditationshilfen", mit deren Hilfe die Konzentration gefördert wird durch eine Art Bündelung der Sinne auf ein Objekt, das dann als solches immer weniger relevant wird, bis ein Zustand der Versenkung erreicht ist. Befunde mit PET zeigen eine globale Stoffwechseldrosselung im Gehirn in solchen Meditationszuständen.

[41] Gazzaniga und LeDoux 1983, S. 96

Medizinische Definitionen konzentrieren sich auf den Wachheitsstatus des Patienten, der Auskunft geben kann über den Grad der Vigilanz. "Das Bewußtsein ist derjenige Zustand, in welchem der Mensch (und auch das Tier) allein befähigt ist, die in ihm ruhenden Kräfte und Anlagen, Vorstellungen und Begriffe frei zu entfalten und gemäß derselben seine Denkvorgänge zu ordnen und seine Denkvorgänge zu gestalten. Es ist also identisch mit dem, was man den Wachezustand nennt."[42] In der am weitesten verbreiteten operationalisierten, klinisch relevanten Glasgow Coma Scale werden 3 bis 15 Punkte vergeben für Zustände des Hirntods bis zum vollen Bewußtsein. Geprüft werden dabei Art und Ausmaß von Augenbewegungen, verbalen Äußerungen und von Reaktionen auf Schmerzreize.

C.II.4. Gehirn-Geist-Philosophie

Der hier favorisierte Begriff der Gehirn-Geist-Philosophie[43] unterscheidet sich in allen seinen drei Gliedern von dem klassischen Begriff des Leib-Seele-Problems. Der Terminus Leib kann ohne vernünftigen Zweifel näher aufgelöst werden und sollte durch Gehirn ersetzt werden. Das zentrale Nervensystem, und darin besonders das Gehirn, ist die organische Grundlage des menschlichen Geistes. Natürlich bleiben neurale Prozesse immer noch leibliche Prozesse, können aber näher präzisiert werden. Eine ganzheitliche Sicht mag einwenden, daß auch zahlreiche allgemeinkörperliche Phänomene, wie Prozesse im endokrinen System oder im Immunsystem in Zusammenhang mit unserer Psyche stehen. Solche Interaktionen sollen nicht geleugnet werden oder aus dem Blickfeld holistischer Betrachtungen gedrängt werden. Allerdings sind sie für die Diskussion um das Verhältnis des Geistes zum Gehirn wenig hilfreich, da sie allenfalls Einflußfaktoren zweiter Ordnung darstellen, insofern sie nicht direkt in Beziehung zum Geist stehen wie das Gehirn es tut. Der Begriff der Seele ist nicht annähernd vergleichbar präzisierfähig wie der Begriff des Leibes. Insbesondere wegen seiner zahlreichen religiösen Implikationen, die bereits im Vorfeld jeder Diskussion eine eigenständige Entität der Seele, eine Art eigene Seelensubstanz suggerieren, die dann den körperlichen, leiblichen Tod überlebt und somit unterschwellig einen Dualismus vorbereitet, scheint der Begriff unangebracht. Der Begriff der Seele ist durch den

---

[42] Rau, "Über das Wesen des menschlichen Verstandes und Bewußtseins", 1910, S. 171

[43] Die Bezeichnung Gehirn-Geist-Problem benutzt auch Trincher (1983).

Begriff des Geistes zu ersetzen, der die Gesamtheit der aktuellen und potentiell möglichen Bewußtseinsinhalte umfassen soll. Damit erscheint der Geist angebrachter als das Bewußtsein, das nur die aktuellen Bewußtseinsinhalte vertritt. Stattdessen sollen wie besprochen alle möglichen Bewußtseinsinhalte als Summe zusammengefaßt werden. Sicher ist aber auch der Begriff des Bewußtseins ein guter Kandidat, um die psychische Phänomenwelt zu repräsentieren, so daß auch der Kuhlenbeck'sche Ausdruck Gehirn-Bewußtsein-Problem geeignet ist. Zuletzt soll auch der "Problem"-Kern des Begriffes eliminiert werden zugunsten der Philosophie, die hier eher positiv im Sinne einer eigenen philosophischen Disziplin verstanden werden soll. Wie in der Einleitung dieses Teils angedeutet, muß eine Aufgabe der Philosophie darin bestehen, den idealen Zugang zum Erkenntnisproblem bereitzustellen, während der materielle vom empirisch-naturwissenschaftlichen Sektor bearbeitet wird. Darüberhinaus ist die Philosophie als übergreifende Wissenschaft prädestiniert, einen interdisziplinären Rahmen für theoretische Überlegungen zu schaffen und konzeptbildende, theoretische Aktivitäten zu stimulieren. Diese Aktivitäten sind durch die bloße Benennung eines Problems unterrepräsentiert, dessen mögliche (Auf-)Lösung auch ein Hinfälligwerden der Problemstellung und damit mit der ihr verbundenen Arbeit impliziert. Vielmehr handelt es sich um eine breite Arbeitsrichtung innerhalb der Philosophie, die vielleicht unter diesem Namen, vielleicht unter dem Namen Neurophilosophie Existenzanspruch als eigene Disziplin anmelden kann, bedenkt man die enormen konzeptbedürftigen Anstrengungen in den vielen Disziplinen und fast unübersehbaren Arbeitsgebieten der Hirnforschung.

C.III. Dualismus

Der Dualismus ist das eigentliche Problem einer Gehirn-Geist-Philosophie. Er steht als Dualismus von mentalen und neuralen Phänomenen als ontologisiertes Faktum des intuitiven common sense am Anfang der Problemstellung. Man kann behaupten, daß es ohne den Dualismus kein solches jahrhundertealtes philosophisches Problem geben würde. Der Dualismus ist bei alltagspsychologischer Betrachtung nicht von der Hand zu weisen und trennt das Gefühl der Aufregung vom auslösenden Adrenalinstoß wesentlich. Wird diese Alltagserfahrung philosophisch analysiert, stoßen wir auf den Dualismus des Materiellen und Idealen, die als zwei völlig verschiedene Perspektiven der Weltsicht beide berechtigt und nachvollziehbar scheinen.

Die materielle Welt ist bei allen unseren Tätigkeiten präsent, ist mitteilbar und erstaunlich konstant, was ihre Bearbeitung in der Zukunft oder auch durch andere Individuen betrifft. Aus idealistischer Sicht könnte man formulieren, daß das Konzept der materiellen Welt wohl das erfolgreichste ideal gebildete Konstrukt ist, das wir haben. Allein aus diesem Grund ihrer Konstanz, Vorhersagbarkeit und Verläßlichkeit ist die materielle Welt um uns herum eine unleugbare Realität, an der Zweifel zu äußern unserer gesamten Lebenserfahrung widersprechen würde.

Andererseits haben wir aber keinen gültigen Beweis für die Existenz der Welt um uns herum und ihre Realität bleibt letztlich eine Konstruktion, die - und auch das ist eine Erfahrung des täglichen Lebens - nur von uns selbst geschaffen wird. Unsere Sinnesapparate übermitteln uns die Informationen, unser Gehirn schafft das Konzept der Welt, das uns führt. "Direkt können wir überhaupt nur Seelenvorgänge oder Bewußtseinsinhalte kennen."[44] Allein sie können wir unmittelbar erfahren, alles andere, eingeschlossen die materielle Welt, ist Derivat unseres Geistes und Konstrukt. Unsere Gehirnvorgänge innerhalb dieser materiellen Welt bleiben uns aber verborgen. "Der nicht durch wissenschaftliche Erkenntnisse beschwerte Mensch hat von der Tätigkeit seines Gehirns keine unmittelbare Erfahrung."[45] (Übrigens nicht nur dieser.)

Diese Außenwelt, die als konstanter und verläßlicher Rahmen unseres Lebens gilt, und die ideale Innenwelt, die uns die Außenwelt als Konstrukt schafft, bilden eine rätselhafte Schnittmenge im Gehirn und seinem Geist, die einer parallelistischen Sicht zuzusprechen scheint: "Unser Gehirn kann aber selbst von zwei Seiten betrachtet werden. Es ist das Organ unserer Seele, somit unseres Subjekts, unseres Ichs. Es ist aber zugleich auch ein Teil der Außenwelt, den wir indirekt von außen, wenigstens bei unseren Nächsten, erkennen können."[46] Das Gehirn ist gleichzeitig unbezweifelbarer materieller Bestandteil unserer verläßlichen Außenwelt und auch Produzent unserer eigenen Innenwelt, die die Außenwelt vor uns erstehen läßt. Das Gehirn als Geistträger schafft sich selbst und wird von sich selbst geschaffen. Dieser schwindelerregende Dualismus ist das Dilemma.

---

[44] Forel 1918, S. 74

[45] Spatz 1961

[46] Forel 1918, S. 75

Diese beiden Phänomenbereiche sind nach ihrer dualistischen Anerkennung nur in zwei verschiedenen Grundtypen zweckmäßig zu verhandeln, wodurch der Dualismus und sein Dilemma aber weiterhin bestehen bleiben. Diese Versuche zu seiner Systematisierung stellen im wesentlichen der Interaktionismus und der Parallelismus dar.

C.III.1. Interaktionismus

Die Wechselwirkungslehre oder der Interaktionismus geht auf Réne Descartes (1596-1650) zurück, der als der historisch bedeutendste Vertreter gelten kann. In den "Meditationen über die Grundlagen der Philosophie" stellt er fest, daß an allem, was er früher für wahr hielt, "zu zweifeln möglich ist"[47]. "Was also bleibt Wahres übrig? Vielleicht nur dies eine, daß nichts gewiß ist."[48] Der unangezweifelte Schöpfergott, der ihn auch täuschen könnte in seinem Körperempfinden, kann aber seinen geistigen Zweifel nicht verhindern, nicht ungeschehen machen, der Zweifel wird damit zu seinem letzten, nicht mehr hintergehbaren Datum. Der Körper und das Körperempfinden können wiederum Täuschungen sein, nicht aber das Denken, das ihn erst zu dem Zweifler macht, der er ist. Die Tatsache der Frage an sich ist ihm Beleg für sein eigenes Denken. "Denken? Hier liegt es: Das Denken ist's, es allein kann von mir nicht getrennt werden. Ich bin, ich existiere, das ist gewiß. Wie lange aber? Nun, solange ich denke."[49] Er ist primär ein zweifelndes, also denkendes Wesen. Aber durch sein Denken ist seine wie auch immer geartete Existenz belegt: "Denn es kann sehr wohl sein, daß das, was ich sehe, nicht wirklich Wachs ist, es kann sogar sein, daß ich überhaupt keine Augen habe, etwas zu sehen, aber es ist ganz unmöglich, daß, während ich sehe, oder - was ich für jetzt nicht unterscheide - während ich das Bewußtsein habe zu sehen, ich selbst, der ich dieses Bewußtsein habe, nicht irgend etwas bin."[50] Die Körper dagegen werden erst durch den Verstand erkannt und existieren erst dadurch, daß sie gedacht werden.[51] Die Reihenfolge der Existenz oder ihre Hierarchie und gegenseitige Abhängigkeit ist für Descartes damit entschieden.

---

[47] Descartes, "Meditationen über die Grundlagen der Philosophie", S. 19

[48] Ibid., S. 21

[49] Ibid., S. 25

[50] Ibid., S. 29

[51] Ibid., S. 41

Erst durch das Denken kann von der eigenen Existenz gesprochen werden als von "einem Ganzen aus Geist und Körper"[52]. So versucht er auch in den "Prinzipien der Philosophie", sich zunächst auf das Sichere und Bezweifelbare zu beschränken. In dem Brief an den Übersetzer Picot, den er als Vorwort zu den "Prinzipien" empfiehlt, hat er die "Existenz dieses denkenden Bewußtseins als erstes Prinzip angenommen"[53] und leitet daraus die Existenz von ausgedehnten Körpern ab. Nehmen wir diese cartesische, im Grunde idealistische Weltsicht an, "... so sehen wir deutlich, daß weder die Ausdehnung, noch die Gestalt, noch die Ortsbewegung, noch ähnliches, was man dem Körper zuschreibt, zu unserer Natur gehört, sondern nur das Denken."[54] Der cartesische Dualismus anerkennt in der Folge nur res extensa und res cogitans als den Dualismus denkender und ausgedehnter Substanzen, der die res extensa erst als ein aus dem Zweifel deriviertes Konzept und Konstrukt erstehen läßt: "Ich erkenne aber nur zwei oberste Gattungen (summa genera) von Dingen an: die der geistigen oder denkenden Dinge, d. h. die, welche zum Geiste oder zur denkenden Substanz gehören, und die der körperlichen Dinge oder der zur ausgedehnten Substanz, d. h. zum Körper gehörenden."[55] Diese Position wird auch deutlich im "Cogito, ergo sum"[56]. Zunächst stellt sich dem Philosophierenden, dem Zweifelnden, das eigene Bewußtsein, sein Geist dar: der Zweifelnde erkennt, empfindet sich als denkend[57], dann erst erfährt er in einer schließenden Weise (ergo) seine körperliche Existenz. Der Geist ist vom Körper wesensmäßig verschieden, beide umfassen im Sinne eines exklusiven oder ontologischen Dualismus[58] je eine Substanzklasse. Der seelischen Substanz gebührt dabei die erste Position insofern, als sie die unmittelbar erfahrbare ist. Die körperliche Welt ist eine abgeleitete Welt. "Demnach ist der

---

[52] Ibid., S. 74

[53] Descartes, "Die Prinzipien der Philosophie", XXXVIII

[54] Ibid., S. 3

[55] Ibid., S. 16

[56] Ibid., S. 2

[57] Die Fähigkeit des Denkens ist für Descartes übrigens schon ein Gehirnphänomen. Er bemerkt, "daß der Geist nicht von allen Körperteilen unmittelbar beeinflußt wird, sondern nur vom Gehirn, oder vielleicht sogar nur von einem ganz winzigen Teile desselben, nämlich von dem, worin der Gemeinsinn seinen Sitz haben soll." (Ibid., S. 77).

[58] Über den von Bieri zur Sprache gebrachten intuitiven Dualismus des common sense hinaus wird bei Descartes der Dualismus ontologisch fixiert.

Satz: Ich denke, also bin ich die allererste und gewisseste aller Erkenntnisse, die sich jedem ordnungsgemäß Philosophierenden darbietet."[59]

In der aktuellen Diskussion ist der Interaktionismus prominent von John C. Eccles wiederaufgenommen und vehement verteidigt worden. Diese neue Positionsbeschreibung ist insofern interessant, als sie von einem empirisch tätigen Hirnforscher vertreten wurde und so besondere Beachtung verdient. Auch als Trialismus bezeichnen Eccles und Popper ihre Anschauung zum Verhältnis von Gehirn, Bewußtsein und der übrigen Welt. Sie unterscheiden zwischen drei Welten, deren erste die physikalische Welt umfaßt. Welt 2 stellt als die subjektive Welt die Bewußtseinszustände des einzelnen dar. Diese zweite Welt wird weiter in einen inneren und äußeren Sinn unterschieden, wobei Eccles dem äußeren Sinn alle durch Sinnesorgane vermittelten Wahrnehmungen zuordnet, dem inneren Sinn die Wahrnehmung der Emotionen. Welt 3 schließlich umfaßt den Bereich des Wissens im objektiven Sinne, also über die subjektive Sphäre hinausgehende Wissensansammlungen und Kulturleistungen: "Sie ist die Welt, die durch den Menschen geschaffen wurde und die umgekehrt den Menschen geformt hat. Dies ist meine Botschaft."[60] Brücke zwischen Welt 2 und Welt 3 der Kultur ist die physikalische Welt 1, die die Medien (z. B. Bücher als physikalische Gegenstände und Träger kultureller Leistungen und Werte) zur Verfügung stellt. Interessant stellt sich das Verhältnis zwischen den 3 Welten dar: "Diese Welt 2 ist unsere primäre Realität. Unsere bewußten Erfahrungen sind die Grundlage unserer Kenntnis von Welt 1, die somit eine Welt sekundärer Realität, eine abgeleitete Welt ist."[61] Hinter dieser Äußerung verbirgt sich modellhaft das cartesische Denken von einem dualistischen Interaktionismus, der dem Geist die führende Rolle zuschreibt, der materiellen Welt lediglich den Status eines Derivats zuerkennt. Neu ist allerdings die Einführung der Welt 3 als Welt der Kultur, selbst wiederum Urheber und erziehende Instanz von Welt 2: "Welt 3 ist die Welt, die in einzigartiger Weise mit dem Menschen verbunden ist. Es ist die Welt, die den Tieren vollkommen unbekannt ist."[62]

Auf diesem Grundkonzept ihres Weltentwurfs aufbauend vertritt Eccles in Bezug auf das Verhältnis von Gehirn und Geist einen dualistischen Interaktionismus cartesischer Prägung. Ausgehend von der Grundannahme des Dua-

---

[59] Descartes, "Die Prinzipien der Philosophie", S. 3

[60] Eccles 1979, S. 246

[61] Ibid., S. 244

[62] Ibid., S. 246

lismus wird die materielle Welt und die subjektive Welt je einem Gesamt-Weltbereich zugeordnet und ihre Existenz so manifestiert und "ontologisiert". Diskutabel bleiben für die Autoren neben der materialistischen Position nur der Interaktionismus und der Parallelismus. Für höhere menschliche Leistungen, mithin Leistungen der Welt 3, scheint allerdings der materialistische Ansatz zu reduktionistisch, als daß er kulturelle Phänomene und übermenschliche (nämlich über Welt 2 hinausgehende) Phänomene befriedigend erklären könnte. Die Konsequenz ist die Formulierung eines Interaktionismus, der nach der Feststellung der unabhängigen Existenz mentaler und neuraler Phänomene zwingend wird.

Bis hierhin wird die dualistische Intuition sehr plausibel bestätigt, der sensible Bereich des Interaktionismus ist spätestens dann erreicht, wenn es darum geht, die Schnittstelle zwischen den beiden wesensverschiedenen, cartesischen Substanzen oder zwischen den von Popper und Eccles benannten Welten zu bestimmen. Für Descartes ist es die Zirbeldrüse im Gehirn, "wo sich der Sitz der Vorstellungsvermögen und des Sensus communis befindet"[63], die ihm diese Funktion einer Schnittstelle zwischen Geist und Gehirn am ehesten verbürgen konnte. Die Wahl gerade dieser Struktur als Schnittstelle ist durchaus nicht gedankenlos. Die Zirbeldrüse ist der einzig unpaare Bestandteil des Gehirns und erschien Descartes so als der naheliegendste Kandidat für ein strukturelles Substrat der ebenso einzigartigen Seele. Alle anderen symmetrischen Hirnstrukturen folgen dem bilateral-symmetrischen Bauplan des übrigen Körpers.

Die Position von Eccles verdient eine ausführlichere Betrachtung, nachdem sie moderne neurophysiologische Erkenntnisse ins argumentative Feld führt. Für Eccles ist es die in Modulen organisierte Großhirnrinde vornehmlich der linken dominanten[64] Hemisphäre, die als "Liaison-Hirn" in Verbindung mit dem selbstbewußten Geist steht. "Wir können annehmen, daß die Erfahrungen des selbstbewußten Geistes eine Beziehung zu neuralen Ereignissen im Liaison-Gehirn haben, indem eine Beziehung der Interaktion vorhanden ist, die bis zu einem gewissen Grad Korrespondenz ergibt, jedoch nicht Identität."[65]

---

[63] Descartes, "Über den Menschen", S. 109

[64] Das klassische Lateralisierungskonzept der Neurologie hatte der linken, durch Sprache zugänglichen Hirnhemisphäre Dominanz gegenüber der rechten, holistisch organisierten zugewiesen. Diese Wertung einer Dominanz wird heute nicht mehr aufrecht erhalten und ist durch eine Vorstellung der Komplementarität ersetzt.

[65] Popper und Eccles 1984, S. 435

Wesentlich ist - wie auch schon bei Descartes -, "daß die selektierenden und integrierenden Funktionen Attribute des selbstbewußten Geistes sind, dem somit eine aktive und dominante Rolle gegeben wird."[66] Der Mechanismus besteht nun darin, daß "der selbstbewußte Geist die Aktivität jedes Moduls des Liaison-Hirn abtasten kann - oder wenigstens derjenigen Moduln, die auf seine gegenwärtigen Interessen abgestimmt sind."[67] Dabei schreitet der Geist nicht einfach über die Module hinweg und liest deren Aktivität ab. "Eher müssen wir uns vorstellen, daß er in den Modul "eindringt", daraus herausliest und die dynamischen Muster der individuellen neuronalen Leistungen beeinflußt."[68] Selbst unter Zuhilfenahme moderner Erkenntnisse der Hirnforschung bleibt diese Argumentation eine nicht nachvollziehbare Spekulation. Wie soll der wesensverschiedene selbstbewußte Geist, der lediglich einen Korrespondenzgrad, aber - das wird ausdrücklich betont - keine Identität mit den neurophysiologischen Gegebenheiten erreicht, in einen neuronalen Verband, in ein Modul eindringen, aus ihm herauslesen und es auch rückwirkend beeinflussen? Eine solche bidirektionale Interaktion ist logisch unmöglich, wenn nicht mentale Phänomene auch als physische Phänomene interpretierbar werden.

Eccles hat in den letzten Jahren (1986 und 1990) moderne Spielarten einer solchen Realisierung der Schnittstelle von Gehirn und Geist formuliert und unter Zuhilfenahme modernster Erkenntnisse der Naturwissenschaften diese Schnittstelle zu präzisieren versucht. Es wird die Bemerkung vorangestellt, daß mentale Ereignisse an den am besten beeinflußbaren Organellen stattfinden müsse, also an den materialistisch am wenigsten gut bestimmbaren. "If non-material events, such as the intention to carry out an action, are to have an effective action on neural events in the brain, it has to be at the most subtle and plastic level of these events."[69] Übergänge zwischen den Welten werden an den verwundbarsten Stellen am ehesten möglich sein. An den synaptischen

---

[66] Ibid., S. 437

[67] Ibid., S. 443

[68] Ibid., S. 444. Ähnlich wie schon für Descartes das Problem der Überbrückung zweier wesensverschiedener Substanzklassen bestand, so auch für den neueren Entwurf von Popper und Eccles. Zwar ist mit den heute vorliegenden empirischen Befunden die organische Phänomenwelt präzisiert, aber das Grundproblem bleibt unverändert. Die Schnittstelle und der Mechanismus des Austausches zweier wesensverschiedener Phänomenwelten bleibt diffus und unaufgelöst.

[69] Eccles 1986

Endkolben werden Transmitter enthaltende Vesikel in den synaptischen Spalt ausgeschüttet, deren Emission durch den präsynaptischen Impuls getriggert ist. Die exakte Anzahl der emittierten Vesikel pro Synapse und Impuls unterliegt, so weit man weiß, den Gesetzen der Wahrscheinlichkeit. Genau hier soll innerhalb des Rahmens der zu Hilfe geholten Heisenberg´schen Unschärferelation das mentale Ereignis ansetzen und die Zahl der ausgeschütteten Transmittervesikel beeinflussen, positiv oder negativ, je nach Interesse des mentalen Ereignisses: "the hypothesis is that the mental events merely alter the probability of a vesicular emission that is triggered by a presynaptic impulse."[70] Die Schnittstellenbetrachtung ist modernisiert und mikrologisiert, aber dadurch nicht im mindesten entschärft. Sie ist vielmehr lediglich verlagert in einen unserer Beobachtung nicht mehr direkt zugänglichen Bereich. Immer noch aber greifen geistige Phänomene zwanglos in eine wesensverschiedene materielle Welt der Moleküle ein. Unschärfen in der empirischen Beobachtung sind unbezweifelbar existent, aber es besteht kein Grund (außer dem Festhalten am ontologischen Dualismus), diese Unschärfen mit einer neuen Substanzwelt aufzufüllen. In der Weiterentwicklung dieses molekularen Wirkmechanismus wird die Existenz von Dendronen ("dendrons") und Psychonen ("psychons") postuliert, die als übergeordnete zusammengefügte Verbände von Geistatomen zu Gedanken und Neuronen zu Neuronverbänden auf einer wiederum eher makroskopischen Beobachtungsebene die Interaktion realisieren.[71] Eine mögliche Verwechslung mit Identität wird als "mistake" bezeichnet, ein weiteres Mal ausdrücklich ein Interaktionismus auf dem Boden eines ontologischen Dualismus verdeutlicht. Das Problem bleibt aber nach wie vor bestehen, die Akribie der Untersuchung kann nicht über die prinzipielle logische Unmöglichkeit eines ontologischen Dualismus bei gleichzeitiger Interaktionsmöglichkeit beider Welten aufeinander und Festhalten am methodologischen Physikalismus hinwegtäuschen.

C.III.2. Parallelismus

Im Parallelismus tritt der Dualismus ebenso deutlich hervor, ohne daß in seiner Reinkultur auch nur ein Versuch des Ausgleichs unternommen würde. Der psychophysische Parallelismus erkennt als dualistische Position sowohl das psychische Erleben als auch die körperliche, physiologische Welt als

---

[70] Ibid.

[71] Id. 1990

eigenständige Entitäten an. Vornehmlich aus technischen, also erkenntnispraktischen Gründen stellen sich in einer parallelistischen Position nicht die Fragen nach der Schnittstelle zwischen Geist und Gehirn oder der Regelwerke, die einen psychischen Zustand physiologisch beschreibbar machen könnten und umgekehrt. Dieses Ausbleiben einer Spekulation über eine mögliche Interaktion oder einen Monismus ist unterschiedlich motiviert und teils eine logische Notwendigkeit wie bei Schopenhauer und Kuhlenbeck, teils arbeitshypothetisch formuliert wie bei Linke und Kurthen. Grundaussage ist wiederum der Dualismus, der in den parallelistischen Vorstellungen weniger von einem ontologischen als vielmehr von einem erkenntnistheoretisch-logischen Charakter ist. Statt der Interaktionsmöglichkeit zweier ontologisch unterschiedlicher Welten, wobei die nicht-physische auf die physische einwirken können soll, wird im Parallelismus der Schwerpunkt auf die logische Unvereinbarkeit zweier Perspektiven, subjektiv-ideal und ojektiv-material, gelegt, die a priori nicht zusammen kommen können. Spekulationen zu möglichen Interaktionen fallen von vornherein aus dem Programm.

Historisch wird der psychophysische Parallelismus prägnant von G. W. Leibniz (1646-1716) und A. Schopenhauer (1788-1860) vertreten. Interessanterweise ist die Theorie des Parallelismus tatsächlich auch die von Neurowissenschaftlern heute häufig favorisierte Hypothese. Dabei steht Schopenhauer zunächst im Vordergrund, der sich als Philosoph stark mit hirnorganischen Untersuchungen seiner Zeit beschäftigt hat. Leibniz spricht sich klar gegen die Wechselwirkungslehre und den Okkasionalismus aus: "Beides ist in gleicher Weise der Ordnung der Dinge und den Gesetzen der Natur zuwider, beides daher in gleicher Weise unerklärlich."[72] Leibniz folgt auf materialistischer Grundlage den Konzepten von der Erhaltung der Kraft und vom Erhalt ihrer Richtung in einem geschlossenen System. In dualistischer Tradition folgt die Behauptung: "Die Seelen folgen ihren eigenen Gesetzen."[73] Diese aber folgen ihrerseits wieder dem Guten und dem Bösen, oder modern formuliert, den subjektiven Maßstäben vom Guten und Bösen. Solche Instanzen entwickeln sich nach den Vorstellungen des einzelnen und sind von den Naturgesetzen getrennt, wirken in einem eigenen Wirklichkeitsbereich. Es schließt sich so der dualistische Kreis. Neben den materialistischen Zugang, den Leibniz als Wissenschaftler nicht leugnen kann und der die Gesetze der Natur ver-

---

[72] Leibniz, "Betrachtungen über die Lebensprinzipien und über die plastischen Naturen", S. 65

[73] Ibid.

bürgt, stellt Leibniz antithetisch das Subjekt, das gemäß seinen eigenen Regularien in seinem eigenen Sektor der Welt agiert.

Diese klassische Gegenüberstellung bringt auch Leibniz auf die Frage nach der Beziehung dieser beiden Regelwerke zueinander. Leibniz illustriert mit der berühmten technischen Metapher. So entsprechen das Physische und das Psychische einander "wie 2 Uhren, die vollkommen in derselben Weise reguliert worden sind, wenngleich sie vielleicht von gänzlich verschiedenem Bau sind"[74]. Diese Charakterisierung ist insofern interessant, als daß neben der phänomenologischen Gleichheit der beiden Uhrwerke auch im Nebensatz eine Anmerkung über ihre möglichen Unterschiede gemacht wird.[75] Die Frage nach der ordnenden Instanz beantwortet Leibniz historisch naheliegend mit Gott. Er nennt das entstandene Zusammenwirken von Gehirn und Bewußtsein eine "prästabilierte Harmonie", die von Gott zwar initiiert oder angeregt wurde, die Gott aber später keine Einflußnahme mehr einräumt, beide Uhrwerke, einmal angeregt, laufen schließlich von allein. Das eigentliche Mysterium ist ihre Parallelität. "Nach diesem System wirken die Körper so, als ob es (was unmöglich ist) gar keine Seelen gäbe; und die Seelen wirken, als ob es gar keine Körper gäbe; und alle beide tun so, als ob das eine das andere beeinflußte."[76] Der Unterschied setzt sich fort im Kausalitätskonzept. Die mentalen Phänomene verfolgen einen Zweck, während die physischen Phänomene bewirkt werden. "Die Seelen wirken nach den Gesetzen der Zweckursachen, durch Begehrungen, Zwecke und Mittel. Die Körper wirken gemäß den Gesetzen der Wirkursachen bzw. der Bewegungen. Und diese beiden Reiche, das der bewirkenden Ursachen und das der Zweckursachen, harmonieren."[77] Der Okkasionalismus als eine Sonderform des Parallelismus und einer prästabilierten Harmonie weiß dieses Aufeinanderbezogensein von Leib und Seele, Gehirn und Bewußtsein von Gott gesteuert und geleitet. So kommt Geulincx zuletzt dazu zu sagen, daß es nicht mehr "meine, sondern Gottes Handlung ist, die ihn veranlaßt, dieses oder jenes zu tun"[78]. Nicht nur seine Handlun-

---

[74] Ibid., S. 64

[75] Aus dieser Bemerkung allein könnte man vielleicht schon eine Entwicklung vom ontologischen hin zu einem aufgeweichten nur-noch-methodologischen Dualismus ablesen, der eine Wesensverschiedenheit nicht zwingend postuliert, sondern nur noch für möglich hält.

[76] Leibniz, "Monadologie", § 81

[77] Ibid., § 79

[78] Geulincx, "Ethik", S. 35

gen, sondern auch bereits seine Wahrnehmungen sind ihm gottgegeben: "Allein Gott kann mir diesen Anblick gewähren".[79] Der okkasionalistische Mensch fühlt sich in Handlung wie in Wahrnehmung von Gott geleitet. Der Mensch selbst wird "reiner Zuschauer ... in dieser Welt".[80]

Schopenhauer folgt im Grundbegriff seiner Philosophie, der Vorstellung, streng der Dichotomie eines materiellen, objektiven und eines idealen, subjektiven Anteils, fügt aber auch beide Begriffe untrennbar zusammen. Zentraler Begriff in Schopenhauers Denken ist neben dem Willen als dem metaphysischen Prinzip die Vorstellung: "Die Welt ist meine Vorstellung."[81] Diese Vorstellung aber kommt durch das erkennende Bewußtsein zustande und setzt sich notwendigerweise aus dem erkennenden Subjekt und dem zu erkennenden Objekt zusammen. "Unser erkennendes Bewußtseyn ... zerfällt in Subjekt und Objekt, und enthält nichts außerdem."[82] Auf die Frage, was Vorstellung denn sei, kann Schopenhauer antworten: "Ein sehr komplicirter physiologischer Vorgang im Gehirne eines Thiers, dessen Resultat das Bewußtseyn eines Bildes eben daselbst ist."[83] Das erkennende Bewußtsein des Subjekts, das ein Objekt erkennt, und damit die Vorstellung konstituiert, ist also untrennbar mit dem Gehirn verknüpft.[84] Das Gehirn ist Sitz des Bewußtseins[85], "die Bedingung jedes Bewußtseyns" ist "notwendig Gehirnfunktion"[86]. Der das Bewußtsein hervorbringende Prozeß "ist augenscheinlich die Funktion des Gehirns"[87]. Damit ist das erkennende Bewußtsein also notwendigerweise an das

---

[79] Ibid.

[80] Ibid., S. 33

[81] Schopenhauer, "Die Welt als Wille und Vorstellung", Band I, S. 29

[82] Id., "Über die vierfache Wurzel des Satzes vom zureichenden Grunde", S. 41

[83] Id., "Die Welt als Wille und Vorstellung", Band II, S. 224

[84] Dagegen ist der Wille, der zweite wesentliche Begriff in Schopenhauer's System, deutlich vom Intellekt und vom erkennenden Bewußtsein zu trennen, "ist doch in der That der Intellekt die bloße Funktion des Gehirns, der Wille hingegen das, dessen Funktion der ganze Mensch, seinem Seyn und Wesen nach, ist" (Id., "Welt als Wille und Vorstellung", Band II, S. 272). Der Wille ist "das Primäre, das Substantiale", "der Intellekt hingegen ein Sekundäres, Hinzugekommenes, ja ein bloßes Werkzeug zum Dienste" des Willens (Id., "Welt als Wille und Vorstellung", Band II, S. 238).

[85] Id., "Über den Willen in der Natur", S. 224

[86] Id., "Parerga und Paralipomena", Band II, S. 297

[87] Ibid., S. 296

Organ Gehirn gebunden, umgekehrt ist das Erkannte und Vorgestellte, also die ganze Welt, die sich als der objektive Anteil mit dem erkennenden subjektiven Bewußtsein zur Vorstellung zusammenfügt, "ein bloßes Gehirnphänomen"[88]. Die "Erscheinung der Körperwelt" ist demnach "ihrer ganzen Form nach, bloß ein Produkt der Gehirnfunktionen ... nachdem solche durch einen Reiz in den Sinnesorganen angeregt worden"[89] sind. Unsere Vorstellung ist also "nicht bloß sensual, sondern hauptsächlich intellektual, d. h. (objektiv ausgedrückt) cerebral"[90]. Das Gehirn wird explizit Grundlage des subjektiven Erkenntnisprozesses. Als Instrument des lebenden Organismus ist es auch Objektivation des lebenerhaltenden Willens. Objektiv ist es das Gehirn, welches erkennt. Subjektiv äußert sich diese Erkenntnisleistung für den Wahrnehmenden als der nur subjektiv zugängliche Intellekt. Schopenhauer faßt zusammen: "Was hingegen erkennt, was jene Vorstellung hat, ist das Gehirn, welches jedoch sich selbst nicht erkennt, sondern nur als Intellekt, d. h. als Erkennendes, also nur subjektiv sich seiner bewußt wird. Was von innen gesehn das Erkenntnißvermögen ist, das ist, von außen gesehn, das Gehirn."[91]

Neben der Funktion des Erkenntnisorgans ist das Gehirn aber auch seinerseits potentiell Gegenstand der Erkenntnis, mithin nicht nur Subjekt, sondern auch Objekt der Vorstellung und wird dann "die meistens drei und bei einzelnen über 5 Pfund wiegende Masse des Gehirns, mit der so überaus künstlichen Struktur seiner Teile, deren Komplikation so intrikat ist, daß es mehrerer ganz verschiedener Zerlegungsweisen derselben bedarf, um nur den Zusammenhang der Konstruktion dieses Organs einigermaßen verstehn und sich ein erträglich deutliches Bild von der wundersamen Gestalt und Verknüpfung seiner vielen Teile machen zu können"[92]. Der Intellekt, ein physischer Vorgang, der im Gehirn wie die Verdauung im Magen stattfindet, benötigt "ein ungewöhnlich entwickeltes, schön gebautes, durch feine Textur ausgezeichnetes und durch energischen Pulsschlag belebtes Gehirn"[93]. Das Gehirn als Erkanntes, als Korrelat im erkennenden Bewußtsein anderer zum Intellekt im

---

[88] Id., "Versuch über das Geistersehen und was damit zusammenhängt", S. 287

[89] Ibid., S. 324

[90] Ibid., S. 250

[91] Id., "Die Welt als Wille und Vorstellung", Band II, S. 303

[92] Id., "Versuch über das Geistersehen und was damit zusammenhängt", S. 265

[93] Id., "Die Welt als Wille und Vorstellung", Band II, S. 287

Selbstbewußtsein, ist Vorstellung: "Das Gehirn selbst ist, sofern es vorgestellt wird, - also im Bewußtseyn anderer Dinge, mithin sekundär, - selbst nur Vorstellung."[94]

Damit ist für Arthur Schopenhauer das Gehirn gleichzeitig Organ des Erkennens und Gegenstand des Erkennens. Es ist Subjekt und Objekt. Diese Tatsache spiegelt die "tiefe Kluft zwischen dem Idealen und dem Realen"[95] wider oder die Kluft zwischen dem erkennenden Subjekt und dem erkannten und zu erkennenden Objekt. Von sich selbst "weiß Jeder unmittelbar, ... von Allem Andern nur sehr mittelbar. Dies ist die Thatsache und das Problem"[96]. Schopenhauer ist also zugleich Idealist und Realist in Bezug auf das Gehirn, es erkennt idealistisch und ist realistischer Bestandteil der Welt. Was nun, wenn das Gehirn sich selbst betrachtet? Schopenhauer rührt damit implizit an das Gehirnparadoxon[97], das von Kuhlenbeck in Schopenhauer's Nachfolge expliziert worden ist.[98] Die folgenden Aussagen werden in diesem Sinn von Kuhlenbeck gemacht (In Klammern die Schopenhauer'sche Terminologie):

1. Das Gehirn produziert alle Manifestationen des Bewußtseins, die sich nicht selbst produzieren. (Die Welt ist meine Vorstellung und damit Gehirnphänomen.)

2. Es gibt Manifestationen des Bewußtseins. (Es gibt Vorstellung.)

3. Es gibt keine Manifestationen des Bewußtseins, die sich selbst produzieren oder produziert werden, es sei denn, durch das Gehirn. (Es gibt keine Vorstellung, die sich selbst produziert oder produziert wird, es sei denn, durch das Gehirn.)

4. Das Gehirn produziert sich selbst als Manifestation des Bewußtseins. (Das Gehirn ist Vorstellung.)

---

[94] Ibid., S. 303

[95] Ibid., S. 224

[96] Ibid., S. 224

[97] Das Gehirnparadoxon läßt sich dabei in Anlehnung an das Russell'sche Barbierparadoxon verstehen, welches wiederum strukturelle Ähnlichkeit mit dem Lügnerparadox hat. Letzteres wird dem Kreter Epimenides zugeschrieben, der als Kreter gesagt hat: "Alle Kreter lügen." Lügt Epimenides nun oder lügt er nicht? (Falletta 1985, S. 27f, S. 71f)

[98] Kuhlenbeck 1972, 1986, S. 25f; Schlesinger 1978

Aus den ersten drei Sätzen geht hervor, daß das Gehirn die Manifestationen des Bewußtseins produziert, Vorstellung konstituiert, und nur die, die sich nicht selbst produzieren, denn sie werden ja vom Gehirn erzeugt. Das Gehirn selbst aber wird von sich selbst produziert und widerspricht damit Satz 3, denn das Gehirn produziert sich selbst als Manifestation des Bewußtseins. Kuhlenbeck hat hieraus die einzig mögliche Konsequenz eines psychophysischen Parallelismus abgeleitet, der zwar für ihn nur einen "Kniff" darstellt, aber das Gehirnparadoxon erscheint ihm dadurch "ökonomisch vermieden"[99].

Die Neurophysiologen Linke und Kurthen faßten 1988 mit ähnlichem Tenor ihre "These des Korrelationistischen Psychophysischen Parallelismus" folgendermaßen zusammen:

"1. Jedem seelischen Vorgang ist (in diesem Leben) ein Hirnvorgang zugeordnet.

2. Jedem Hirnvorgang - sofern er nicht nur reflektorische oder efferente oder andere niedrige Systeme betrifft - ist ein seelischer Vorgang zugeordnet.

3. Die Zuordnung (Korrelation) ist zeitlich exakt (parallel).

4. Die Zuordnung ist nicht einfach-bijunktiv, sondern komplex.

5. Interaktionen zwischen Hirn und Seele sind bisher nicht beobachtet worden."[100]

Ein solcher moderner Parallelismus ist letztlich nur eine phänomenologische Bestandsaufnahme, so wie die Autoren ihre Analyse lediglich als heuristisch hoffentlich wertvolle Arbeitshypothese verstehen. Die parallel zu beobachtende Existenz von mentalen und neuralen Phänomenen und ihr zeitlich exaktes Verhältnis zueinander, liefern noch keine Hinweise auf den Modus der Wechselwirkung, explizit wird der Interaktionismus sogar abgewiesen. Die Zuordnung soll komplex sein, dieser Begriff ist nicht leicht zu verstehen. Man würde meinen, entweder gibt es eine zeitlich exakte Zuordnung zwischen zwei Phänomenen, und dann ist sie faktisch bijunktiv, weil sie zwei Phänomene aneinander bindet, oder die Zuordnung ist komplex, und dann muß auch die Korrelation nicht zwingend zeitlich exakt sein. Die Philosophie von Gehirn und Geist wird damit auf eine reine Arbeitshypothese als Grundlage empirischer Wissenschaften reduziert und bleibt ein "Kniff". Der Parallelis-

---

[99] Kuhlenbeck 1986, S.27

[100] Linke und Kurthen 1988, S. 4f

mus bietet keine Idee, kein Konzept mehr an und wirkt ausgehöhlt, weil er nur noch beschreibt, aber die Phänomene nicht mehr spekulativ zusammensetzt, wodurch eigentlich heuristischer Wert erzielt werden könnte. Schließlich raten die Autoren fast zynisch, "sich eine gehörige Portion Pragmatismus anzueignen"[101], denn es könnten letztlich nur Hypothesen "für den heuristischen Tageswert"[102] geliefert werden, ja, "nur Tageslösungen"[103]. Sicher wird mit einer solchen Zurücknahme das heuristische Potential weiter empfindlich geschwächt. Die Schlußfrage "gesetzt, der Parallelismus sei nützlich: ist er auch wahr?"[104] bleibt unbeantwortet zurück.

C.III.3. Epiphänomenalismus

Neben dem Interaktionismus und Parallelismus wird üblicherweise der Epiphänomenalismus auch als eine dualistische Position abgehandelt. Eine solche Einteilung hat naturgemäß Schwächen. Außer den prägnanten Hypothesen der eindeutig dualistischen Positionen, in denen beide Phänomenbereiche als relativ gleichberechtigt behandelt werden, wie etwa im Parallelismus oder Interaktionismus, und außer den Hypothesen des Materialismus und Idealismus, die eindeutig monistisch sind, öffnet sich im Übergangsbereich zwischen diesen profilierten Hypothesen eine Grauzone und es stellt sich die Frage der Zuordnung. Der Epiphänomenalismus ist bereits eine derartige asymmetrische Beziehung insofern, als er einem der beiden Bereiche klare Priorität vor dem anderen zuspricht. Die Positionen könnten so auch als implizite monistische Vorgaben gedeutet werden, die aus verschiedenen Gründen aber noch nicht komplett einzulösen sind.

Der Epiphänomenalismus leugnet nicht, daß uns mentale und physische Phänomene als unterschiedlich gegeben sind, eine Identifizierung des einen durch das andere wird aber nicht vorgenommen, der Wesensunterschied wird anerkannt, so daß eine dualistische Ansicht erhalten bleibt. Allerdings existiert der Geist als Gesamtheit psychischer Vorgänge und das Gehirn nur auf

---

[101] Ibid., S. 85

[102] Ibid.

[103] Ibid.

[104] Ibid., S. 90

dem Boden einer einzigen, nämlich materiellen Wirklichkeit.[105] Der Verlust kausaler Wirksamkeit in der materiellen Wirklichkeit, der geistige Phänomene als "bloße Nebenprodukte der physiologischen Mechanismen"[106] bezeichnet, läuft auf ihre ontologische Nichtexistenz in der materiellen Welt hinaus. Eine geistige Welt, die ohne kausalen Einfluß bleibt und die materielle Welt nichts mehr als nur begleitet, verhält sich zur materiellen Welt zuletzt nicht anders als das Pfeifen einer arbeitenden Lokomotive zur Lokomotive selbst. "The consciousness of brutes would appear to be related to the mechanism of their body simply as a collateral product of its working, and to be as completely without any power of modifying that working as the steam-whistle which accompanies the work of a locomotive engine is without influence upon its machinery."[107] Das Geistige ist nur Epiphänomen, also Begleiterscheinung. Dieser epiphänomenale Charakter macht sich besonders in der Frage der Kausalität bemerkbar, indem er zwar die kausale Geschlossenheit der physischen Welt akzeptiert, aber die Einflußnahme von Geist und Körper aufeinander derartig abändert, daß zwar der Körper auf den Geist, nicht aber der Geist auf den Körper wirken kann. Der Geist wird damit ein vom Aktivitätsmuster des Körpers und präziser des Gehirns abhängiges, auf die physische Welt aufgesetztes Epi-Phänomen. "Bewußtsein ist eine kausal einflußlose Nebenerscheinung der physiologischen Gehirnmaschine, und die physikalische Welt daher kausal abgeschlossen."[108]

Eine solche Position der kausalen Unidirektionalität vertritt Max Scheler in seiner 1929 erschienenen Schrift "Die Stellung des Menschen im Kosmos"[109]. Der europäische Mensch ist nach Scheler (1874-1928) in einem jüdisch-christlichen, einem griechischen und einem naturwissenschaftlichen Gedan-

---

[105] Dazu auch Seiffert 1989, S. 77

[106] Carrier und Mittelstraß 1989, S. 234

[107] Huxley 1893, zit. n. Carrier und Mittelstraß 1989, S. 35

[108] Carrier und Mittelstraß 1989, S. 35

[109] Möglicherweise spielt das Ineinandergreifen von Wissenschaft und Philosophie in Schelers Werk eine wichtige Rolle. Wahrscheinlich ist Scheler auch in Kontakt mit der Hirnforschung seiner Zeit gewesen - seine Schrift verrät dazu ausgiebiges Detailwissen - und hat einen Teil der herrschenden Euphorie zur Lokalisationshypothese mitaufgenommen und kam so zu einer Philosophie, die das Organische in den Vordergrund stellte. Brodmann und Kleist, die eine anatomische und eine klinisch-psychologische Einteilung der Großhirnrinde versuchten, waren Kristallisationspunkte in der Hirnforschung seiner Zeit.

kenkreis orientiert, aber es gibt darüberhinaus keine einheitliche, transkulturell gültige Anthropologie: "eine einheitliche Idee vom Menschen aber besitzen wir nicht"[110]. Der Begriff Mensch im sensus communis umfaßt dabei eine Doppeldeutigkeit. Zum einen ist der Mensch ein Lebewesen im Laufe der Evolution, das nur "eine verhältnismäßig sehr kleine Ecke des Tierreiches ausmacht", zum anderen "bezeichnet aber dasselbe Wort ´Mensch´ in der Sprache des Alltags, und zwar bei allen Kulturvölkern, etwas total anderes"[111]. Schon die Formulierung des Titels seiner Arbeit "Die Stellung des Menschen im Kosmos" favorisiert die organische Seite, die als Ausgangspunkt für die Bewertung der Stellung des Menschen genommen wird. "Ob dieser zweite Begriff, der dem Menschen als solchem eine Sonderstellung gibt, die mit jeder anderen Sonderstellung einer lebendigen Spezies unvergleichbar ist, überhaupt zu Recht bestehe, das ist unser Thema."[112] Scheler geht von einer Stufenfolge der psychischen Kräfte aus, die den gesamten Aufbau der biopsychischen Welt ausmachen. Grundsätzlich fallen physische und psychische Phänomenwelt zusammen. "Was die Grenze des Psychischen betrifft, so fällt sie mit der Grenze des Lebendigen überhaupt zusammen."[113] Ein "Fürsich- und Innesein" ist ihm "das psychische Urphänomen des Lebens". "Es ist die psychische Seite der Selbständigkeit, Selbstbewegung etc. des Lebewesens überhaupt".[114] Die Stufenfolge des Psychischen ist nun aus vier Stufen bestehend aufgebaut. Es sind dies zunächst ein diffuser, bewußtloser, empfindungs- und vorstellungsloser "Gefühlsdrang"[115], den er in der Natur in der Pflanze (und partiell auch in allen höheren Lebewesen) charakteristisch verkörpert sieht. In ihr ist "der allgemeine Drang zu Wachstum und Fortpflanzung in den Gefühlsdrang eingeschlossen".[116] Im Menschen ist dieser Gefühlsdrang für Scheler im Gehirnstamm zu verorten: "selbst die einfachste Empfindung ist nie bloße Folge des Reizes, sondern immer auch Funktion einer triebhaften Aufmerksamkeit. Gleichzeitig stellt der Drang die

---

[110] Scheler, "Die Stellung des Menschen im Kosmos" (Original 1928), 1988, S. 9

[111] Ibid., S. 10

[112] Ibid., S. 11

[113] Ibid., S. 11. Psychisches und Physisches sind also in ihrer Ausdehnung kongruent. Einen Panpsychismus lehnt er ab: "Willkürlich aber ist es, dem Anorganischen Psychisches zuzuschreiben" (Ibid., S. 11).

[114] Ibid., S. 12

[115] Ibid., S. 12

[116] Ibid., S. 14

Einheit aller reich gegliederten Triebe und Affekte des Menschen dar"[117]. Die nächste Stufe ist der Instinkt, wobei das Verhalten "das deskriptiv mittlere Beobachtungsfeld" ist, "von dem wir auszugehen haben"[118]. "Der Instinkt ist also schon der Morphogenesis der Lebewesen selbst eingegliedert und im engsten Zusammenhang mit den gestaltenden physiologischen Funktionen tätig, welche die Strukturformen des Tierkörpers erst bilden."[119] Das assoziative Gedächtnis bildet die dritte Stufe der psychischen Kräfte im Scheler´schen System. "Das Prinzip des assoziativen Gedächtnisses ist in irgend einem Grade bereits bei allen Tieren tätig und stellt sich als unmittelbare Folge des Auftretens des Reflexbogens, der Scheidung des sensorischen vom motorischen Systeme dar."[120] Das assoziative Gedächtnis bedeutet im Effekt "Zerfall des Instinktes ... und Mechanisierung des organischen Lebens ... Herauslösung des organischen Individuums aus der Artgebundenheit und der anpassungslosen Starrheit des Instinktes"[121]. Vierte und letzte Wesensstufe des Psychischen ist die "organisch gebundene praktische Intelligenz", die "als das innere und äußere Verfahren, welche das Lebewesen einschlägt, im Dienste einer Triebregung oder einer Bedürfnisstillung steht" und deren "Endsinn immer ein Handeln ist, durch das der Organismus sein Trieb-Ziel erreicht".[122]

Der Geist nun als Epiphänomen gegenüber dem Körperlichen und den vier an das Körperliche gebundenen psychischen Stufen ist gerade durch "seine existentielle Entbundenheit vom Organischen, seine Freiheit, Ablösbarkeit ... von dem Bann, von dem Druck, von der Abhängigkeit vom Organischen, vom Leben"[123] charakterisierbar. "Der Geist ist das einzige Sein, das selbst gegenstandsunfähig ist - er ist reine, pure Aktualität, hat sein Sein nur im freien Vollzug seiner Akte. Das Zentrum des Geistes, die ´Person´, ist also weder gegenständliches noch dingliches Sein, sondern nur ein stetig selbst sich vollziehendes (wesenhaft bestimmtes) Ordnungsgefüge von Akten." Und:

---

[117] Ibid., S. 17

[118] Ibid., S. 18

[119] Ibid., S. 21

[120] Ibid., S. 28

[121] Ibid., S. 30

[122] Ibid., S. 32

[123] Ibid., S. 38

"Seelisches vollzieht sich selbst nicht."[124]; "ursprünglich hat der Geist keine Energie".[125] Es gibt also keine eigene Seelensubstanz, die interaktiv oder parallel mit dem Körper existiert, sondern zuerst ist das Organische, auf das sich der Geist aufsetzt. Der Geist, das Seelische kann aber keine eigene substantielle Existenz beanspruchen. "Das ursprüngliche Wirklichkeitserlebnis als Erlebnis des Widerstandes der Welt geht also allem Bewußtsein, geht aller Vorstellung, aller Wahrnehmung vorher."[126]

Kritik am Epiphänomenalismus ist besonders von Hans Jonas geübt worden. Für Jonas ergeben sich drei Rätsel aus dem Epiphänomenalismus, zwei ontologische und ein logisches. Das erste Rätsel fragt nach der kausalen Verursachung des Epiphänomens. "Das Produkt ist Nebenprodukt des intraphysischen Produzierens ... Also ist deren Veranlassung causaliter eine creatio ex nihilo, da nichts ursächlich dafür aufgewendet wurde ... Die Schöpfung der Seele aus dem Nichts ist das erste ontologische Rätsel, mit dem die Theorie des Epiphänomenalismus der Physik zuliebe, in der sonst niemals etwas aus nichts entstehen soll, abfindet."[127] Das zweite Rätsel betrifft die Wirksamkeit des Epiphänomens nach seiner rätselhaften Verursachung durch die Materie: "nur das aus kausalem Nichts Geschaffene, da es keine Kraft von seiner Ursache geerbt hat, kann auch kausal nichtig bleiben"[128]. Das mit Bewußtsein ausgestattete Individuum verhält sich nicht aufgrund seines Bewußtseins oder seines Willens so, wie es sich verhält, sondern wie seine organische Grundlage es ihm vorschreibt. "Die Folgenlosigkeit eines physisch Bewirkten ist das zweite ontologische Rätsel, mit dem die Epiphänomen-Theorie des Bewußtseins der Physik zuliebe, in der sonst nichts ohne Folgen bleiben soll, sich

---

[124] Ibid., S. 48

[125] Ibid., S. 66

[126] Ibid., S. 54. Eindeutig ist die Zuordnung der Scheler´schen Position zum Epiphänomenalismus allerdings nicht. Er selbst formuliert eine "Identität", einen Monismus in dem Sinne eines Aspektdualismus: "Was wir also ´physiologisch´ und ´psychologisch´ nennen, sind nur zwei Seiten der Betrachtung eines und desselben Lebensvorganges." (Ibid., S. 74). So ist die psychologische Phänomenwelt für ihn zusammenfallend mit physischen Phänomenen. Leib und Seele bilden keinen ontischen Gegensatz für ihn. "Der Gegensatz, den wir im Menschen antreffen und der auch subjektiv als solcher erlebt wird, ist von viel höherer und tiefgreifender Ordnung: es ist der Gegensatz von Geist und Leben." (Ibid., S. 80)

[127] Jonas, "Macht oder Ohnmacht der Subjektivität?", 1987, S. 48

[128] Ibid., S. 48f

abfindet."¹²⁹ Das logische Rätsel, wie Jonas es nennt, befaßt sich mit der Frage des Subjekts, das diese epiphänomenal charakterisierbare Subjektivität bemerkt. "Ist dann vielleicht das Subjekt der subjektiven Erscheinungen ein Epiphänomen derselben, d. h. ein Epiphänomen des Epiphänomens?" Damit wird das Erlebnis der Subjektivität im Epiphänomenalismus "eine imaginäre Aufführung auf imaginärer Bühne vor einem imaginären Zuschauer, die alle drei zusammenfallen - sich selbst erscheinende Erscheinung, oder ein Nichts reflektiert in einem Nichts".¹³⁰ Dieser Kritik zufolge, führt der Epiphänomenalismus sich gewissermaßen selbst ad absurdum. Der Geist soll zwar aus der Materie entstehen können, aber er soll keine kausale Wirkungen entfalten dürfen. Er soll zwar eigenständig existieren, ohne aber eine Wirkung zu haben, er entbehrt damit Bedeutung und Relevanz für unser tägliches Leben. Vermeintliche Vorteile einer epiphänomenalistischen Annahme schrumpfen auf logische Rätsel zusammen.

C.III.4. Emergenztheorien

Neu auftauchende Qualitäten, die Emergenten, lassen sich nicht als bloße Summe ihrer Bauteile, den Resultanten auffassen, obwohl sie von ihnen abhängen. Ausgehend von einer Prädominanz der Materie des Gehirns kann der Geist als emergent dazu betrachtet werden und bleibt so in aspektdualistischem Sinn erhalten.¹³¹ Der Endpunkt muß dabei nicht bei einem bloßen Epiphänomenalismus und kausaler Impotenz des Geistes stehen bleiben. Fast in einer Renaissance eines cartesischen Dualismus mit der Idee eines Interagenten heißt es dualistisch zugespitzt bei Hans Jonas: "Am Rande der physischen Dimension, der durch gewisse Organisationsspitzen wie Gehirne mar-

---

¹²⁹ Ibid., S. 48f

¹³⁰ Ibid., S. 55f

¹³¹ Eine solche Verbindung von Dualismus und Emergenz ist allerdings ganz und gar nicht zwingend. Bunge etwa vertritt im Kontrast dazu einen emergentistischen Materialismus, Hastedt einen ebenfalls monistischen emergentistischen Aspektdualismus. Die Einordnung hier, die die Emergenztheorie im Rahmen dualistischer Positionen vorstellt, will den aspektdualistischen Charakter betonen, in der eine Prädominanz der Materie besteht. Die Emergenztheorie aber sprengt im Prinzip die vorgenommene Dichotomie von Dualismus und Monismus.

kiert ist, besteht eine poröse Wand, jenseits derer eine andere Dimension liegt und durch die hindurch eine Osmose in beiden Richtungen stattfindet."[132]

Grundsätzlich handelt es sich bei Emergenz um einen Begriff der englischen Metaphysik, wobei in einer "emergent evolution" sich die Dinge aus einem gemeinsamen Grund differenzieren und ihnen immer mehr Qualitäten und Kategorien beigelegt werden können. Emergent kann eine Eigenschaft genannt werden, wenn sie aus den Bestandteilen des Eigenschaftträgers nicht vorhersagbar ist. "Zwischen Eigenschaften besteht ein Emergenzverhältnis, wenn Sätze über die eine Eigenschaft durch Sätze über die andere Eigenschaft weder ersetzt noch definiert noch aus ihnen abgeleitet werden können."[133] Carrier und Mittelstraß definieren: "Als emergent im logischen Sinne gelten solche Eigenschaften von Systemen oder Ganzheiten, die sich aus den Gesetzen, die für ihre Komponenten und deren Wechselwirkung gelten, nicht vorhersagen lassen."[134] Der englische Sprachgebrauch benutzt Begriffe wie "emergence", "to emerge", "emergent" auch in der Umgangssprache.

In diesen logischen Emergenzbegriff eingebettet ist ein temporaler Emergenzbegriff, worunter Erscheinungen zu verstehen sind, die in einer bestimmten Entwicklung ab einem bestimmten Zeitpunkt auftreten. Ein solcher zeitlicher Ablauf mit Relevanz für die Entstehung des menschlichen Geistes ist die Evolution. Auf dieser Zeitachse ist eine Entwicklung hin zu immer komplizierteren Nervensystemen evident. Auf der Basis vergleichender Untersuchungen, die sich im wesentlichen auf das Studium des Schädelinneren ausgestorbener Lebewesen und das Studium von Nervensystemen noch lebender Lebewesen stützen, die als analog zu bestimmten evolutionären Entwicklungsstufen interpretiert werden, ist eine solche These gut vertretbar. Diese auch von Hirnforschern häufig propagierte Sichtweise findet sich zum Beispiel bei dem Neurophysiologen Sperry. Nach dessen Auffassung ist das Bewußtsein eine "neu entstandene Eigenart der zerebralen Aktivität ... und ein integraler Bestandteil der Hirnprozesse, das eine fundamentale Bedingung für die Handlung darstellt und eine steuernde, ganzheitliche Kontrolle über die sich ständig verändernden Muster der zerebralen Erregung ausübt."[135] Unter einer fragwürdigen ausdrücklichen Aufgabe topologischer Korrespondenz physischer und mentaler Phänomene werden die emergenten Eigenschaften auf

---

[132] Jonas 1987, S. 81

[133] Hastedt 1988, S. 270

[134] Carrier und Mittelstraß 1989, S. 127

[135] Sperry 1969, zit. n. Gazzaniga und LeDoux 1983, S. 109

der Basis der Theorie zu neuronalen Netzwerken interpretiert, wobei mentale Phänomene als funktionale oder operationale Derivate der Hirnaktivität emergieren, die im Verbund des "context of brain dynamics"[136] ihre funktionale Spezifität erlangen. Schwierigkeiten erfährt die Position, wenn die kausale Wertigkeit des Bewußtseins zu erhalten versucht wird. Das Bewußtsein emergiert einerseits als "höhere Hirnfunktion" aus der neuralen Maschinerie des Gehirns, soll aber andererseits auch in der Lage sein, als Ganzes wieder das Einzelne zu beeinflussen und formiert so eine "mutual interaction ... in which the conscious mental effects are determined by the neural events, ... while these latter in turn are reciprocally controlled by the higher holistic or systemic properties of the conscious cerebral process in which they are embedded."[137] Sperry wird dabei direkt getroffen von Jonas' Kritik am Epiphänomenalismus, wonach ein Epiphänomen nicht seine Entstehungsgrundlage zurückbeeinflussen kann. Andererseits aber weist Sperry klar einen substantiellen Dualismus zurück, wonach eine Seelensubstanz auch telepathische Phänomene erzeugen können müßte. "The mental phenomena remain directly tied to the brain as functional properties of cerebral mechanisms in action."[138]

Der amerikanische Delphinforscher John C. Lilly korrelierte bei Studien zum Spracherwerb von Delphinen ein sogenanntes kritisches Hirngewicht mit dem Spracherwerb. Menschliche Kleinkinder erwerben ab einem Hirngewicht von etwa 700 g erste sprachliche Fähigkeiten. Delphingehirne, die mit einem adulten Hirngewicht von etwa 1500 g das menschliche Hirngewicht um etwa 200 g durchschnittlich überschreiten, müßten entsprechend dazu auch in der Lage sein.[139] Solche Untersuchungen bestätigen die Berechtigung eines Emergenzbegriffes in der wissenschaftlichen Praxis. Unter diesen evolutionstheoretischen Emergenzbegriff faßt auch Popper seine Vorstellung vom menschlichen Geist zusammen: "Tote Materie kann, so scheint es, mehr hervorbringen als tote Materie. Insbesondere hat sie auch das Bewußtsein hervorgebracht ... und schließlich das menschliche Gehirn und den menschlichen Geist, das menschliche Bewußtsein des eigenen Selbst und das Wissen um das Universum."[140] Der Geist entsteht also aus nicht-geistigem Elementarmaterial und weist gegenüber diesem grundsätzlich Neues auf. In einem ähnlichen

---

[136] Sperry 1976

[137] Ibid.

[138] Ibid.

[139] Zur Übersicht J. C. Lilly, "Man and Dolphin", 1975

[140] Popper und Eccles 1984, S. 30f

genetisch-emergenten Sinn formuliert auch Benesch: "Wenn das Nervensystem der Träger der psychischen Leistungen ist, und dieses Nervensystem aus Grundbestandteilen (Zellen) besteht, so könnte das Psychische entweder schon in diesen Grundbestandteilen beginnen oder erst bei einer bestimmten Menge und Ordnung dieser Grundbestandteile."[141] Bunge, der ebenso eine emergentistische Hypothese vertritt, nach der geistige Phänomene aus neuralen emergieren, schließt sich "der starken oder emergentistischen Hypothese an, nach der alle mentalen Ereignisse biologische Vorgänge einer sehr speziellen Art sind."[142], denn "alle psychischen Vorgänge sind von der Art, daß sie im Nervensystem ablaufen, beziehungsweise von diesem kontrolliert werden."[143] Damit ist auch eine eindeutig materialistische Ausprägung einer Emergenztheorie formuliert.

Hastedt entwirft auf der Folie seiner insgesamt sehr überzeugenden Zusammenfassung der analytischen Philosophie des Geistes in "Das Leib-Seele-Problem" (1988) ebenfalls einen monistisch orientierten Emergentismus. Der Aspekt des genetischen Emergentismus, also die Frage nach der Entstehung des Geistes in der Evolution, ist durchaus vereinbar mit verschiedenen Theorien zum danach bestehenden Verhältnis von Gehirn und Geist.[144] Insbesondere das bei Popper beanstandete "Spannungsverhältnis zwischen Gewordenheit und dann eintretender Autonomie"[145] leitet über zu einer Differenzierung eines genetischen Aspektes und eines systematischen Aspektes einer Emergenztheorie. Der genetische Aspekt behandelt etwa die evolutionäre Entwicklung, während der systematische Emergentismus den heute vorliegenden Status von Geist behandelt. Hastedt entwickelt eine Theorie, die ontologisch monistisch, aber epistemologisch dualistisch ist. Er formuliert zwei Ausgangsthesen einer systematischen Emergenztheorie:

"Geist und Körper sind eine monistisch zu deutende Einheit in der Körperwelt.

---

[141] Benesch 1988, S. 73

[142] Bunge und Ardila 1990, S. 22

[143] Ibid., S. 49

[144] Die Frage nach dem endgültigen Verhältnis von Gehirn und Geist zueinander, nachdem der Geist einmal evolutionär emergiert ist, bezeichnet Hastedt in Anlehnung an den genetischen Emergenzbegriff auch als systematische Emergenz.

[145] Hastedt 1988, S. 186

Der Geist kann trotzdem nicht vollständig erfaßt werden im Rahmen von Theorien, die naturwissenschaftlich auf den Körper Bezug nehmen."[146]

Dieser einfache Thesenkomplex, der an sich nicht inkompatibel ist, weil beide Thesen unter verschiedene Gültigkeitsbereiche fallen, ist verlockend. Er rettet den intuitiven Dualismus und macht auf der ontologischen Ebene keine Probleme. Insbesondere die erste These trifft auf keine wesentlichen Schwierigkeiten innerhalb des ontologischen Physikalismus, der die Grundlage des die Diskussion beherrschenden wissenschaftlichen Realismus darstellt. Diskutabel wird die zweite These, die reformuliert das folgende besagt: "Geist und Körper haben einige Eigenschaften gemeinsam, aber nicht alle."[147] Erläuternd sollen danach "Sätze über Geist und Körper die gleiche Extension haben und mentale Phänomene auch als körperliche zu identifizieren"[148] sein, zusätzlich wird genau dieser Befund kompatibel zur "Behauptung einer antireduktionistischen und mit dualistischen Motiven arbeitenden Eigenschaftsemergenz."[149] Die fehlende Reduktion von Eigenschaften des einen (geistigen) Phänomenbereichs auf den anderen (physischen) zwingt Hastedt zum Operieren mit Sätzen von Eigenschaften (gleichwohl bleiben die Eigenschaften emergent zueinander und nicht etwa ihre Sätze). "Eigenschaften des menschlichen Geistes als der Gesamtheit mentaler Fähigkeiten sind emergent im Hinblick auf Eigenschaften des menschlichen Körpers, weil Sätze über Eigenschaften des menschlichen Körpers die Sätze über Eigenschaften des menschlichen Geistes weder ersetzen noch ableiten noch definieren können."[150]

Wichtig bleibt der Aspekt, daß es sich bei diesen Emergenzphänomenen, über die sich in Sätzen über Eigenschaften reden läßt, um theorienrelative Emergenz und keine absolute Emergenz handelt. Die Emergenz ist "nie kategorial absolute Emergenz, sondern relativ"[151]. Die Emergenz beschränkt sich in Hastedts Entwurf also eigentlich auf die dualistische Epistemologie, die solange emergente geistige Eigenschaften zum Gegenstand haben darf, bis neue empirische Befunde ihre Ableitbarkeit aus physischen Phänomenen bele-

---

[146] Ibid., S. 264

[147] Ibid., S. 269

[148] Ibid., S. 269

[149] Ibid., S. 269

[150] Ibid., S. 273

[151] Ibid., S. 271

gen. Diese Auffassung von Emergenz ist ein sehr dynamisches Konzept, das - dem Zeitgeist eines wissenschaftlichen Realismus entsprechend - mit einem Auge auf die Ergebnisse der Neurowissenschaften schaut, um eventuell inzwischen überholte emergente Eigenschaften zu de-emergisieren und sie in einem naturwissenschaftlichen System endgültig ontologisch zu verorten. Dieser Emergentismus ist damit nicht mehr ontologisch, sondern nur noch epistemologisch und möglicherweise nur zeitlich begrenzt ein sinnvolles Konzept. In letzter Konsequenz vertritt auch Hastedt ein verklausuliertes monistisches Konzept auf materialistischer Grundlage. Der aus epistemologischer Sicht dualistisch zu nennende Emergentismus muß als Notanker übrig bleiben, um auch für naturwissenschaftlich noch ungeklärte Phänomene eine psychologische Erklärung parat zu haben.

C.III.5. Sprachendualismus

Der Sprachendualismus orientiert sich ebenfalls am Dualismus des common sense und bezeichnet einen aspektdualistischen, sprachanalytischen Ansatz, der die mentalen und physischen Phänomene auf das jeweils unterschiedliche Vokabular zurückführt, das für beide Phänomenbereiche benutzt wird. Der Zugang zu den Dingen wird in den Sprechweisen über die Dinge gesucht. Die Diskussion um das Verhältnis von Gehirn zu Geist wird reformuliert als das Verhältnis der Sprechweisen über Gehirn und Geist. Der Sprachendualismus stellt eine Interpretation dar, in der im Grunde von einer monistischen Sichtweise ausgegangen wird, die aber dualistisch in der Sprache in Erscheinung tritt.[152] So ist für Wittgenstein (1889-1951) die "Idee der Artverschiedenheit" von Geist und Körper, Bewußtsein und Gehirn "von einem leisen Schwindel begleitet"[153]. Insofern formiert die sprachanalytische Philosophie einen kritischen Ansatz gegen die dualistische Intuition, der sie in ihrer ontologisierten Form eindeutig widerspricht.

Die zentrale Arbeit dieser sprachanalytischen Phase ist "The Concept of Mind" von Gilbert Ryle (1949). Ryles Hauptanliegen war es aufzuklären, daß die Annahme des cartesischen ontologischen Dualismus auf einer falschen Annahme über die Bedeutung und Funktionsweise mentalistischer Ausdrücke beruhe. Erst durch das mentalistische Vokabular wird ein intuitiver Dualismus

---

[152] Ibid., S. 93-106

[153] Zit. n. Feigl, in: Gadamer und Vogler, Bd. 5, S. 3

ontologisch etabliert. Mentalistische Ausdrücke suggerieren geradezu, daß es neben dem körperlichen noch einen zweiten, mentalen Bereich gibt, nämlich einen "Geist in der Maschine"[154]. Dieser Geist in der Maschine kommt dadurch zustande, daß wir mentale Ausdrücke benutzen, ohne sie vorher einer Gebrauchs-Analyse unterzogen zu haben. Der sprachlich fixierte fehlende Brückenschlag von mentalen zu physischen Phänomenen führte im Sinne des klassischen Leib-Seele-Problems zu einer "Paramechanik"[155], die neben der physikalischen Mechanik eine Mechanik des Mentalen postulieren mußte, um das mentale Verursachungspotential von körperlichem Verhalten zu erklären. Das Mentale oder das Psychische ist für Ryle eine Fiktion, damit Auslöser für die Jahrhunderte währende Diskussion um Leib und Seele und ihr Verhältnis zueinander. Ryle hatte damit das Selbstverständnis der Philosophie des Geistes empfindlich berührt. "Vor Ryle gab es Theorien des Geistes - Idealismus, Materialismus, Neutraler Monismus, Epiphänomenalismus, Parallelismus - die sich darin einig waren, daß es ein Leib-Seele-Problem gibt, das zu lösen oder aufzulösen die Aufgabe der Philosophie ist."[156] Wesentliche Elemente der Ryle'schen Analyse sind der Verifikationismus, der abstrakten Begriffen nur in ihrem jeweiligen Kontext ihren Sinn und ihren Wahrheitsgehalt zuweist. Ein weiterer einflußreicher Faktor ist der logische Behaviorismus, der aus der Prämisse entstand, mentalistische Begriffe allein durch die Verhaltensäußerungen einer Person erschöpfend erklären zu können. Dann ist jeder Begriff (z. B. Schmerz) durch bestimmte Verhaltensäußerungen eindeutig festgelegt und kann (und muß) mit dem Begriff Schmerz beschrieben werden.[157] Würden Physiologen eine andere Definition für sinnvoll halten, würden sie damit einen neuen Begriff konstituieren. Dieses Verfahren zur Begriffsdefinition kann als begrifflicher Konservativismus bezeichnet werden,

---

[154] Zit. n. Bieri 1981, S. 12

[155] Ibid.

[156] Ibid.

[157] An dieser Stelle ist ein wesentlicher Kritikpunkt anzubringen. Im logischen Behaviorismus ist mentale Verursachung nichts anderes als die Manifestation von Verhaltensdispositionen. Der Geist löst sich in Verhalten auf und wird durch das Verhalten komplett und eindeutig beschreibbar. Was aber, wenn bestimmte mentale Phänomene interindividuell in ihrer Verhaltensausprägung variieren, wovon auszugehen ist? Was, wenn Verhaltensäußerungen auch intraindividuell variieren, also situativ abhängig sind, wovon ebenfalls auszugehen ist? Diese Variationen sind nur durch mentale Verursachung zu erklären, die damit eine kausale Rolle spielt und sich nicht in eine Verhaltensdisposition auflösen läßt.

der als weiteres Element diese sprachanalytische Phase in der analytischen Philosophie des Geistes kennzeichnet. "Die Untersuchung des Mentalen war das Studium mentalistischer Begriffe."[158] Insbesondere unter der behavioristischen Beeinflussung ist der Geist komplett eliminiert, es gibt ihn nicht mehr, sondern lediglich Dispositionen zu Verhalten.

Hastedt formuliert die Kritik in einigen treffenden Bemerkungen. Wesentlich ist die Tatsache, daß die sprachanalytischen Untersuchungen sich auf die Alltagssprache als Rohdaten beziehen. "Es stellt sich die Frage, welchen argumentativen Wert es überhaupt haben kann, wenn umgangssprachlich geklärt wird, daß sich die Sprachverwendungen von Geist und Körper unterscheiden."[159] Mit einer Analyse des alltäglichen Sprachgebrauchs ist noch keine ontologisch begründbare oder wissenschaftlich abgesicherte These zu Gehirn und Geist zu formulieren. Die Sprachweisen, in der wir uns über Gehirn und Geist äußern, sind wandelbar und historisch bedingt, sind ihrerseits von unseren philosophischen Vorstellungen beeinflußt und sprechen durchaus nicht eindeutig für eine bestimmte Position im Feld der Diskussion. Heute kann die sprachanalytische Philosophie weitestgehend als abgeschlossen gelten und das Interesse der Philosophie an Befunden der Psychologie, Linguistik und Hirnwissenschaften ebnete einem wissenschaftlichen Realismus den Weg, der heute die Diskussion bestimmt. Damit sind monistische Bestrebungen wieder vorrangig diskutabel geworden. "In ontologischen Dingen ist die Wissenschaft das Maß der Dinge."[160] Am ontologische Anspruch sollte aber auch die Philosophie maßgeblich orientiert sein.

C.IV. Monismus

Die dualistischen Intuitionen sind nicht zu leugnen. Es gibt eine klare Evidenz für das Vorhandensein zweier unterschiedlicher Weltperspektiven, die als idealistische und materialistische Näherung den Dualismus schaffen. Diese Intuitionen führen in erster Linie zu den beiden Kardinalpositionen des Dualismus, zum Interaktionismus und zum Parallelismus. Darüberhinaus gibt es im wesentlichen nur die Möglichkeit, mit monistischer Zielsetzung Strei-

---

[158] Bieri 1981, S. 17

[159] Hastedt 1988, S. 100ff

[160] Bieri 1981, S. 23

chungshypothesen zu formulieren, die jeweils eine Hälfte der dualistischen Intuition leugnen. Insbesondere der eliminative Materialismus, der eine Reduktion des gesamten psychischen Bereiches nahelegt, drängt sich in der optimistischen Stimmung des wissenschaftlichen Realismus auf. Danach ist es nur eine Terminfrage, bis der mentalistische Diskurs komplett durch einen neurophysiologischen ersetzt ist. Als Kontrahent hat aber auch die extreme, idealistische Position an Boden gewonnen. Um den ideal ausgerichteten Konstruktivismus zu belegen, werden paradoxerweise auch gerade Argumente aus der empirischen Hirnforschung ins Feld geführt, die die individuelle Konstruktion der Wirklichkeit durch das Gehirn belegen. Dazwischen gibt es gewisse Übergangsformen, die eine Aufweichung der jeweils radikalen Vorstellung bewirken, um einzelne Aspekte der jeweils geleugneten Hälfte der dualistischen Intuition zu konservieren. Die dualistische Intuition des common sense bleibt überwiegend auch im Monismus noch wirksam, ihr wird aber keine ontologische Relevanz mehr zuerkannt. Diese Divergenz zwischen Intuition und theoretischem Konzept macht in den monistischen Vorstellungen aber Schwierigkeiten.

Lediglich die Identitätsthese, die natürlich auch eine monistische Unternehmung darstellt und als einzige monistische Position den psychischen und physischen Phänomenbereich in der dualistischen Intuition wisersprüchsfrei erhält, kann dieser doppelten Aufgabe gerecht werden, einerseits die Existenz der dualistischen Intuition anzuerkennen, andererseits aber beide Phänomenbereiche monistisch auf organischer Grundlage zu verknüpfen. Die Identitätstheorie selbst und die Tatsache, daß auch das Postulat der Identitätsthese nicht ohne Schwierigkeiten bleibt, soll unter besonderer Berücksichtigung der Problemstellung der vorliegenden Arbeit in einem eigenen Kapitel (C.V.) berücksichtigt werden.

C.IV.1. Eliminativer Materialismus

"Es gibt keine Psyche. Alle Erscheinungen und Tatsachen, die man auf diese irreführende, scholastische Bezeichnung zurückführt, die man also durch ein bloßes Wort erklären zu können glaubt, müssen als physiologische aufgefaßt werden und finden als solche ihre einfache, vollkommen befriedigende Erklärung. ... Es gibt nur sinnliche Wahrnehmungen, die in Form von sinnlichen Eindrücken in uns gelangen, im Gehirn als latente Vorstellungen, Begriffe usw. haften bleiben, um bei geeigneten Anlässen wiederum reproduziert zu werden und dadurch neue Erkenntnisse zu bewirken."[161] Das ist das reduktionistische Programm des eliminativen Materialismus. Der Materialismus erklärt die geistige Phänomenwelt zur Illusion, die vollkommen ersetzbar wird durch physiologische Konzepte. Ontologisch gesehen ist die Annahme eines Geistes oder einer Psyche schlicht ein jahrhundertelanger Irrtum: Es gibt keine Psyche. Wenn nämlich mentale Phänomene in Wirklichkeit physische Phänomene sind, dann ist die Geschlossenheit eines methodologisch physikalistischen Raumes gewährleistet und die Verursachung physischer durch mentale Phänomene ist dann eine rein physische Verursachung. Der Materialismus aber widerspricht dem intuitiven Dualismus und wir haben erhebliche Schwierigkeiten, unsere Gefühle, Gedanken, Stimmungen nicht mehr als existent empfinden zu dürfen.

Erste Vorbereitungen eines monistischen Materialismus werden bereits in der Antike von Demokrit (ca. 460 - 371 v. Chr.) und Epikur (342 - 271 v. Chr.) getroffen. Demokrit als Schüler von Leukipp gilt als Hauptvertreter des Atomismus. Danach ist die ganze Welt aus wesentlich ähnlichen, unteilbaren, zahlenmäßig unendlichen, qualitätslosen und für äußere Einwirkung unempfänglichen Elementen, den ατομοι, aufgebaut.[162] Diese Atome formieren nun in unterschiedlicher Zusammensetzung die gesamte Welt. Auch die Seele ist atomistisch aufzufassen. Bei Aristoteles heißt es dazu: "So meinten einige, die Seele sei Feuer. Denn dieses ist das feinste und unkörperlichste unter den Elementen und außerdem ist es in einer ursprünglichen Weise bewegt und setzt das andere in Bewegung. Demokrit hat noch sorgfältiger darüber gesprochen und erklärt, aus welchen Ursachen ihr diese beiden Eigenschaften zukämen. Die Seele sei nämlich identisch mit dem Geiste, das Feuer aber bestünde aus den ursprünglichsten und unteilbaren Körpern und sei beweglich wegen der Feinteiligkeit und der Gestalt dieser Körper. Die beweglichste der Gestalten sei die kugelförmige, und derart sei der Geist und das Feuer."[163] Das Denken selbst findet statt je nach Mischungsverhältnis. Bei übermäßiger Kälte oder Wärme ändere es sich.[164] Epikur ist ebenfalls materialistischer Auffas-

---

[161] Rau, "Über das Wesen des menschlichen Verstandes und Bewußtseins", 1910, S. 143f

[162] Plutarch, in: Mansfeld 1987, Nr. 49

[163] Aristoteles, "Über die Seele", 405a

[164] Theophrast, zit. n. Mansfeld Nr. 87. Diese Überlegung steht in Einklang mit der griechischen Theorie der vier Eigenschaften, der vier Elemente und der vier Säfte. Den 4 Eigenschaften heiß, kalt, feucht, trocken stehen je als Synthese zweier Eigen-

sung, was die Seele betrifft. Dezidiert formuliert Epikur im Lehrbrief an Herodot, "daß die Seele ein feinteiliger Körper ist, der der ganzen Zusammenballung beigestreut ist, am ehesten zu vergleichen mit einem Hauche, der eine Beimischung von Warmem enthält; und zwar ist sie teils diesem, teils jenem ähnlich. Es gibt einen bestimmten Teil von ihr, der sich besonders unterscheidet durch seine Feinheit selbst diesen beiden gegenüber und eben darum mit der übrigen Zusammenballung noch mehr zusammen empfindet. Dies alles wird sichtbar gemacht durch die Kräfte der Seele und die Empfindungen und die leichten Bewegungen und die Überlegungen und durch das, bei dessen Verlust wir sterben."[165] Die Seele ist also unzweifelhaft ein Körper und damit materialistisch aufzufassen. Zwar ist sie besonders fein und zweckmäßig nur mit einem warmen Hauch, dem πνευμα zu vergleichen, aber sie ist Teil einer atomistischen Zusammenballung, die wir selbst sind. Die Seelenatome leiten die Empfindungen und leichten Bewegungen weiter, die die Atome insgesamt in Bewegung halten. Dies ist auch das Argument von Thomas Hobbes (1588-1679) im Leviathan[166]: Da mentale Phänomene durch Bewegungen verursacht sind und da Bewegungen körperlich sind und nur andere Bewegungen verursachen können, sind mentale Phänomene körperliche Zustände körperlicher Substanzen. Für Joseph Priestley (1733-1804) ist die Psychologie - als Seelenkunde ohne weitere naturwissenschaftlich-experimentelle Dimension - "nichts anderes als die Physik des Nervensystems"[167]. Das Seelische baut sich aus Elementen auf, die nach assoziativen Gesetzen übergeordnete Systeme, also auch das Ich und die persönliche Individualität formieren. Das Seelisch-Psychische wird also rein materiell gegründet und erlaubt bei Priestley nicht einmal eine epiphänomenale Zulassung der Seele, so daß der Begriff der Seele überflüssig wird.[168] Bei diesen klassischen Vertretern wäre es aber nicht angebracht, von einem eliminativen Materialismus zu sprechen, da die Seele und ihr zugehörige geistige Phänomene eine eigenständige Existenz beanspruchen, wenngleich sie in enger Anlehnung an materielle Konzepte charakterisiert werden.

---

schaften die 4 Elemente Luft, Feuer, Erde, Wasser und die vier Säfte Blut, Schleim, Schwarze Galle, Gelbe Galle in der von Hippokrates innovierten, medizinisch bedeutsamen Humoral-Theorie gegenüber.

[165] Epikur, "Brief an Herodotos", 63, in: Epikur, "Überwindung der Furcht", 1983

[166] Hobbes, Leviathan, part I, ch.1, zit. n. Bieri 1981, S. 27

[167] Diemer 1964, Band. 1, S. 234

[168] Gibb 1967, S. 100

Dem modernen eliminativen Materialismus zufolge sind alle mentalen Phänomene eine Fiktion. Wenn noch ein mentalistisches Vokabular in Umlauf ist, dann nur, weil es heute noch gewisse theoretische Vorteile bringen mag, der Ersatz durch ein physiologisches Vokabular ist aber absehbar. "If there is a case for mental events and mental states, it must be that just that positing of them, like the positing of molecules, has some indirect systematic efficacy in the development of theory. But if a certain organization of theory is achieved by thus positing distinctive mental states and events behind physical behavior, surely as much organization could be achieved by positing merely certain correlative physiological states and events instead."[169] Das Reden über mentale Phänomene kann in strengem Sinne also falsch werden, wenngleich diese Begriffe im semantischen Sinn referentielle Terme sind. Aber die Phänomene, auf die sie sich beziehen, existieren nicht wirklich. Der eliminative Materialismus erreicht damit, daß die Relation "Hirnzustände sind mentale Phänomene", nicht mehr notwendig symmetrisch sein muß, wie das etwa in der Identitätsthese der Fall ist. Es gilt jetzt nur noch, daß mentale Phänomene keine eigene Entität, sondern Hirnzustände sind. "Mentale Phänomene können mit Gehirnphänomenen identifiziert werden, ohne daß Gehirnphänomene mit mentalen Phänomenen identifiziert werden müssen"[170].

Die mentale Verursachung ist damit ebenso hinfällig geworden wie in der Identitätstheorie, allerdings wird die immense Schwierigkeit aufgeworfen, die aus dem Verstoß gegen unseren intuitiven Dualismus resultiert. Sollen etwa der erfahrene Schmerz und die gefühlte Angst nicht existieren? Diese Frage wird vom eliminativen Materialismus beantwortet damit, daß wir keineswegs aufhören, unsere mentalen Phänomene zu erleben. Wir können sie auch beschreiben, und zwar mit mentalistischem Vokabular, nur befinden wir uns dann auf dem Terrain einer mentalen Theorie. In dem Moment, in dem wir die neurophysiologische Theorie nutzen, müssen wir aber auch das entsprechende Vokabular benutzen. Die andersartige, meist naturwissenschaftliche Erklärung, die wir heute für viele Phänomene nutzen gegenüber älteren Theorien, könnte also genauso anwendbar werden auf unsere mentale Welt, wären die Neurowissenschaften nur weit genug gediehen in ihrem Wissen um unser Nervensystem und seine Funktion. So ist diskutabel, "daß die Entdekkung einer neuen Möglichkeit, Phänomene zu erklären, die früher durch Bezugnahme auf eine bestimmte Sorte von Entitäten erklärt worden sind, zusammen mit einer neuen Auskunft, worüber Beobachtungsaussagen über diese

---

[169] Quine, "Word and Object", 1960, S. 264

[170] Bieri 1981, S. 45

Sorte von Entitäten wirklich berichten, einen guten Grund für die Behauptung abgeben kann, daß es keine Entitäten dieser Sorte gibt" und "daß sich die Sprache im Laufe der empirischen Entdeckungen ändert, um zu begründen, daß die These ´Es könnte entdeckt werden, daß das, was die Leute heute ´Empfindungen´ nennen, Gehirnprozesse sind´ vernünftig ist und keine Begriffsverwirrung beinhaltet".[171]

Mentale Zustände könnten also als neurophysiologisch beschreibbare Phänomene dann auch sprachlich eliminiert werden. Wie Bieri korrigiert, geht es allerdings darum gar nicht in erster Linie. Die mentalen Phänomene müssen nicht geleugnet werden, sie müssen nur ontologisch neutral sein, es geht darum zu zeigen, "daß nichts an existierenden mentalen Phänomenen uns dazu zwingt, sie als nicht-physische Phänomene aufzufassen"[172]. Ein Vertreter des Materialismus braucht nun nicht mehr, wie Hobbes, zu einem a priori Argument zu greifen. Er braucht nur noch darauf hinzuweisen, daß die empirischen Erklärungen unseres Verhaltens ohne ontologischen Dualismus auskommen."[173] Problematisch ist allerdings wiederum der Begriff der ontologischen Neutralität. Phänomene, deren ontologische Qualität nicht fixierbar ist, sind äußerst schwierig zu fassen. Für die mentalen Phänomene kann nur gelten, daß sie entweder physische oder nicht-physische Phänomene sind. Sind sie physische Phänomene, ist die Forderung nach ontologischer Neutralität überflüssig und der eliminative Materialismus hat zumindestens partiell recht oder - im Falle des Gegenteils - wir haben einen dualistischen Zustand zu untersuchen. Der Begriff der ontologischen Neutralität versucht, ohne Antwort auf eine Frage auszukommen, die zentrale Bedeutung hat. Sie wird noch einmal bei der Diskussion der Identitstheorie zur Sprache kommen. Denn die Identitätstheorie versucht gerade, einen ontologischen Status für die mentalen Phänomene zu gewinnen, denn sie sollen gerade nicht nur physisch sein und dennoch physisch beschreibbar sein. Der Materialismus jedenfalls hat sich klar entschieden. Für ihn ist die Psyche nicht nur physisch beschreibbar, wie sie etwa für die griechischen Atomisten ist, sondern sie ist einfach nicht existent.

---

[171] Rorty, "Mind-Body-Identity, Privacy and Categories" (Original 1965), in: Bieri 1981

[172] Bieri 1981, S. 47

[173] Ibid., S. 22

C.IV.2. Idealismus

Die idealistische Position bildet das Pendant zum Materialismus, vervollständigt damit das Panorama der monistischen Positionen und formiert so wesentlich den Dualismus mit. Das Materielle wird im reinen psychophysischen Idealismus als Produkt des Geistigen betrachtet, mithin zu einem Konstrukt oder Derivat des Geistigen gemacht. Alles, was existiert, existiert nur durch die Wahrnehmung. Außerhalb dieser sie perzipierenden Geister oder denkenden Wesen haben die Dinge der materiellen Welt damit keine eigene relevante Existenz, die für die Wahrnehmung und das Denken bedeutsam sein könnte. Ein reiner Idealismus ohne realistische Beimengung, wie er in der Philosophiegeschichte auch durchdacht worden ist, ist zum heutigen Zeitpunkt keine sinnvolle Diskussionsgrundlage. In einer Zeit des wissenschaftlichen Realismus ist eine rein ideale Position, die keinerlei Bezug zur empirischen Wissenschaft herstellt, obsolet.

George Berkeley (1632-1676) formuliert einen solchen reinen Idealismus, in dem die Existenz eines Dings keine reale Existenz ist, sondern eine rein ideal gegründete. Der wahrgenommene Gegenstand existiert ausschließlich in der Vorstellung, in der Wahrnehmung des perzipierenden Geistes. Dabei ist der Geist das einzige Gegebene, die Geistes- oder Bewußtseinsinhalte existieren nur in unserem Bewußtsein und haben außerhalb davon keine Existenz. Was nicht wahrgenommen wird, existiert nicht. "Dieses perzipierende tätige Wesen ist dasjenige, was ich Gemüt, Geist, Seele oder mich selbst nenne. Durch diese Worte bezeichne ich nicht irgendeine meiner Ideen, sondern ein von ihnen allen ganz verschiedenes Ding, worin sie existieren, oder, was dasselbe besagt, wodurch sie perzipiert werden; denn die Existenz einer Idee besteht im Perzipiertwerden."[174] Formelhaft hat Berkeley seinen Idealismus gefaßt mit der Konzentration "esse est percipi"[175]. Versteht man "est" als Äquivalenz, was Berkeley allerdings nahelegt, dann müssen folgende Konditionale gelten:

Alles, was ich wahrnehme, existiert.

Alles, was existiert, nehme ich wahr.

---

[174] Berkeley,"Eine Abhandlung über die Prinzipien der menschlichen Erkenntnis", § 2

[175] Ibid., § 3

Dann gilt nach dem modus tollendo tollens (Kontraposition) aber auch im Sinne eines gültigen Schlusses:

Was nicht existiert, nehme ich nicht wahr.

Was ich nicht wahrnehme, existiert nicht.

Dieser letzte Schluß entspricht dem bereits Angedeuteten, über die eigene Wahrnehmung hinaus existiert nichts. Für uns ist eine solche radikale Position angesichts unseres naturwissenschaftlich-realistisch geprägten Hintergrundes nicht mehr nachvollziehbar. Bei der Formulierung eines strengen Idealismus tritt das Problem einer extrem fragwürdig gewordenen Verläßlichkeit empirischer Befunde auf. Ein reiner Idealismus, der die Welt im Akt der Perzeption erst schafft, kann sich nicht ruhigen Gewissens auf empirische Befunde stützen, die aus einer (zumindest partiell) realistischen Weltsicht erwachsen.

Schopenhauer denkt ebenfalls primär idealistisch. Er behauptet programmatisch: es "muß die wahre Philosophie jedenfalls idealistisch sein."[176] In diesem Sinne kann er die ganze Welt als ein Gehirnphänomen bezeichnen: "Die Welt ist meine Vorstellung."[177] Die Vorstellung kommt zustande durch den subjektiven Betrachter und das reale Objekt, das betrachtet wird. Fehlt der subjektive Betrachter, kommt also auch die Vorstellung nicht zustande.[178] Die Vorstellung ist aber, und darin unterscheidet sich das parallelistische vom nur idealistischen Konzept, ein kombinierter Prozeß, der zugleich idealistisch und realistisch gedacht werden muß. Die Vorstellung, der Bewußtseinsinhalt ist immer Subjekt und Objekt zugleich, hat auch einen realen Anteil, über den sich öffentlich zu reden lohnt. Diese Bilateralität ließ auch Kuhlenbeck zum Gehirnparadoxon auf der Grundlage des Schopenhauer´schen Denkens stoßen.[179] Der moderne Konstruktivismus steht als radikal-idealistische Position vor dem gleichen Dilemma. Die Welt ist nicht mit allgemeingültiger Verbindlichkeit beschreibbar, weil sie als Konstrukt immer nur im Kopf des Konstrukteurs als dessen ganz persönliche Wirklichkeit existiert. Ähnlich wie Schopenhauer führt aber auch der Konstruktivismus in seiner nicht-radikalen

---

[176] Schopenhauer, "Die Welt als Wille und Vorstellung", Band II, S. 11

[177] Id., "Die Welt als Wille und Vorstellung", Band I, S. 29

[178] Natürlich kommt umgekehrt auch keine Vorstellung zustande, wenn das Objekt nicht existiert, wenn es also "nichts zu betrachten gibt"!

[179] Schopenhauers Konzept wurde hier bereits dem Parallelismus zugeordnet, fraglich ist allerdings ob er sich selbst nicht eher als Idealist gesehen hat, zumal er den hier postulierten psychophysischen Parallelismus selbst nicht explizit gemacht hat.

Variante wieder die Realität als allgemein verbindlich in das Konzept ein und rettet damit seine Glaubwürdigkeit in einer realwissenschaftlich orientierten Welt.

C.IV.3. Konstruktivismus

Der radikale Konstruktivismus läßt sich im Anschluß an den Idealismus auf die Formel bringen: Die Realität bringt die Wirklichkeit hervor, aber die Wirklichkeit enthält keine Realität mehr. Er geht von einer Konstruktibilität unserer Umwelt in einem idealistischen Sinn aus, die im wesentlichen durch unser Nervensystem geleistet wird. Die Wirklichkeit der Welt wird aus den Rohdaten der einzelnen Lebenserfahrungen eines Menschen geschaffen, in ihrer Gesamtheit wird sie konstruiert im Gehirn als das Weltbild des einzelnen, das sich auf die je eigenen Erfahrungen stützt, es wird "eine Wirklichkeit rein aus Gehirnrinde"[180] geschaffen. Ontogenetische Prägungsphasen in der Säuglingszeit und frühen Kindheit formieren die Wirklichkeit durch die individuelle Reizhistorie des Menschen. Die Welt, in der wir uns bewegen, existiert also nicht mehr primär außerhalb von uns, sondern primär in uns, nämlich in unserem Gehirn. Der Konstruktivismus wird damit zu einer modern formulierten Variante einer idealistische Philosophie. "Die kognitive Welt ist die räumliche und zeitliche Wirklichkeit des kognitiven Subjekts."[181] Die Welt wird von jedem einzelnen erschaffen, indem er sie erlebt, sie erscheint als Summe der Lebenserfahrungen des einzelnen: "Wir erzeugen daher buchstäblich die Welt, in der wir leben, indem wir sie leben."[182] Entsprechend wird auch das Selbst formiert als Konstrukt des einzelnen von sich selbst. "Das konstruktivistische Konzept modelliert Selbst als einen organisationellen Kern von Konstruktionsprinzipien, mit dessen Hilfe eine Person Verhalten als ihr Verhalten synthetisiert, beobachtet, identifiziert und bewertet."[183] Der Konstruktivismus ist in diesem Selbstverständnis primär interessiert an den Vorgängen der Wahrnehmung und des Bewußtseins und weniger an deren Inhalten und versteht sich selbst als eine prozeßorientierte Kognitionstheorie und weniger als eine inhaltsgerichtete Erkenntnistheorie. Es geht jetzt um die

---

[180] Benn, "Provoziertes Leben", Band IV, S. 312

[181] Schmidt 1988, S. 16

[182] Maturana, zit. n. Schmidt 1988, S. 26

[183] Schmidt 1988, S. 21

Frage: Wie können wir wissen? und nicht mehr um: Was können wir wissen? Die Erkenntnistheorie des Konstruktivismus "versteht sich als Kognitionstheorie und sie ist nicht-reduktionistisch. Das soll heißen, sie ersetzt die traditionelle epistemologische Frage nach Inhalten oder Gegenständen von Wahrnehmung und Bewußtsein durch die Frage nach dem Wie und konzentriert sich auf den Erkenntnisvorgang, seine Wirkungen und Resultate."[184] Über die Erkenntnistheorie hinaus ist der Konstruktivismus heute für viele weitere Wissenschaftsbereiche interessant, weil er universale Theorien anbietet, die Aussagen machen können nicht nur zur Erkenntnis- und Gehirntheorie, sondern auch im Rahmen anderer Disziplinen wie der Linguistik, Literatur- und Sozialwissenschaft sowie von anwendungsorientierten Gebieten wie der Managementwissenschaft, Psychologie und Psychiatrie.

Die Welt wird also in idealistischer Tradition im Selbst erst als Wirklichkeit erschaffen. Aber: "Selbst für die idealistische Philosophie ist es eine unbestreitbare Tatsache, daß jede unserer geistigen Leistungen auch ein physisches - für uns heute: neurophysiologisches - Ereignis ist."[185] Diese realistische Rückbesinnung rettet vor dem erahnten Solipsismus, in dem es außerordentlich schwierig würde, "zu verstehen oder auch emotional zu akzeptieren, daß alles, was wir wahrnehmen und was wir sind, ein Konstrukt unseres Gehirns ist und daß es keinerlei gesicherte Beziehung zwischen diesen Konstrukten und den Dingen und Ereignissen der bewußtseinsunabhängigen Welt gibt."[186] Es gibt also auch eine unbestreitbare Realität außerhalb unserer Wahrnehmungs- und Bewußtseinsvorgänge, die unsere subjektive Wirklichkeit konstruieren.

Aus der Sicht der Hirnforschung spielt das Gehirn letztlich die zentrale Rolle im Erkenntnisprozeß, weil "Wahrnehmung sich nicht in den Sinnesorganen vollzieht, sondern in spezifischen sensorischen Hirnregionen".[187] Durch die topologische Kodierung im Gehirn kann es innerhalb der neuronalen Einheitssprache möglich werden, allein durch die innere, gehirnimmanente Anordnung der Nervenzellverbände verschiedene Aufgaben zu kodieren wie Wahrnehmung, assoziative Verarbeitung oder die anschließende Umsetzung in motorische Prozesse. Auf diese Tatsache bezieht sich der Begriff der Selbstreferentialität. Ein einzelnes Neuron weiß nicht, was es tut, aber der Ort

---

[184] Ibid., S. 13

[185] Schwemmer, 1990, S. 29

[186] Roth 1992

[187] Schmidt 1988, S. 14

eines Neurons im Verband kodiert die Bedeutung und Funktion. Damit hängt eng zusammen das Konzept der Selbstexplikativität. "Weil aber im Gehirn der signalverarbeitende und der bedeutungserzeugende Teil eins sind, können die Signale nur das bedeuten, was entsprechende Gehirnteile ihnen an Bedeutung zuweisen"[188]. Selbstexplikativ ist das Gehirn, weil es keine direkten sensorischen Informationen hat von der Welt und seine Bewertungsmaßstäbe aus Abteilungen und Untereinheiten seiner selbst beziehen muß.[189] Das Gehirn ist durch seine Reizunspezifität also zu einer internen Zuweisung von Qualia im Sinne einer Selbstexplikativität gezwungen. Weiterhin leistet das Gehirn Komplexitätsreduktion über funktionelle Systeme, die als Filter wirken und nicht eine Wiedergabe der Wirklichkeit leisten, die für eine erfolgreiche Umweltbewältigung eher hinderlich, weil zu detailreich, und damit nicht notwendig ist.

Wie aber wird diese Kluft zwischen idealem und realem Gehirn überbrückbar, die - im Kern dualistisch - erneut aufgerissen ist? Zur Vermittlung führt der radikale Konstruktivismus den Beobachterstatus ein. Jedes Subjekt kann sich zum Beobachter definieren von sich selbst und von anderen Subjekten. Der Beobachter, der dann als Betrachter seiner eigenen inneren Bewußtseinszustände zu einem internen Beobachter und bei Beobachtung anderer Systeme (z. B. Verhaltensbeobachtung) zu einem externen Beobachter wird, kann Konstrukte des beobachteten Systems und seiner Umwelt kognitivkonstruktiv erzeugen. Durch das radikal konstruktivistische Programm hat sich diese Position stark dem Idealismus genähert. Der Beobachterstandpunkt erlaubt aber auch ein realistisch orientiertes Bearbeiten von fremden Sytemen mit pragmatischem Hintergrund des Überlebens und dem theoretischen der kognitiven Konstruktion der Welt. Die Perspektive, die durch den Beobachter eingenommen werden kann, ist aber keine echte realistische Perspektive, weil eine verbindliche reale Welt nicht akzeptiert wird. Es handelt sich vielmehr um eine nur temporär beziehbare Position, die kurzfristig einen Perspektivwechsel leistet, der aber nicht aus dem Idealen ausbrechen kann, wenn der Konstruktivismus radikal bleiben will. Die Beobachtungen des (immer) konstruktiv tätigen Beobachters bleiben auch immer Konstruktionen. Der Status der Beobachtungen ändert sich nicht mit der Zuschreibung einer anderen Per-

---

[188] Ibid., S. 15

[189] Allerdings bekommt es seine Informationen über nur wenige Umschaltstellen aus der sensorischen Peripherie. Fraglich ist, ob es statthaft und sinnvoll ist, das Gehirn im Wahrnehmungsprozeß soweit von Welt und auch Körper zu trennen (wie es vom Konstruktivismus getan wird), daß es als isoliertes Organ betrachtet wird.

spektive im Beobachterkonzept. Die Einbeziehungen solcher konstruierten Beobachtungen aus der Hirnforschung, die die Konstruktivität gerade belegen sollen, wird dann absurd.

Wird gegen die Radikalität eine "aufgeweichte" Form des Konstruktivismus bezogen, die eine realistische Komponente anerkennt, erscheint ein dem Hirnparadox analoger Sachverhalt. Unsere konstruierte wirkliche Welt wird - von außen gesehen - nicht von einem wirklichen, sondern von einem realen ("objektiven") Gehirn produziert. "Das reale Gehirn konstruiert die Wirklichkeit (jedes reale Gehirn je eine Wirklichkeit), in der wirkliche Umwelten, wirkliche Körper, wirkliche Gehirne vorkommen, die von wirklichen Neurobiologen untersucht werden. Auch das Gehirn, das ich wahrnehmen kann, ist nicht das reale Gehirn, sondern das wirkliche Gehirn. Die Unterscheidung der Wirklichkeit in Umwelt, Körper und Ich-Welt ist eine Entscheidung, die das reale, nicht das wirkliche Gehirn trifft."[190] Wir leben danach überwiegend in unseren kognitiven Konstrukten, die aber auf organischer Grundlage formiert wurden. Der Konstruktivismus in seiner angepaßten Form nähert sich damit ebenfalls einem parallelistischen Konzept, in dem eine konstruierte, "wirkliche" und eine reale Welt auftreten und nur durch den Beobachterstatus vermittelt werden können, der aber logisch die konstruierte, "wirkliche" Welt nicht verlassen kann.

Eine völlige Ignoranz der Realität, die im radikal-konstruktivistischen Konzept nahegelegt wird, würde der Korrespondenz widersprechen, die aus pragmatischer Sicht zwischen Welt und Subjekt erkennbar wird. "Wir müssen also annehmen, daß es ein Minimum an Korrespondenz kognitiver Ordnung mit der Ordnung der Welt gibt, sonst erscheint uns die hochgradige Stabilität von Wahrnehmungssystemen und ihr offenbarer Erfolg in Ontogenese und Phylogenese völlig rätselhaft."[191] Eben diese Stabilität und Konstanz einer Übereinstimmung von kognitiver Wirklichkeit und realer, bewußtseinsunabhängiger Welt ist charakteristisches Merkmal unserer dualistischen Intuitionen und zwingt uns regelmäßig auch wieder zum Konzept einer realen Welt zurück, der wir nur mit einer zusätzlichen realistischen Weltsicht gerecht werden können.

---

[190] Roth 1992

[191] Ibid.

C.IV.4. Funktionalismus

Der Funktionalismus konzentriert sich unter anderer Akzentsetzung ebenfalls auf den mentalen Phänomenbereich. Mentale Zustände werden bestimmt durch die kausalen Beziehungen, die sie im Verband der informationsverarbeitenden Prozesse des Organismus einnehmen. Durch ihre Position im Verhaltensgefüge werden sie funktional relevante Zustände. Entscheidend ist, daß keine Aussage gemacht wird über die Art der (physikalischen oder physischen) Realisierung dieser funktionalen Zustände. Unsere menschliche Realisation ist an unser Nervensystem gebunden, aber prinzipiell ist eine Realisierung auch technisch denkbar, etwa in einem Computer. Darüberhinaus sind funktionale Zustände auch anderen Lebewesen außer uns (und im Gedankenexperiment auch außerirdischen Lebewesen[192]) nicht grundsätzlich abzusprechen. "Kognitive Prozesse sind damit kraft ihrer funktionalen Beschreibung speziesinvariant konzipiert und können im Grundsatz durch physikalisch gänzlich verschiedenartige Systeme verwirklicht werden."[193] Insgesamt hält sich der Funktionalismus damit ontologisch neutral, die einzelnen Repräsentationen sind lediglich funktional bestimmt. "Psychological states are seen as systematically representing the world via a language of thought, and psychological processes are seen as computations involving these representations."[194]

Diese "Sprache der Gedanken" wird in sogenannten propositional attitudes formalisiert, die in einem alltagspsychologischen Sinn ganz verschiedene Gehalte von Wissen, Glauben und Wünschen repräsentieren. Sie sind Elemente in einem gedachten Netzwerk von verschiedenen propositional attitudes, die funktional aufeinander beziehbar sind. Einzelne propositional attitudes, die als mentale Repräsentationen auch Transformationen in mentalen Prozessen unterliegen können[195], werden syntaktisch durch die Stellung in ihrem Netzwerk eindeutig kausal lokalisierbar. "Functionalism guarantees that mental states are individuated by causal roles; hence by their position in the putative causal network."[196] Problematisch wird aber die Bestimmung des semantischen

---

[192] Zum Beispiel die Antipoden in: Rorty 1987, S. 85ff

[193] Carrier und Mittelstraß 1989, S. 62

[194] Fodor 1980, S. 172

[195] Fodor 1985, S. 95

[196] Ibid., S. 97

Gehaltes. Man könnte den Eindruck gewinnen, daß "the causal role of a propositional attitude mirrors the semantic role of the proposition that is its object"[197], daß also die funktionale Position im Netzwerk auch Aussagen über die Bedeutung der einzelnen Repräsentation ergibt. Insbesondere das chinesische Zimmer hat diese Annahme aber überzeugend kritisiert.[198] Der Optimismus, daß jetzt eine syntaktische Theorie zur Abbildung mentaler Vorgänge existiert, ist mit Einschränkung berechtigt, "the syntactic theory of mental operations promises a reductive account of the intelligence of thought. ... We can now imagine ... a psychology which exhibits quite complex cognitive processes as being constructed from elementary manipulations of symbols."[199] Allerdings wird die Semantik dadurch noch nicht berührt. Das Problem der Intentionalität wiederum ist aber primär ein semantisches und daher auf dem Boden des Funktionalismus nicht aufzulösen. "If RTM (Representational Theory of Mind) is true, the problem of the intentionality of the mental is largely - perhaps exhaustively - the problem of the semanticity of mental representations. But of the semanticity of mental representations we have, as things now stand, no adequate account."[200] Schwierigkeiten können sich über den fehlenden semantischen Wert hinaus auch aus der Mehrdeutigkeit mentaler Phänomene von funktionalen Zuständen ergeben. Eine bestimmte Verhaltensäußerung kann prinzipiell aus verschiedenen mentalen Erlebnissen resultieren und kann zudem interindividuell und intraindividuell variieren. Eine bestimmte funktionale, damit wieder sekundär auf bestimmte Verhaltensäußerungen ausgerichtete Rolle kann von verschiedenen mentalen Phäno-

---

[197] Ibid., S. 86

[198] John R. Searle hat dieses Gedankenexperiment folgendermaßen arrangiert. Ein des Chinesischen Unkundiger möge sich vorstellen, sich in einem Zimmer zu befinden zusammen mit Körben mit chinesischen Symbolen und einem Regelwerk, das bestimmte Symbole miteinander verbindet. Es existiert ein Kontakt zur Welt außerhalb des Zimmers derart, daß "Fragen", nämlich chinesische Symbole, in den Raum hineingereicht werden, denen nach dem vorhandenen Regelwerk bestimmte andere Symbole zugeordnet werden sollen. Nach der dem Regelwerk gemäßen Zuordnung werden Symbole als "Antworten" wieder herausgereicht. Der Nicht-Chinese arbeitet lediglich nach syntaktischen Gesichtspunkten, und nicht nach semantischen, er versteht keine seiner "Antworten", die er auf "Fragen" hinausreicht. Bei einem chinesischen Beobachter außerhalb des Zimmers wird bei geeignetem Regelwerk der Eindruck entstehen, der Insasse verstünde Chinesisch, was aber nicht der Fall ist. (Searle 1984, S. 30ff)

[199] Fodor 1985, S. 98

[200] Ibid., S. 99

menen oder Erlebnissen ausgelöst werden und erlaubt keine Rückschlüsse auf spezifische geistige Abläufe, die den Verhaltenssequenzen zugrunde gelegen haben.[201] "Der Funktionalismus scheint, mit anderen Worten, dem spezifischen Charakter von Erlebnissen nicht Rechnung tragen zu können."[202]

Über diesen semantischen Funktionalismus hinaus (der eigentlich als syntaktischer bezeichnet werden müßte) ist auch die Erweiterung des empirischen Funktionalismus diskutiert worden. Während der semantische Funktionalismus sich auf die Begriffe bezieht, die die mentalen Phänomene beschreiben und ihnen funktionale Bedeutung zuweist, richtet sich der empirische Funktionalismus auf die real existierenden mentalen Phänomene. Dabei impliziert die erste Form die zweite: wenn über mentale Phänomene funktional geredet wird, dann muß auch deren empirische Existenz sinnvollerweise vorausgesetzt werden. Diese real existierenden mentalen Phänomene aber können nur wieder auf physiologische Zustände referieren. Bezogen auf das Verhältnis von Gehirn und Geist besteht auf den ersten Blick ein Dualismus, der allerdings nicht exklusiv-ontologischer Natur nach cartesischer Manier ist. Es ist vielmehr "ein Dualismus von abstrakten funktionalen Zuständen und konkreten physiologischen Zuständen."[203] Mentale Phänomene müssen aber in diesem Dualismus nicht notwendigerweise nicht-physische Phänomene sein, sondern sind möglichst "ontologisch neutral."[204] Damit hat sich der Funktionalismus substantiell dem modernen Programm der analytischen Philosophie des Geistes angenähert, die sich um die Dekonstruktion des Mentalen als einem eigenen Substanzbereich bemüht und das Ziel verfolgt, das Mentale auf das Materielle referierbar zu machen, ohne es aber gleichzeitig darauf zu reduzieren.

Verständliche Popularität hat diese Position als eine philosophische Theorie des Geistes dadurch erfahren, daß sie eine kompatible Theorie für eine Computerphilosophie darstellt. Durch die nicht mehr zwingende hirnorganische Realisierung ist die funktionalistische Theorie auch eine Theorie für "künstlich intelligente" Phänomene, die zum Beispiel im Turing-Test opera-

---

[201] Grundsätzlich greift hier auch ein Teil der Kritik, die am Behaviorismus geübt wurde. Verhalten kann mehrdeutig sein und kann daher kein ausschließlich relevanter Parameter sein, um menschliche psychische Vorgänge zu studieren. Im Unterschied zum Behaviorismus allerdings öffnet der Funktionalismus wieder die "black box" der intrapsychischen Vorgänge.

[202] Bieri 1981, S. 51

[203] Ibid., S. 50

[204] Ibid.

tionalisierbar werden.²⁰⁵ So ist der "Funktionalismus die ´philosophy of mind´ des Computer-Zeitalters"²⁰⁶ geworden. Analog ist der Funktionalismus auch für die kognitive Psychologie interessant, die im Gefolge der Computerwissenschaft den theoretischen Ansatz der seriellen Informationsverarbeitung für die menschliche Psychologie übernommen hatte. Der Funktionalismus hat seine Diskussion damit im Verbund mit aktuellen Forschungsdisziplinen geführt und dadurch sehr an Überzeugung gewonnen. Er entzieht sich aber partiell der Diskussion, weil er keine direkte Identifizierung mentaler Phänomene mit physischen Phänomenen durchführt. Die tatsächliche Realisation der mentalen Zustände ist erst zweite Priorität und kann nach Ansicht des Funktionalismus potentiell durch ganz verschiedene physische Phänomene hergestellt werden. Diese Auffassung einer potentiell unterschiedlichen Realisation mentaler Phänomene kann eine Konsequenz aus noch zu gering auflösenden Messungen von Hirnzuständen sein, die die benötigte Diskretisierung von Hirnzuständen noch nicht bewerkstelligen können. Der Funktionalismus bleibt Arbeitshypothese. Ist die potentiell unterschiedliche Realisation mentaler Phänomene eine ontologische Aussage, würde der Funktionalismus dem Bedürfnis nach Referierung mentaler Phänomene auf physische Phänomene nicht mehr nachkommen können. Eine Referenz eines mentalen Phänomens auf ein physisches Phänomen herzustellen, würde wenig Sinn machen, wenn das mentale Phänomen genauso gut auf ein anderes physisches referieren könnte.

C.IV.5. Panpsychismus

Der Panpsychismus ist von allen vertretenen Postionen sicherlich die heute am schwierigsten nachvollziehbare. In einer idealistischen Grundausrichtung, die eindeutig dem geistigen Prinzip das Primat überläßt, wird eine Allbeseelung vorgenommen, die jeder Materieform, nicht nur Nervensystemen oder belebten Organismen, sondern auch der unbelebten Natur geistige Potenz zuweist. Gemäß der in der Einleitung vorgetragenen Systematisierung von

---

[205] Das Ergebnis einer künstlich "intelligenten" Arbeit eines Computers wird operationalisiert und ist von Turing (1950) dann als intelligent bezeichnet worden, wenn ein Mensch die künstliche Leistung nicht mehr von einer menschlichen unterscheiden kann. Ein Computer ist gemäß dem Turing-Kriterium also dann intelligent, wenn er und sein Programm einen Menschen "täuschen" können.

[206] Hastedt 1988, S. 142

Bieri kommt man zur panpsychistischen Auffassung, wenn man die Existenz zweier Phänomenwelten im intuitiven Dualismus aufrecht erhält und die mentale Verursachung von Verhalten, also das Eingreifen psychischer auf physische Phänomene, ebenso anerkennt. Die Phänomenwelten werden sozusagen auf einer Mikroebene miteinander verschmolzen und können so aufrechterhalten werden.[207] Insgesamt aber ist nur eine andere Dimensionierung vorgenommen. Die eigentliche Fragestellung, ob Physisches und Psychisches existent sind und wenn ja, in welchem Verhältnis sie zueinander stehen, bleibt zuletzt unberührt und ist durch ihre Fusion ausgeblendet. Diese moderate Form eines Panpsychismus kann einer starken Form des Panpsychismus gegenübergestellt werden, welche behauptet, daß die Körperwelt selbst psychischer Natur ist. Dann aber gibt es die physische Welt in Wirklichkeit gar nicht und wir stehen vor dem gleichen Problem wie im Idealismus. Die Wissenschaft von der realen Welt wäre ein weiteres Mal absurd geworden.

Der Panpsychismus attackiert das Prinzip der kausalen Geschlossenheit des methodologischen Physikalismus im Kern. Der Panpsychismus kann also keine empirische Theorie mehr sein und widerspricht damit in seinem Wesen allen naturwissenschaftlichen Ergebnissen. Die Folge einer Aufgabe wäre der totale Sinnverlust einer Untersuchung des Gehirns in der Hirnforschung, eine Untersuchung der kognitiven Fähigkeiten durch die Psychologie oder einer technischen Reproduktion von menschlichen "intelligenten" Fähigkeiten. Jeder Befund der empirischen Wissenschaften wäre potentiell eine Vortäuschung einer Realität, die in Wirklichkeit nicht existiert. Wissenschaftler müßten dann darauf gefaßt sein, daß jeder Befund, der nicht zu vorherigen paßt (was zu einer Modifizierung der Arbeitshypothese zwingt), nicht auf die vorher noch nicht adäquat erfaßte Realität zurückzuführen wäre, sondern eine völlig unsystematische Abweichung, die dadurch unbezwingbar bleibt, daß eine Welt (eine potentiell psychische) mit Untersuchungsmethoden (nämlich physikalisch-physiologische) behandelt wird, die ihr nicht adäquat sind. Natürlich gibt es heute noch keine geschlossene empirische, physikalistische Vorstellung vom Gehirn. Aber "dieser Mangel an empirischem Wissen ist kein Argument gegen die prinzipielle kausale Geschlossenheit der physischen

---

[207] Interessant ist eine gewisse Gemeinsamkeit zu den jüngsten Eccles'schen Entwürfen, in denen auch die kritische Schnittstelle zwischen Gehirn und Geist oder Dendronen und Psychonen soweit auf eine Mikroebene verlegt wird, bis die einzelnen Materieprozesse nicht mehr auflösbar sind und in die statistische Grauzone der Quantenmechanik eintauchen, wo plötzlich vorher ungeglaubte Phänomene und Interaktionen postuliert werden können, die nicht mehr widerlegbar sind.

Welt."[208] Nur ein Apriori-Argument wäre in der Lage, den methodologischen Physikalismus wirkungsvoll außer Kraft zu setzen, aber wie sollte ein solches Argument aussehen? Man könnte lediglich mit der psychischen Verursachung von Verhalten argumentieren, wobei das subjektiv ausgelöste Verhalten eben nicht physikalistisch-physiologisch geschlossen ist, weil es psychisch ausgelöst ist. Das aber ist die vom Interaktionismus vertretene Position. Sein Problem ist dann, die Schnittstelle zu finden und den Mechanismus zu eruieren, der die eine Welt mit der anderen in effektiven Kontakt treten läßt. In Summe ist der Panpsychismus eine indiskutable Position in dieser empirisch gestützten Untersuchung, weil er dem Wesen der Naturwissenschaft widerspricht, auf die sich die moderne Gehirn-Geist-Philosophie aber auch gerade stützen muß.

C.V. Identität von Gehirn und Geist

Die Identitätstheorie auf philosophischer Seite entspricht der Frage nach der Repräsentation mentaler Phänomene im Gehirn. Teil B der vorliegenden Arbeit hat dieses Grundproblem auf dem Hintergrund der auf ganz unterschiedlichen Beobachtungsebenen arbeitenden Hirnforschung exponiert, während im begonnenen Teil C die Gehirn-Geist-Philosophie in ihren wesentlichen Positionen dargestellt ist. Die Identitätstheorie wird im folgenden getrennt von den übrigen monistischen Positionen behandelt. Die Betrachtung der Identitätstheorie von Gehirn und Geist erfordert einige Erläuterungen. Zunächst ist eine allgemeine begriffliche Klärung vonnöten, bevor die Frage gestellt werden kann, was eigentlich identisch ist oder identifizierbar gemacht wird oder werden soll. In der Bestimmung des Gültigkeitsbereiches der Identitätsforderung und der Ebene, auf der diese Identifikation zweier Phänomene stattfinden kann, die der intuitive Dualismus als verschieden ausweist, liegt die Herausforderung der Identitätstheorie. Die Idee einer Identität bleibt Postulat, das, im wesentlichen durch die empirischen Wissenschaften, erst noch eingelöst werden muß.

---

[208] Bieri 1981, S. 8

C.V.1. Identität und Identifikation

Der Begriff des Identischen leitet sich her vom lateinischen "idem" und läßt sich mit "ein und dasselbe" übersetzen. Identität liegt dann vor, wenn zum Beispiel zwei Bezeichnungen ein und dasselbe bedeuten wie etwa die Namen Zoroaster und Zarathustra, die dieselbe Person benennen.[209] Eine Variable A ist identisch mit sich selbst, wenn A in verschiedenen Situationen und Betrachtungsweisen als dasselbe wiedererkennbar bleibt. Das Identitätsprinzip oder der Satz von der Identität verlangt, daß eine Variable A innerhalb eines Denkaktes oder einer Argumentation genau dieselbe Bedeutung behält. Dabei ist durchaus wichtig, zwischen einem empirischen Gegenstand und etwa einer Bedeutung eines Satzes zu unterscheiden. Im folgenden ist zunächst die Rede von einem Gegenstand. Ein empirischer Gegenstand kann strenggenommen nur mit sich selbst identisch sein. Zwischen verschiedenen empirischen Dingen kann nur Ähnlichkeit, also Übereinstimmung in einigen wesentlichen Merkmalen, oder höchstens Gleichheit, also Übereinstimmung in allen wesentlichen Merkmalen, bestehen, aber keine Identität, weil es zwei unterschiedliche Dinge bleiben, selbst wenn sie nicht sicher unterscheidbar voneinander sind.[210]

Die Identifikation als Derivat der beiden lateinischen Vokabeln "idem" (dasselbe) und "facere" (machen) kann mit "Gleichsetzung" übersetzt werden und beschreibt einen Vorgang oder Denkakt, während dessen Begriffe oder Gegenstände als ein und dieselben erkannt werden. Auch hier gilt sinngemäß Ähnliches. Die Identifikation beschreibt den aktiven Prozeß, in dem ein Identisches als solches erkannt wird. Soll ein Gegenstand identisch "gemacht", also identifiziert werden, so kann er bei strenger Definition wiederum nur identisch mit sich selbst sein. Eine solche Beurteilung ist aber nur dann möglich, wenn der Gegenstand bis zur Identifizierung der Beobachtung zugänglich gewesen ist, also nicht nur zeitlich, sondern auch räumlich zu verfolgen war. Nur wenn so seine raum-zeitliche Kontinuität und damit seine Identität mit sich selbst gewahrt ist, ist eine Identifikation im strengen Sinne möglich. Andernfalls könnte der Gegenstand ausgewechselt worden sein durch einen maximal gleich aussehenden, also durch den gleichen, der aber nicht mehr derselbe, nicht mehr identisch mit dem ersten wäre. Eine Identität eines Ge-

---

[209] Hoffmeister, "Wörterbuch der Philosophischen Begriffe", 1955

[210] In der deutschen Sprache wird dieser Unterschied durch die Unterscheidung von "dasselbe" im Sinne einer Identität und "das gleiche" im Sinne der Zugehörigkeit zu einer größeren Serie nicht unterscheidbarer Elemente zum Ausdruck gebracht.

genstandes ist also solange auch im logischen Sinne unzweifelhaft, solange räumlich und zeitlich Kontinuität in der Beobachtung gewahrt ist. Wird aber eine räumliche oder zeitliche Distanz zwischen zwei Phänomenen, die zur Identifizierbarkeit anstehen, aufgeworfen, bleibt eine Identifizierung oder Identität nicht mehr trivial. Wird ein Gegenstand in eine andere räumliche Umgebung gesetzt, müssen Kriterien zu seiner Identifizierbarkeit definiert werden. Entweder ist die Umsetzung beobachtet worden und es kann eine Kontinuität konstatiert werden, oder es lassen sich bestimmte Charakteristika des Gegenstandes wiedererkennen, die seine Einmaligkeit ausweisen. Ähnlich verhält es sich mit zeitlichen Verschiebungen. Eine verfolgte Kontinuität oder einmalige Attribute des zu identifizierenden Phänomens erlauben eine sichere Identifizierung mit sich selbst, während eine Unterbrechung oder ein Sprung in der Beobachtung bereits Schwierigkeiten aufwirft.[211]

Geht es aber um unterschiedliche Phänomene wie zum Beispiel Personen und ihre politischen Überzeugungen, wird eine viel weniger klare Begrifflichkeit von Identität akzeptiert, die auf den ersten Blick eher der oben erläuterten Begrifflichkeit von Gleichheit und Ähnlichkeit entspricht. Danach kann sich ein Schauspieler mit seiner Rolle identifizieren, ein Politiker mit seiner Überzeugung. Dabei wird nur noch Ähnlichkeitskriterien Genüge getan, indem ein Bündel von Eigenschaften etwa eine Theater-Rolle oder eine politische Überzeugung eine konsistente Einbindung in die Person des Schauspielers oder des Politikers erlauben. Es treten nicht nur verschiedene Individuen einer vergleichbaren Klasse zur Identifikation an, sondern kategorial verschiedene

---

[211] Grundsätzlich ist natürlich einzuwenden, daß eine räumliche oder zeitliche Änderung eines Phänomens im engen Sinn auch das Phänomen selbst verändert, es kann zum einen im Hinblick auf die subatomare Struktur abgehoben werden, die sich gemäß der statistisch erfaßbaren Quantenmechanik nicht exakt vorhersagen läßt und ständig in Änderung befindlich ist. Auch können etwa unterschiedliche Tageszeiten unseren Gegenstand anders beleuchten und ihm so einen anderen Aspekt verleihen. Des weiteren könnte argumentiert werden, daß auch wir selbst einem kontinuierlichen Bewußtseinsstrom, der sich ändern kann, unterworfen sind und dadurch auch das Bild des Gegenstandes einer ständigen Modifikation ausgesetzt ist. Eine sich verändernde räumliche Umgebung oder andere zeitliche Umstände schaffen streng genommen auch unterschiedliche Phänomene. Ein solcher Einwand ist aber wenig praktikabel. Er läßt sich leicht dadurch ad absurdum führen, daß danach kein beobachtbares Phänomen mit sich selbst identisch sein kann, weil sich seine Raum-Zeit-Bedingungen (zwangsläufig) geändert haben. Der Begriff der Identität wäre aber so wenig hilfreich. Es müssen also praktikable Operationalisierungen vorgenommen werden, es müssen Kriterien gefunden werden für einzelne Phänomene, deren Identität bestimmt werden soll.

Phänomene wie ein Mensch und seine Überzeugung. Offenbar ist also der weithin benutzte umgangssprachliche Begriff der Identität im Vergleich zu seiner engen logischen Bedeutung deutlich erweitert und wird auch unter weniger strengen Bedingungen akzeptiert. Was ist aber hier die Berechtigung, die uns von Identität sprechen läßt? Wird wirklich jeder mögliche Unterschied (etwa der Unterschied von "Heinrich-Heine-Universität am 12.9.92 um 8.50 Uhr" und "Heinrich-Heine-Universität am 12.9.92 um 8.51 Uhr") als Verlust der Identifizierbarkeit betrachtet, weil sich ein Aspekt der zu beurteilenden Entität geändert hat, ist Identität kein sinnvolles Konzept mehr und verliert seinen konstruktiven Charakter. Identität wäre unter diesen Umständen nur in wenigen Ausnahmefällen konstatierbar und dann aussagelos.

Eine andere Situation ergibt sich, wenn man mit Sätzen über Gegenstände, anstatt mit den Gegenständen selbst, operiert. Ihre Handhabung erfordert eine Erweiterung des Gültigkeitsbereiches des Leibniz'schen Ununterscheidbarkeitsprinzips (principium identitatis indiscernibilium). Sätze über Gegenstände sind nur intensional identisch mit empirischen Gegenständen, trotzdem aber sinnvoll mit ihnen "identifizierbar". Carrier und Mittelstraß machen sich zum Sprachrohr dieser "allgemeinen Auffassung" und formulieren den erweiterten Gültigkeitsbereich des Leibniz-Prinzips, indem sie die Identifikation von Sätzen auf ihre Extension beschränken.[212] Es ist dann ausreichend, wenn zum Beispiel Sätze, die einer Identitätsprüfung unterzogen werden, eine gleiche Extension haben, also eine gleiche Referenz besitzen, auf die sie sich beziehen. Die Intension dagegen, der Inhalt des Satzes, ist nicht als notwendiges Kriterium eingeschlossen, um die Gültigkeit des Leibniz-Prinzips festzulegen. Der Abendstern ist extensional identisch mit dem Morgenstern, obwohl beide unterschiedliche intensionale Bedeutungsgehalte haben können. So verstanden, entspricht das Leibniz-Prinzip auch weitgehend der umgangssprachlichen Verwendung des Identitätsbegriffs und ist zuletzt auch für die Gehirn-Geist-Identität nützlich. Es wird eine Identifizierung auch bei der Prüfung von Sätzen aus beiden verschiedenen Phänomenbereichen möglich, solange sie sich auf dieselbe Referenz beziehen.

Unter Verwendung eines solchen im Gültigkeitsbereich erweiterten Leibniz-Prinzips sind verschiedene Typen der Identifikation unterscheidbar. Es kann zum einen eine Identifikation zweier empirischer Entitäten vorgenommen werden, zum Beispiel die Beobachtung, daß der erste Stern, den man abends sieht und der letzte Stern, den man morgens noch sieht, ein und derselbe sind, daß sich beide Phänomene auf eine Referenz beziehen. Weiterhin

---

[212] Carrier und Mittelstraß 1989, S. 85

kann ein empirisch beobachtbares Phänomen mit einem theoretisch postulierten identifiziert werden. So ist es zwar nicht dieselbe Bedeutung, wenn wir von einem Blitz einerseits und von einer elektrostatischen Entladung andererseits sprechen, beide Äußerungen beziehen sich aber auf die gleiche Referenz.[213] Schließlich kann ein funktional beschriebenes Phänomen als ein inhaltlich spezifiziertes, empirisch belegbares Phänomen identifiziert werden in einer Art, in der zum Beispiel die Gene als Funktionsträger postuliert wurden, bevor die DNS-Moleküle als ihr molekulares Substrat bekannt waren. Eine Identifikation in der Wissenschaft kann also durchaus mit einer Reduktion der Theorie eines Phänomens auf die Theorie eines anderen verbunden sein.

Es bleibt die Forderung nach Operationalisierung des Identifikationsprozesses, nach der möglichen Bildung eines Kriterienkatalogs, auf dessen Grundlage bestimmte Phänomene identifizierbar gemacht werden können. Ganz unverzichtbar ist eine räumliche und zeitliche Kontinuität beziehungsweise Vergleichbarkeit, auf deren Grundlage eine Korrelation verschiedener Phänomene vorgenommen wird. Eine solche Korrelation ist zunächst nur eine empirisch-phänomenologische Bestandsaufnahme. Das Idealmodell umfaßt dabei nomologische Korrelationen, die als Regelwerk zu einem Modell zusammengenommen werden können. Die Identitätsforderung ist das ontologische Postulat, nachdem gedanklich, methodologisch und empirisch die Bearbeitung dieses Regelwerkes von Korrelationen sichergestellt ist. Die korrelierten Phänomene werden nach dem Identitätspostulat ein und dieselben und schaffen einen Informationsgehalt, der aus der Korrelation allein nicht ableitbar ist. Die Motivation zu einem solchen Übergang in eine ontologisch postulierte Identität führt zur Identitätstheorie in der Gehirn-Geist-Philosophie.

C.V.2. *Postulat einer Identität von Gehirn und Geist*

Die Identitätstheorie in der Gehirn-Geist-Philosophie bemüht sich um eine methodologisch regelhafte und regelmäßige Korrelierbarkeit von mentalen Phänomenen und neuralen Phänomenen im Sinne einer "Abbildung des Gei-

---

[213] Bezüglich der Repräsentation zweier Sätze über den Blitz als psychologisches Phänomen oder künstlerisches Ausdrucksmittel und über den Blitz als elektrostatische Entladung oder naturwissenschaftliches Phänomen in unserem Gehirn ist als Fußnote übrigens zu vermuten, daß sie im Gehirn gerade nicht dieselbe Referenzstruktur haben, also wahrscheinlich unterschiedlich im Gehirn repräsentiert werden.

stes auf das Gehirn"[214] mit dem gleichzeitigen Postulat der ontologischen Identität von mentalen und neuralen Phänomenen. Auf der Basis des erweiterten Gültigkeitsbereiches des Leibniz-Prinzips besagt die Identitätstheorie von Gehirn und Geist, "daß die Zuschreibung eines Erlebnisses denselben Bezug hat wie die Zuschreibung eines gewissen neuralen Zustandes."[215] Die Motivation leitet sich aus der klassischen Diskussion her, die auf der Inkompatibilität des intuitiven Dualismus, der mentalen Verhaltensverursachung und des methodologischen Physikalismus beruhte. Die Identitätsthese ist als einzige Position in der Lage, potentiell eine "Auflösung des traditionellen Leib-Seele-Problems"[216] zu erwirken. Eine Identität, die beide Phänomenbereiche als semantisch unterschiedlich, also als Phänomenbereiche, die nichtreduktionistisch unterschiedliche Bedeutungen haben können, aufrechterhält, entspricht dem intuitiven Dualismus, der allerdings nur methodologisch, und nicht ontologisch manifestiert wird. Eine Identifizierung mentaler Phänomene auf materieller Grundlage ist darüberhinaus gut vereinbar mit mentaler Verhaltensverursachung, die jetzt innerhalb des materiellen Phänomenbereichs wirksam wird und damit zuletzt auch nicht dem methodologischen Physikalismus widerspricht, der eine kausal geschlossene Welt etwa gegenüber ontologisch dualistischen Positionen einklagt. Die Identitätsthese ist aus dieser Sicht heraus das plausibelste Konzept zum Verhältnis von Gehirn und Geist. Es nimmt daher nicht wunder, daß auch die Tradition der Hirnforschung derartig monistisch geprägt ist.[217] Diese Intuition "sagt einfach, daß es ein identisches Ding ist, das uns psychologisch als Seele und physiologisch als

---

[214] Bunge und Ardila 1990, S. 248

[215] Lewis, "An argument for the identity theory" (Original 1966), in: Lewis 1989. Diese Grundlage nutzt auch Globus (1972) zur Formulierung seiner Identitätsthese.

[216] Bieri 1981, S. 40

[217] Die Identitätsthese scheint der Favorit der Hirnforscher und Nervenärzte um die Jahrhundertwende gewesen zu sein bei der Klärung des Verhältnisses von Gehirn und Geist zueinander. Im Gegensatz dazu scheint heute aus neurologischer Sicht eher ein Parallelismus erster Kandidat zu sein. Diese offensichtlich historische Bedingtheit in der Konzeptbildung der Hirnforschung, die über das Grundproblem der Hirnforschung, die Bemühung um eine Lokalisation, hinausgeht und eher spekulativen Charakter trägt, ist ein interessanter Aspekt. Offenbar wurde damals die Identitätsthese von optimistischen Erwartungen über die Fortschritte der Hirnforschung getragen, während die Ergebnisse in den folgenden Jahrzehnten eher ernüchtert hatten. Demnach würden wir uns heute wieder in einer optimistischen Phase des Aufschwungs befinden, die uns heute wieder mit einem Identitätstheorem sympathisieren lassen kann.

Neurokym erscheint."[218] Das Neurokym ist dabei ein diffuser Begriff, der wörtlich mit "Nervenwelle" übersetzt werden kann und für die Gesamtheit neuronaler Aktivität in einem Nervensystem steht. Zweifellos ist auch heute noch "das Gehirn das große Zentrum der Seelentätigkeit wie das mächtigste Zentrum aller Nerventätigkeit"[219]. Insofern ist die Spekulation zur Identität durchaus gerechtfertigt: "Gibt es etwas einfacheres als: Ein bestimmter Komplex von Großhirnfunktionen wird von außen und von innen gesehen, wir nennen ihn Psyche."[220] Es ist offenbar ebenso eine Form der Intuition denkbar, die nicht dualistisch, sondern primär monistisch orientiert ist. Darin sind Geist und Gehirn untrennbar miteinander verknüpft. Eine funktionalistische Auskopplung von formalen Repräsentationsversuchen geistiger Inhalte erscheint dann absurd. "Man kann so wenig ein lebendes Gehirn ohne Seele als eine Seele ohne Gehirn für sich darstellen. Was das Gehirn zerstört, zerstört die Seele, und was die Gehirntätigkeit stört, stört entsprechend die Seelentätigkeit. Unsere Seele und unser Großhirnneurokym sind so untrennbar voneinander wie die gesehene Stimmgabelschwingung von der gefühlten; sie entsprechen also dem gleichen reellen Ding."[221] Programmatisch kann es also schließlich keinen Zweifel mehr geben, worum es geht: "Wir sehen also klar, wie wir das Verhältnis der Seele zum lebenden Gehirn aufzufassen haben. Beide sind in Wirklichkeit eins."[222]

Historisch wird diese Haltung der Identitätstheorie durch den Aspektdualismus spinozistischer Prägung vorbereitet, der im Grunde genommen schon eine Variante der Identitätsthese formuliert hat. Der Aspektdualismus geht von einer Zweischichtigkeit des Verhältnisses von Gehirn und Bewußtsein aus, die nur als unterschiedliche Erscheinungsform einer Ur-Sache auftreten. Leib und Seele sind also beide gleichermaßen Aspekte der Wirklichkeit. Die

---

[218] Forel 1918, S. 83

[219] Ibid., S. 71. Bei aufmerksamem Lesen bleibt noch ein leises Unbehagen bei der Unterscheidung von Nerventätigkeit und Seelentätigkeit, für die das Gehirn einmal das mächtigste, das andere Mal nur ein großes Zentrum ist.

[220] Bleuler 1932, S. XI

[221] Forel 1918, S. 85. Historisch ist zu bemerken, daß zum Zeitpunkt dieser Intuitionen die Entwicklung des Computers noch nicht in Sicht war, so daß rein funktionalistische Betrachtungen keine Berechtigung hatten. Dafür erleben wir hier noch die unverstellte Sicht auf das traditionelle Leib-Seele-Problem, in dem Geist und Gehirn untrennbar miteinander verbunden sind.

[222] Ibid., S. 87

eine Ur-Sache kann sich auf zwei verschiedene Arten in der Wirklichkeit zeigen. "Una, eademque est res, sed duobus modis expressa."[223] So teilt Spinoza (1632-1676) zwar noch ausdrücklich zwischen einer substantia cogitans und einer substantia extensa, die wir mit Bewußtsein und Gehirn übersetzen können. Allerdings stehen diese substantiae nicht als grundsätzlich wesensverschiedene Substanzen nebeneinander und müssen über wie auch immer definierte Schnittstellen ontologisch in eine Wechsel- oder Kausalwirkung zueinander treten, sondern sie können tatsächlich als eine Ur-Substanz angesehen werden, die nur bald unter diesem psychischen, bald unter jenem physischen Attribut geführt und behandelt wird: "consequenter quod substantia cogitans, & substantia extensa una, eademque est substantia, quae iam sub hoc, iam sub illo attributo comprehenditur."[224] So kann er als propositio VII zusammenfassen und damit wesentlich einen Aspektdualismus oder neutralen Monismus in Bezug auf das Verhältnis von Gehirn und Geist bezeichnen: "Ordo, & et connexio idearum idem est, ac ordo, & connexio rerum."[225] Modern formuliert Pribram diese aspektdualistische Sicht: "The mental and material conceptualizations have different properties even though they initially arise from the self-same experiences. I suggest that this is the origin of dualism and accounts for it. The duality expressed is of conceptual procedures, not of any basic duality in nature."[226]

In der analytischen Philosophie des Geistes ist die Identitätstheorie als eine populäre und plausible These neben dem eliminativen und funktionalen Materialismus reformuliert worden. Mentale Phänomene sind ein und dieselben Phänomene wie bestimmte Hirnzustände. Sie sind faktisch, also ontologisch identisch. Identifizierbar können aber nur die Extensionen von Sätzen über Gegenstände oder Sachverhalte sein. Die Intension, also die Bedeutung der Sätze über Gehirn und Geist, ist unterschiedlich, die Extension aber, also die Referenz, auf die sich die Sätze beziehen, ist kongruent. Die epistemologischen Dimensionen von Aussagen über mentale oder neurale Phänomene sind

---

[223] Spinoza, "Ethica (II. De Natura & Origine MENTIS)", S.90

[224] Ibid.

[225] Ibid., S. 89. Dabei kann hier kritisch hinterfragt werden, wie unter solchen Bedingungen Irrtum möglich ist, wenn die Ordnung und Struktur der Ideen die gleiche ist wie die Ordnung und Struktur der real existierenden Dinge, wie Spinoza vorgibt. Interpretiert man unter den Belangen der Gehirn-Geist-Philosophie mentale und physische Phänomene als die beiden Substanzen, dann ist Irrtum allerdings möglich.

[226] Pribram 1986

nicht deckungsgleich, der Bedeutungsgehalt in aller Regel unterschiedlich.[227] Dagegen beziehen sie sich ontologisch gesehen auf ein und dasselbe, dieselbe Referenzstruktur. Schlick führt aus, daß das Weiß des Papiers weder in der Materie des Papiers zu finden sei, noch in seinem Gehirn, "weil sich eben in dem physikalischen Objekt "Gehirn" nichts anderes vorfinden läßt als physikalische Hirnprozesse"[228], und doch ist das Weiß eine unbestreitbare Realität. Dieser Aspekt entspricht der Leibniz'schen Anmerkung, daß man in einem riesigen, begehbaren Gehirn zwar alle Hirnvorgänge, nicht aber auch nur einen einzigen Gedanken finden könne.[229] Wiederum kann darauf mit der Trennung von Intension und Extension eines Satzes über einen Hirnzustand oder einen Gedanken reagiert werden. Natürlich findet man keinen Gedanken als solchen im Gehirn, weil er semantisch nur innerhalb einer psychischen Phänomenwelt Bedeutung gewinnt und damit Gedanke wird. Im Gehirn findet man nur Hirnvorgänge, aber die Gedanken beziehen sich auf die Hirnvorgänge als ihre materielle Grundlage, sie sind mit ihnen ko-extensiv. In anderen Worten bedeutet das, "daß eine und dieselbe Wirklichkeit - nämlich die unmittelbar erlebte - sowohl durch psychologische wie durch physikalische Begriffe bezeichnet werden kann."[230] Zur Beschreibung der einen Wirklichkeit führt Schlick daneben die Verwendung eines parallelistischen Begriffsapparates ein, der die beiden Bedeutungsräume der intensional verschiedenen Phänomenbereiche handhabbar machen kann. Ein solcher phänomenaler Parallelismus des Aspekts widerspricht nicht einer ontologischen Identität.

Herbert Feigl ist der erste gewesen, der eine Identitätstheorie in der modernen Tradition der analytischen Philosophie des Geistes wieder formuliert hat. In "The 'Mental' and the 'Physical'" (1958) vertritt er eine nichtreduktionistische Typ-zu-Typ-Identitätstheorie, "the states of direct experience which conscious human beings 'live through', ... are identical with certain (presumably configurational) aspects of the neural processes in those

---

[227] Es macht natürlich keinen Sinn, etwa von einem traurigen neuronalen Entladungsmuster zu sprechen, worauf Rorty aufmerksam macht. Allerdings folgt daraus andererseits nicht zwangsläufig ein ontologischer Dualismus zwischen Gehirn und Geist. "Ein neurales System kann nicht getrübt sein, ein Bewußtsein kann es. Also kann das Bewußtsein, so folgern wir, nicht ein neurales System sein." (Rorty 1987, S. 102)

[228] Schlick, "Allgemeine Erkenntnislehre" (Original 1925), S. 339f

[229] Leibniz, "Monadologie", § 17

[230] Schlick, "Allgemeine Erkenntnislehre" (Original 1925), S. 347

organisms"[231]. Praktisch hieße das, eine genügend große Sachkenntnis über das Nervensystem zusammen mit gültigen Vorstellungen zur Verknüpfung mentaler und physischer Phänomene würde verläßlich einen bestimmten mentalen Zustand bei bekanntem neuronalen Zustand vorhersagen können. "If we had completely adequate and detailed knowledge of the neural processes in human brains, and the knowledge of the one-one, or at least one-many-Φ-Ψ correlation laws, then a description of a neural state would be completely reliable evidence (or a genuine criterion) for the occurence of the corresponding mental state."[232] Den Vorgang der Identifikation charakterisiert Feigl ebenfalls als die Bestimmung der Ko-Extensivität, also Identifikation gemäß dem Leibniz-Prinzip, das in seinem Gültigkeitsbereich erweitert worden ist gegenüber einer streng logischen Formulierung, indem es lediglich durch das oben beschriebene Extensionskriterium bestimmt wird. Damit wird insbesondere die Identifikation von mentalen und physischen Phänomenen möglich.[233] Die Identifikation wird also durch die Bestimmung einer extensionalen Äquivalenz geleistet, in der beide Phänomene dieselbe Referenz haben oder wie Feigl sagt, dieselbe extensionale Implikation.[234] Feigl weist dabei ausdrücklich einen Aspektdualismus, wie er von Spinoza vorgeschlagen wurde, zurück. Die These eines Aspektdualismus impliziert die Existenz einer Ur-Substanz, von der zwei Aspekte existieren, die Frage richtet sich also auf die Natur dieser Ur-Substanz, die Spinoza als eigene Entität ja tatsächlich suggeriert und damit ein geheimnisvolles tertium quid einführt. Rorty macht eine ähnliche kritische Anmerkung und fragt "Zwei Aspekte wovon?"[235]. Ich denke aber, es muß kein tertium quid geben, um eine aspektdualistische Position akzeptieren zu können, solange beide Erscheinungen sich klar koextensiv verhalten. Nach ihrer philosophischen Exposition ist die Akzeptanz dieser Position eine Aufgabe für die empirischen Wissenschaften geworden, "a matter for the future progress of psychophysiological research"[236].

In der gleichen Weise wie Feigl argumentiert später Smart, als dessen Ergänzung er sich versteht. "All that I am saying is that ´experience´ and

---

[231] Feigl 1967, S. 79

[232] Ibid., S. 63

[233] Ibid., S. 75ff

[234] Ibid., S. 81

[235] Rorty 1987, S. 28

[236] Feigl 1967, S. 90

'brain-process' may in fact refer to the same thing"[237]. Es geht Smart ebenfalls um eine Identifizierbarkeit von mentalen und physischen Phänomenen über das Werkzeug der Ko-Extensionalität beider Phänomene. Die Referenz, also das, auf was sich beide beziehen, ist dasselbe. Mentale Phänomene werden spezifiziert als Erfahrung oder eine Aussage über eine sensorische Wahrnehmung: "All it claims is that in so far as a sensation statement is a report of something, that something is in fact a brain process."[238] Nach der Analyse von Hastedt geht Smart aber noch einen Schritt weiter in die materialistische Richtung, indem er eine "materialistische Metaphysik" vertritt, wonach die Mechanismen, nach denen der Mensch strukturiert ist, sich durch nichts von den Mechanismen einer Maschine unterscheiden.[239] Eine solche Variante der Identitätstheorie ist gefährlich, weil sie doch sehr in die Nähe des Materialismus rückt. Wäre der Mensch eine solche Maschine, wäre es offenbar sinnlos, von mentalen Phänomenen zu reden, die dann maschinell reduzierbar wären, eben nur Aspekte einer Maschine ohne Anspruch auf eine eigene Wirklichkeit.[240]

Als ein weiterer Vertreter der Identitätstheorie führt David Lewis seine "Argumentation für die Identitätstheorie" folgendermaßen ein: "Die Theorie der Identität von Körper und Geist ist die Hypothese, daß - nicht notwendigerweise, sondern faktisch - jedes Erlebnis mit irgendeinem physischen Zustand identisch ist; und zwar mit einem neurochemischen Zustand."[241] Zustände werden dabei in einer Typ-zu-Typ-Identität als Universalien aufgefaßt,

---

[237] Smart, "Sensations and brain processes" (Original 1959), in: Chappell 1981

[238] Ibid.

[239] Hastedt 1988, S. 110. Die sogenannten australischen Materialisten Place und Armstrong nehmen vergleichbare Positionen ein, in denen die Identitätstheorie als eine wissenschaftliche Hypothese der Philosophie bezeichnet wird (Dazu auch Hastedt 1988, S. 110 ff; Smart 1963, 1981; Place 1956; Armstrong 1968).

[240] Eine solche Bewertung ist nicht unproblematisch. Man kann andererseits auch argumentieren, daß gerade auch die Identitätsthese eine solche reduktionistische These ist insofern, als mentale Phänomene ontologisch reduziert werden auf physische Phänomene. Nichts anderes behauptet der Materialismus, allerdings mit dem entscheidenden Unterschied, daß der mentale Bereich gänzlich eliminiert ist oder eliminiert werden muß. Inwiefern Maschinen eine mentale Welt zusteht oder nicht, ist bis heute ungeklärt.

[241] Lewis, "An argument for the identity theory" (Original 1966), in: Lewis 1989.

nicht nur als einzelne Erlebnisse[242] oder Ereignisse. "Die Identitätstheorie besagt, daß die Zuschreibung eines Erlebnisses denselben Bezug hat wie die Zuschreibung eines gewissen neuralen Zustands: Beide beziehen sich gleichermaßen auf die neuralen Zustände, die Erlebnisse sind." Aber: "Sie besagt nicht, daß diese Zuschreibungen dieselbe Bedeutung haben. Sie haben nicht dieselbe Bedeutung."[243] Diese bereits bekannte Divergenz von Intension und Extension kommt dadurch zustande, daß zwar faktisch Erlebnis und neuraler Zustand als verschiedene Zuschreibungsformen eines Zustandes formuliert werden, sie sich aber durch unterschiedliche Zuschreibungs-"Mechanismen" unterscheiden. Während nämlich Erlebnisse sich durch ihre kausale Rolle auf den Zustand beziehen, beziehen sich neurale Zustände auf den entsprechenden Zustand durch Detailbeschreibung des Zustandes. Lewis versucht mit dieser Erklärung dem Einwand zu entkommen, Zuschreibungen eines Erlebnisses und Beschreibungen von neuralen Zuständen könnten nicht identisch sein, weil sie nicht synonym gebraucht werden können. Sie sind eben deshalb nicht synonym, weil sie dem Zustand auf unterschiedlichen Ebenen entsprechende Zuschreibungen zuweisen.

Die Rohdaten der Identitätstheorie können nur aus einem empirisch zu erstellenden Katalog von Regelwerken zu nomologischen Korrelationen von mentalen und neuralen Phänomenen zueinander stammen. Für jedes Auftreten eines mentalen Zustandes ist die Existenz eines neuralen Zustandes gefordert, so daß Formulierungen der folgenden Form entstehen würden: "Für jede mentale Kategorie M gibt es eine physische Kategorie P, so daß in einem Menschen zu einem Zeitpunkt t ein M-Phänomen dann und nur dann auftritt, wenn in ihm ein P-Phänomen zum Zeitpunkt t auftritt, und diese Äquivalenz ist nomologisch."[244] In diese Formulierung gehen allerdings mehrere Aspekte ein, die gründlicher durchgesehen werden müssen. Es wird in Abgrenzung zum Funktionalismus die Zuordnungsfähigkeit von einem psychischen Zustand zu genau einem Hirnzustand gefordert. Zu unterscheiden sind dabei zunächst zwei verschiedene, unterschiedlich starke Formen der Identitätstheorie, die auch als Typ-zu-Typ-Identität oder genereller Physikalismus und

---

[242] Der Begriff "Erlebnis" wird von Lewis verwandt als Ausdruck für mentale oder psychische Phänomene, während physische Phänomene als "neurale Zustände" bezeichnet werden. Das, worauf sich sowohl Zuschreibungen von Erlebnissen als auch Zuschreibungen von neuralen Zuständen beziehen, also gewissermaßen das tertium comparationis in der Identitätstheorie, bezeichnet Lewis als "Zustand".

[243] Lewis, "An argument for the identity theory" (Original 1966), in: Lewis 1989.

[244] Goodmann, "Fact, fiction and forecast" (Original 1955), zit. n. Bieri, S. 36

Ereignis-zu-Ereignis-Identität oder partikulärer Physikalismus bezeichnet werden (Kapitel C.V.4.).

Insgesamt stellt die Identitätsthese die plausibelste Lösung dar. Sie ist die einzige Position, die nach der Bieri'schen Analyse, die in der Einleitung referiert ist, mit den Forderungen nach Erhalt des intuitiven Dualismus, der mentalen Verhaltensverursachung und des methodologischen Physikalismus in Einklang zu bringen ist. Im Rahmen des wissenschaftlichen Realismus ist insbesondere die Konservierung des Kausalprinzips von Bedeutung, das mentale Zustände in der realen physischen Welt wirksam werden lassen kann. "Nehmen wir an, ein mentales Ereignis m habe ein physikalisches Ereignis p verursacht; m und p müssen dann unter irgendeiner Beschreibung ein strenges Gesetz instantiieren. Dieses Gesetz kann ... nur ein physikalisches sein. Fällt m jedoch unter ein physikalisches Gesetz, so gibt es von m eine physikalische Beschreibung; m ist demnach ein physikalisches Ereignis."[245] Die Identitätstheorie muß und darf allerdings nicht bis zu einer totalen Selbstaufgabe, die im eliminativen Materialismus enden würde, mentale Phänomene physikalisieren. Werden andererseits beide Phänomenbereiche aufrecht erhalten, stellt sich die auf der Suche nach der geeigneten Identifikationsebene die Frage nach dem eigentlichen "Träger der Identitätsbehauptung"[246], also den Gegenständen, Zuständen, Sätzen oder Phänomenen, die identifiziert und als identisch charakterisiert werden sollen. In diesem Zusammenhang ist es von Relevanz, ob es sich bei der Identitätsbehauptung um eine Identität handelt, die nur Einzelphänomene identifiziert oder ob ganze Klassen von Ereignissen ineinander überführbar sind, ob es also so etwas wie Geist- und Gehirnuniversalien gibt. Dieser Dualismus, der in der Identitätsthese zwar de-ontologisiert ist im Sinne von zwei Substanzbereichen, aber dennoch als ein methodologischer Dualismus bestehen bleibt, indem er innerhalb zweier Phänomenbereiche intensional verschiedene Aussagensysteme behandelt, bleibt auch in der Diskussion der Identitätsthese noch anstößig. Es bleibt nämlich die Identitätsthese gefordert, nun wiederum die Einheit einer phänomenalen Verschiedenheit zu erläutern, sie muß sich also gegen den Dualismus verteidigen einerseits. Andererseits muß sie sich gegen einen harten eliminativen Materialismus durchsetzen, der bei der formulierten Einheit auf materieller Grundlage nach der Berechtigung fragt, mentale Phänomene überhaupt noch als eigenständige Entität zu betrachten, wenn sie schon physikalisch erklärbar geworden sind. Mindestens eines dieser Probleme, nämlich das Lokalisationspro-

---

[245] Davidson, "Mental events" (Original 1970), in: Bieri 1981

[246] Hastedt 1988, S. 114

blem fällt klar in den Zuständigkeitsbereich der empirischen Wissenschaften und begründet die Unternehmung der vorliegenden Arbeit. Die Identitätsthese steht also unter empirischer Beweislast, mentale Phänomene im Gehirn zu verorten. Diese Frage ist weniger eine philosophische, als vielmehr eine interdisziplinär angelegte Fragestellung, die eine Konvergenz von Hirnforschung und Gehirn-Geist-Philosophie demonstriert. Die erwähnten Problembereiche sollen im folgenden skizziert werden.

C.V.3. Das Identifikationsproblem

Nach der Exposition der eigentlichen Identitätsthese komme ich noch einmal zurück zum Identifikationsvorgang und es muß noch einmal die Frage gestellt werden, was wird eigentlich womit identifiziert, auf welcher Ebene also wird identifiziert? Wer oder was ist Träger der Identitätsbehauptung?

Ausgehend von unserem intuitiven Dualismus empfinden wir einen Gedanken und einen Gehirnzustand als durchaus unterschiedlich. Es ist absurd, einen Gedanken selbst mit einem Hirnzustand selbst identifizieren zu wollen, weil es sich doch offenbar um ganz unterschiedliche Phänomene handelt, und zwar um Phänomene, die der intuitive Dualismus berechtigterweise beschreibt und die die Identitätsthese konzeptionell retten will. Geht man von einer eingangs formulierten strengen Identitätsdefinition aus, die eine Kontinuität eines Dinges mit sich selbst fordert, ist das allerdings nicht denkbar.[247] "Eine Identitätsbehauptung von Geist und Körper, die überhaupt Chancen einer Plausibilität haben soll, darf also nicht Geist und Körper als Dinge miteinander identifizieren."[248] Das können wir auch gar nicht. Wir müssen unsere zu identifizierenden Phänomene rekonstruieren und sie als Zustände oder Phänomene formulieren, über die wir Sätze aussagen können. Legen wir dann den Gültigkeitsbereich des principium identitatis indiscernibilium lediglich auf Extensionen und nicht auf Intensionen fest, was im wesentlichen der Rekonstruktion der zu identifizierenden Phänomene nicht mehr als Dinge, sondern als Zustände bzw. als Sätze über Zustände gleichkommt, sind wir einen er-

---

[247] Wie wir gesehen haben, ist aber das Identitätskonzept im streng logischen Sinne nur eine Identität, die ein Gegenstand mit sich selbst gemeinsam haben kann, der einer kontinuierlichen Beobachtung vorgelegen hat. Eine solche Identität erweist sich aber als unfähig, in unserem praktischen Leben überhaupt einen Nutzen zu haben, sie wäre nicht praktikabel.

[248] Hastedt 1988, S. 116

heblichen Schritt weiter. Wir könnten Sätze mit verschiedener Intension, also Bedeutung, über mentale Phänomene und physische Phänomene äußern, sie aber über dieselbe Extension, also die Referenz oder das, worauf sie sich beziehen, identifizieren. Es werden dann Sätze über den Morgenstern und Sätze über den Abendstern miteinander identifizierbar, weil sie sich auf dieselbe Referenzstruktur beziehen, obwohl die Sätze unterschiedliche Bedeutungsinhalte tragen.

Für unseren Rahmen heißt das, daß wir gültige Referenzstrukturen finden müssen, anhand derer wir eine Identifikation vornehmen können. In der Identitätsbehauptung haben wir die mentalen Phänomene für kausal wirksam auf einer physischen Ebene erklärt. Damit sind sie auch als physische Phänomene klassifiziert, was aber noch nicht notwendigerweise eine totale Reduktion mentaler auf physische Phänomene auf allen Ebenen bedeutet. Die mentalen Phänomene werden lediglich (zusätzlich) physisch interpretierbar. Sie werden aber beziehbar auf einen materiell-physischen Referenzrahmen, den faktisch das Nervensystem bildet, während die intensionale Dimension mentaler Phänomene eigenständig und unangetastet davon bleibt. Wir müssen also im Gehirn verläßliche Referenzstrukturen definieren, auf die geistige Phänomene beziehbar gemacht werden können. Das ist aber im Kern das Problem der Identitätsthese der Gehirn-Geist-Philosophie einerseits und der Lokalisationsbestrebungen der klassischen Hirnforschung andererseits. Es geht in der Tat um das gigantische Projekt, das man als die "Abbildung des Geistes auf das Gehirn"[249] bezeichnen kann. Die Ebene der Identifizierung ist materieller Natur. Identifiziert wird im Gehirn und nirgendwo sonst. Es sind also nicht "Dinge" selbst wie Hirnzustände und mentale Zustände identifizierbar, sondern mögliche Sätze über sie. Die Zustände charakterisierenden Sätze sind dann die tatsächlichen Träger unserer Identitätsbehauptung.

Die diskutierte Formulierung von Hirnzuständen suggeriert aber fälschlicherweise eine mögliche Atomisierung von Hirnzuständen oder mentalen Zuständen. Empirische Befunde legen eine hirntheoretische Interpretation nahe, die eine in ihrem Wesen dynamische Abbildung des Geistes auf das Gehirn entwickeln läßt. Diese Dynamik findet ihren Niederschlag in Plastizitätsvorgängen im Nervensystem, die sowohl kurzfristig als auch langfristig die Aktivität im Nervensystem auf morphologischer Grundlage modulieren

---

[249] Bunge und Ardila 1990, S. 248

und verändern.²⁵⁰ Sowohl das Bewußtsein als auch die Aktivität des Nervensystems sind fließende, diskontinuierliche Vorgänge, die nicht in diskrete Einheiten zu spalten sind. Das menschliche Bewußtsein empfindet sich mit sich selbst als identisch, obwohl es sich ständig ändert, sich ständig im "Bewußtseinsstrom" befindet. In diesem Fall besteht im strengen Sinn keine Identität, sondern nur Kontinuität. Das sich verändernde Bewußtsein ist nicht identisch mit einem früheren oder späteren Zustand, sondern nur kontinuierlich, d. h. über fließend ineinander übergehende Zustände, miteinander verbunden. Identität im Sinne von zeitloser Konstanz wird dagegen für das Ich empfunden, das gewissermaßen als Bewußtseinskern, als Träger des Selbstbewußtseins in der Ganzheit von Seele, Geist und Körper des Menschen begriffen werden kann. Die mentalen Phänomene müssen "durch ein definitorisches Nadelöhr"[251] gezwängt werden, der Bewußtseinsstrom muß in distinkte Abschnitte aufgetrennt werden. Vor demselben Problem steht der Wissenschaftler übrigens auch, wenn es um die Abgrenzung und De-Finierung von Hirnzuständen geht.

Hastedt hat natürlich recht, darin "eine schon im Ansatz mentale Phänomene verengende Forschungsstrategie"[252] zu empfinden, die übrigens gleichermaßen auch für physische Zustände gültig ist. Eine solche Definierung von diskreten Bestandteilen eines Phänomens, das eigentlich indiskretkontinuierlich ist, ist unmöglich. Insofern stehen wir hier vor einem grundsätzlich unlösbaren Problem, wenn es um die sogenannte zeitechte Aufzeichnung von Hirnzuständen geht, also um die parallele Aufzeichnung von Hirn- und mentalen Phänomenen. Ein empirisch gestütztes Identitätsprojekt von Hirn und Geist hat mit den funktionell-bildgebenden Verfahren heute aber Methoden an der Hand, die dem Feigl'schen Autocerebroskop sehr nahe kommen. Das Diskretisierungsproblem stellt sich daher heute sehr viel mehr in den Vordergrund. Der stetige Fluß des Bewußtseins entspricht einem stetigen Neurokym, welche Phänomene beide gleichermaßen indiskret-konti-

---

[250] Kurzfristige Veränderungen werden häufig in saloppem medizinischem Sprachgebrauch auch als "funktionell" bezeichnet, wenn sie morphologisch noch nicht nachweisbar sind. Später finden sich auch anatomische, "organische" Korrelate. Ich bezeichne hier sowohl kurz- als auch längerfristige Veränderungen als relevant. Eine Dichotomie in funktionell und organisch scheint nicht angebracht, vielmehr ist die Betonung der funktionell-anatomischen Einheit zentral, die im vorgeschlagenen Begriff der Repräsentation zusammengefaßt ist.

[251] Hastedt 1988, S. 117

[252] Ibid.

nuierliche Vorgänge sind. Aus pragmatischer Sicht bleiben daher nur annähernde Operationalisierungen, die eine artifizielle Diskretisierung herbeiführen, welche wiederum Grundlage wird für Korrelationsaussagen, wie sie die Identitätstheorie verlangt. Solche Näherungen, die sich empirisch bewährt haben[253], werden im Schlußteil zur Konvergenz anhand des Repräsentationsbegriffes skizziert.

C.V.4. Das Universalienproblem

Ist die Frage der Identifizierbarkeit geklärt und auf der Ebene von Extensionen lokalisiert, schließt sich eine weitere heftig diskutierte Frage an, nämlich die Frage, ob es sinnvoll ist, nur Einzelereignisse aus dem Physischen oder Psychischen zu definieren, zu charakterisieren und zu identifizieren oder ob es Sinn macht, Universalien zu formulieren, ob es also Klassen von Ereignissen gibt, die sich zusammenfassen lassen. Dieser Frage nachgehend haben sich eine starke und eine schwache Form der Identitätsthese ausgebildet, die auch als genereller und partikulärer Physikalismus bezeichnet werden.

Die starke Form der Identitätsthese, die auch als genereller Physikalismus bezeichnet worden ist, postuliert die gesetzmäßige Korrelierbarkeit ganzer Klassen von einzelnen mentalen Ereignissen mit entsprechenden Klassen körperlicher Ereignisse, versucht also, Typen von geistigen und körperlichen Prozessen ineinander zu überführen (Typ-zu-Typ-Identitätsthese). Die Identitätsbehauptung wird auf mentale Universalien ausgeweitet, die identisch sind mit entsprechenden neurophysiologischen Universalien. Das "Haben" von Angst oder Schmerz ist dann ein Typ eines neurophysiologischen Zustandes. "Dem partikularen Physikalismus zufolge sind nur alle mentalen Phänomene, die es faktisch gibt, Phänomene im Gehirn. Nach dem generellen Physikalismus dagegen sind alle mentalen Phänomene, die es überhaupt geben könnte, neurophysiologische Phänomene."[254] Die schwache Form, auch als partikulärer Physikalismus bezeichnet, fordert lediglich die Identität von einzelnen mentalen Ereignissen mit einzelnen physischen Ereignissen. Nur Einzelereignisse des psychischen Bereichs werden mit Ereignissen des physischen Bereichs korrelierbar (Ereignis-zu-Ereignis-Identität). Nur ein einzelnes physi-

---

[253] "Bewährt" heißt hier, daß Phänomene nützlich, also zu medizinisch oder psychologisch praktikablen Zwecken, operationalisierbar sind.

[254] Bieri 1981, S. 40

sches Ereignis kann mit einem einzelnen physischen Ereignis identisch sein, eine übergreifende Charakteristik im Sinne eines gruppenbildenden Kriteriums wie in der generellen Identitätstheorie existiert nicht mehr.

Eine konsequente und strenge Verfolgung der Typ-zu-Typ-Identität fordert nicht nur eine Identität von Klassen psychischer und physischer Phänomene, sondern impliziert gleichzeitig, daß eine Voraussagbarkeit gewährleistet ist. Wenn ein bestimmtes mentales Ereignis der Klasse M einem bestimmten physischen Ereignis der Klasse P zu einem Zeitpunkt t_1 entspricht, liegt es nahe, eine solche Identität auch zu einem Zeitpunkt t_2 anzunehmen. Eine Klasse von Phänomenen zu definieren, ist nur sinnvoll, wenn auch ihre Reproduzierbarkeit gewährleistet ist. Ist eine Ereignisklasse im Extremfall nur ein einziges Mal zu beobachten, nämlich zum Zeitpunkt t_1, während sie zum Zeitpunkt t_2 bereits anders konstituiert sein kann, ist ihre Formulierung sinnlos geworden, weil das klassenbildende Merkmal als Gemeinsamkeit zu verschiedenen Zeitpunkten nicht existiert. Wäre nur eine "Klassenidentität" zum Zeitpunkt t_1 vorhanden, wäre zu einem Zeitpunkt t_2 bei Verlust des klassenbildenden Merkmals die Identität faktisch zu einer Ereignis-zu-Ereignis-Identität geschrumpft. Es ist daraus abzuleiten, "that only particulars exist and that universals exist only as concepts which are abstracted by minds from resemblances between particulars"[255]. Eine solche Voraussagbarkeit von Ereignisklassen im Sinne einer strengen Typ-zu-Typ-Identität ist aus Gründen der Plastizität des Gehirns und der charakteristischerweise dynamischen Funktionsweise in der Tat nicht gewährleistet und wäre mit der bereits erörterten Dynamik des zentralnervösen Prozesses nicht ohne weiteres vereinbar. Eine Typ-zu-Typ-Identität ist also streng genommen nur zu einem bestimmten Zeitpunkt t_1 definierbar. Sie verliert in der Zeit potentiell ihre klassenbildenden Merkmale und wird tatsächlich zu einer Ereignis-zu-Ereignis-Identität.

Diese Ablehnung einer strengen Typ-zu-Typ-Identität führt zu der Frage, ob nun andererseits vielmehr eine strenge Ereignis-zu-Ereignis-Identität zu erwarten sein kann, ob überhaupt nur einzelne Phänomene aus dem psychischen oder physischen Phänomenbereich beschreibbar sind. Diese Hypothese in ihrer strengen Form ist allerdings ebenfalls zu verneinen. Die charakteristische topische Kodierung des Nervensystems ist das zentrale Gegenargument und stellt mit der diskutierten Lokalisierbarkeit psychischer Phänomene einen zentralen Themenbereich der vorliegenden Arbeit dar. Bestimmte sensorische und motorische Phänomene lassen sich in Anteilen des Nervensystems durch strenge Lokalisationsregeln sogar in der medizinischen Diagnostik verwerten,

---

[255] Place 1990

allerdings sind hochauflösende Lokalisationsareale und niedrigauflösende Lokalisationsareale vorhanden. Die Aussagefähigkeit der Hirnforschung geht damit zumindestens für die hochauflösenden weit über eine schlichte Ereignis-zu-Ereignis-Identität auf der Kartierungsebene hinaus. Vielmehr gibt es konstant für gleiche Aufgaben in Anspruch genommene Hirnareale, die nicht nur intra- und interindividuell konstant sind, sondern auch in der Säugetierreihe an analogen Stellen[256]. Diese Gebiete, unter anderem alle primären Projektionsareale, unterliegen auf der - allerdings relativ groben - Kartierungsebene keinen zeitlichen Veränderungen. Zumindestens für diese Bereiche ist das bescheidene Identitätspostulat der Ereignis-zu-Ereignis-Identität übererfüllt. Der charakteristischen Einmaligkeit des Ereignisses wird also widersprochen insofern, als es sich für einige Phänomenauszüge doch um lokalisierbare "Typen" im Nervensystem handelt. Diese Tatsache findet ihre empirische Begründung in der Strukturgebundenheit neuronaler Phänomene, so auch im Konzept der Strukturdeterminiertheit von Maturana[257]. Es ist gewissermaßen trivial, die anatomische Struktur des Nervensystems als Voraussetzung seiner potentiellen Funktionalität zu betrachten. Für die partielle Typisierbarkeit physischer Phänomene im Sinne hochauflösender Kortex-Zonen ist die Konstanz bemerkenswert, mit der ihre Merkmale auftreten.

Einer funktionalistischen Theorie zufolge, die die Grenze der Identitätstheorie an dieser Stelle ganz überschreiten würde, würde lediglich die funktionale Stellung eine Rolle spielen, die Zuordnung zu Hirnprozessen im Sinne einer regelhaften Korrespondenz von einzelnen Ereignissen oder Klassen ist irrelevant und entspricht nicht notwendig den empirischen Tatsachen. Sperry hält so eine Reproduzierbarkeit eines funktional vergleichbaren psychischen Status durch ganz unterschiedliche Hirnzustände für möglich.

Die strenge Typ-zu-Typ-Identität wird dem Geschehen auf der neuronalen Netz-Ebene nicht gerecht, in gewissen Zeitabständen[258] ändert sich die Ge-

---

[256] Eine solche Zuweisung von analogen Hirnarealen ist allerdings bei unterschiedlich komplexen Nervensystemen, wie sie in der Säugerreihe vorliegen, nicht einfach abzusichern. Solche Überlegungen stammen aus der embryologischen Forschung, in der gleichartige Vorgänge in der Entwicklung verschiedener Nervensysteme dokumentiert werden, und aus der vergleichenden Neuroanatomie.

[257] Riegas und Vetter 1990

[258] Die Größe dieser Zeitabstände wird nicht näher konkretisiert, ist aber für das Argument unerheblich. Es bleibt lediglich wichtig zu betonen, daß es sich bei den zentralnervösen Prozessen um einer inneren Dynamik unterworfenen Vorgänge handelt. Neuronale Muster als leichtgängige Verbindungen ändern sich in der Zeit und

samt-Matrix und macht so wegen der fehlenden Voraussagbarkeit eine Typisierung im strengen Verständnis sinnlos. Andererseits sind Konstanzen in der Hirntopik, also auf Kartierungsebene, vorhanden, die sogar interindividuell bemerkenswerte Übereinstimmung zeigen. Eine mögliche Lösung liegt in einer flexiblen Handhabung dieser beiden Formen der Identitätsthese, die sich offenbar abhängig findet von der verwandten Beobachtungsebene. Je nach Fragestellung müßten sich daher Modifikationen ergeben.

C.V.5. Das Reduktionsproblem

"Empirische Entdeckung ist oft Reduktion von Phänomenen durch Identifikation."[259] Referieren zwei verschiedene Phänomene extensional auf ein und dasselbe Phänomen, das meistens eines der beiden bekannten ist, aber auch ein drittes, ein tertium quid sein kann, können sie miteinander identifiziert werden, wobei ein Phänomen auf das andere reduziert wird. Der Identifikationsprozeß muß nicht notwendig verbunden sein mit einer völligen Elimination des reduzierbaren Phänomens, solange es eigenständige inhaltliche Bedeutungen hat, die sich zum Beispiel als Beschreibungen auf verschiedenen Beobachtungsebenen niederschlagen können. Es läßt sich etwa die Aktivität in einzelnen Subsystemen des Nervensystems auf neuronale Netzwerkverbände, diese wiederum auf einzelne Neurone reduzieren, trotzdem aber behalten alle Ebenen ihren Gültigkeitsbereich für entsprechende Fragestellungen. Eine eliminative Reduktion muß das Verfahren wissenschaftlicher Theoriebildung nicht immer erleichtern, eine Identifikation dagegen versucht charakteristischerweise, das reduzierte Phänomen zu erhalten.

Das Reduktionsproblem der Identitätsthese in der Geist-Gehirn-Philosophie ist ein zweifaches, die Reduktion kann für die einen Kritiker zu stark, für die anderen zu schwach ausfallen. Die Identitätsthese unternimmt eine Gradwanderung, sie muß sich gegenüber zwei Seiten abgrenzen. Beide Fronten basieren auf dem intuitiven Dualismus, der einerseits eingeklagt, andererseits abgewiesen wird, mit anderen Worten, die Identitätsthese kann einmal zu wenig dualistisch, andererseits kann sie auch zu sehr dualistisch sein. Gegenüber den klassischen Dualismen, also der Interaktionstheorie und dem Parallelismus, wirkt die Identitätsthese reduktionistisch, indem sie mentale Phänomene onto-

---

manifestieren so eine stete Wandlung des Systems. Durch stetige Veränderungen ohne größere Sprünge bleibt darunter trotzdem das Ich-Kontinuum einer Person erhalten.

[259] Bieri 1981, S. 38

logisch auf eine physiologisch-materielle Ebene zurückführt. Die Dualisten vermissen ihre zweite Phänomenwelt, deren ontologischer Status amputiert wird. Die eliminativen Materialisten halten die Aufrechterhaltung des eigenständigen Wertes des intensionalen Gehaltes mentaler Phänomene für theoretisch überholt und praktisch bei genügendem organischen Wissen für komplett ersetzbar durch physische Terminologien.

In unserer Zeit des wissenschaftlichen Realismus steht die Gefahr der totalen Materialisierung sicher im Vordergrund.[260] Literarisch unternimmt Gottfried Benn exemplarisch eine solche "Verhirnlichung der Seele"[261], die "eine Wirklichkeit rein aus Gehirnrinde"[262] schafft. Die philosophische Identitätsthese versteht ja in der Tat mentale Phänomene auch als materielle Phänomene. Nur so kann eine Identität bewerkstelligt werden. Die Gefahr des Reduktionismus ist zweifelsohne gegeben, allerdings ist der Geist in der Identitätsthese eben nicht "reduktionistisch auf dieser Basis vollständig erklärbar"[263]. Mentale Phänomene behalten ihre mentalen Charakteristika, auch wenn sie materiell erklärt werden können. Rorty formuliert diese Intuition: "Ein neurales System kann nicht getrübt sein, ein Bewußtsein kann. Also kann das Bewußtsein, so folgern wir, nicht ein neurales System sein."[264] Die zentrale Intuition der Identitätsthese ist dagegen, daß Sätze über mentale Phänomene und Sätze über physische Phänomene den gleichen Referenzpunkt in der Welt haben, also ontologisch monistisch konvergieren. Es gibt keine mentalen Phänomene, die nicht gleichzeitig auch als materielle Phänomene zu deuten sind. Sollten einmal die Gesetze der Korrespondenz, die im wesentlichen in einem Katalog bestehen würden, welche Phänomene mentaler Art mit welchen physischer Natur parallel auftreten, bekannt sein, "then a description of a neural state could be completely reliable evidence (or a genuine criterion) for the occurence of the corresponding mental state"[265]. Aber die mentalen Phänomene unterscheiden sich wesentlich in ihrer Intension, also ihrem Bedeu-

---

[260] Tatsächlich wird die Identitätstheorie auch häufig als Spielart des Materialismus behandelt. Begründet wird diese Interpretation mit dem ontologischen Status mentaler Phänomene, die materiell verstanden werden. Der große Fehler dabei ist, daß sie nicht ausschließlich materiell zu verstehen sind.

[261] Benn, "Zucht und Zukunft", Band IV

[262] Ibid., "Provoziertes Leben", Band IV

[263] Hastedt 1988, S. 265

[264] Rorty 1987, S. 102

[265] Feigl, 1967, S. 63

tungsgehalt. Die mentalen Phänomene konstituieren auf dem Boden ihrer Intentionalität, ihrer Gerichtetheit auf einen Gegenstand oder Sachverhalt, ihre eigene bedeutungshaltige Welt und sind (dennoch) gleichzeitig materiell erklärbar. Die Identitätsthese hält gerade diese dualistische Intuition aufrecht, indem sie den Sätzen unterschiedliche Bedeutungsgehalte zuweist.

Die Identitätsthese ist ontologisch monistisch und methodologisch dualistisch. Das ist das Wesen der Identitätsthese von Gehirn und Geist. Dies ist inhaltlich auch die Position von Hastedt, der seine Haltung mit systematischem Emergentismus umschreibt. Seine Kritik am Identitätstheorem, das diese beiden Intuitionen nicht hat explizieren können, erscheint ihm substitutionswürdig. Nach meiner Auffassung ist diese "Variante" der Identitätstheorie aber ihr eigentlicher Kern. Die Identitätsforderung impliziert ja gerade die Existenz zweier identifizierbarer Sets von Phänomenen. Wäre ein Phänomenbereich eliminierbar, wäre keine Identifizierung vonnöten. Ontologisch ist die Identitätstheorie materialistisch, sie muß es sein, um den traditionellen Problemen zu entgehen. In diesem Zusammenhang ist auch der Ruf nach "ontologischer Neutralität"[266] mentaler Phänomene laut geworden. Mentale Phänomene seien nur dann als eigenständige Phänomene zu akzeptieren und gleichzeitig mit physischen Phänomenen in Verbindung zu bringen, wenn man nur nicht versucht, die mentalen Phänomene zu materialisieren. Pribram formuliert so einen "pluralistischen Monismus"[267], der methodenpluralistisch einfach besagt, daß die verschiedenen Elemente der Welt weder mentaler noch materieller Natur sind. Beide bleiben aber verschiedene Möglichkeiten der Weltrealisierung oder Weltkonstruktion. Diese Forderung nach ontologischer Neutralität ist unwissenschaftlich und flieht gerade vor der entscheidenden Frage. Gerade der ontologische Dualismus cartesischer Prägung hat das traditionelle Leib-Seele-Problem aufgeworfen und muß überwunden werden. Gerade auf ontologischer Ebene muß entschieden Front gemacht werden gegen den Dualismus. Die Frage nach dem ontologischen Verhältnis von Geist und Gehirn auszublenden, ist die schlechteste aller Lösungen. Im Gegenteil, eine ontologische De-Neutralisierung mentaler Phänomene läßt sich in unserem Zusammenhang gar nicht vermeiden. Wollen wir die kausale Wirksamkeit psychischer Phänomene im Gehirn retten (und so die physische Wirklichkeit des Gehirns innerhalb der Hirnforschung erhalten), müssen wir das Mentale materialisieren. Wir gewinnen dadurch erst den nötigen Bezugsrahmen für das Mentale in der materiellen Welt.

---

[266] Bieri 1989, S. 10

[267] Pribram 1986

Der den intuitiven Dualismus und damit auch die Identitätsbehauptung rettende Schritt nach dem ontologischen Monismus ist der Erhalt des methodologischen Dualismus. Ein Gedanke und eine neuronale Entladung haben natürlich unterschiedliche Bedeutung. Das durch Chisholm revitalisierte Konzept der Intentionalität spielt hier die wesentliche Rolle.[268] Psychische Akte sind immer auf etwas gerichtet, handeln von etwas, haben also einen Gehalt oder Bedeutung. In gewisser Hinsicht hat der neuronale Zustand gar keine Bedeutung, denn die "neuronale Einheitssprache"[269] ist unspezifisch. Die Bedeutung trägt erst das mentale Phänomen. Ganz deutlich wird dieses Problem bei der Benutzung von mentalen und physischen Sprachwelten. Es ist ein ausgiebig diskutiertes Problem, ob eine neurophysiologische Sprache eine alltagspsychologische Sprache, die unsere mentalen Phänomene verwaltet, ersetzen kann. Nehmen wir an, wir könnten anstelle eines Satzes über unsere Befindlichkeit wie "Ich habe Schmerzen." einen empirisch belegbaren Satz wie "In meinem Kopf laufen gerade kortikothalamische Erregungen vom Subtyp S ab." formulieren, der aufgrund von psychophysischen Korrelationen bestimmt worden ist. Zunächst - und das ist die Intuition, die im Dualismus ontologisiert wird - haben wir einfach den Schmerz, d. h. wir empfinden ihn. Das ist ein idealistisch zu erhebender Befund, den niemand sinnvoll in Abrede stellen kann.[270] Niemand kann mir nachweisen, ich hätte ihn nicht, es kann den Schmerz aber auch niemand von außen belegen, er kann lediglich per Analogieschluß plausibel werden, etwa bei einer großen Verletzung. Der Schmerz ist aber ein mir unmittelbar zugängliches Phänomen, er ist Inhalt einer Behauptung über mein Empfinden. Der Satz über die kortikothalamische Erregung beinhaltet die extensionale Referenz dieser Behauptung, sie ist für sich selbst ohne Bedeutungsgehalt, "to say that psychology is constrained by neurophysiology is surely not to say that it is reducible to it"[271]. Wie bereits ausgeführt, "weiß" der Erregungskreis selbst nicht, daß er Schmerz kodiert, lediglich die Topographie des Erregungskreises im Gesamtverband bestimmt

---

[268] Chisholm 1952

[269] Roth 1988, in: Schmidt 1988, S. 233

[270] Der Erkenntnistheoretiker in Smullyans "Alptraum eines Erkenntnistheoretikers" (Hofstadter und Dennett 1981) kommt zu dem immerhin mit einer fiktiven Gehirnmeßmaschine verifizierten Ergebnis, daß Frank, der ein rotes Buch sieht, nur zulässig behaupten kann, er sehe ein rotes Buch. Alle "idealisierten" Aussagen wie "Es scheint rot zu sein." oder "Ich glaube, daß es rot ist." werden rigoros abgelehnt und reflektieren die Überzeugung von der nicht hinterfragbaren Instanz des subjektiven Erlebens.

[271] Marras 1990

seinen intensionalen und funktionalen Gehalt im Rahmen der Bewußtseinsmannigfaltigkeit. Der topographische Ort selbst bleibt aber nur extensional-referentiell relevant, er selbst ist nicht die Bedeutung, sondern bildet die materielle Referenz, die Grundlage für das zugehörige intensionale Phänomen.

Man könnte nun einwenden, daß es letztlich nur unterschiedliche Vokabeln sind, die im unterschiedlichen Sprachgebrauch wirksam werden und daß es nur einer entsprechenden Erziehung und eines neurophysiologischen Wissens bedarf, bis auch kortikothalamische Erregungskreise des Subtyps S als Schmerzen bedeutungsvoll und inhaltstragend werden. Ganz davon abgesehen, daß ein solches Projekt bis heute nicht realisierbar ist, scheint aber damit nichts gewonnen, eher im Gegenteil. Rorty formuliert dazu ein interessantes Gedankenexperiment und stellt uns außerirdischen Antipoden gegenüber, die eine in allen wesentlichen Lebensbereichen vergleichbare Kultur entwickelt haben. Sie haben allerdings ihr mentalistisches Vokabular ("Ich habe Schmerzen.") völlig ersetzt durch ein neurophysiologisches Vokabular ("Meine C-Fasern werden gereizt."). In einem fiktiven transkulturellen Vergleich von Menschen und außerirdischen Antipoden erhebt sich die Frage, ob Antipoden so etwas haben wie Gefühle, obwohl sie sie nicht als solche bezeichnen, sondern als bestimmte Hirnzustände: "Haben sie nun eigentlich mentale Zustände?"[272]. Während wir Menschen überzeugt sind, Gefühle zu haben, sind die Rorty'schen Antipoden der Überzeugung, statt dessen lediglich Hirnzustände zu erleben. Die Frage ist also "Berichten wir eigentlich von Gefühlen oder Neuronen, wenn wir 'Schmerzen' verwenden?"[273]

Meines Erachtens verhält es sich hier ganz analog zum Bild des chinesischen Zimmers von Searle[274]. Es stehen sich gegenüber der Hirnzustand, der die materielle Grundlage des mentalen Phänomens bildet, und die eigentliche Bedeutung, die den semantischen Inhalt trägt vom mentalen Phänomen. Es erscheint absurd, von einem Hirnzustand zu reden, wenn man ein subjektives Gefühl ausdrücken will. Ein Hirnzustand kann nicht die subjektive Wertigkeit repräsentieren, die ein Gefühl hat. Das hängt damit zusammen, daß das Wesen eines mentalen Phänomens persönlich-subjektiv ist, also ausschließlich dem das Gefühl empfindenden Subjekt "eigen" ist. Niemand sonst kann meinen Schmerz empfinden als ich selbst. Hirnzustände aber als öffentlich zugängliche Beschreibungen sind ausgerechnet mir nicht unmittelbar erfahrbar.

---

[272] Rorty 1987, S. 89

[273] Ibid., S. 97

[274] Dazu auch Fußnote 198 in diesem Teil.

Sie sind zwar allen anderen (bei geeigneten Untersuchungstechniken) von außen sichtbar, aber mir nicht. Ich kann keinen einzigen meiner Hirnzustände als Hirnzustand empfinden, aber jeden Hirnzustand als subjektive Empfindung oder Körpergefühl etc. Wenn ich einen Schmerz empfinde, empfinde ich eben den Schmerz und nicht eine bestimmte kortikothalamische Erregung. Von den letzteren kann ich nicht eine direkt erfahren (so interessant das auch wäre). Es macht also keinen Sinn, zur Bezeichnung eines ausschließlich subjektiven Erlebens Ausdrücke zu gebrauchen, die ausschließlich zur Bezeichnung öffentlicher Sachverhalte benutzt werden können. Das Subjekt wird dadurch entsubjektiviert, die Sprache trifft nicht mehr den zu beschreibenden Sachverhalt.[275]

Der Identitätstheoretiker Feigl argumentiert in diesem Punkt für eine solche neurophysiologische Sprache. Heute noch unrealistisch wegen des immer noch zuwenig fortgeschrittenen Wissens um die Korrelationen von mentalen und physischen Phänomenen, ist es für ihn denkbar, daß bei einem kompletten Wissen von Neurophysiologie und ihren Beziehungen zu mentalen Phänomenen im Extremfall lediglich Zahlenkombinationen ("e. g. 17-9-6-53-12") benötigt würden, um mentale Phänomene in einer neurophysiologischen Sprache zu formulieren. Ich habe aber Schmerzen und nicht 17-9-6-53-12. Ein solcher Ersatz macht also für uns überhaupt keinen "Sinn", 17-9-6-53-12 ist nicht mehr bedeutungstragend und nicht mehr intensional gefüllt. Allerdings räumt er ein, daß diese Übernahme nur funktionieren kann, "if we took care that these expressions take the place of all introspective labels for mental states"[276]. Potentiell könnten diese Zahlenkombinationen dann allerdings Bedeutung gewinnen. Feigl sieht in diesem Prozess "a considerable change in the meaning of the original terms", welchen Wechsel er aber ausdrücklich als Bereicherung ansieht. Introspektion wird ihm dann ein geeigneter Weg, neurophysiologische Zusammenhänge zu erhellen. "Introspection may be regarded as an approach to neurophysiological knowledge, although by itself it yields only extremely crude and sketchy information about cerebral processes".[277] Genau das aber ist ebenfalls sehr fragwürdig. Würde nämlich wirklich ein Kind nur in neurophysiologischen Dimensionen erzogen, würde es ähnlich den Rorty'schen Antipoden keine subjektiven Erlebnisse haben können, die es als subjektiv noch erkennen könnte, weil ja alles öffentlich

---

[275] In diesem Sinne argumentieren auch Linke und Kurthen 1988, S. 60f.

[276] Feigl 1967, S. 103

[277] Ibid.

bezeichnet wird. Introspektion würde es nicht mehr geben, stattdessen nur ein Arsenal von Beschreibungen von Hirnzuständen, die dann folgerichtig auch Aussagen über Hirntheorien möglich machen würden. Wenn es also nach Feigl ginge, würden wir erstens mentale Phänomene ("Schmerz") als neurophysiologische ("17-6-9-53-12") ausdrücken und, nachdem der Sprachgebrauch des Mentalen kompatibel mit dem des Physischen geworden ist, über unsere neurophysiologisch formulierbaren mentalen Phänomene auch neurophysiologische Daten gewinnen können. Feigl macht damit gleich zwei kardinale Fehler. Mentale Phänomene sind nicht sinnvoll neurophysiologisch formulierbar, weil sie ihren intentionalen Charakter, ihre spezifische Bedeutung für uns verlieren würden, wenngleich sie natürlich auf Materielles extensional referieren. Umgekehrt werden introspektive Daten gerade nicht verläßliche Daten über die Neurophysiologie liefern, weil sie auch durch den Kunstgriff einer Umbenennung nicht plötzlich im Beschreibungsrahmen eines öffentlichen Raum-Zeit-Systems verfügbar werden. Die Reduktion der mentalen Sprache auf eine neurophysiologische bedeutet eher den Verlust der mentalen Dimension und keine Bereicherung. Ob die Rorty'schen Antipoden noch Gefühle in unserem Verständnis haben, ist nicht mehr zu klären.

C.V.6. Das Repräsentationsproblem

Die Identitätsthese ist ganz wesentlich auch ein empirisches Projekt. Das zentrale Postulat ist die ontologische Reduzierbarkeit psychischer auf neurale Größen. "Dieser Behauptung kommt der Status einer sinnvollen, kontingenten Aussage zu, deren Geltung nur empirisch ermittelt werden kann."[278] Wenn mentale Phänomene im Sinne der Identitätsthese materielle Referenzen sind, also auch materieller Natur sind, müssen sie prinzipiell im Gehirn repräsentiert sein. Diese Repräsentation ist aber empirisches Projekt und gemeinsame Anstrengung von Hirnforschung, Neurologie und Psychologie. Nur unter Zuhilfenahme der Repräsentierung mentaler Phänomene im Nervensystem kann neurophysiologisch Bezug genommen werden auf mentale Phänomene. Es treten hier wieder bereits diskutierte methodische Probleme der empirischen Hirnforschung zu Tage.

Wie bereits ausgeführt, ist die Repräsentation um so schwieriger vorzunehmen, je komplexer das zugehörige mentale Phänomen ist. Je nach mentalem Phänomen existieren unterschiedliche Auflösungsvermögen für die Re-

---

[278] Carrier und Mittelstraß 1989, S. 85

präsentierbarkeit im Nervensystem. Einfache Sinneswahrnehmungen oder Bewegungen sind leicht zu verorten, während komplexe synästhetische Wahrnehmungen, also Verknüpfungen einzelner Sinneskanäle zu einem Gesamteindruck, interpretative Bewertungen und die meisten "rein" intrapsychischen Vorgänge nur sehr schwer aufzulösen sind.

Darüberhinaus ist auch die Atomisierung des Gehirns in distinkte Abschnitte, die unterschiedlichen Funktionen zuzuordnen sind, nicht einfach und die einzelnen Gehirnregionen sind schlechter definiert, als man bei allem berechtigten Enthusiasmus der Hirnforschung annehmen würde. Bei dem außerordentlichen Vernetzungsgrad der einzelnen Elemente des Nervensystems, den Neuronen, ist nur näherungsweise eine Unterteilung in distinkte Hirnareale möglich, wie sie zytoarchitektonisch von Brodmann vorgenommen worden war. Das Gehirn arbeitet massiv parallel und seine einzelnen funktionellen Einheiten, die sinnvollerweise auf der Basis neuronaler Netzwerkverbände verortet werden, sind stark miteinander verknüpft. Diese gewaltige Konnektivität hat ein Analog in dem ganz vielfältig ausformulierten Verbund unserer geistigen und körperlichen Äußerungen. Bei einem Gefühl der Freude können sich durchaus noch andere emotionale Konnotationen ergeben, die sich dazumischen oder Körperbewegungen, die unsere Reaktion ergänzen, so daß es in der Regel nie nur ein mentales Phänomen allein ist, das uns bestimmt, sondern ein ganzes Bündel mentaler Phänomene. Daraus ergeben sich auch Schwierigkeiten für Laboruntersuchungen, die sich bemühen müssen, diese Konnotationen auszublenden.

Mit dieser unterschiedlichen Auflösung mentaler Phänomene im Gehirn und der nur angenäherten Diskretisierung von Hirnanteilen steht auch die grundlegende Tatsache in Zusammenhang, daß nicht nur der Geist verschiedener Personen individuell ausgeprägt ist, sondern natürlich auch ihre Gehirne. Allgemein wird in der Hirnforschung von einem Standardgehirn ausgegangen, das allerdings den individuellen Ausprägungen des einzelnen Gehirns nicht genügend Rechnung tragen kann. Die Repräsentation verschiedener neuropsychologischer Fähigkeiten ist abhängig von der individuellen Reizhistorie einer Person mit ihrem Geist und ihrem Gehirn und kann nicht ohne weiteres pauschal übertragen werden.[279] Das bedeutet, daß alle anonymen

---

[279] Dieser Aspekt ist von Mecacci (1986) in "Das einzigartige Gehirn - Über den Zusammenhang von Hirnstruktur und Individualität" ausgeführt worden. Er präsentiert unter anderem die Fallgeschichte eines Mädchens, das wegen einer allgemeinen sozialen Deprivation erst mit einigen Jahren Verzögerung zum Spracherwerb kommt. Kompensatorisch weist das Kind früh ein weit über ihr Alter hinausweisendes zeich-

Untersuchungen, zum Beispiel die meisten anatomischen Studien, denen keine Information zum Verhalten und der psychologischen Ausstattung der Person vorliegen, nur einen begrenzten Aussagewert zugewiesen bekommen können, dessen Gültigkeit auf einfache, wenig komplexe mentale Phänomene beschränkt ist. Dieses Repräsentationsproblem wird übrigens von Feigl, dem ersten modernen Vertreter der Identitätstheorie, fast vollständig vernachlässigt. Er erwähnt lediglich die Repräsentationsforderung, die zu den empirischen Aufgaben nach philosophischer Exposition gehört. Danach seien einige Funktionen gut lokalisierbar, während andere Ergebnisse eher auf holistische Aspekte hinweisen, die im Konzept der Äquipotentialität Niederschlag gefunden haben.

Diese zerebrale Repräsentierung ist aber nicht zu verwechseln mit einer phänomenalen Lokalisierung, die zum Beispiel mentale Phänomene wie Schmerzen im Bein lokalisiert. Auf diesen Aspekt macht Thomas Nagel aufmerksam.[280] Allerdings verwischt er die Grenze von zerebraler und phänomenaler Lokalisation. Ist ein nicht-raum-zeitliches Gebilde wie ein Gedanke in einem raum-zeitlichen System wie einem Gehirn verortbar und lokalisierbar? "Gehirnprozesse sind im Gehirn lokalisiert, aber ein Schmerz kann im Schienbein lokalisiert sein, und ein Gedanke hat überhaupt keinen Ort. Wenn aber die beiden Seiten der Identität nicht eine Empfindung und ein Gehirnprozeß sind, sondern der Sachverhalt, daß mein Körper in einem bestimmten physikalischen Zustand ist, dann werden beide an der gleichen Stelle vor sich gehen - nämlich dort, wo ich (und mein Körper) gerade bin."[281] Dieser Gedanke der Ko-Repräsentation von Gehirnzustand und Gedanke im Körper der jeweiligen Person ist evident.

Die Repräsentierung eines Gedankens im Gehirn ist nur auf der Basis seiner materiellen Extension innerhalb der Identitätstheorie denkbar. Intensional kann ein Gedanke ("Die Sonne scheint.") nicht sinnvoll lokalisiert werden. Seine Bedeutung bezieht sich ja gerade auf etwas Nicht-Materielles, es wäre dann ja eine komplette Substituierung oder Reduzierung durch oder auf eine rein neurophysiologische Theorie und Sprache nicht nur sinnvoll, sondern sogar zwingend. Wie Rorty ausführt, suggeriert ein Gedanke, der nicht-räumlich empfunden wird, seine Zugehörigkeit zu einer Sorte von Substanz,

---

nerisches Talent auf, das vom Gehirn "übererfüllt" wird. Nachdem das Kind zu sprechen beginnt, verschwindet das zeichnerische Können wieder bis zu einem altersentsprechenden Maß.

[280] Nagel 1965

[281] Ibid.

die selbst nicht materiell ist, von der der Gedanke eine Portion ist.[282] Diese Empfindung legt wieder den cartesischen Dualismus nahe, den es gerade zu überwinden gilt. Ein Gedanke muß also repräsentierbar sein, er wird uns lediglich nicht bewußt und bleibt subjektiv unerfahrbar. Allerdings bleibt uns jeder Repräsentationsversuch unerfahrbar, jedes mentale Phänomen ist nur subjektiv nachvollziehbar, während die Repräsentierung im Nervensystem ein öffentliches Ereignis ist.

Die Schwierigkeit der phänomenalen Lokalisierung eines Schmerzes tritt besonders am Beispiel des sogenannten Phantomschmerzes hervor. Dabei handelt es sich um eine Schmerz, der in einer amputierten Gliedmaße auftritt. Der Patient empfindet den Schmerz in seinem Bein, das gar nicht mehr vorhanden ist. Dieses Phänomen birgt die Erklärung bereits in sich. Wenn der Schmerz subjektiv in einem Bein lokalisiert werden kann, das es z.B. nach einer Amputation gar nicht mehr gibt, kann diese Information nur aus dem Zentralnervensystem stammen. Wenn diese subjektiv erfahrbare phänomenale Lokalisierung aber auch im Gehirn geleistet wird, ist offenbar die Lokalisierung eines (Nicht-Phantom-)Schmerzes ebenfalls eine Leistung des Gehirns, also eine zerebrale Repräsentationsleistung und nicht eine phänomenale Lokalisierung im Bein. Das bedeutet, daß wir das Empfinden eines Schmerzes im Bein als ein mentales Phänomen "Schmerzen im Bein" aufzufassen haben und nicht als Phänomen "Schmerz", das phänomenal ins Bein lokalisiert wird. Die phänomenalen Lokalisationen müssen also ebenfalls als Formen der zerebralen Reräsentation gedacht werden.

C.VI. Systematisierung

Die Frage nach dem Verhältnis von mentalen Phänomenen zu ihrem Trägerorgan, dem Nervensystem, wurde als philosophisches Problem exponiert. Als ursächlich für die Problematisierung des Verhältnisses von Geist und Gehirn zueinander ist die Auseinandersetzung mit dem Dualismus verantwortlich zu machen. Geht man mit den meisten Autoren vom Allgemeinverständnis aus, so gibt es eine Unterscheidung zwischen mentalen und physischen Phänomenen, nach der Aufregung vom zugrundeliegenden Adrenalinspiegel im Serum unterschieden werden kann, der subjektive Stimmungswechsel von dem auslösenden Psychopharmakon. Die philosophische Diskussion

---

[282] Rorty 1987, S. 77

ist dann vor die Aufgabe gestellt, entweder die Natur des Dualismus näher aufzuklären oder aber im Kontrast zum Dualismus eine monistische Haltung zu belegen, die in die Beweispflicht gelangt ist. Umgekehrt ist aber offenbar auch denkbar, genau die umgekehrte Intuition zu pflegen und einen Monismus zu vertreten, der durch die empirischen Wissenschaften belegt wäre. Danach sind unzweifelhaft unsere geistigen Fähigkeiten von unserem Nervensystem abhängig und fallen bei Verletzung oder Läsion bestimmter Anteile des Gehirns aus. Auf dieser Intuition aufbauend, wäre entsprechend der Dualismus unter Beweislast. Offenbar spielen also bei der Ausrichtung der Diskussion und ihres Ziels eine wesentliche Rolle die zugrunde gelegten Intuitionen zum Verhältnis von Gehirn und Geist und können die nachher bezogenen Positionen beeinflussen.

Ein zweiter, häufig zu wenig profilierter Aspekt betrifft den ontologischen Status der eingenommenen Position. Es ist nämlich ganz grundlegend, ob eine Äußerung ontologischen Anspruch erhebt, ob also eine Theorie tatsächlich der Fall sein, real existieren soll oder ob es sich im Gegensatz dazu lediglich um methodische oder heuristische Forschungsansätze handelt, deren ontologischer Status noch nicht geklärt ist und deren Funktion es nur ist, eine phänomenale Annäherung zu schaffen. Gerade zu Zeiten einer Naturalisierung der Erkenntnistheorie und eines wissenschaftlichen Realismus stehen philosophische Äußerungen besonders im Bannkreis der empirischen Wissenschaft. Philosophische Positionen mit methodologischer Ausrichtung mutieren dann zu Arbeitshypothesen, die über kurz oder lang vollends in den Gültigkeitsbereich der empirischen Wissenschaften fallen, während Überlegungen mit ontologischem Status den theoriebildenden Grenzbereich von Philosophie und Wissenschaft füllen. Ontologische und methodologische Gedanken müssen sich aber nicht notwendig decken, sondern können durchaus divergieren. Dabei ist aber erheblich wichtig, den ontologischen oder methodologischen Anspruch klar zu bezeichnen, manche Mißverständnisse lassen sich möglicherweise darunter auflösen.

Diese Vorüberlegungen kulminieren zuletzt in den monistischen und dualistischen Positionsprofilen. Während der Dualismus die der Allgemeinheit zugeschriebene Intuition realisiert und so einen Intuitionsbonus genießt, stehen die monistischen Positionen unter einer argumentativen Bringeschuld. Der Dualismus wird historisch gedeckt von Descartes, der den intuitiven Dualismus erst ontologisiert und dadurch zu einem philosophischen Problem erhoben hat. Seine Vertretung setzt sich fort bis hin zum Neurophysiologen John C. Eccles, der den klassischen cartesischen Interaktionismus modern übersetzt, seine Problematik dadurch aber noch nicht aufzulösen imstande ist.

Der Interaktionismus ist verbunden mit ontologischen Ansprüchen, während der Parallelismus, der die Verbindung beider Phänomenwelten offen läßt, häufig nur als Arbeitshypothese oder heuristisches Prinzip der Hirnforschung vorgestellt wird. Diesen beiden kardinalen dualistischen Positionen steht auf monistischer Seite im Zuge der naturalisierten Erkenntnistheorie insbesondere der Materialismus gegenüber, als dessen Spielart häufig auch die Identitätsthese behandelt wird. Idealistische Positionen gewinnen heute im Rahmen des Konstruktivismus wieder zunehmend Bedeutung. In die Formulierung von Positionen im Umfeld von Gehirn und Geist gehen also eine Vielzahl von Aspekten ein, die von intuitiven Voraussetzungen über ontologische Statusaussagen oder methodologische Arbeitsziele schließlich zur Formulierung des zugrundegelegten theoretischen Konzeptes führen.

C.VI.1. Intuitionen und Positionen

Ausgangspunkt von Diskussionen zum Verhältnis von Gehirn und Geist ist praktisch immer der intuitive Dualismus. Diese Tatsache ist zu einem gehörigen Teil mit der cartesischen Tradition zu erklären, in der wir historisch stehen. Daneben aber spielt sicher auch eine Rolle, daß die Annahme eines Monismus ein nur weitaus geringer ausgebildetes Problembewußtsein bewirkt. Fallen mentale und physische Phänomenbereiche zusammen, ist ein "Erklärungsbedarf" dieses Sachverhaltes weniger evident und aufdringlich als bei der Annahme zweier, womöglich ontologisch verschiedener Phänomenbereiche. Deshalb steht zu Beginn der meisten Diskussionen der Dualismus und nicht der Monismus.

"Unser Argument zugunsten des Dualismus geht von dem einfachen Grundsatz aus: Was verschieden aussieht, ist solange als verschiedenartig zu behandeln, bis das Gegenteil gezeigt ist. Daraus folgt, daß die Beweislast beim Monismus, nicht beim Dualismus liegt. Nicht der Dualismus muß zeigen, daß eine physikalische Erklärung des Geistes unmöglich ist, sondern der Monismus muß die Adäquatheit einer solchen physikalischen Erklärung nachweisen."[283] Die naivste oder unmittelbarste dualistische Intuition ist die Annahme einer realen Verschiedenheit zweier Phänomene, weil sie verschieden aussehen. Diese phänomenale Betrachtung impliziert die beiden Sichtweisen "von außen" und "von innen", die zwei unterschiedliche Mengen von Phänomenen oder Sachverhalten liefern und so auf zwei verschiedene Exi-

---

[283] Carrier und Mittelstraß 1989, S. 292

stenzbereiche verweisen. "Unser Gehirn kann aber selbst von zwei Seiten betrachtet werden. Es ist das Organ unserer Seele, somit unseres Subjekts, unseres Ichs. Es ist aber zugleich auch ein Teil der Außenwelt, den wir indirekt von außen, wenigstens bei unseren Nächsten, erkennen können."[284] Dieser Dualismus ist das Phänomen und wirkt sogleich determinierend in der Theorienbildung. Denn beide Phänomenbereiche können, sind sie ihrer phänomenalen Trennung erst einmal ontologisch getrennt installiert, nur noch in eine dualistische Position, einen Dualismus mit oder ohne Wechselwirkung münden.

Kuhlenbeck formuliert ebenfalls diesen Dualismus von außen und innen und formuliert die Sichtweisen als philosophische Theoreme einer materialistischen und einer idealistischen Weltsicht, die miteinander konkurrieren. "Der Materialismus ist jede Hypothese, die innerhalb einer Raum-Zeit-Struktur die Existenz einer objektiven physikalischen Welt annimmt, die unabhängig von jeder bewußten Wahrnehmung ist."[285] Während der Materialismus bewußtseinsunabhängig die Welt interpretiert, steht für den Idealismus das Bewußtsein im Vordergrund, das die Welt erst konstitutiert. "Idealismus (in seiner erkenntniskritischen Bedeutung) kann als die Lehre verstanden werden, die annimmt, daß Bewußtsein das einzige Prinzip oder das Wesen der Erscheinungswelt ist ... , daß die materielle Welt ausschließlich ein geistiges Phänomen ist, in derselben Weise wie die Welt des Denkens und des Fühlens."[286] Kuhlenbeck, für den beide Zugangsweisen Berechtigung haben und sich lediglich in ihrem Gültigkeitsbereich unterscheiden, kann daher auch am Ende seiner Argumentation nur einen Dualismus beziehen.

Auf der anderen Seite kann aber auch die "Idee der Artverschiedenheit" von Geist und Körper, Bewußtsein und Gehirn "von einem leisen Schwindel begleitet"[287] empfunden werden. Die monistische Intuition ist ebenfalls vertretbar, sie kann von einem ganz unmittelbaren Zusammenhang von Gehirn und Geist ausgehen. "Gibt es etwas einfacheres als: Ein bestimmter Komplex von Großhirnfunktionen wird von außen und von innen gesehen, wir nennen ihn Psyche."[288] Gerade diese Intuition wird von den empirischen Wissen-

---

[284] Forel 1918, S. 75

[285] Kuhlenbeck 1986, S. 5

[286] Ibid., S. 7

[287] Zit. n. Feigl, in Gadamer und Vogler, Band 5, S. 3

[288] Bleuler 1932, S. XI

schaften gestützt, indem geistige Phänomene unbezweifelbar mit dem Gehirn in Zusammenhang stehen, wie durch die gesamte in Teil B ausgeführte Tradition der Hirnforschung bestens belegt ist. "Man kann so wenig ein lebendes Gehirn ohne Seele als eine Seele ohne Gehirn für sich darstellen. Was das Gehirn zerstört, zerstört die Seele, und was die Gehirntätigkeit stört, stört entsprechend die Seelentätigkeit. Unsere Seele und unser Großhirnneurokym sind so untrennbar voneinander wie die gesehene Stimmgabelschwingung von der gefühlten; sie entsprechen also dem gleichen reellen Ding."[289] Legt man zusätzlich Ockhams Rasiermesser an, folgt man also der Forderung nach Ökonomie und Sparsamkeit in der Theorienbildung, ist es durchaus legitim, auf der Identitätshypothese als heuristischem Prinzip aufzubauen. "Mit der Identitätshypothese dagegen erklärt sich alles ungezwungen und können oft die psychologischen Reaktionen berechnet und die geistigen Störungen verstanden werden. Daher sind wir berechtigt, die Identitätsthese als wahr anzunehmen, solange sie stimmt und solange man keine vom lebenden Gehirn unabhängige Seele nachgewiesen hat."[290]

Es stehen sich also dualistische und monistische Intuitionen gegenüber, wobei erstere in der Diskussion deutlich überwiegen.[291] Dabei scheint in den Vorannahmen eines Dualismus oder Monismus bereits eine Limitierung und Determinierung des Diskussionsspielraums zu liegen, dessen jeder Diskutand sich bewußt sein sollte. Es sollte daher immer eine Diskussion aller sinnvollen Alternativen erwogen werden, die eine gründliche Bewertung erst ermöglichen, bevor undurchsichtige Hybride wie "monistic dual-aspect interactionism"[292] das Feld betreten.

---

[289] Forel 1918, S. 85. Historisch ist zu bemerken, daß zum Zeitpunkt dieser Intuitionen die Entwicklung des Computers noch nicht in Sicht war, so daß rein funktionalistische Betrachtungen keine Berechtigung hatten. Dafür erleben wir hier noch die unverstellte Sicht auf das traditionelle Leib-Seele-Problem, in dem Geist und Gehirn untrennbar miteinander verbunden sind.

[290] Ibid., S. 79

[291] Casey macht darauf aufmerksam, daß eine Positionierung innerhalb der Geist-Gehirn-Philosophie bereits auch implizit eine Stellungnahme zum Problem der künstlichen Intelligenz aufstellt (Casey 1992).

[292] Wallace 1990

C. VI.2. Ontologie und Methodologie

Ein inhaltlich zentraler Aspekt aller Positionen im Diskurs der Geist-Gehirn-Philosophie ist mit der Definierung des ontologischen Status einer Position verbunden. Der ontologische Anspruch, also der Anspruch, daß die geäußerten Theorien tatsächlich den realen Sachverhalten, also dem, was tatsächlich der Fall ist, entsprechen, ist ganz unterschiedlich vertreten und reicht von der Forderung nach ontologischer Neutralität bis hin zu den Extremen eines reinen Materialismus und Idealismus. Er steht gegenüber methodologischen Ansätzen, die meist im Sinn einer vorläufigen Arbeitshypothese geäußert und auf lediglich heuristische Werte reduziert werden. Der ontologische Anspruch wird natürlich auch gerade in weiten Teilen der Naturwissenschaften erhoben und gepflegt: "In ontologischen Dingen ist die Wissenschaft das Maß der Dinge."[293] Die Hypothese ist in der Naturwissenschaft in aller Regel nur Mittel zum Zweck, nur Übergangsstadium im Prozeß der Erkenntnisbereicherung, um zuletzt Aufschluß über ontologische Verhältnisse, über das, was wirklich ist, zu erreichen. Natürlich ist auch für die Philosophie die ontologische Auswertung wenigstens als "Minimalontologie"[294] interessanter. Die philosophische Argumentation würde sonst zu einem bloßen Hypothesenpool für die Naturwissenschaften degenerieren und dann zuletzt in ihr aufgehen.

Basierend auf dem Dualismus, ist der wesentliche Schritt zur Ontologisierung von Descartes geleistet worden, der res extensa und res cogitans als zwei verschiedene exklusive Phänomenwelten interpretierte. Bis heute zeichnet der ontologische Dualismus seine Spuren. "Der ontologische Dualismus von physischen und psychischen Gehirn- und Bewußtseinsereignissen ist uneliminierbar."[295] Er gerät dann aber in das Dilemma, die Schnittstelle zu definieren und zu charakterisieren, die Geist und Gehirn verbinden könnte. Die aufgerissene Kluft zwischen den beiden Phänomenbereichen ist dann nicht mehr überzeugend zu schließen. "Ein solcher Dualismus hat nämlich mit unüberwindlichen Transferproblemen zwischen den beiden Entitäten-Reichen zu tun. Gelänge es diesem Dualismus, diese auf eine befriedigende Weise zu lösen, würde er sich in diesem Augenblick selber tilgen."[296] Die Ontologisierung

---

[293] Bieri 1981, S. 23

[294] Kanitscheider 1987

[295] Birnbacher 1990, in: Bühler 1990, S. 62

[296] Hogrebe 1989, S. 58

des Dualismus ist das eigentliche Leib-Seele-Problem. Der Interaktionismus zementiert den ontologischen Dualismus, indem er die Schnittstelle problematisiert und zu definieren versucht. Wenn Psyche und Physis als wesensverschieden anerkannt werden, muß auch Antwort gegeben werden auf die Frage, wer wirkt auf wen, wie geht die Wechselwirkung vonstatten (und wo[297]), wer oder was initiiert die Wechselwirkung? Durch Überbrückungsversuche wird die Kluft nur deutlicher. Der Interaktionismus kann so als die eigentliche ontologische Form des Dualismus gesehen werden.

Ganz andere Konsequenzen zieht der Parallelismus, der ebenfalls der dualistischen Intuition folgt, sie aber nicht in letzter Konsequenz formuliert. Der Parallelismus bleibt vielmehr einen Schritt davor stehen und spart die Frage der Interaktion aus. Er manövriert sich damit in eine Lage, in der er die Ontologisierung des Dualismus nicht notwendigerweise mittragen muß. Der Parallelismus bleibt nämlich in den modernen Konzepten nur "Kniff", mit dem die Konsequenzen aus der Ontologisierung des Dualismus, die im Gehirnparadoxon formelhaft erscheinen, "ökonomisch vermieden"[298] gehofft werden, faktisch nicht gezogen werden müssen. Der Dualismus ist als Parallelismus ein methodologischer Dualismus, der zwingt, "sich eine gehörige Portion Pragmatismus anzueignen"[299] und letzlich nur Hypothese "für den heuristischen Tageswert"[300] sein kann. Die Schlußfrage, "gesetzt, der Parallelismus sei nützlich: ist er auch wahr?"[301] ist unvermeidlich. Im Gegensatz zum Interaktionismus, der die profilierteste Form des ontologisierten Dualismus vertritt, bezieht der Parallelismus eine arbeitshypothetische Position, die plastisch bleiben soll, um eventuell veränderte konzeptuelle Vorstellungen, die sich aus neuen, unvorhersehbaren Ergebnissen der Hirnforschung ergeben

---

[297] Das Bedürfnis nach Lokalisation oder Repräsentation in der Hirnforschung wird ein weiteres Mal daran deutlich, daß in den klassischen Interaktionismus-Vorstellungen immer ein Ort angegeben wurde, an dem die Wechselwirkung stattfindet. Bei Descartes ist es die Zirbeldrüse, die als einziger unpaarer Hirnbestandteil am ehesten "Seelenantenne" sein konnte. Bei Eccles ist es die Großhirnrinde und, in den neuen Arbeiten präzisiert, die Synapse, die der Psyche Zugriff erlaubt auf die Transmitterausschüttung im Rahmen einer in modernen quantenphysikalischen Vorstellungen eröffneten Unschärferelation.

[298] Kuhlenbeck 1986, S. 27

[299] Linke und Kurthen 1988, S. 85

[300] Ibid.

[301] Ibid., S. 90

könnten, aufnehmen zu können. Es ist daher aus wissenschaftlicher Perspektive "klar, daß nur der dritte Versuch des "psycho-physiologischen Parallelismus" einen Anspruch auf Wissenschaftlichkeit erheben kann, da er die Möglichkeit einer physikalischen Untersuchung des Problems zuläßt, ohne jedoch einen physikalisch erfaßbaren Zusammenhang zwischen psychischem und physiologischem Geschehen aufdecken zu können."[302] Der Parallelismus bietet aber darüberhinaus für den philosophisch-ontologischen Anspruch nichts. Der Parallelist wartet ab. Seine Position ist zuerst methodologisch von Wert, der Interaktionismus hat dagegen primär ontologischen Anspruch.

Die monistische Seite wird im wesentlichen getragen von materialistischen Vorstellungen, also Positionen mit ontologischer Reichweite. Die Materialisten beziehen sich auf die empirischen Wissenschaften, die im Rahmen der vorliegenden Arbeit skizziert sind. Ausgangspunkt ist der Gedanke, daß als Grundlage aller unserer psychischen Phänomene das Nervensystem anzusehen ist und alle psychischen Prozesse faktisch auf neuronale Prozesse zu reduzieren sind. Die totale Elimination psychischer Phänomene stößt auf größere, bereits diskutierte Schwierigkeiten, so daß als wesentliche Frage resultiert aus monistischer Sicht, wie psychische Phänomene ihre Eigenheit wahren können, wenn sie ontologisch auf physische Ursachen reduzierbar sind und als "Neuro-Entität"[303] beschrieben werden können.

Am besten ist diese Forderung von ontologischem Anspruch und gleichzeitiger Akzeptanz der Existenz der psychischen Welt in der Identitätstheorie gelöst. Sie postuliert eine extensionale Identität von Psychischem und Physischem, beide sind extensional gleich, referieren also beide auf dasselbe, nämlich auf physische Phänomene im Nervensystem. Der Bedeutungsgehalt auf intensionaler Ebene ist aber verschieden. Die Bedeutung eines Gedanken, sein Inhalt enthüllt sich nur im psychischen Bereich, in welchem er seine funktionale Bedeutung für die Person besitzt, das Korrelat des Gedanken im Gehirn ist als Gehirnvorgang ein an sich nicht Bedeutung tragendes Phänomen. Die Identitätsthese verbindet also ontologischen Anspruch, indem sie geistige Phänomene als ko-extensiv mit Hirnvorgängen charakterisiert, methodologisch erhält die Identitätsthese die dualistische Intuition, indem sie auf die intensionale Verschiedenheit psychischer und physischer Phänomene hinweist. "Eine ontologisch sparsam aufgebaute Systemtheorie kann also einen Eigen-

---

[302] Trincher 1983

[303] Kurthen 1990

schaftenpluralismus mit einem Substanzenmonismus verbinden."[304] Die Verschiedenheit ist aber keine ontologische, sondern eine rein intensionalsemantisch fixierte, so daß die Identitätsthese weder Gefahr läuft, einen Interaktionismus zu formulieren, der beide Phänomenbereiche ontologisiert, noch einen Parallelismus, der beide Bereiche lediglich methodologisch auseinanderhält und letzlich die Frage des ontologischen Status mentaler Phänomene unbeantwortet läßt. Trifft man diese Unterscheidung zwischen ontologischem Monismus in der Identitätsthese und methodologischem Dualismus, dann "ist die Identitätstheorie mit der Anerkennung des elementaren Dualismus nicht gänzlich unvereinbar."[305] Wir können dann nämlich durchaus den beiden Phänomenbereichen gerecht werden, die wir als solche anerkennen. Es sind ontologisch beide dasselbe, bezüglich des Bedeutungsgehaltes aber sind sie verschieden. Hirnvorgänge "sind" keine Gedankeninhalte, sondern "tragen" sie nur. Es gibt keine eigene Seelensubstanz, die man getrennten Naturgesetzen unterwerfen müßte. Es gibt aber den spezifischen geistigen Gehalt eines Gedankens, der an dem Hirnvorgang an sich nicht abzulesen ist, sondern nur in Korrelation zum Gehirnvorgang, dem er ontologisch entspricht. "Wir sehen also klar, wie wir das Verhältnis der Seele zum lebenden Gehirn aufzufassen haben. Beide sind in Wirklichkeit eins."[306]

C.VI.3. Dualismus und Monismus

Intuitionen und ontologische Ansprüche bedingen die zuletzt formulierte Position, die dann im philosophischen Forum und immer mehr auch im Umfeld und mit Unterstützung empirischer Wissenschaften diskutiert wird. Ausgehend vom intuitiven Dualismus ergaben sich aus seiner Unvereinbarkeit mit der Wechselwirkung mentaler und physischer Vorgänge[307] sowie mit der methodologischen kausalen Geschlossenheit des naturwissenschaftlichen Un-

---

[304] Kanitscheider 1987

[305] Birnbacher 1990, in: Bühler 1990, S. 63

[306] Forel 1918, S. 87

[307] Die Wechselwirkung betrifft vorrangig die Einflußnahme mentaler Phänomene auf körperliche, etwa die bewußte Initiierung einer Bewegung ("Ich werde gleich meinen Arm hochheben."). Daneben ist aber sicher auch von großem Interesse, die umgekehrte Richtung des Wirkmechanismus der "Emergenz" aufzuklären, die die mentalen Vorgänge aus den körperlichen, nämlich zentralnervösen, hervorgehen läßt.

tersuchungsraumes die klassischen Positionen zum Verhältnis von Gehirn und Geist.

Wenn mentale Phänomene auf physische einwirken sollen und dieser physische Raum kausal geschlossen sein soll, so müssen mentale Phänomene auch physisch sein. Es würde ein materialistisch-reduktionistischer Monismus resultieren, wie er heute vielfach von Naturwissenschaftlern in verschiedenen graduellen Ausprägungen vertreten wird. Psychische Phänomene können dann zu Epiphänomenen werden, ohne eigenständige Existenz zu beanspruchen, wie es im eliminativen Materialismus geschieht, demzufolge alle mentalen Phänomene eine Fiktion sind. Die Schaffung des Geistigen als Nebenprodukt des intraphysischen Produzierens wird dann aber rätselhaft, das Mentale ist eine creatio ex nihilo geworden, da ja das Physische in sich kausal geschlossen ist und so nichts Außerphysisches produzieren kann. Nachfolgend werden die psychischen Phänomene irrelevant, die als ein Nebenprodukt des Physischen physisch kausal nur unwirksam bleiben können. Das Subjekt als Konglomerat der mentalen Phänomene wird zum Epiphänomen eines Epiphänomens, also ein Nichts aus einem Nichts. Entsprechend wird die Möglichkeit der mentalen Verhaltensverursachung problematisch, wenn der physikalische Raum als geschlossen und die mentalen Phänomene als wesentlich verschieden von den physischen betrachtet werden. Es muß dann eine dualistische Position bezogen werden, die beide Welten grundsätzlich akzeptiert. Diese können im Modell des psychophysischen Parallelismus unabhängig voneinander, also ohne Wechselwirkung aufeinander existieren oder aber als Phänomene der beiden wesensverschiedenen Phänomenbereiche in Interaktion miteinander treten. Diese letztere Position wirft dann allerdings die problematische Frage nach dem Modus dieser Interaktion von Geist und Gehirn auf, die nur spekulativ beantwortbar ist und eine Schnittstelle benötigt, die aber als Ort der Kontaktaufnahme zwischen den beiden wesensverschiedenen Phänomenwelten nicht plausibel bestimmbar ist. Wird allerdings die dritte These zugunsten der ersten beiden in Zweifel gezogen, also eine Einwirkung von mentalen Phänomenen auf physische bei Akzeptanz ihrer Wesenverschiedenheit angenommen, so resultiert eine Position, die auch als Panpsychismus bezeichnet worden ist. Die kausale Geschlossenheit der physikalischen Welt wird aufgehoben und zugunsten der psychischen Phänomenwelt geöffnet. Das geistige Substrat muß dann konsequenterweise Bestandteil aller physischen Phänomene werden, um die potentiell mögliche Einwirkung mentaler Phänomene auf körperliche zu gestatten und widerspricht so dem Grundprinzip jeder Naturwissenschaft.

Der Dualismus, der Gehirn und Bewußtsein als zwei voneinander unterscheidbare Entitäten begreift und konzeptuell auch fixiert, kann differenziert werden nach dem Kriterium der Relation, in der physische und psychische Entität zueinander stehen. Dabei lassen sich im wesentlichen verschiedene Formen des Interaktionismus und des Parallelismus unterscheiden. Der Interaktionismus postuliert wie der Parallelismus zwei verschiedene Welten und Phänomenbereiche, die beide intuitiv erschließbar und zugänglich sind. Er fordert eine Wechselwirkung zwischen dem Physischen und dem Psychischen. Über die mentale Verursachung von Verhalten und der Induzierbarkeit psychischer Veränderungen über körperliche Eingriffe (im Extremfall zum Beispiel eine Hirnerkrankung oder Hirnoperation) ist diese Interaktion und Wechselwirkung zunächst sehr plausibel, muß sich aber im gleichen Atemzug der Frage nach dem Mechanismus dieser Wechselwirkung stellen. Dann aber wird die Diskussion abenteuerlich. Denn wie sollen zwei als ontologisch exklusiv charakterisierte Substanzklassen miteinander kommunizieren, wenn sie beide wesentlich unterschiedlich strukturiert sind? Es widerspricht jeder empirischen Wissenschaft, zwei wesensmäßig unterschiedliche Substanzen oder Substanzklassen miteinander in eine harmonische Beziehung zu überführen. Wie also soll eine solche Wechselwirkung von Körperlichem und Nicht-Körperlichem gedacht werden? Die Antworten sind Schnittstellen des Organs, an denen aus ungewissen Gründen die geistigen Kräfte wirksam werden können. Dabei sind immer nur Teile des Gehirns empfänglich für die geistigen Kräfte. Prinzipiell spricht nichts dafür, daß gerade die Hirnrindenzellen besonders empfänglich sind für die Seelensubstanz, nachdem schon nichts dafür gesprochen hat, zwei inkompatible Substanzen in Wechselwirkung treten zu lassen.[308]

Der Parallelismus erleichtert sich die Beantwortung dieser Fragen, indem er sie gar nicht erst stellt. Die beiden Phänomenbereiche existieren, werden in ihrer Existenz beide nicht geleugnet, ihr Zusammenwirken wird aber nicht diskutiert, sondern entweder völlig ausgespart[309] oder allegorisch behandelt

---

[308] Eccles (1986, 1990) konkretisiert die Schnittstellen innerhalb der linken Hemisphäre in den Modulen der Hirnrinde. Zweifelsohne sind die neuronalen Netzwerk-Architekturen von zentraler Bedeutung für die Informationsverabeitung im Hirn. Sie sind auch der vielversprechendste Kandidat, um eine Repräsentation mentaler Phänomene vorzunehmen. Die Schwäche von Eccles besteht darin, daß Eccles darüberhinaus eine Seelensubstanz annimmt, die lediglich über die Module ins Gehirn eintritt. Die Identitätstheorie besagt dagegen, daß mentale Phänomene ontologisch diese Hirnvorgänge in den Modulen sind.

[309] Das etwa ist in Schopenhauers Konzeption der Fall. Seine Nachlässigkeit ist bis zu einem gewissen Grad historisch erklärbar. Zu seiner Zeit wäre es absolut abenteuerlich gewesen zu spekulieren, es könnte einmal einen Apparat geben, der einen

wie das Uhrengleichnis bei Leibniz oder in göttliche Verantwortung verlegt wie im Occasionalismus oder sogar zum Kuhlenbeck'schen Gehirn-Paradox geführt, das dann im Effekt in der Scheinlösung eines "Kniffs"[310] resultiert. Gegen einen Parallelismus, der nur den Befund der Parallelität erhebt und keine Erklärung für dieses harmonierende Nebeneinander liefert, sprechen aber die experimentellen und klinisch-medizinischen Befunde, die ein Zusammenwirken zwar nicht in einem einzigen Falle beweisen können, dafür aber eine Fülle von Befunden vorlegen, die eine Wechselwirkung nahelegen und wahrscheinlich machen. Der psychophysische Parallelismus demonstriert also im wesentlichen eine Ignoranz der zentralen Fragestellung zur Interaktion von Gehirn und Geist. Entweder wird er als Arbeitshypothese oder Kniff nur als vorläufige Position beschrieben und fordert dann seine Überwindung. Oder aber die parallelistische Haltung ist wie bei Schopenhauer eine Konsequenz aus der vorgenommenen Subjekt-Objekt-Spaltung. Das Gehirn als Willensorgan und das Gehirn als Gegenstand der Vorstellung finden systemimmanent nicht zueinander. Die Frage nach der Aufeinander-Beziehbarkeit von Gehirn und Geist wird nicht gestellt, weil sie historisch zunächst nicht bewußt wird oder (heute) nicht beantwortbar erscheint.

Der Monismus kann unter Leugnung der psychischen oder physischen Welt das Bewußtsein als Epi-Phänomen des Körperlichen oder das Gehirn als Erscheinungsform des Geistigen begreifen. Auf der Basis einer realistischen Perspektive bezieht sich der Materialismus in der Gehirn-Geist-Philosophie primär auf das real existente Gehirn. Die Hirnforschung im weitesten Sinne stellt methodisch einen solchen materialistischen Zugang dar.[311] Durch die enorme Fülle an experimentellen Befunden wird dem Materialismus ein gewisser Optimismus nahegelegt, der sich im wissenschaftlichen Realismus äußert. Alle ontologische Autorität in der Erkenntnistheorie wird den empirischen Wissenschaften übertragen, jeder Fortschritt in materialistischer Hinsicht wird im Labor erwartet. Die materialistischen Thesen haben dabei alle den Nachteil der Unterbewertung des Psychischen. Sie leugnen zum Teil die psychische Welt völlig und gestehen ihr höchstens noch - so im eliminativen Materialismus - eine sprachliche Repräsentierung zu, die aber nur noch als Relikt einer längst überholten Fehldeutung geduldet wird. Die aktuelle Dis-

---

Einblick ins lebende menschliche Gehirn erlauben würde. Heute gibt es gleich mehrere solcher Geräte.

[310] Kuhlenbeck 1986, S. 27

[311] Damit müssen aber nicht alle Hirnforscher Materialisten sein. Allerdings dürfte ihnen ein reiner Idealismus schwerfallen.

kussion zeigt, "daß das Leib-Seele-Problem des ontologischen Dualismus aufgelöst werden muß, und daß es nur aufgelöst werden kann, wenn es uns gelingt, mentale Phänomene als eine Art von physischen Phänomenen zu verstehen."[312]

Der Idealismus dagegen bestreitet zwar nicht ausdrücklich die Existenz der Realität, dafür bietet er aber nicht die Möglichkeit, verläßlich empirische Befunde in die Diskussion einzuführen. Er kann keine allgemeingültigen Aussagen über die reale Welt machen. Die Welt konstituiert sich im wahrnehmenden und perzipierenden Geist, der - bei allem Mißtrauen gegenüber dem Realen - an das Gehirn gebunden zu sein scheint. Durch diese Amputation im Materiellen ist es dem konsequenten Idealisten zumindestens schwierig gemacht, nähere empirische Auskünfte einzuholen. Der Konstruktivist denkt ebenfalls idealistisch, wenn er das Individuum sich seine Welt selbst konstruieren läßt. Es scheint, als gäbe es im konstruktivistischen Weltbild keine festen, verbindlichen Realien mehr. Problematisch wird dann die Diskussion um den (internen oder externen) Beobachter im Konstruktivismus. Er konstruiert zwar auch seine Welt, in der er lebt, indem er sie lebt, aber er kann dennoch in genügendem Ausmaß transzendieren, um seine Umwelt zu beobachten, zu klassifizieren und zu bewerten. Das Gehirn ist dabei sein Instrument. Dieses Organ, bestehend aus 10^{10} Nervenzellen, ist selbstreflexiv und selbstexplikativ. Diese ungeheure Zellmenge weiß also in ihrer neuronalen Einheitssprache selbst, in welchem Zusammenhang die einzelnen Zellen und Zellverbände funktionieren oder fungieren, und das ohne Kontakt zur Außenwelt und ohne festen Kristallisationskeim oder Fixpunkt, der als objektive Referenz dienen könnte.

Die Identitätsthese ist offenbar als einzige Position in der Lage, potentiell eine "Auflösung des traditionellen Leib-Seele-Problems"[313] zu erwirken. Die Identitätsthese und der neutrale Monismus oder Aspektdualismus schließlich bestätigen die Intuition, daß eben doch beide differenten Phänomenwelten nur Attribute einer Ur-Sache sind, aber die verbindende Korrespondenz ist nicht mehr als ein Postulat, wenn es nicht empirisch belegt werden kann. Eine solche empirische Bearbeitung der Identitätsthese ist aber jetzt in Sicht.

Zusammenfassend haben also in der Nachfolge der klassischen Leib-Seele-Problem-Diskussion die monistisch-materialistisch ausgerichteten Hypothesen die größte Plausibilität für sich. Wir müssen heute annehmen, daß es sich bei

---

[312] Bieri 1981, S. 51

[313] Ibid., S. 40

mentalen Phänomenen um Phänomene handelt, die auf physischer Grundlage beruhen. Mentale Phänomene müssen als materielle Phänomene deutbar gemacht werden unter Erhalt ihrer spezifischen mentalen Charakteristika. Es geht nicht um die kompromißlose Leugnung von mentalen Phänomenen, die auf Widersprüche stößt, sondern nur um ihre Erklärbarkeit auf physischer Grundlage. Es geht darum zu zeigen, daß kein Charakteristikum mentaler Phänomene sie notwendigerweise zu nicht-physischen Phänomenen im Sinne eines exklusiven Dualismus macht. Inhaltlich ist eine Erweiterung sowohl der Hirnforschung als auch der Philosophie um den jeweils komplementären Partner zu fordern, die in einer Bemühung um Konvergenz von Hirnforschung und Gehirn-Geist-Philosophie zusammengeführt werden können.

D. Konvergenz

Auf dem Hintergrund der ersten beiden Teile, die je eine Skizze der Hirnforschung und der Gehirn-Geist-Philosophie gezeichnet haben, wird jetzt die Zusammenführung beider Perspektiven, die Konvergenz von neurologischem Repräsentationskonzept in der Hirnforschung einerseits und dem Identitätspostulat in der Gehirn-Geist-Philosophie andererseits möglich. Der neulateinische Begriff der Konvergenz, der wörtlich soviel wie "die Hinneigung" bedeutet, kann mit Zusammenlaufen, Annäherung oder Engführung übertragen werden.[1] Der Konvergenzbegriff formuliert damit zunächst nur ein Verhältnis einer Zugehörigkeit zweier Perspektiven oder Theorien zueinander, das notwendigerweise weder in Interaktionen noch in Identifizierungen zu formulieren sein muß. Charakteristisch ist aber die enge Verwandtschaft der konvergenten Begriffe oder Theorien, die sich zueinander konvergent verhalten. Hier bezeichnet Konvergenz den Tatbestand vergleichbarer Zielvorgaben und möglicher kongruenter Ergebnisse unterschiedlicher methodischer Anstrengungen.

Das Repräsentationskonzept der Hirnforschung und die Identitätsthese zeigen evidente Gemeinsamkeiten, indem der Gegenstand der Annäherung zusammenfällt, lediglich das methodische Vorgehen, bei dem sich empirische Experimente, klinische Untersuchungen und begrifflich-argumentative Diskurse gegenüberstehen, bleiben unterschiedlich. Die vorliegende Formulierung einer solchen Konvergenz versteht sich daher bivalent sowohl als theoretischer Aspekt und heuristische Arbeitshypothese[2] innerhalb der Hirnforschung als auch als empirischer Beleg für die Identitätsposition innerhalb der

---

[1] Hoffmeister, „Wörterbuch der philosophischen Begriffe", 1955, S. 358

[2] Der arbeitshypothetische Charakter bezieht sich auf die aktuelle Unbeweisbarkeit der Identitätshypothese, die selbst mit Unterstützung der empirischen Wissenschaften noch nicht in extenso geleistet werden kann. Die Identitätsthese ist allerdings sehr wohl mit einem ontologischen Anspruch verbunden, überschreitet also klar die Grenze einer rein methodologischen Position wie etwa die des Parallelismus, der sich selbst nur als "Kniff" oder "heuristische Tageslösung" zu bezeichnen in der Lage ist.

Gehirn-Geist-Philosophie und ihrer konkreten Anbindung an die empirische Hirnforschung. Insgesamt wird damit insbesondere der häufig thematisierten Forderung nach Integration von Philosophie und Einzelwissenschaften gefolgt, die Untersuchung ist dabei getragen von der Überzeugung eines monistischen Weltbildes und der prinzipiellen Einheit der Wissenschaften, die sich zuletzt nicht im Gegenstandsbereich ihrer Untersuchungen, sondern nur in ihrem Methodenarsenal unterscheiden.[3] Motiviert ist dieses forschende Interesse in Nietzsches Analyse zuletzt immer von der Furcht zu überleben, indem das Unbekannte entdeckt und verfügbar wird. "...ist unser Bedürfniss nach Erkennen nicht eben dies Bedürfniss nach Bekanntem, der Wille, unter allem Fremden, Ungewöhnlichen, Fragwürdigen Etwas aufzudecken, das uns nicht mehr beunruhigt? Sollte es nicht der Instinkt der Furcht sein, der uns erkennen heisst?"[4]

D. I. Repräsentation und Identität

Eine regelartige Korrespondenz mentaler Phänomene, die gleichzeitig mit Hirnzuständen oder -vorgängen beobachtbar sind und miteinander kovariieren, ist empirisch evident und kann vernünftigerweise nicht angezweifelt werden. Eine solche Korrespondenz operationalisierter, neuropsychologisch beobachtbarer, mentaler Phänomene mit Hirnvorgängen ist mit verschiedenen Methoden, heute insbesondere mit modernen bildgebenden Verfahren, nachzuweisen. Die Bewertung solcher empirischer Befunde, die diese Korrelation belegen, kann aber durchaus kontrovers ausfallen. Zentral bleibt die Frage, ob die Korrelate der Hirnaktivität, die mit modernen bildgebenden Verfahren zu beobachten sind, als Repräsentation der mentalen Vorgänge im Sinne einer

---

[3] So ist die zunehmende Diversifizierung von Wissenschaften nicht etwa auf einen ständig wachsenden Gegenstandsbereich zurückzuführen, sondern auf ein immer weiter expandierendes Methodenspektrum, das Kenntnisse und technische Fertigkeiten voraussetzt, die eine entsprechende Ausbildung der Wissenschaftler verlangt. Die Hirnforschung versteht sich längst als ein Unternehmen, das auf ganz verschiedenen, molekularen, zellulären, systemischen, verhaltensbiologischen Ebenen arbeitet. Der Gegenstandsbereich der Hirnforschung, diese überaus beeindruckende etwa 1300 g schwere zentralnervöse Masse in jedem menschlichen Kopf, bleibt aber prinzipiell derselbe.

[4] F. Nietzsche, "Die fröhliche Wissenschaft" 5. Buch, Nr 355

Identität angesehen werden dürfen oder ob sie nur parallelistisches Korrelat sind: "Wir sehen die Seele nicht unmittelbar im Positronen-Emissions-Tomogramm, aber wir sehen ihr parallelistisches Korrelat und sogar ein Korrelat zum Denken über die Seele."[5]

Die philosophische begriffliche Analyse liefert zur Abklärung dieser Frage als theoretische Pendants einerseits dualistische Hypothesen, die als interaktionistisch oder parallelistisch geprägte Dualismen entweder eine unplausible Erklärung oder gar keine Erklärung für das Nebeneinanderbestehen von zwei Phänomenwelten liefern. Das Angebot vervollständigen monistische Theorien, die entweder Streichungshypothesen sind oder eine Identität formulieren. "Will man den Geist nicht in einer Bewegung sehen, in welcher er dem Gehirn nur in einer kurzzeitigen Parallelität begegnet (obwohl der Gedanke der Parallelität alle Geistesphänomene in sich hineinzwängen kann), will man aber auch nicht die Gedoppeltheit stehen lassen, bei welcher der Geist im Parallelismus ankommt, dann bleiben zur Auflösung nur Denkfiguren übrig, welche entweder durch Umschlag einer Seite in die andere oder durch Gleichsetzung beider zu einer Einheit führen."[6] Nach der vorangegangenen Analyse zeigt sich die Identitätsthese als die plausibelste Position in der Gehirn-Geist-Philosophie. Als einzige philosophische Position kann sie dem klassischen von Bieri analysierten Dilemma der Unvereinbarkeit von intuitivem Dualismus, dem Konzept mentaler Verhaltensverursachung und der kausalen Geschlossenheit des physikalischen Raumes entkommen. Nur wenn psychische Phänomene auf materieller Grundlage charakterisierbar werden, sind sie widerspruchsfrei in die Gehirn-Geist-Philosophie, die heute ganz wesentlich auch empirisch argumentieren muß, einzubinden.

Unter dieser Vorgabe bemühen sich sowohl die empirische Repräsentationalisierung und die philosophische Identitätsthese um die Identifikation von mentalen Phänomenen im Gehirn. Dabei handelt es sich eindeutig um denselben Gegenstandsbereich der forschenden Bemühungen, also um das Ziel, die Repräsentation mentaler Phänomene im Gehirn empirisch und logisch zu belegen. Dieses Ziel wird mit empirischen und mit argumentativen Mitteln zu erreichen versucht. Darin besteht die eigentliche Konvergenz, die im kongruenten Gegenstandsbereich begründet liegt, sich aber eines unterschiedlichen Methodenarsenals bedient.

---

[5] Linke und Kurthen 1988, S. 22

[6] Linke und Kurthen 1988, S. 44

Im Zentrum der Überlegungen stehen dabei die Bedingungen, unter denen diese Identifizierung empirisch oder begrifflich vorgenommen werden kann. Unter Einbeziehung empirischer Erkenntnisse ist eine Identifizierung mentaler Phänomene nur auf materieller Basis denkbar. Eine eigenständige psychische Phänomenwelt, die ontologisch verschieden ist von der materiellen Welt, steht vor unüberwindbaren Schwierigkeiten, wenn sie unter Erhalt ihrer funktionalen Eigenständigkeit versucht, in die methodologisch geschlossene materielle Welt einzugreifen, um Einfluß auf das Gehirn zu nehmen. Eine parallelistische Lösung ist ebenfalls unbefriedigend, weil sie nur methodologischen Anspruch erheben kann. Die Identitätstheorie aber kann sinnvoll auf materieller Grundlage definiert werden, wenn der Gültigkeitsbereich des principium identitatis indiscernibilium in intensionale und extensionale Bereiche getrennt wird. Dann ist eine extensionale Charakterisierung mentaler Phänomene, die nämlich auf physische Phänomene referieren, auf materieller Grundlage möglich. Intensional behalten die mentalen Phänomene ihre funktionale Eigenständigkeit. Auf dieser Basis wird die Repräsentationsbemühung materiell deutbar und gewinnt damit direkten Anschluß an die empirische Hirnforschung. Befunde der empirischen Hirnforschung werden auf dieser Grundlage für die Philosophie direkt verwertbar auf der Basis eines ontologischen Identitätspostulats, das empirisch charakterisiert und bestätigt werden kann. Umgekehrt hat die Hirnforschung ein gangbares Konzept zur Verfügung, das als heuristische Grundlage ihrer Wissenschaft dienen kann und den Prozeß der Theorienbildung erleichtert und unterstützt.[7]

Der Begriff der Repräsentation gewinnt in diesem Konvergenzprozeß zentrale Bedeutung. Unter Repräsentation kann allgemein "Vergegenwärtigung" oder "Vertretung" verstanden werden, "in der Psychologie die Lehre, nach der die Vorstellungen die mit ihnen gemeinten Gegenstände darstellen, das Nichtgegenwärtige vergegenwärtigen oder durch ein Symbol repräsentieren"[8]. Während eine "Vertretung" auch eine Metapher oder ein Symbol liefern könnte, also lediglich eine andere Art und Weise darstellen würde, einen

---

[7] Natürlich stehen die wissenschaftliche Theorienbildung auf empirischer Grundlage und philosophische Diskurse in wechselseitigem Verhältnis zueinander. Jeder Hirnforschung geht eine naive Vorstellung von Identität voraus. Hirnforschung wird betrieben mit dem Ziel, Erkenntnisse über den Geist mit Wahrnehmungen und Verhalten zu erreichen. Organische Grundlage ist das Nervensystem. Umgekehrt geht dieser Identitätsauffassung historisch wiederum Empirie voraus, welche Befunde erst zur Annahme des Gehirns als Geistträger geführt haben.

[8] Hoffmeister, "Wörterbuch der Philosophischen Begriffe", 1955

D. Konvergenz

Gegenstand oder Sachverhalt zu bezeichnen, kann "Vergegenwärtigung" auch im Sinne einer Erinnerung verstanden werden. Ein interessanter Grenzfall ist also das Gedächtnis in diesem Zusammenhang. Eine Vergegenwärtigung von Nichtgegenwärtigem hieße dann, eine Erinnerung hervorzurufen[9].

Für den Bereich der Gehirn-Geist-Philosophie muß der Repräsentationsbegriff gestärkt werden und gewinnt ontologischen Anspruch. Repräsentation soll sowohl für die Bezeichnung eines mentalen Phänomens wie auch für das ihn organisch realisierende physische Phänomen anzuwenden sein.[10] Konkret ist mit Repräsentation gemeint die neuronale Realisierung eines psychischen Zustandes im raum-zeitlich definierten System des Gehirns. Der Begriff gewinnt damit bilaterale Bedeutung insofern, als er das begriffliche Bindeglied darstellt, das die beiden Phänomenwelten miteinander verbinden kann. Damit ist allerdings keine neue, womöglich ontologisch begriffene Entität verbunden, die sich dann in einem "Trialismus" darstellen ließe. "Representational character would be a two-place relation between an internal state and a state of affairs, not a three-place one in which the internal state mediates between a state of affairs and an abstract representational system."[11] Vielmehr wird lediglich der Prozeß der Identifizierung begrifflich festgemacht und belegt. Im Gegensatz zum Lokalisationsbegriff nimmt er besonders die dynamische Komponente des Realisierungsprozesses mentaler Phänomene im Gehirn auf, welche sich zum Beispiel in langfristigen Plastizitätsvorgängen, aber auch kurzfristigen Oszillationsphänomenen äußert. Dabei soll der Begriff allerdings nicht nur als Vertretung des zu Repräsentierenden, also des real Existierenden, verstanden werden, sondern auch als das Repräsentierte selbst. Ebenso geht er über den klassischen Symbolbegriff hinaus als "repräsentative Zeichen, die nur das bedeuten, was durch eine Abmachung oder Erklärung fest-

---

[9] Das Gedächtnisproblem ist dabei durchaus ein sehr komplexes Phänomen, das einen interessanten Grenzfall der Repräsentation ausmacht, und das insofern, als es sich bei einer Erinnerung ja auch um eine Reaktivierung einer neuronal realisierten Repräsentation handelt. Auf die historische Entwicklung und Bedingtheit des Gedächtnis-Konstruktes geht Harth (1991) ein. Schmidt (1991) behandelt die aktuellen Positionen und Perspektiven im interdisziplinären Diskurs der Gedächtnisforschung.

[10] Interessant ist hier der Sprachgebrauch, der eine "Ontologisierung" oder "Materialisierung" durchaus zuläßt. Ein mentales Phänomen wird so etwa erst durch sein organisches Pendant "realisiert" oder "manifest", mithin erst komplett.

[11] Schwartz 1992

gesetzt ist, aber an sich keinen oder einen ganz anderen Sinn hat"[12], denn die Repräsentierung eines mentalen Phänomens ist nicht nur die intersubjektive, konventionelle Approximation eines Repräsentierten, sondern ihre ontologische Grundlage, also hier ihr organisches Analog. Repräsentation ist als eine Musterebene, als abstrakte Informationskodierung in neuronalen Netzwerken zu verstehen. "Eine Lösung des Leib-Seele-Problems ist nur möglich, wenn die Beziehungen der Trägerprozesse zu den Musterbildungen und anschließend zu deren Bedeutungen geklärt sind."[13] Durch den Bezug zur Hirnforschung kann diese Musterebene oder Repräsentationsebene empirisch-materiell deutbar gemacht werden, ohne dabei die Eigenständigkeit der psychischen Natur einbüßen zu müssen. Andererseits muß aber auch der psychisch relevante Bedeutungsgehalt nicht notwendig die zwingende Existenz eines außer sich stehenden Subjekts postuliert werden, das die intensionalen Inhalte verarbeiten würde. Eine solche Interpretation würde vielmehr einen cartesisch-ontologischen Substanzdualismus suggerieren[14], von dem ich mich ausdrücklich distanziere. Die Kodierung ist gewissermaßen als Semantik psychisch abgreifbar, Sinn und Bedeutung der syntaktisch zusammengefügten Neuronenverbände fügen sich zum Repräsentationskonzept zusammen als die Brücke von psychisch abgreifbarer Bedeutung und physischer Realisierung. Eine Information wird repräsentiert, nicht lokalisiert. Sie ist nicht existent als eigene Substanz, sondern wird nur als Muster auf materiell-organischer Grundlage angezeigt. Musterträger ist das neuronale Geschehen im Gehirn.

Der bilaterale Begriff der Repräsentation als "implementation of the semantic content of symbolic expressions in neural terms"[15] soll damit gewissermaßen das begriffliche oder gedankliche Brückenglied liefern, das verstanden werden kann als Bezeichnung neuronaler Zustände und psychischer Zustände. Eine Repräsentation in unserem Sinne ist extensional eine bestimmte raum-zeitlich definierte Konfiguration innerhalb des Nervensystems und intensional dessen Inhalt auf mentaler Ebene. Der Repräsentationsbegriff entspricht damit dem Identitätsbegriff insofern, als beide Begriffe die Eigenständigkeit des Aspekts beider Phänomenenbereiche konservieren, zugleich aber ontologisch eine Identifizierung auf materieller Ebene einschließen. Sie unterscheiden sich insofern, als Identität das übergeordnete abstrakte Konzept be-

---

[12] Hoffmeister, „Wörterbuch der philosophischen Begriffe", 1955

[13] Benesch 1988, S. 101

[14] Auf diesen Aspekt macht Costall (1984) aufmerksam.

[15] Changeux und Dehaene 1989

zeichnet, während der Begriff der Repräsentation die einzelnen konkreten Verwirklichungen und Realisierungen von mental und physisch identifizierbaren Zuständen markiert. "Connectionist models are described in terms of representations, and cognitive processing is construed as the system's evolving from one representational state to another."[16] Es gibt also ein Identitätskonzept, aber prinzipiell unendlich viele mögliche Repräsentationen. Der Repräsentationsbegriff ist daher empirischer Natur, als ein Kerntheorem der Hirnforschung anzusehen, während der Identitätsbegriff das philosophisch-begriffliche Analog darstellt.[17] Der Kontrast kann auch mit dem Begriffspaar induktiver und deduktiver Arbeit unterstrichen werden. Während es sich bei der empirischen Hirnforschung um eine induktiv tätige Wissenschaft handelt, die am einzelnen Befund orientiert ist und daraus ihre Theorie ableitet, verhält es sich in der Philosophie umgekehrt. Nachdem sich das Identitätskonzept als logisch vertretbare und verträgliche Lösung erweist, kann sie als eine deduktiv erarbeitete Theoriegrundlage aufgefaßt werden, die jetzt vor empirischen Problemen steht, indem sie gefordert ist, Identifizierungsstandards zu etablieren. Diese Gegenüberstellung reflektiert die Auffassung einer Konzeption einer einheitlich gedachten Gesamtwissenschaft, deren Einzeldisziplinen sich nicht in ihrem Gegenstandsbereich, sondern in ihren Zugangsweisen unterscheiden. Identität ist auf das allgemeine Konzept, Repräsentation auf seine konkreten Verwirklichungen gerichtet. Der Gegenstand aber, die Beziehung mentaler und physischer Zustände aufeinander, bleibt derselbe und erzwingt aus sich die Konvergenz der Wissenschaften.

Am Beispiel der Begriffskonzeptionen von Repräsentation und Identität wird deutlich, daß solche interdisziplinären Übergriffe durchaus konstruktiv und hilfreich für beide Teildisziplinen sein können. Die Gehirn-Geist-Philosophie gewinnt damit eine echte Übersetzungsmöglichkeit ihrer Identitätstheorie, die als konsistente philosophische Argumentation durch die empirischen Befunde bereichert werden kann, die die nötigen Konkretisierungen im Sinne von Belegen für das philosophische Konzept liefern. Die Philosophie

---

[16] Horgan und Tienson 1992

[17] Das Gegenüberstellen zweier Konzepte aus Hirnforschung und Philosophie enthebt nicht völlig der Verpflichtung, den Gültigkeitsanspruch eines induktiven Schlusses im Auge zu behalten, also den Rückschluß aus einzelnen empirischen Befunden auf eine Theorievorstellung zu vollziehen, wie es in der Hirnforschung geschieht. Allerdings ist es ein erheblicher Unterschied, ob eine Theorie allein aus empirischen Befunden abgeleitet wird oder ob sie, auf Empirie gestützt, mit einem aus philosophischer Analyse gewonnenen Konzept konvergiert.

gewinnt damit nicht nur methodisch, sondern auch inhaltlich Anschluß an die empirischen Wissenschaften. Für die empirischen Wissenschaften ergibt sich der große Vorteil, einen theoretischen Hintergrund zu entwickeln, der die Befundfülle der letzten Jahre in der Hirnforschung systematisieren helfen kann. Gerade in Zeiten großer methodischer Fortschritte, der zum Beispiel im submikroskopischen, also molekularen Bereich, als auch im Bereich bildgebender Verfahren oder der Computermodellierung neuronaler Vorgänge ganz prominent ist, lassen sich eine Fülle von neuen Befunden erheben, die sich zum Teil auf ganz neuen Beobachtungsebenen bewegen. In der "decade of the brain" wird daher auch das Bedürfnis nach Theorienbildung immer größer. Ein philosophisches Konzept wie die Identitätstheorie, das ontologischen Anspruch erhebt, ist für die empirischen Wissenschaften als heuristische Arbeitshypothese sinnvoll als erklärungsbildendes Konzept zu verwerten. Als solch eine heuristische Lösung wird ja gerade auch der Parallelismus diskutiert. Ich denke aber, daß es der ontologische Anspruch ist, der eine philosophische Position tragfähig macht für Theorien in der empirischen Wissenschaft und über den empirischen Befund hinausweist und so seinen heuristischen Wert erst installiert. Der Parallelismus läßt sich bei seinen modernen Vertretern auf lediglich methodologischen Gültigkeitsbereich reduzieren. Darüber hinaus leistet er inhaltlich keinen Vorteil. Die Parallelität, also die korrespondierende Kovarianz von mentalen und physischen Phänomenen, ist nur der Befund. Der psychophysische Parallelismus liefert darüberhinaus aber kein Konzept, während die Identitätsthese eine philosophisch konsistente, ontologische Zielvorgabe macht, die die Empirie inhaltlich bereichert, fordert und neue experimentelle Designs stimuliert. Der Parallelismus ist lediglich eine zusammenfassende Beschreibung empirischer Beobachtung, philosophisch unbefriedigend und nur mit methodologischem Anspruch. Der Interaktionismus, der als weit verbreitete Alternative diskutiert werden muß, ist durch seine logisch unmögliche und empirisch extrem unplausible Unüberbrückbarkeit von mentalem und physischem Phänomenbereich gekennzeichnet. Er ist zwar mit heuristisch tragfähigem ontologischen Anspruch ausgestattet, bleibt aber aus logischer Sicht wenig überzeugend.

Diese Konvergenz des am konkreten empirischen Phänomen orientierten Begriffs der Repräsentation und des philosophischen übergreifenden Konzeptes der Identität ist also ein exzellentes Beispiel zur Überbrückung der Kluft zwischen Philosophie und Einzelwissenschaften. Sie ist für den Bereich der Hirnforschung und Gehirn-Geist-Philosophie plausibel und konstruktiv. Solche Konvergenzen sind durchaus ausbaufähig und geben Anlaß, über breiter angelegte Zukunftsprojekte nachzudenken, die im Rahmen einer Gehirn-Geist-Philosophie oder Neurophilosophie möglich werden könnten.

D.II. Modularismus und Holismus

Aus den Ausführungen zu den aktuellen Entwicklungen der Hirnforschung ist ersichtlich geworden, daß verschiedene Leitmotive, in erster Linie das Bemühen um eine Atomisierung des Geistes und eine Atomisierung des Gehirns, die wesentlich von dem Lokalisationsbestreben geleitet waren, die Theorie- und Konzeptbildung beherrschen. Bis heute ist das Prinzip der topologischen Kodierung das ganz zentral leitende heuristische Prinzip der Hirnforschung und wahrscheinlich das letzte natürliche Geheimnis des Geistes. Bestimmte Phänomene sind an bestimmten Stellen im Nervensystem "realisiert", was empirisch außer Frage steht. Das klassische Theorem der Lokalisation im Sinne einer naiven, statischen, distinkten Zentrenlehre ist aber obsolet. Stattdessen muß sich das Lokalisationsbedürfnis in einem Spannungsfeld zwischen Modularismus und Holismus behaupten, zwischen einer topographisch begrenzten Funktion und einer distributiven Verteilung.[18] Beiden Aspekten kommt offenbar gleichermaßen große Bedeutung zu. Wie zum Beispiel moderne PET-Befunde oder Befunde der funktionellen Kernspintomographie demonstrieren, führt eine Positiv-Lokalisation am gesunden Probanden zur Markierung von mehreren Hirnarealen bei Stimulation geistiger Phänomene (zum Beispiel einfache sensomotorische Übungen, Sprache), die bei technisch bedingtem größeren Zeitfenster gleichzeitig aktiviert sind, also zu einer Art Mulitrepräsentation.[19]

Bestimmte Funktionszuweisungen sind ohne Zweifel möglich, jedoch nicht in einer Eindimensionalität, wie es die Läsions- oder Negativ-Lokalisation ursprünglich nahegelegt hatte. Unterschiedliche sensorische Informationen sind räumlich unterschiedlich im Gehirn abgelegt. Offenbar aber kommt es bei selbst "einfachen" psychologischen Aufgaben zu einer Aktivierung mehrerer Hirnareale und es scheint bestätigt, "daß das Gedächtnis im Gehirn multipel repräsentiert ist. Wesentlich ist dabei nicht, daß ein bestimmtes Engramm,

---

[18] Müller 1991

[19] Empirische Hinweise darauf geben Creutzfeldt 1976; Petersen et al. 1988; Roland und Seitz 1990; Pardo et al. 1991; Sergent et al. 1992

assoziiert mit einer bestimmten Erfahrung, multipel repräsentiert ist, sondern daß eine bestimmte Erfahrung multiple Aspekte hat und diese an verschiedenen Stellen im Zerebrum gespeichert werden."[20]

Sowohl diesem modular-holistischen Unschärfebereich, mit der in einzelnen Hirnarealen Information abgelegt wird und der eine naive Zentrenlehre obsolet macht, als auch dem Faktum der multiplen Repräsentierung im Nervensystem, was durch moderne bildgebende Untersuchungsverfahren nahegelegt wird, muß Rechnung getragen werden. Der Begriff der Repräsentation muß deshalb durch einige wesentliche Aspekte erweitert werden gegenüber dem klassischen Lokalisationsbegriff. Er muß unter anderem die räumliche Unschärfe mitaufnehmen, die durch die hohe Konnektivität des Nervensystems zustande kommt, und er muß eine solche multiple Repräsentierung einer psychischen Funktion in verschiedenen Hirnarealen erlauben und einschließen, die offensichtlich besser der Realität entspricht als eine Lokalisation in distinkten Zentren.

Eine detaillierte Analyse dieses Spannungsfeldes leistet Müller in seiner Untersuchung "Der (un)teilbare Geist. Modularismus und Holismus in der Kognitionsforschung", die als gut fundierte Diskussionsgrundlage deshalb hier wiedergegeben werden soll. Müller stellt das modularistische Paradigma dem holistischen Paradigma in der Hirnforschung gegenüber. Die Tradition der Lokalisationstheorie entspricht einer modularistischen Sichtweise, während es immer auch Tendenzen zu einer holistischen Sichtweise gegeben hat. Müller formalisiert das modularistische Paradigma mit den folgenden Kriterien:

"1. Komplexe Gegenstandsbereiche müssen zur wissenschaftlichen Betrachtung aus methodologischen Gründen (zunächst) systematisch vereinfacht werden (Vereinfachungspostulat).

2. Das bevorzugte Mittel solcher Vereinfachung ist die Aufspaltung des Gegenstandsbereichs in eine Menge von Teilbereichen. Eine solche Aufspaltung wird als Annäherung an die reale Organisation des Forschungsgegenstandes, zumindest aber nicht als wesentliche Verzerrung oder Verkürzung, angesehen (modularistisches Kerntheorem).

3. Die als Module untersuchten kognitiven Domänen werden als im wesentlichen unabhängig voneinander begriffen (Autonomietheorem).

---

[20] Gazzaniga und LeDoux 1983, S. 104

4. Modelle neuropsychologischer Funktionen werden formalisiert, die verwendeten Konzepte exakt definiert (Formalisierungspostulat).

5. Das Postulat lokaler und spezialisierter Zentren geht einher mit einer Vorstellung mentaler Prozesse als von Zentrum zu Zentrum wandernder serieller Abläufe (Linearitätstheorem).

6. Das empirische Material wird einem vorgegebenen, durch die Merkmale 1-5 bestimmten, theoretischen Modell zugeordnet, d. h. empirische Daten werden primär im Licht einer vorgefaßten Theorie interpretiert (Postulat des Theorieprimats).

7. Pathologische Daten werden direkt für Aussagen über gesunde Hirnfunktionen verwendet. (patho-normale Inferenz)."[21]

Dem steht der Katalog folgender Charakteristika des holistischen Paradigmas gegenüber.

"1. Holisten betonen die Beteiligung des gesamten Gehirns (inklusive subcorticaler Strukturen) auch an (scheinbar) speziellen neuropsychischen Funktionen wie z.B. den sprachlichen (holistisches Kerntheorem).

2. Die Interpretation von Symptomen als reine ´Defizite´ wird abgelehnt. Das Hauptaugenmerk liegt auf den ´positiven´ Aspekten von Verhaltensstörungen, die als Resultat der Funktion des verbleibenden gesunden Hirngewebes verstanden werden. (Kompensationstheorem).

3. Die neurale Repräsentation bedeutungstragender mentaler Einheiten (wie Engramme, Konzepte, Lexeme etc.) wird begriffen als über eine Vielzahl neuronaler Elemente verteilt (Distributionstheorem).

4. Die Zerstörung höherer Kontrollfunktionen wird interpretiert als eine Enthemmung oder Freilegung entsprechender Funktionen niederer Hirnstrukturen (Hierarchietheorem).

5. Mentale Prozesse werden nicht als lineare Abläufe, sondern als Folgen von ganzheitlichen Zuständen begriffen. Die elementaren mentalen Prozesse verlaufen demnach parallel (Parallelismustheorem).

6. Aphasische Symptome werden auf generelle kognitive Störungen zurückgeführt. Sprache wird verstanden als integrierter Bereich einer allgemeinen Intelligenz (kognitivistisches Theorem).

---

[21] Müller 1991, S. 31f

7. Im Umgang mit klinischen Daten widmen sich Holisten primär den Besonderheiten des individuellen Falls und sind skeptisch gegenüber Gruppenuntersuchungen und statistischen Methoden (Individualpostulat)."[22]

Bereits der erste Eindruck macht deutlich, daß bei der vom Autoren gut belegten Charakterisierung beider polarer Positionen einige Aspekte aufgeschlüsselt werden müssen und einer Erläuterung bedürfen. Zunächst muß unterschieden werden, daß methodische Aspekte[23] mit sachlichen Theorie-Inhalten vermischt werden[24]. Darüberhinaus wird schnell klar, daß dem aktuellen Stand der Forschung keine der beiden Positionen in Reinkultur zuzuordnen ist.

Methodisch stellt eine Vereinfachung und eine Aufteilung einer Wissenschaft in verschiedene Teildisziplinen und eine Modularisierung ihres Gegenstandsbereichs zunächst ein gängiges, allgemeinwissenschaftliches Prinzip dar und ist sicher kein charakteristisches Spezifikum für die Neurowissenschaften. Allerdings ist gerade dieses modularisierende Bedürfnis in der Lokalisationstheorie und das Prinzip der topographischen Kodierung in den Neurowissenschaften nicht nur methodisch, sondern auch inhaltlich für diese Wissenschaft relevant. Der Gegenstandsbereich wird nicht nur aus Gründen der Übersichtlichkeit modularisiert, sondern der Gegenstand selbst ist offenbar modular organisiert. Dadurch wird das Spannungsfeld von Modularität und Holismus gerade erst eröffnet. Das Bedürfnis nach Modularisierung ist daher in der Hirnforschung doppelt motiviert und bildet gleichzeitig ihr zentrales zugrundeliegendes theoretisches Konzept. Daß mit jeder theoretischen Vorstellung auch ein gewisses Theorieprimat verbunden ist, ist selbstverständlich, wenn man bedenkt, daß jede Theorie eine sinnvolle konsistente Einordnung empirischer Ergebnisse in das bestehende Vorwissen leisten muß, daneben aber auch als eine heuristische Grundlage für zukünftige Unternehmen verstanden werden muß. Insofern ist jede an eine theoretische Konzeption angelehnte Welterkenntnis auch an ein Theorieprimat gebunden. Auch dieses Merkmal scheint kein spezifisches der Hirnforschung zu sein.

---

[22] Ibid., S. 36

[23] Dazu gehören die Modularismus-Sätze M1, M2, M4, M6, M7 sowie die Holismus-Sätze H2, H7.

[24] Dazu gehören die Modularismus-Sätze M2, M3, M5 sowie die Holismus-Sätze H1, H3, H4, H5, H6.

Ein Hirnforschungs-interner, methodischer Aspekt wird berührt durch die Gegenüberstellung von der in dieser Arbeit bereits benutzten Unterscheidung zwischen Negativ- und Positiv-Lokalisation. Während die klassische Erkenntnisquelle die Negativ-Lokalisation war, also die Ableitung der Lokalisation mentaler Phänomene im Nervensystem durch Korrelation von Hirnläsionen oder Ausfallserscheinungen, die entweder bei Hirnverletzten oder in Läsionsexperimenten bei Versuchstieren untersuchbar sind, ist heute zusätzlich auch die Positiv-Lokalisation möglich, also eine physiologische Stimulation normal vorhandener psychischer Leistungen und ihre Korrelation mit Hirnaktivitätszuständen. Beide Formen der Lokalisationsforschung unterscheiden sich in ihrer Aussagekraft und ergänzen sich daher. Die Negativ-Lokalisation hat die ersten entscheidenden Fortschritte in der Lokalisationsforschung gebracht und hat bis heute einen wichtigen Stellenwert in der neurologischen Diagnostik. Sie hat einen wichtigen diskriminativen Effekt. Zerstörte Areale können ihrer Funktion nicht mehr nachkommen und erlauben nach Analyse ihres Ausfalls ohne Zweifel Rückschlüsse über ihre funktionelle Eingebundenheit. Auf diese Weise lassen sich einzelne Zentren unterscheiden und abtrennen. Es ist allerdings ein nicht zulässiger Schluß zu behaupten, daß das ausgefallene Zentrum allein verantwortlich ist für die ausgefallene Funktion. Es läßt sich lediglich sagen, daß das ausgefallene Hirnareal ein konstituierender Bestandteil im funktionellen System ist, ohne das die betreffende Funktion nicht aufrechterhalten werden kann. Sie muß aber nicht notwendig komplett dort topographisch repräsentiert sein. Eine sinnvolle Zuordnung wird erst möglich, "wenn man sich der Versuchung widersetzt für die psychischen Prozesse einen bestimmten Ort im Kortex zu suchen"[25]. Ein weiterer Nachteil ist, daß nicht ausgeschlossen werden kann, daß ein Teil der ausgefallenen Funktion bereits durch andere Hirnareale mitübernommen worden ist, so daß eine Kompensation eingetreten ist, die das ursprüngliche Ausfallsbild moduliert. Auch die gegenübergestellte Untersuchung von Kompensationsfeldern im Gehirn, die die verlorenen Fähigkeiten wiederaufnehmen könnten, hat als Ausgangslage einen Hirngeschädigten und keinen gesunden Probanden.

Dagegen ist die heute mögliche Bildgebung natürlich auch am Gesunden möglich und bildet daher als eine positiv lokalisierende Maßnahme die nötige Ergänzung zu den Läsionsbeobachtungen. Sie bietet die Möglichkeit, am gesunden Probanden das komplett intakte Nervensystem zu untersuchen ohne Störungen einzelner funktioneller Systeme. Hier ergibt sich allerdings die Schwierigkeit, einzelne Funktionen zu diskriminieren, da sie nicht kontrast-

---

[25] Lurija 1992, S. 38

reich als intakt und fehlerhaft imponieren, sondern mühsam im Verhalten des Probanden als operationalisierte funktionelle Systeme und Subsysteme aufgetrennt werden müssen. Dieser methodische Unterschied liefert aber höchstens historisch ein Unterscheidungskriterium. Beide Verfahren ergänzen sich heute und sollten aus wissenschaftlichem und medizinisch relevantem Interesse nebeneinander bestehen können.

Begriffsklärend sollte klargestellt sein, daß der Modulbegriff als psychologischer oder neurobiologischer Begriff durchaus unterschiedliche Bedeutung und inhaltlichen Gehalt hat. In der Kognitiven Psychologie sind auch sogenannte höhere Hirnfunktionen in einem "modularen" Sinn interpretierbar. Der Begriff des Moduls ist dabei allerdings nicht deckungsgleich mit dem auf organischer Ebene anatomisch und funktionell charakterisierten Modulkonzept. Im Rahmen der Kognitiven Psychologie ist mit Modul ein ausschließlich funktionell definiertes System bezeichnet, das innerhalb von größeren Systemen wie zum Beispiel Sprache oder Mustererkennung eine bestimmte Teilaufgabe übernimmt[26]. Dabei ist dieser Modulbegriff aus einer Top-down-Annäherung definiert, während der neuronale Modulbegriff eine intermediäre Ebene erreicht ausgehend von einer neuronalen Bottom-up-Ebene. Der Modulbegriff der Kognitiven Psychologie ist damit grundsätzlich verschieden vom Konzept der Modularchitektur des Gehirns. Beide Modulbegriffe aber bleiben ein wesentlicher Bestandteil der hier ausgetragenen Diskussion. Die Zielvorstellung ist ja die einer Vermittlung zwischen psychologischer und neuronaler Ebene. Die Module der kognitiven Psychologie sind damit ein Ansatz zur prozessualen Analyse kognitiver Leistungen, die Module der neuronalen Zellverbände in der Neurobiologie eine Hypothese zur Synthese von Phänomenen auf neuronaler Ebene. Innerhalb des neurobiologischen Modul-Begriffs wird die Nützlichkeit des Modulprinzips allerdings auch kontrovers diskutiert. Creutzfeldt hält nach dem Nachweis unterschiedlich großer, sich überlappender afferenter und intrakortikaler Module die Annahme eines "kohärenten corticalen Netzwerkes"[27] für sinnvoller.

Das Kerntheorem betrifft die Begriffspaare der seriellen und parallelen Informationsverarbeitung im Gehirn und die holistisch-distributive und modulare Repräsentation mentaler Phänomene im Gehirn. Es muß heute angenommen werden, daß sowohl serielle als auch parallele, also hintereinander und nebeneinander ablaufende Hirnvorgänge stattfinden. Allerdings gibt es gewis-

---

[26] Gazzaniga 1989

[27] Creutzfeldt 1976

D. Konvergenz   255

se wissenschaftshistorische Strömungen zu unterscheiden. Während die serielle Informationsverarbeitungstheorie insbesondere von den neu formierten cognitive sciences favorisiert und für das menschliche Nervensystem nutzbar gemacht wurde, als die beeindruckenden seriellen Computer entwickelt worden waren, steht heute der parallele Verarbeitungsansatz mehr im Vordergrund, der als biologisches Prinzip rückwirkend die Computertechnologie der "neural networks" beeinflußt hat, die sich heute um sogenannte parallele Rechnerarchitekturen bemüht[28]. Wegweisend war dafür der Befund, daß viele "holistische" Fähigkeiten wie zum Beispiel Spracherkennung oder Bildverarbeitung in einem seriellen Computer nur mit großem Aufwand und enormen Zeitverlusten, insgesamt also nur sehr unpraktikabel zu installieren sind. Im menschlichen Nervensystem gibt es Evidenzen für beide Organisationsformen. Serielle und parallele Informationsverarbeitung finden gleichzeitig statt. Das ist so zu verstehen, daß es natürlich eine seriell geschaltete Abfolge von hintereinandergeschalteten Neuronen gibt, die nacheinander aktiviert werden, so wie zum Beispiel alle Informationen aus den Sinnesorganen den Thalamus im Zwischenhirn passieren müssen.[29] Ebenso gibt es keinen vernünftigen Zweifel an einer hierarchischen Organisationsform des Nervensystems. Damit ist gemeint eine bestimmte entwicklungsgeschichtliche Abfolge, in der sich die verschiedenen Hirnabteilungen entwickeln und auch unterschiedliche Aufgaben übernehmen, die phylogenetisch relativ konstant bleiben. Vergleichbare Hirnabteilungen dienen ähnlichen Zwecken im Interspeziesvergleich, allerdings werden ältere Hirnanteile durch evolutiv jüngere überlagert und moduliert und in ihrer Gesamtbedeutung für das Nervensystem relativiert, so zum Beispiel der Geruchssinn, der bei uns durch die Hervorhebung anderer Sinneskanäle an Bedeutung verloren hat. Gleichzeitig werden pro Sinnessystem massive Faserbündel weitergeleitet mit teils vielen Tausenden Fasern, so daß pro Zeiteinheit bereits in einem funktionellen System viele Informationen gleichzeitig bearbeitet werden. Natürlich findet in anderen Systemen gleichzeitig ebenfalls parallele Informationsverarbeitung statt, so daß sowohl innerhalb eines funktionellen Systems parallel gearbeitet wird, aber auch in unterschiedlichen funktionellen Systemen gleichzeitig. "Man kann sich demnach die Organisation der Hirnrinde als eine kontinuierliche Serie von parallelen

---

[28] Rumelhart und McClelland 1986

[29] Einzige Ausnahme bildet der olfaktorische Sinnesapparat, der aus entwicklungsgeschichtlichen Gründen direkt das auch die Großhirnrinde beinhaltende Endhirn speist unter Umgehung des Thalamus.

Informationsschleifen vorstellen"[30]. Mit den Begriffen der Konnektivität und Distributivität ist im wesentlichen diese parallele Informationsverarbeitung im Gehirn bezeichnet.

Es läßt sich daher im Spannungsfeld von Holismus und Modularismus keine eindeutige Zuordnung treffen. Stattdessen müssen beide Prinzipien als Ergebnis empirischer Beobachtungen anerkannt werden, die bereits als Lokalisation mit größerem und niedrigerem Auflösungsvermögen zur Sprache gekommen ist. Es finden sich sowohl Bereiche mentaler Aktivität, die eher gut lokalisierbar sind, also eher einem modularen Prinzip folgen als auch andere Bereiche, die schlechter topologisch aufzulösen sind und eher den Eindruck einer distributiven als einer punktuellen Repräsentierung machen.

Wird der Repräsentationsbegriff so erweitert, indem er räumliche Mehrdeutigkeit als Konsequenz aus der massiv parallelen Informationsverarbeitung aufnimmt und zeitliche Charakeristika, die jeden Hirnzustand ganz individuell von einem folgenden unterscheiden, wie noch zu erläutern ist, wird natürlich die Frage aufgeworfen, wie nützlich solch ein Konzept im Hinblick auf das zentrale Lokalisierungsbedürfnis ist. Es liegt auf der Hand, daß eine so hochindividuell definierte Repräsentation eines geistigen Phänomens nicht als sicher definierter Einzelzustand nachvollziehbar oder reproduzierbar ist. Das hat natürlich zum Teil technische Gründe, weil eine geeignete Technologie nur ansatzweise zur Verfügung steht. Es gibt aber auch einen prinzipiellen Einwand, der die Unterscheidung von Ereignissen und Ereignisklassen betrifft. Ein bestimmtes geistiges Phänomen ist mit einem bestimmten Hirnzustand kovariant zu beobachten, wird also arbeitshypothetisch durch ihn repräsentiert in allen seinen räumlichen Ausdehnungen und allen seinen zeitlichfunktionellen Charakteristika. Wird zu einem anderen Zeitpunkt ein vergleichbares geistiges Phänomen (im engen Sinn nur ähnlich, da es ja mindestens sich durch den Zeitpunkt unterscheidet) registriert und mit dem korrelierenden Hirnzustand (bzw. die Sätze über Zustände) verknüpft, wird jetzt das ähnliche geistige Phänomen durch einen ähnlichen Hirnzustand repräsentiert, aber nicht nachweisbar durch den gleichen Hirnzustand, der dann eine regelhafte Ableitung erlauben würde. "Die Verschiedenheit, die Art- und Gradabstufungen höherer Bewußtseinsvorgänge sind demnach nur der Ausdruck einer unendlich großen Variabilität funktioneller Zusammenfassungen von kortikalen Einzelorganen."[31] Aus empirischer Sicht ist daher eine methodische Plu-

---

[30] Creutzfeldt 1989

[31] Brodmann 1909, S. 303

ralität angemessen, die Befunde auf den verschiedenen skizzierten Beobachtungsebenen erhebt und mit psychischen Phänomenen korreliert, ohne vorschnell Aussagen über ihren Zusammenhang zu machen. Neben dem räumlichen Auflösungsvermögen ist insbesondere das zeitliche Verhalten neuronaler Vorgänge von zentraler Bedeutung, das weiterhin eine Einbeziehung dynamischer Parameter in den Repräsentationsbegriff einfordert.

D.III. Dynamik und Plastizität

Die Realisierung von geistigen Phänomenen im Gehirn als ihre Repräsentation ist ein dynamisches Konzept, das neben einer räumlichen Definierung, die modulare und holistische Gültigkeitsbereiche einschließt, notwendigerweise auch die zeitliche Dimension in die Beschreibung neuronaler Zustände mitaufnehmen muß. Nicht nur die anatomischen Zentren an sich sind von Relevanz, sondern es sind natürlich in erster Linie die auf der Grundlage der strukturellen Gegebenheiten ablaufenden physiologischen Vorgänge, die als die relevanten physischen Phänomene anzusehen sind. Eben diese neurophysiologischen Vorgänge müssen potentiell in Beziehung gesetzt werden zu psychischen Prozessen mit dem Ziel der Aufklärung ihres Zusammenhangs. Diese Bemerkung ist auf der einen Seite trivial, andererseits suggeriert aber gerade die klassische Lokalisationshypothese oder auch Zentrenlehre eine fehlleitende statische Vorstellung, die insbesondere vor dem Hintergrund von empirischen Erfahrungen zu Oszillationsphänomenen in der Großhirnrinde und zur Plastizität im Nervensystem nicht aufrechtzuerhalten ist. Deshalb ist die Mitaufnahme dynamischer Vorgänge ähnlich zentral wie die Erweiterung einer Lokalisation auf eine räumlich multiple Repräsentation. Der Repräsentationsbegriff soll gerade auch diesen dynamischen Aspekt des Konzeptes mitaufnehmen und betonen, theoretische Vorstellungen zur Hirnfunktion müssen gerade diesen dynamischen Aspekt miteinbeziehen. Erst "Topologie und Funktionalität der Verbindungen ergeben zusammen die 'funktionelle Architektur' eines Nervensystems und beschreiben dessen Leistungen vollständig."[32]

Die elektrische Aktivität läuft nicht in statischen Verbänden ab, deren Einfluß im lokalen oder Gesamtnetzwerk immer gleich bliebe, sondern es gibt vielmehr ganz außerordentliche Schwankungsbreiten, denen lokale neuronale

---

[32] Singer 1991

Netzwerke unterliegen. Der augenblickliche lokale Hirnzustand, der mit einem psychischen Phänomen korrelierbar ist, hängt also ganz wesentlich von der augenblicklichen funktionellen Formation der beteiligten Module ab, die auch kurzfristig geändert sein kann, "the older view of electrical coding in relatively static circuits is already moving towards a newer view of the brain in which the code is the neuronal cytoarchitecture"[33]. Natürlich findet auch innerhalb dieser flexiblen Modularchitektur eine elektrische Kodierung von Signalen statt, nur erschöpft sich die Kodierung nicht in der Frequenz der elektrischen Aktivität, sondern es finden auch komplexe Wechselwirkungen statt, nicht nur in der Formation von funktionellen Netzwerkverbänden, sondern auch in der Interaktion dieser Netzwerkverbände untereinander. Die räumlich modulare Repräsentation wird zusätzlich dynamisch realisiert, was sich insbesondere an bereits beschriebenen Oszillationsphänomenen am intakten Organismus als auch in Zellkulturen kultivierter Neuronen nachweisen läßt.[34] Mit Hilfe von synchronisierten Entladungen lassen sich untereinander kohärente Neuronenentladungen von inkohärenten differenzieren und formieren so eine Aktivität verschiedener Neuronenpopulationen in gleicher Phasenlage, die uns zur Wahrnehmung einer als ganzheitliche Gestalt erscheinenden Figur befähigt. So wie die Modularchitektur ein strukturelles, relativ uniformes Bauprinzip des gesamten Nervensystems darstellt, sind solche Oszillationsvorgänge wahrscheinlich funktionell in weiten Hirnarealen relevant. Die Dynamik zentralnervöser Vorgänge wird damit eine Wesenseigenschaft physischer Phänomene.

Der neuronale Code als die "Sprache der Neuronen" ist so von Moment zu Moment veränderlich und konstituiert eine dynamische Vorstellung. Darüberhinaus wird die eigentliche Informationskodierung durch die Modulierung benachbarter Zellverbände und der näheren Umgebung im Sinne einer Empfindlichkeits- oder Schwellenwertveränderung ergänzt. Bei gegebenem Signal ist empirisch nicht immer zu klären, ob es sich um eine Information oder um eine Umgebungsmodulierung handelt.[35] "It is becoming increasingly

---

[33] Mattson 1988

[34] Droge et al. 1986; Frégnac et al. 1988; Eckhorn et al. 1988; Gray et al. 1989; Singer 1991

[35] Im übrigen wirkt eine solche Unterscheidung auch fast absurd. Sicherlich bestehen graduelle Unterschiede zwischen dem aktuellen Wert einer Information, die entweder direkt als Information überlebensdienlich sein kann oder aber nur langfristige Disposition schafft, um etwa solche Akut-Informationen schnell und adäquat zu bearbeiten.

clear that the normal interneuronal signals involved in information coding are also involved in regulating the formation and modulation of the very circuits in which they participate"[36]. Solche Modulationsvorgänge erschweren das empirische Erfassen dieser Phänomene, machen aber deutlich, daß ganz verschiedene, kurzfristige Phänomene das Wesen von Hirnvorgängen mitbeschreiben, das damit wesentlich über die rein strukturelle Komponente hinaus charakterisierbar werden muß.

Plastizitätsphänomene laufen dagegen in längerfristigem Maßstab ab und können Modulationen der Hirnaktivität über mehrere Tage bis hin zu Jahren bleibend verändern. Im Rahmen von Lernvorgängen können sie funktionell und sogar strukturell Veränderungen herbeiführen, die auch nach der ontogenetischen Prägungsphase, die etwa die ersten 4 - 6 Lebensjahre umfaßt, noch stattfinden können. Eine Reizung von benachbarten rezeptiven Feldern kann zu einer "makroskopischen" Veränderung der Geometrie von Hirnkarten führen, die eine veränderte Repräsentation von bestimmten sensomotorischen Funktionen im Gehirn und Neokortex bewirken kann. Eine Stimulation des rezeptiven Feldes des wahrnehmenden Sinnesorgans bewirkt eine Vergrößerung des repräsentierten Areals im Kortex. Stimulation kann dabei experimentell geleistet werden durch intracortical microstimulation (ICMS) oder aber auch durch periphere sensorische Stimulation, die eine vergrößerte Repräsentationsfläche des stimulierten Reizes im Kortex zur Folge hat. Da die Kortexoberfläche endlich ist, muß es zu einer Umschichtung von Information und "Repräsentationskapazität" kommen, damit zu einer (hirn)globalen Plastizität. Die Außenwelt bildet das Gehirn also lebenslang mit und hat auch noch im adulten Gehirn erheblichen plastischen Einfluß.[37]

Neuroembryologische Fragestellungen fallen ebenfalls in den weiteren Bereich von Plastizitätsvorgängen, also die neuronale Migration und Vernetzung im Sinne einer Primärplastizität oder primär vorliegenden Undifferenziertheit, die als weißes Blatt Papier während verschiedener Prägungsphasen beschrieben werden. Die embryologische Plastizität wird neben einer genetischen Ausstattung ebenfalls von der Außenwelt zur Ausbildung von verschiedenen

---

Auf der Basis einer enormen Konstruktivität des Gehirns, die aus den Sinnesinformationen die Umwelt intern konstituiert, ist eine solche Unterscheidung aber praktisch und auch logisch nicht sinnvoll, weil zuletzt nicht mehr aufzulösen ist, welche Nervenzelle welchen Zweck verfolgt.

[36] Mattson 1988

[37] Dinse et al. 1990; Nelson und Bower 1990

Netzwerk-Topologien geleitet.[38] "Die im ausgereiften Gehirn realisierten Architekturen resultieren somit aus einem zirkulären Prozeß von Wechselwirkungen zwischen genetisch gespeichertem Vorwissen über Gesetzmäßigkeiten der Welt und ontogenetischen Prägungsprozessen, die diese Erwartungswerte nach Bedarf modifizieren."[39] Sie ist phänomenal möglicherweise gar nicht wesensverschieden von der adulten Plastizität, sondern unterscheidet sich quantitativ, also in der zeitlichen Entwicklung und dem Ausmaß der erreichbaren organischen Veränderungen durch Veränderung der Außenwelt. Bei einer solchen anzunehmenden potentiellen Totalplastizität des Gehirns wird die interessante Frage aufgeworfen, wie gemeinsame Hirnrepräsentationen, also interindividuell vergleichbare Repräsentationen etwa des primär sensorischen oder motorischen Kortex (Lokalisation mit starker Auflösung) möglich sind, wenn die Entwicklung eines Individuums so hochindividuell ist und ebenso individuelle Hirnrepräsentationen schafft. Die Antwort liegt zum einen im genetischen Bereich, der ein entsprechendes equipment bereitstellt, das später durch die Außenwelt ergänzt wird, die wiederum in einer hochindividualisierten "Reizhistorie" die jeweilige Individualität der Repräsentationen schafft. Es erscheint also diskutabel, "daß ontogenetische Selbstorganisationsprozesse offenbar geeignet sind, Gesetzmäßigkeiten der physikalischen Welt auszuwerten und mittels selektiver Stabilisierung von Nervenverbindungen neuronale Repräsentationen für diese Gesetzmäßigkeiten zu generieren"[40]. Bei der Plastizität im adulten Gehirn handelt es sich wahrscheinlich erst in zweiter Linie um tiefgreifende Veränderungen der Netzwerk-Konfiguration, die während der ersten Lebensjahre des Menschen anzunehmen sind, als vielmehr um quantitative Veränderungen, die sogenannte "Wichtungen" oder Wertungen von synaptischen Verbindungen betreffen. Dadurch verändern sich neuronale Konfigurationen und ihre Kodierungen.

---

[38] Diese embryologische Plastizität, die erst ab einer "Stunde Null" einen potentiell funktionsfähigen Großhirnkortex erwarten läßt, ist von Sass (1989) diskutiert worden. Bis zum 54. Tag nach der Konzeption findet sich lediglich die Entwicklung der cortical plate, einer kortikalen Ansammlung von post-mitotischen stationären Neuronen, die ihren Wanderungsprozeß aus den periventrikulären Matrixlagern abgeschlossen haben. Eine funktionelle Verbindung unter den Neuronen ist aber erst ab dem 74. Tag nach der Konzeption nachzuweisen. Dieser Zeitpunkt könnte als die "Stunde der Null der Persönlichkeit" bezeichnet werden. Entsprechend hält Sass bis zum 54. Tag Forschung an embryonalem Material für zulässig.

[39] Singer 1991

[40] Singer 1991

Mit dem dynamischen Geschehen in Verbindung steht wiederum die methodologische Problematik der Möglichkeit einer Atomisierung oder Diskretisierung mentaler und physischer Phänomene. Bei der Beschreibung mentaler oder physischer Phänomene macht es einen ganz erheblichen Unterschied, ob es Phänomene sind, die langfristig und relativ unveränderlich an eine bestimmte anatomische Struktur gebunden sind oder ob es Veränderungen auch kurzfristig geben kann. Der empirische Prozeß der Identifizierung eines Hirnzustandes mit einem mentalen Phänomen wird also von einer nur räumlichen Identifizierung auf eine raum-zeitliche Identifizierung erweitert und damit erheblich verkompliziert. Die Forderung nach Diskretisierung bezieht sich nicht nur auf die Topographie, sondern auch auf das Zeitverhalten. So wie es topographisch keine distinkten anatomischen Felder im Sinne der klassischen Lokalisationshypothese gibt, sondern nur miteinander vernetzte Zentren, gibt es auch in zeitlicher Dimension keine Einzelzustände, sondern nur einen indiskreten Strom von Ereignissen, der künstlich operationalisiert und aufgetrennt werden muß. Die Beziehung zwischen Struktur und Funktion im Nervensystem ist dabei komplex. "It is intuitively obvious that brain structure bears upon brain function." aber: "brain function can determine brain structure".[41]

Es liegt auf der Hand, daß eine statische Abbildung eine schnellere und verläßlichere Korrelation von psychischen und physischen Phänomenen leisten würde. Die Korrelation beider Phänomenbereiche als Korrelation von Phänomenklassen wird dadurch natürlich ganz erheblich erschwert. Anstelle einer naiven Lokalisationstheorie im Sinne einer Zentrenlehre, die distinkte Großhirnrindenorganellen differenzieren kann, ist stattdessen vielmehr ein hoher Vernetzungsgrad innerhalb des Nervensystems anzunehmen, der eine strenge räumliche Lokalisation in distinkten Zentren unmöglich und unrealistisch erscheinen läßt und es treten ganzheitliche, holistische Gesichtspunkte mit in den Vordergrund. Die Tatsache, daß die strukturell definierbaren Module in der Zeitachse um eine funktionelle Dimension erweitert werden müssen, ändert aber nichts Grundsätzliches an der Idee eines dynamischen, raumzeitlich definierten Repräsentationskonzeptes, das sehr wohl einer raumzeitlichen Verortung fähig ist. Die Konditionen, unter denen diese empirischen Untersuchungen ablaufen, erscheinen allerdings bei näherer Kenntnis des Gegenstandes wesentlich erschwert. Das Postulat einer Identifizierbarkeit von psychischen mit physischen Prozessen bleibt prinzipiell vom Grad der Komplexität der Repräsentation unberührt. So wie die Hirnforschung induktiv arbeitet und

---

[41] Mattson 1988

am Einzelbefund orientiert ist, der die zugrunde liegende Theorie bestätigen soll, ist die philosophische Identitätstheorie in einem deduktiven Sinn um logische Verträglichkeit bemüht. Lediglich entstehen aus den empirischen Befunden, die eine Mitaufnahme von Netzwerk-Vorstellungen in Hirntheoriekonzepte erfordern, technische Probleme auf dem Weg der Operationalisierung und Meßbarmachung von psychischen Phänomenen im Organsystem. Eine über Raum und Zeit konstante Lokalisierbarkeit schafft bessere Möglichkeiten zur empirischen Meßbarkeit als ein hochgradig vernetztes, zudem in Raum- und Zeitparametern dynamisches System.

Im Grunde ist damit wieder die Diskussion um Typ-zu-Typ-Identität und Ereignis-zu-Ereignis-Identität revitalisiert, die sich gerade mit der Möglichkeit einer gesetzmäßigen Identifizierbarkeit geistiger und "paralleler" (im Sinne von parallel beobachtbarer) zerebraler Prozesse auseinandersetzt. Eine räumlich schlecht auflösbare statische Lokalisationstheorie läßt die Definition von Typen oder Merkmalsklassen weniger verläßlich erscheinen und tendiert zur Aufgabe der Typ-zu-Typ-Identität. Allerdings bedeutet die im Sinne des Repräsentationskonzeptes erweiterte dynamische Betrachtung, die auch zeitliche Variabilität mitaufnimmt, eine neue sinnvolle Ausgangsposition, um die gewünschte Typ-zu-Typ-Identität erneut empirisch anzugehen. Innerhalb dieses Konzeptes muß nicht notwendigerweise jede neuronale Konfiguration eine Repräsentation eines psychischen Zustandes bedeuten. Die Frage nach der Ein- bzw. Mehrdeutigkeit neuronaler Repräsentationen entspricht der Differenzierung von den Postulaten partikulärer und genereller Identität. Innerhalb dieses Konzeptes muß nicht notwendigerweise jede neuronale Konfiguration eine Repräsentation eines psychischen Zustandes bedeuten. Ein psychischer Zustand kann möglicherweise durch mehrere neuronale Repräsentationen kodiert werden. Allerdings ist bei solchen psychischen Zuständen, die durch mehrere neuronale Konfigurationen realisierbar sind, nicht mit Sicherheit auszuschließen, daß es sich auch um unterschiedliche psychische Phänomene handeln könnte. Dann nämlich wäre durchaus eine Eins-zu-Eins-Abbildung zurückgewonnen. Aller empirischen Evidenz nach scheint eine solche Abbildung aber nicht der Fall zu sein.

Wird der Repräsentationsbegriff so erweitert, indem er räumliche Multiplikation aufnimmt und wesentlich die zeitliche Dimension in kleinem und großem Maßstab, die jeden Hirnzustand ganz individuell von einem folgenden unterscheiden können, wird natürlich erneut die Frage nach der Nützlichkeit aufgeworfen. Die technische Unmöglichkeit der eindeutigen Definition eines Hirnzustandes macht auch seine Identifizierung im strengen Sinne zunichte.

Ein bestimmtes geistiges Phänomen wird mit einem bestimmten Hirnzustand zusammen beobachtet, wird also arbeitshypothetisch durch ihn repräsentiert in allen seinen räumlichen Ausdehnungen und allen seinen zeitlich-funktionellen Charakteristika. Das "gleiche" geistige Phänomen zu einem anderen Zeitpunkt wird mit einem anderen Hirnzustand verknüpft, aber nicht eindeutig nachweisbar durch den gleichen Hirnzustand, der dann eine regelhafte Ableitung erlauben würde. "Die Verschiedenheit, die Art- und Gradabstufungen höherer Bewußtseinsvorgänge sind demnach nur der Ausdruck einer unendlich großen Variabilität funktioneller Zusammenfassungen von kortikalen Einzelorganen."[42] Es stellt sich also dezidiert erneut die Frage nach der Möglichkeit einer Typ-zu-Typ-Identität.

D.IV. Ereignisse und Typen

Nehmen wir in einem Gedankenexperiment erstens an, es gäbe eine atomisierbare Psyche, die in Emotions-, Kognitionspartikel usw. aufteilbar und in einem riesigen Geistzustandskatalog dokumentierbar wäre, und nehmen wir zweitens an, das Gehirn wäre ebenso mit seinen einzelnen Zuständen atomisierbar, und seine Zustände wären in einem riesigen Hirnzustandskatalog dokumentiert. Solch eine Vorstellung könnte als eine Art naives Optimal-Ergebnis einer auf Repräsentation ausgerichteten Hirnforschung bezeichnet werden. Es stellen sich die Fragen: Läßt sich eindeutig zu einem Hirnzustand ein psychischer Zustand zuordnen in einem korrelationistischen, nomologischen Sinn? Können also Gesetze formuliert werden über das regelhafte Zusammenvorkommen von psychischen und physischen Phänomenen? Und stellt dieser Gesetzeskatalog eine Art empirische Konkretisierung der philosophischen Identitätstheorie dar?

Solch ein Programm ist zweifelsfrei ein empirisches Unternehmen. Das zentrale bereits skizzierte Problem ist die Definierung von Hirn- und mentalen Zuständen, und zwar im ursprünglichen Sinn des Begriffs der Definition, im Sinn einer Begrenzung. Die enormen Dimensionen im Nervensystem, die sowohl die Zahl der Bauelemente, der Neurone, betreffen als auch die Zahl ihrer Verbindungen untereinander, schaffen eine unübersehbare strukturelle Komplexität, die funktionell durch die weite und unscharfe Verteilung von Erregungen, also durch die Distributivität und Konnektivität des Nervensy-

---

[42] Brodmann 1909, S. 303

stems weiter potenziert werden. Legt man die heutigen Hypothesen und spekulativen Bauprinzipien des Hirns zugrunde, ist eine Definierung von einzelnen Hirnzuständen daher weder strukturell noch funktionell auch nur annähernd erschöpfend möglich. Eine exakte Abbildung oder Reproduktion würde einen heute noch nicht absehbaren technischen Aufwand erfordern, der neben einem riesigen Meßapparat auch mit Instrumenten ausgestattet sein müßte, diese Information uns danach strukturell und zeitlich aufgelöst auch wieder verfügbar und zugänglich zu machen. Eine strenge Eindeutigkeit in der Befunderhebung, die es erlauben würde mit absoluter Sicherheit einen bestimmten Hirnzustand von einem anderen zu unterscheiden, gibt es nicht. Eine solche absolute Sicherheit gibt es ebenso wenig im psychischen Bereich. Auf diese Schwierigkeiten der raumzeitlichen Definierung von einzelnen psychischen und physischen Zuständen ist bereits hingewiesen worden.

Eine Annäherung stellt aber bereits heute für einen bestimmten Ausschnitt des Meßbereiches zum Beispiel das Verfahren der Positronen-Emissions-Tomographie (PET) dar, das mit einem vertretbaren Grad an räumlichem und zeitlichem Auflösungsvermögen bereits einen solchen Meßapparat darstellt. Für den Beobachter wird die Information zugänglich über Computer-Rekonstruktionen, die sich an den gängigen bildgebenden Verfahren auf anatomischer Grundlage in einem zeitlich bestimmten Meßfenster orientieren. Einen wesentlichen Anstoß mit multi-methodologischem Ansatz stellen die Bemühungen des 1989 initiierten "Committee on a National Neural Circuitry Database" des Institute of Medicine der USA dar. Das Komitee hat 1991 seine Empfehlungen publiziert, und nimmt insbesondere Rücksicht auf eine explodierende Befundfülle in den empirischen Wissenschaften. Ziel einer National Neural Circuitry Database ist die Entwicklung und Etablierung von "three-dimensional computerized maps and models of the structure, functions, connectivity, pharmacology, and molecular biology of human, rat and monkey brains across developmental stages and reflecting both normal and disease states."[43] Mit dieser Äußerung der Wissenschaft ist diesem Bedürfnis nach enzyklopädischer Sammlung der Hirnforschung und zugänglicher Zusammenfassung als Grundlage umfassenderer Theorienbildungen Ausdruck verliehen. Meßtechnische Probleme aber bleiben und verweisen aufs Neue auf den jeweiligen Gültigkeitsbereich der Meßmethode, der den Befund in seiner Aussagekraft wiederum abschwächt.

---

[43] Pechura und Martin 1991

Die vorhandene Unschärfe im Meßbereich wird auch deutlich, wenn man sich vor Augen führt, daß eine mögliche Korrelation eines psychischen und eines physischen Zustands auch das Randproblem der Unentscheidbarkeit einer Eins-zu-Eins-Beziehung oder einer uni- oder bilateralen Eins-zu-Viele-Beziehung beinhaltet. Empirisch ist eine solche mögliche Eins-zu-Eins-Beziehung eher Programm als faktischer Befund. Gerade in solchen Situationen, in denen ein komplexer neuropsychologischer Stimulationsversuch mit PET verfolgt wird, bestehen noch erhebliche Unsicherheiten. Nach den bisherigen Erfahrungen werden eher vorsichtige Formulierungen favorisiert. Diskutabel ist "a model that does not require a one-to-one relationship between the physical and mental, but instead allows for a cluster of physical activities which relate to one or more mental phenomena (associations by ipsicorrespondence), may reflect better the relationship between physical and mental activities."[44]

Zu dem meßtechnischen Problem, also dem Problem der reinen Datenerfassung, kommt ein weiterer ganz wesentlicher Aspekt hinzu, nämlich die Tatsache der hohen interindividuellen Schwankungen im Hirnaufbau, denn das Gehirn im Sinne eines verbindlich auf alle anderen oder viele anderen Gehirne anwendbaren Standardgehirns gibt es nicht.[45] Schwankungsbreiten gibt es sowohl im makroskopischen Aspekt eines Gehirns als auch in seinem mikroskopischen Aufbau. Das Großhirnwindungsrelief ist so etwa mit dem Linienmuster der Fingerkuppen verglichen worden. Diese charakteristischen Unterschiede betreffen besonders höhere Hirnfunktionen und Persönlichkeitsmerkmale, die ein Individuum demarkieren. Offenbar ist eine Untersuchung auf basaler Ebene standardisierbar, während eine solche Standardisierung wegen steigender Individualisierung des Phänomens immer weniger möglich wird, je höher und komplexer die Hirnfunktionen werden.[46] Ein zentrales Problem der gesamten Neurowissenschaft wird die Festlegung eines Gültigkeitsbereiches einer bestimmten Diszplin, der sich mit Veränderung der Beobachtungsebene verschiebt. Es ist also anzunehmen, daß bei der Individualität unseres Geistes eine vergleichbare Individualität auch unserer Gehirne vorliegt. Darüber darf

---

[44] Volkow et al. 1991

[45] Mecacci 1986

[46] Als Extrembeispiel mag die klassische Psychoanalyse dienen, die von Sigmund Freud nur an wenigen Patienten entwickelt worden ist und gerade nicht von einem großen Patientenkollektiv deriviert ist. Ihre Wissenschaftlichkeit ist bis heute nicht allgemein anerkannt.

natürlich nicht vergessen werden, daß selbstverständlich auch wesentliche Gemeinsamkeiten zwischen verschiedenen Gehirnen bestehen, die sich etwa in der täglichen ärztlich-neurologischen Routine bestätigen. Allerdings müssen hirntheoretische Überlegungen sich dieser wichtigen Einschränkung bewußt sein. Der russische Neurologe A. R. Lurija spricht in diesem Zusammenhang von einer "romantischen Wissenschaft", die idiographisch einzelne Patientenschicksale nachzeichnet.[47] So uninteressant "romantisch" erhobene Befunde auch für eine nomothetisch angelegte Wissenschaft sind, so wichtig sind sie im Hinblick auf eine Berücksichtigung der Individualität unseres Gehirns. Das Problem ist, daß es kein Gehirn gibt, sondern nur Gehirne, die sich interindividuell unterscheiden können. Die Arbeit mit bildgebenden Verfahren, also eine Arbeit zur mental-funktionellen Anatomie am Lebenden, ist damit lediglich als Kompromiß zu verwerten. Welche Form der Identität aber ist nach dieser Bemerkung der interindividuellen Schwankungsbreite formulierbar, selbst wenn man technisch einen solchen Geist- und Hirnzustandskatalog formulieren könnte? Welche klassenbildenden Merkmale können dann überhaupt verglichen werden?

Die Identitätstheorie läßt sich in Bezug auf Ereignisse und Klassen von Ereignissen in die beiden Varianten der Typ-zu-Typ-Identität und der Ereignis-zu-Ereignis-Identität differenzieren. Die Typ-zu-Typ-Identität postuliert eine Identität zwischen bestimmten "Typen", also zwischen Klassen einzelner Ereignisse von physischen Phänomenen und Klassen einzelner Ereignisse von psychischen Phänomenen. Bestimmte Arten von Phänomenen, die gewisse Gemeinsamkeiten aufweisen müssen, sind aufeinander beziehbar. Demgegenüber behandelt die Ereignis-zu-Ereignis-Identität nur Identität im Bereich einzelner Ereignisse: nur ein einzelnes physisches Ereignis kann mit einem einzelnen physischen Ereignis identisch sein, eine übergreifende Charakteristik im Sinne eines gruppenbildenden Kriteriums existiert nicht. Empirische Befunde scheinen allerdings weder die Typ-zu-Typ- noch die Ereignis-zu-Ereignis-Identität in vollem Umfang zu stützen und legen vielmehr eine Zwischenform nahe, die Aspekte beider Ausprägungen trägt.

Eine konsequente und strenge Verfolgung der Typ-zu-Typ-Identität fordert mit der Identität von Klassen psychischer und physischer Phänomene gleichzeitig, daß eine Voraussagbarkeit gewährleistet ist. Wenn ein bestimmtes psychisches Ereignis der Klasse X einem bestimmten physischen Ereignis der Klasse X zu einem Zeitpunkt t_1 entspricht, sollte eine Typ-zu-Typ-Identität

---

[47] Sacks 1987; Lurija 1991

eine solche Identität auch zu einem Zeitpunkt t_2 bei Vorliegen eines psychischen Ereignis der Klasse X annehmen. Eine Klasse von Phänomenen zu definieren ist nur sinnvoll bei der prinzipiellen Möglichkeit einer Reproduzierbarkeit ihrer Aussage. Ist eine Ereignisklasse im Extremfall nur ein einziges Mal zu beobachten, nämlich zum Zeitpunkt t_1, während sie zum Zeitpunkt t_2 bereits anders konstituiert sein kann, ist ihre Formulierung sinnlos geworden, weil das klassenbildende Merkmal als Gemeinsamkeit zu verschiedenen Zeitpunkten nicht mehr existiert. Wäre nur eine "Klassenidentität" zum Zeitpunkt t_1 vorhanden, wäre also zu einem Zeitpunkt t_2 bei Verlust des klassenbildenden Merkmals die Identität faktisch zu einer Ereignis-zu-Ereignis-Identität geschrumpft. Es ist aber nicht anzunehmen, daß eine solche Voraussagbarkeit von Ereignisklassen im Sinne einer strengen Typ-zu-Typ-Identität aus Gründen der Plastizität des Gehirns und der charakteristischerweise dynamischen Funktionsweise nicht vollständig gewährleistet ist und mit der kurz- und langfristigen Dynamik des zentralnervösen Prozesses nicht vereinbar wäre. Potentiell muß während jedes genügend großen Zeitraums eine funktional relevante Veränderung an irgendeiner Stelle des Nervensystems kalkuliert werden, etwa als Änderung von einzelnen synaptischen Gewichten oder als Phasenverschiebung eines kortikalen Oszillationsphänomens. Eine Typ-zu-Typ-Identität ist wahrscheinlich also nur zu einem bestimmten Zeitpunkt t_1 definierbar. Sie verliert in der Zeit potentiell ihre klassenbildenden Merkmale und scheint tatsächlich zu einer Ereignis-zu-Ereignis-Identität zu schrumpfen.

Die Hypothese einer strengen Ereignis-zu-Ereignis-Identität ist ebenfalls abzulehnen. Die charakteristische Topik des Nervensystems ist das zentrale Gegenargument. Bestimmte sensorische und motorische Phänomene lassen sich in Anteilen des Nervensystems durch strenge Lokalisationsregeln bestimmen[48], allerdings sind hochauflösende Lokalisationsareale und niedrigauflösende Lokalisationsareale vorhanden. Die Aussagefähigkeit der Hirnforschung geht damit zumindestens für die hochauflösenden Hirnareale auf der Kartierungsebene weit über eine schlichte Ereignis-zu-Ereignis-Identität hinaus. Vielmehr gibt es konstant für gleiche Aufgaben in Anspruch genommene Hirnareale, die nicht nur intra- und interindividuell konstant sind, sondern auch in der Säugetierreihe an analogen Stellen nachweisbar sind[49]. Diese

---

[48] Duus 1983

[49] Eine solche Zuweisung von analogen Hirnarealen ist allerdings bei unterschiedlich komplexen Nervensystemen, wie sie in der Säugerreihe vorliegen, nicht einfach ab-

Gebiete, unter anderem die primären Projektionsareale, unterliegen auf der - allerdings relativ groben - Kartierungsebene keinen kurzfristigen zeitlichen Veränderungen. Eine charakteristische Einmaligkeit des Ereignisses wird also zu erweitern sein insofern, als es sich für einige Phänomenauszüge doch um lokalisierbare "Typen" im Nervensystem handelt. Es ist in einer Hinsicht gewissermaßen trivial, die anatomische Struktur des Nervensystems als Voraussetzung seiner potentiellen Funktionalität zu betrachten. Für die partielle Typisierbarkeit physischer Phänomene im Sinne hochauflösender Kortex-Zonen ist die Konstanz sogar sehr bemerkenswert, mit der ihre Merkmale auftreten. Die strenge Typ-zu-Typ-Identität wird dem Geschehen auf der neuronalen Netz-Ebene im ganzen nicht gerecht, in gewissen Zeitabständen ändert sich die Gesamt-Matrix und macht so wegen der fehlenden Voraussagbarkeit eine Typisierung im strengen Verständnis sinnlos. Andererseits sind Konstanzen in der Hirntopik, also auf Kartierungsebene, vorhanden, die sogar interindividuell bemerkenswerte Übereinstimmung zeigen. Eine Typ-zu-Typ-Identität sowie eine Ereignis-zu-Ereignis-Identität sind beide gleichermaßen nicht griffig. Eine Lösung dieses Widerspruches fordert eine subtile Differenzierung, offenbar sind solche klassenbildenden, interindividuellen Merkmalskataloge zwar sehr wohl existent, beschränken sich aber auf bestimmte Anteile des Gehirns. Leider verliert die Möglichkeit einer Zuordnung an Auflösungsvermögen und Schärfe, je komplexer die psychischen Funktionen werden. Handelt es sich um reine, noch nicht interpretierte Wahrnehmungsleistungen, ist solch ein Fokus relativ gut zu dokumentieren, regelhafte Korrelationsstandards relativ gut zu etablieren. Je komplexer die Wahrnehmungsleistungen werden, je weiter sich die psychischen Fähigkeiten von den reinen Rohdaten der Sinnesorgane entfernen, die die Afferenz der primären Projektionsareale bilden, desto schwieriger wird diese Zuordnung.

Die Frage, ob diese Korrelationen, die uns heute zur Verfügung sind, eine solche Konkretisierung der philosophischen Identitätstheorie darstellen, ist also nur mit Einschränkung zu bejahen. Das empirische Unternehmen der Gehirnbeschreibung in der Hirnforschung und der Korrelation mit den entsprechenden Hirnzuständen ist vielleicht in Jahrhunderten noch nicht abgeschlossen, vorausgesetzt, es ergeben sich in der Zwischenzeit keine prinzipiellen, logischen Hinderungsgründe an einem solchen Projekt. Zur Zeit scheinen

---

zusichern. Solche Überlegungen stammen aus der embryologischen Forschung, in der gleichartige Vorgänge in der Entwicklung verschiedener Nervensysteme dokumentiert werden, und aus der vergleichenden Neuroanatomie. Eine das gesamte Feld der vergleichenden Neuroanatomie umspannende Darstellung findet sich bei Kuhlenbeck.

keine in Sicht. Ich möchte aber ein weiteres Mal betonen, daß es auch gar nicht darum gehen kann, mit einem solchen vollständigen und erschöpfenden Arsenal nötiger Informationen zu argumentieren. Es kann heute lediglich um die Klarstellung der prinzipiellen Vereinbarkeit des empirischen Unternehmens und der philosophischen These gehen. Identität ist auf neurowissenschaftlicher Grundlage nur sinnvoll in Abhängigkeit von der Beobachtungsebene zu formulieren. Während auf neuronaler Netzwerk-Ebene eine Ereignis-zu-Ereignis-Identität vorliegt, zeigt sich eine partielle Typ-zu-Typ-Identität auf der Kartierungsebene. Eine Plastizität innerhalb hochauflösender Kortex-Areale, die auf Kartierungsebene eine mögliche Typ-zu-Typ-Identität vortäuschen, müssen auf neuronaler Netzwerk-Ebene natürlich ebenfalls als dynamisch angenommen werden, etwa im Sinne von "Bahnungen" von eingeübten motorischen Bewegungen, während für andere Fragestellungen grobere Typisierungen völlig ausreichend sein können.

D.V. Repräsentationsebene

Nach dem Postulat einer prinzipiellen Konvergenz von Identitäts- und Repräsentationskonzept ist auf einige Schwierigkeiten des Projekts einer empirischen Identifizierbarkeit mentaler Phänomene im Gehirn aufmerksam gemacht worden. Die Hirnforschung ist als empirisches Unternehmen an den Befund gebunden und arbeitet induktiv. Die Erhebung des Befundes ist Grundlage für die theoretische Ableitung. Die empirischen Schwierigkeiten, die besonders im Bereich der sicheren Definierung von mentalen und physischen Zuständen liegen, hinterlassen eine unbequeme Unschärfe im Bemühen, den überzeugenden Beleg für das Identitätskonzept zu liefern. Solche Belege erwartet auch gerade die Philosophie, die in ihrem konsiliaren Geschäft der Theorienbildung verpflichtet ist, in Grenzbereichen von Philosophie und Naturwissenschaften aber auf Belege angewiesen ist, um ihre Thesen effektiv verteidigen zu können. Konstruktive Überlegungen, die eine Überwindung dieser Schwierigkeiten in Aussicht stellen könnten, müßten die Suche nach Kandidaten für Repräsentationen oder Trägern der Identitätspostulate einleiten.

Interessanterweise ist lange Zeit immer nach einer Art Zentraleinheit oder Zentralorgan innerhalb des Gehirns gesucht worden. Die Geschichte der Hirnforschung gibt dazu zahlreiche Belege. Die Interpretation des Gehirns als Zentralorgan ist bereits eine erste Idee einer hierarchischen Ordnungsvorgabe innerhalb des Organismus. Innerhalb des Nervensystems wurden durchgängig

Varianten einer solchen hierarchischen Vorstellung formuliert, nach der bestimmte Hirnteile anderen übergeordnet seien. Die im Mittelalter verfeinerte Ventrikeltheorie aus der Antike vertrat eine Gliederung in Kammern, deren Aufgaben Wahrnehmung, Erinnern und Denken als Verknüpfung der beiden vorgenannten Fakultäten waren. Eine mit vermis benannte Struktur als Wächter zwischen den einzelnen Hirnkammern hat die physiologischen Vorgänge überwacht. Später wurde insbesondere die Hirnrinde verantwortlich gemacht, als evolutiv jüngster Hirnanteil Substrat unserer höchsten psychischen Leistungen und der Gesamtheit unseres Bewußtseins zu sein. Mit der Differenzierung in primäre Projektionsareale, die direkter Adressat der Information aus unseren Sinnesorganen sind, und sekundären und tertiären Projektionsarealen, die für die entsprechende Einordnung und Bewertung in den präexistenten Wissens- und Erinnerungsbestand sowie für eine Verknüpfung mit anderen Sinnesqualitäten verantwortlich sind, wird eine solche Hierarchievorstellung innerhalb der Hirnrinde fortgesetzt. In den letzten Jahrzehnten hat insbesondere die Computerwissenschaft mit dem seriellen Informationsverarbeitungsansatz mit Rechnern einer von Neumann-Architektur gearbeitet, also Computern mit einer central processing unit (CPU), die auf Speicher innerhalb des Rechners sowie Mensch-Computer-Schnittstellen und Ausgabeeinheiten zurückgreift und die nötigen Rechenoperationen allein durchführt. Eine solche CPU als eine Art Superzelle oder Supernetzwerk gibt es nach heutigem Wissensstand aber im Gehirn nicht.

Das primär hierarchische Modell ist durch eine primär parallele und distributive Vorstellung abgelöst, in der der "connectionism as an implementation theory"[50] fungiert. Am Beispiel der empirischen Erforschung von Hirnstrukturen, die an bewußten Vorgängen beteiligt sind, ist klar geworden, daß nicht nur die Hirnrinde, sondern ein ganzer Verbund von Netzwerken in ganz verschiedenen Hirnanteilen, bis hin aus evolutiv ältesten Hirnteilen, wie zum Beispiel aus dem Hirnstamm, das Phänomen Bewußtsein mitkonstituieren. Psychische Phänomene sind nicht nur an einer Stelle statisch lokalisierbar, sondern multilokal repräsentiert, und das zudem ganz wesentlich auch durch ihre auf den strukturellen Gegebenheiten aufbauende dynamische Funktionsweise.[51] Eine wesentliche Rolle spielen die nicht nur in der Hirnrinde ablau-

---

[50] Fodor und Pylyshyn 1988

[51] Die einzelnen Funktionen sind in ihrem Wesen multilokal repräsentiert und distributiv angeordnet, also in mehreren funktionellen Systemen repräsentiert. An bewußten Vorgängen sind neben den spezifischen, bestimmten Sinneskanälen zugehörigen Systemen auch sogenannte unspezifische, global wirksame funktionelle Systeme be-

fenden Synchronisierungsphänomene[52], die in der Zeitachse Kohärenzbildungen innerhalb von Signalmengen auslösen. Das Grundprinzip der Repräsentation bleibt die durch dynamische Aspekte angereicherte topische Kodierung. Möglicherweise spielen basale, in älteren Hirnteilen verkörperte Urmechanismen wie Zuwendung, Abwendung, Lust, Schmerz eine ganz zentrale Rolle und bestimmen latent unser Verhalten. Die Hirnrinde wäre dann nur ein weiteres äußerst effizientes Hilfsmittel.[53] Allerdings ist auch dann noch nicht geklärt, welche Instanz diese Mechanismen wiederum steuert. Eine CPU ist aber auch insbesondere darum wenig plausibel, weil sie einen infiniten Regreß bedeuten würde. Wenn es so etwas wie ein kleines Supergehirn im Gehirn gibt, das dem Gehirn die übergeordnete Befehle gibt, wer steuert dann dieses kleine Supergehirn?[54]

Die Tatsache des eingeschränkten Gültigkeitsbereichs der klassischen Lokalisationstheorie motiviert zu weiterführenden Überlegungen, die zuletzt die relevante Erklärungsebene betrifft, auf der kognitive Phänomene "gesucht" werden müssen.[55] In der Bestimmung der Phänomene, die identifiziert werden sollen beziehungsweise der Ebene, auf der diese Identifikation zweier Phänomene stattfindet, die der intuitive Dualismus als verschieden ausgewiesen hat, liegt das Kernproblem der Identitätstheorie. Die empirische Belastung, endlich Nachweise zu erbringen für eine Identität, würde wegfallen, und damit das wichtigste Gegenargument der Identitätstheorie, wenn diese Ebene der Repräsentation gefunden ist, auf der sowohl geistige als auch physische Prozesse beschreibbar werden. So "stellt die Lokalisierungsaufgabe das Bindeglied zwischen dem Gehirn und dem Mentalen her, so daß nach deren

---

teiligt. Hierzu gehören Anteile des aktivierenden retikulären aszendierenden Systems (ARAS), des limbischen Systems, des Thalamus (zum Beispiel der die selektive Aufmerksamkeit regulierende Nucleus reticularis thalami) sowie Anteile der Hirnrinde.

[52] Droge et al. 1986; Eckhorn et al. 1988; Frégnac et al. 1988; Gray et al. 1989; Singer 1991

[53] Palm 1988

[54] In einem philosophischen Märchen wird das gesamte Nervensystem Gullivers mit personalen Heinzelmännchen realisiert, die unter sich zum Beispiel ein solches Kontrollgremium eingerichtet haben (Harrison 1981). Was aber kontrolliert die Gehirne der Heinzelmännchen?

[55] Churchland und Seijnowski 1988

befriedigender Lösung wichtige Grundlagen für eine Naturwissenschaft des Geistes geschaffen wären"[56].

Die klassische Vorstellung einer Lokalisierbarkeit in makroskopisch definierbaren Hirnarealen hat klare Grenzen, die zwar großen diagnostischen Wert in der klinischen Neurologie besitzen, aber dennoch keine grundsätzlichen Fragen nach der Repräsentation höherer kognitiver Leistungen im Gehirn oder der Gehirnrinde auflösen. Andererseits aber ist jede psychische Äußerung evident gehirnabhängig, so daß immer ein neuronales Korrelat zum mentalen Phänomen postuliert werden muß. Die Zielebene muß also zwischen der nur für Teile der Gehirnrinde gültigen makroskopischen Lokalisationstheorie, die ja einen gewissen Gültigkeitsbereich hat, und der neuronalzellulären Ebene als der Ebene der konstitutiven Elementareinheiten erwartet werden. Der beste Erklärungskandidat dafür sind die neuronalen Netzwerke in ihrem charakteristischen dynamischen Verbund. "Nicht der individuelle Zelltypus, sondern der Zellverband ist für das Zustandekommen irgendwelcher kortikaler Funktionen, auch der primitivsten Sinnesperzeption, das Wesentliche."[57] Nervensysteme verschiedener Vertebraten besitzen tatsächlich solche Nervenzell-Verbände und müssen als universale organische Bausteine komplizierterer Nervensysteme verstanden werden. Die Theorie der neuronalen Netze ist gleichzeitig die von der Biologie inspirierte, technisch orientierte Theorie und bemüht sich auch um technische Reproduktion der Modularchitektur. Einen wichtigen Ansatz zur Überbrückung biologischer und technischer Gesichtspunkte stellt das Verfahren des "reverse engineering"[58] dar. Diese Methode, die zu einem gigantischen Projekt und einer eigenen Forschungsrichtung innerhalb der Neuronalen-Netzwerk-Forschung führen könnte, überbrückt dabei beispielhaft den vorgetragenen Konflikt zwischen Top-down- und Bottom-up-Näherung.

Der von Donald O. Hebb in seinem einflußreichen Buch "The Organization of Behavior" (1949) eingeführte Begriff der "cell assemblies" versteht darunter Gruppen von Neuronen, die als "units for an internal neural representation of events in the outside world, but also of memories, thoughts, ideas, concepts, etc."[59] wirksam werden und damit als Brücke zwischen der neurophy-

---

[56] Hastedt 1988, S. 78

[57] Brodmann 1909, S. 6

[58] Bower 1990

[59] Palm 1990

siologischen Aktivität im Nervensystem und der psychologischen Beschreibung des korrespondierenden Geistes fungieren.[60] Diese "Bausteine unserer Wahrnehmungen und Gedankeninhalte"[61] sind nachgewiesen als natürliche Grundlage und als wesentliche Repräsentationsebene für Wahrnehmungsaufgaben, die als Stimulus-Repräsentation bearbeitet wurden, als auch für das assoziative Gedächtnis[62], um zwei modellhaft bearbeitete, praktische Gebiete zu benennen. Das assoziative Gedächtnis scheint eine besonders prominente Fähigkeit unserer menschlichen Hirnrinde, und damit auch eine Funktion der cell assemblies zu sein. Das jedem erinnerbare assoziative Gedächtnis könnte als eine Form der Erinnerung beschrieben werden, bei der es zu einer Erinnerung eines kompletten Gedächtnisinhaltes kommt, obwohl zur Induktion dieser Erinnerung nur ein Teil des Gedächtnisinhaltes zur Verfügung stand, so daß der Rest assoziiert wurde. Die cell assemblies oder neuronalen Netzwerke sind insgesamt also auch für höhere kognitive Phänomene als Mechanismus relevant. Programmatisch fragt daher von der Malsburg: "Am I thinking assemblies?"[63] Die Antwort darf getrost ja lauten. "Connectionism ... gives one avenues to consider the relationship between cognition and its biological substrate (by virtue of affinity of structures and operations), the relationship between cognition and the world (by virtue of causal relationship), and the relationship between low and high cognition (by the enablement of emergent properties)"[64]. Die neurophysiologischen Bausteine unserer Hirnaktivität sind offenbar diese Netzwerkverbände. Die strukturellen Gebundenheiten lassen eine Vielzahl dynamischer Zustände zu, die eine prinzipiell unendliche Zahl von raum-zeitlichen Repräsentationen erlauben. "The comparative study of neural networks has led to a picture of neural networks as dynamic entities, constrained by their anatomical connectivity but, within these constraints, able to be organized and configured into several operational modes each de-

---

[60] Eine genaue terminologische Nutzungsregel für die Verwendung der Vokabeln Module, cell assemblies, neuronale Netzwerke existiert nicht, die Begriffe werden in der Literatur allgemein synonym verwandt.

[61] Palm 1989

[62] Fukushima 1984; Aertsen et al. 1986; Palm 1986, 1988, 1990; Silverman et al. 1986; Da Yang 1987; Carpenter 1989

[63] von der Malsburg 1986

[64] Shanon 1992

pending upon the expression and modulation of the constituent cellular, synaptic, and network building blocks."[65]

Die gesamte Hirnaktivität ist dann ein Zustand von neuronaler Homöostase, die eine Art schwankendes oder oszillierendes Gleichgewicht aus den ganz zahlreichen Neuronen, einer geringeren Zahl an aktuellen Neuronenverbänden und einer sehr viel größeren Zahl potentieller Neuronenverbände bildet. "The unity of mind has to be seen as an organic equilibrium among a great multitude of elements."[66] In diesem Sinn bilden die Substrate der neuronalen Netzwerke die eigentliche Grundlage unserer mentalen Phänomene und dürften der eigentlich relevanten Repräsentationsebene am allernächsten kommen. Neuronale Netze sind unter den ersten Kandidaten für eine neue Erklärungsstrategie und bilden eine heuristische Grundlage für die gesamte Hirnforschung.[67] "There is today probably no real alternative to the frame of cell assemblies for brain research."[68] Nicht zuletzt haben die neuronalen Netzwerke ein sehr überzeugendes und zugleich einfaches Argument für sich. Einfache mathematische Abschätzungen führen zu der Einsicht, daß die Zahl der möglichen Kombinationen von neuronalen Netzwerken die Zahl der Neuronen bei weitem übersteigt. Voraussetzung dafür ist, daß sich die Neuronennetzwerke überlappen, was ja empirisch bereits belegt ist. Die Zahl der Speichermöglichkeiten oder, anders ausgedrückt, die Zahl der potentiell implementierbaren Repräsentationen im Nervensystem steigt dadurch erheblich. Teleologisch ergibt sich aus dieser Tatsache ein eindeutiges Indiz für die Netzwerkhypothese.[69]

Von zentraler Bedeutung ist die Perspektive oder die bezogene Beobachtungsebene. Identität ist auf neurowissenschaftlicher Grundlage nur sinnvoll

---

[65] Getting 1989

[66] von der Malsburg 1986

[67] Palm 1990

[68] Ibid.

[69] Diese Argumentation findet sich bei Palm (1990). Die teleologische Argumentationsweise ist eine für die Biologie typische. Unter dem Selektionsdruck, der nur nützliche und überlebensdienliche Strukturen und Funktionen fördert, während andere, nicht gebrauchte Strukturen dagegen zurückgebildet werden, also einer Art natürlichem Ockham'schem Rasiermesser unterliegen, erschiene eine solche "Überfrachtung" mit Speichermöglichkeiten in Netzwerken als sehr unplausibel für den Fall, daß sich eine Einzelzellhypothese als richtig erweisen würde.

abhängig von der Beobachtungsebene zu formulieren. Während auf neuronaler Netzwerk-Ebene eher eine Ereignis-zu Ereignis-Identität vorliegt, zeigt sich eine partielle Typ-zu-Typ-Identität auf der Kartierungsebene. Eine Plastizität innerhalb hochauflösender Kortex-Areale, die auf Kartierungsebene eine mögliche Typ-zu-Typ-Identität vortäuschen, müssen auf neuronaler Netzwerk-Ebene ebenfalls als dynamisch angenommen werden. Empirisch ist eine methodische Pluralität angemessen, die erhobene Befunde verschiedener Beobachtungsebenen mit psychischen Phänomenen korreliert. Wesentlich ist die Einschließung multipler räumlicher Repräsentationen und ihrer zeitlichen Dynamik. Von dieser Implementierungsebene muß die psychologische phänomenale Ebene abgegrenzt werden. Trotzdem ist aber gerade dieser Unterschied ein wesentlicher Bestandteil der hier geführten Diskussion. Die Zielvorstellung ist ja die einer Vermittlung zwischen psychologischer und neuronaler Ebene. Die Module der kognitiven Psychologie sind damit ein Ansatz zur prozessuralen Analyse kognitiver Leistungen, die Module der neuronalen Zellverbände in der Neurobiologie eine Hypothese zur Synthese von Phänomenen auf neuronaler Ebene. Ziel einer solchen "cooperative computation"[70] muß es nun eben sein, auf der Ebene neuronaler Zellverbände, also neuronaler Netzwerke psychologische Phänomene oder kognitive Leistungen zu erklären.

Die Unterscheidung von phänomenologischer Ebene und der tatsächlichen Implementierung der Phänomene auf organischer Grundlage ist zuletzt nicht nur im Modulbegriff konkretisiert, sondern auch in konzeptuellen Überlegungen. Die konnektionistische Grundannahme einer distributiven, parallelen Repräsentationsebene ist nicht als Ebene der mentalen Phänomene anzusehen. "We claim that mind/brain architecture is not Connectionism at the cognitive level"[71]. Die distributive Natur der neuronalen Implementierung unserer Psyche ist mit einer auch als "representationalism" bezeichneten propositional attitude psychology, die sich um eine "language-like" Formalisierung unseres Geistes bemüht, nicht beizukommen. Vielmehr muß anerkannt werden, daß "representationalism and connectionism are complementary"[72]. Die serielle Geisttheorie muß also nicht unbedingt in eine Kuhn´sche Krise im Sinne eines wissenschaftlichen Paradigmenwechsels fallen.[73] Es kann auch weiterhin der

---

[70] Arbib 1985

[71] Fodor und Pylyshyn 1988

[72] Shanon 1992

[73] Horgan und Tienson 1990, 1992

serielle sententiale Zugang favorisiert werden, während die Konnektionismusebene weiterhin die Ebene bleibt, auf der im Gehirn psychische Phänomene realisiert werden.[74]

---

[74] Rosenberg 1990

E. Integration

Die demonstrierte Konvergenz sollte zu Änderungen im Umgang mit empirischen Befunden und Projekten stimulieren. Es haben sich im Laufe dieser Darstellung einige Aspekte ergeben, die das Verhältnis von Hirnforschung und Philosophie am Beispiel der Konvergenz vom Repräsentationskonzept und der Identitätstheorie aktualisieren. Diese erweiterte Sicht einer integrativen Hirnforschung umfaßt methodische als auch inhaltliche Erweiterungen. Mehrfach betont worden ist die Mulitdisziplinarität der Hirnforschung. Die verschiedenen Beobachtungsebenen bedingen unweigerlich eine Fülle von verschiedenen wissenschaftlichen Arbeitsrichtungen, die sich bereits allein aus dem in Teil B skizzierten reichhaltigen technischen Methodenarsenal ergeben. Mit dieser methodischen Vielfalt ist verbunden, daß ein entsprechender Austausch unter den Wissenschaftlern stattfinden muß, der zum einen die Gültigkeitsbereiche der Methoden festlegt und vor allem die Schnittstellen zwischen den Einzelbefunden offenlegt und mit den wesentlichen Kernbegriffen operiert.

E.I. Multidisziplinarität

Wesentliches Ziel der Hirnforschung wird bleiben, den Zusammenhang räumlicher und zeitlicher Strukturen im Gehirn weiter zu demarkieren, um immer besser approximierte Beschreibungen einzelner Hirnvorgänge und der entsprechenden psychischen Korrelate leisten zu können. Durch technische Untersuchungsmethoden bedingte Fenster, die Einblicke in Hirnvorgänge mit entweder begrenztem räumlichen und/oder zeitlichen Auflösungsvermögen erlauben, sind die einzelnen Ergebnisse nur sinnvoll in einer aufeinander beziehbaren Form interpretierbar. Diese Aufgabe ist naturgemäß nur multidisziplinär zu lösen. Auf eine systematische methodenkritische Miteinbeziehung der Gültigkeitsansprüche der jeweiligen naturwissenschaftlichen Methoden ist bereits mehrfach hingewiesen worden, sie bleibt notwendige Voraussetzung zuletzt jeder verläßlichen wissenschaftlichen Untersuchung. Bereits

Teil B hat demonstriert, daß es verschiedene Beobachtungsebenen innerhalb der Grenzen der empirischen Hirnforschung gibt, die interdisziplinäre Anstrengungen erfordern. Die Relevanz aller dieser Disziplinen, die verschiedenen Organisationsebenen und Bauprinzipien des Nervensystems entsprechen, müssen notwendig eigenständig bleiben.[1] Das Programm einer Hirnforschung der Zukunft könnte also mit dem Motto "we need synthesis, not further reductionism"[2] markiert werden. Zuletzt ist die Bereitstellung und Verfügbarkeit des immensen Wissens heute noch ein großes Problem. Nicht verfügbares Wissen existiert praktisch nicht und ist nutzlos. Die enorme Befundfülle muß in handlicher Form zugänglich gemacht werden. Erste Versuche, solch eine Neuronal Circuitry Database zu installieren, sind bereits unternommen, vorstellbar sind sicher gemischte Archivierungsformen, die sich ikonographischer und Text-Formen bedienen. Hier sollten konzeptuelle Vorstellungen eingebracht werden, die eine solche Wissensrepräsentation in großem Maßstab möglich machen können.

Der Begriff der Multidisziplinarität umgreift aber besonders auch das Verhältnis von Philosophie und Wissenschaft, hier das Verhältnis von Gehirn-Geist-Philosophie und Hirnforschung. Die nomothetisch orientierte Analyse und an einer Korrelation mit Identifikationsbedürfnis interessierte Erforschung des Verhältnis von Geist und Gehirn zueinander bleibt in ihrem Wesen mindestens ein Dualismus im Aspekt, der zwei verschiedene Phänomenwelten zum Gegenstand hat. Die psychische Phänomenwelt ist als methodologisch eigenständig zu betrachtende Phänomenwelt zu behandeln, die nicht auf Materialität reduzierbar ist, wenngleich zu postulieren ist, daß sie mit Materialität korrelierbar und mit ihr unter gewissen Bedingungen identifizierbar ist. Betont man mit Sperry die funktionale oder operationale Stellung mentaler Phänomene, die sie im Gesamtnetzwerk der Hirndynamik erhalten, so erscheint eine "search for the chemistry or molecular biology of psychological activities as an ultimate end ... misguided conceptually"[3]. Psychische Phänomene bleiben in ihrer Phänomenwelt erhalten, sie sind aller Voraussicht nach zwar auf materielle Gegebenheiten beziehbar und bei bestimmtem Gültigkeitsbereich eines Identifikationskriteriums auch identifizierbar, aber nicht reduzierbar in einem Sinn, daß es überflüssig werden könnte, von mentalen Phä-

---

[1] Sperry 1976; Pribram 1986; Churchland und Sejnowski 1988; Creutzfeld 1989

[2] Getting 1989

[3] Sperry 1976

nomenen überhaupt zu reden. Eine "behavioral neurophysiology"[4] wäre gerade das Endstadium dieser Verfallserscheinung, die das Psychische reduzieren will. Mindestens die beiden klassischen Zugangsweisen von "physiological and the performance (or psychological, or behavioral) approaches to brain functioning"[5] formieren erst eine in ihrem Gegenstandsbereich komplette Gehirn-Geist-Forschung.

Diese unaufgebbare Forderung nach der Aspektdualität unseres Gegenstandes ist praktisch nur auf dem Weg einer objektadäquaten Operationalisierung zu liefern. Die Unmöglichkeit einer Diskretisierung von psychischen und Hirnzuständen, die enorme Komplexität des Nervensystems mit der Unmöglichkeit einer Totalregistrierung verbunden mit relativen Meßungenauigkeiten sind heute unüberwindbare grundlegende Probleme, deren endgültige Lösung nicht in Aussicht steht. Die bereitstehenden Befunde der Hirnforschung aber vermitteln ein konsistentes und kohärentes Bild des Gehirns, das mit einem hinreichenden Grad an Evidenz die Hirnforschung und ihre Ergebnisse repräsentieren kann. Von einem pragmatischen Standpunkt ist auf dieser Basis vernünftige Hirnforschung zu betreiben. Auf dem Boden gängiger Theorien werden neue Befunde erhoben, bewertet, geben ihrerseits Anlaß zu neuen Überlegungen und experimentellen Designs. Das ist die klassische Sequenz einer induktiven Wissenschaft.

Für den psychologischen Bereich ist insbesondere die "Frage nach der Möglichkeit von Bewußtsein"[6] vordergründig, ob es also eine allgemeingültige Begrifflichkeit von Bewußtsein geben kann. Sind mögliche Äußerungen über den bewußten kognitiven Apparat lediglich für den Einzelnen gültig oder kann der Begriffsapparat darüber hinausweisen?[7] Die Subjektivität des Bewußtseins legt spontan nahe, daß eine solche Erweiterung grundsätzlich nicht gedeckt ist. Ist sie dann aber grundsätzlich nicht möglich oder falsch? Würden wir die Möglichkeit einer allgemeingültigen Begrifflichkeit verneinen, würde jeder Begriff seinen kognitiven Gehalt verlieren, wenn er auf Sachverhalte angewandt würde, die wir noch nicht persönlich erlebt haben. Streng genommen dürften in dem Fall auch keine Erlebnisklassen mehr beschrieben werden, da ja nicht alle Elemente der Klasse notwendig erlebt wären. Ein starkes

---

[4] Wise und Desimone 1988

[5] Creutzfeldt 1976

[6] Hofstätter 1980

[7] Nagel 1992, S. 42ff

Argument gegen eine solche Beschränkung und für eine übergreifende Bewußtseinsbegrifflichkeit ist die kaum sinnvoll bezweifelbare Existenz des Fremdpsychischen.[8] Das Fremdpsychische ist geradezu paradigmatisches Beispiel für die interindividuelle Gültigkeit einer Begrifflichkeit von Bewußtsein. Wie an Grenzbereichen eines total locked-in syndrome gezeigt werden kann, versagt spätestens dann der reduzierende Apparat des Behaviorismus.[9] Wird eine über die Beschreibung bloßen Verhaltens hinausgehende Begrifflichkeit von Bewußtsein beschränkt als nur subjektiv gültig, entzieht sich auch das Fremdpsychische jeder möglichen Beschreibung. Umgekehrt würden wir auch Erfahrungen von Erlebnissen nicht grundsätzlich leugnen, wenn sie nicht beschreibbar sind, der Erlebende aus welchen Gründen auch immer nicht über Sprache verfügen kann. Die bewußte Erlebnisfähigkeit ist also nicht kongruent mit ihrer Beschreibbarkeit.

Wenn es eine solche transindividuelle Bewußtseinsbegrifflichkeit gibt, gibt es darüberhinaus vielleicht auch eine humantranszendente Form der Begrifflichkeit von Bewußtsein? Wir haben spätestens hier die sichere und verbürgte Grundlage der Wissenschaft verlassen und müssen uns der Spekulation öffnen. Für Thomas Nagel wird bei gegebener Dissoziation von Sprache und bewußter Erlebnisfähigkeit eine solche übergreifend existente Bewußtseinswelt möglich. "Wir können die völlig allgemeinen Begriffe des Bewußtseins oder eines Erlebnisses heranziehen und über Formen bewußten Lebens spekulieren, deren äußere Anzeichen wir noch nicht einmal mit Zuversicht identifizieren können."[10] Wenn wir das Fremdpsychische akzeptieren, das wir nur aus dem sinnvollen und adäquaten Verhalten des anderen erschließen können, besteht kein Grund, das Fremdpsychische in anderen Spezies grundsätzlich zu leugnen. Im Gegenteil wird dann auch denkbar, etwa mit Delphinen in Austausch zu treten. Delphine sind an den Lebensraum Wasser angepaßte Säugetiere, deren Gehirne eine vergleichbare Komplexität aufweisen wie das menschliche Gehirn und die sich evolutiv vor sehr viel längerer Zeit entwickelt haben als das menschliche Nervensystem. Das komplexe Gehirn steht in keinem Verhältnis zu den in Delphinarien reproduzierbaren, relativ primitiven Delphinäußerungen und läßt im Gegenteil eine ganz menschenähnliche, hochkomplexe, kognitive Struktur erwarten. Welche unseren Kulturleistungen entsprechenden dürfen wir in der Delphinwelt erwarten? Einen Kommunikati-

---

[8] Harrison 1991

[9] Kurthen et al. 1991

[10] Nagel 1992, S. 45

onskanal vorausgesetzt, würde uns der Austausch mit einer an einen anderen Lebensraum adaptierten Intelligenz, mit dem "Geist in den Wassern"[11] möglich, die zudem in der Evolution unsere vergleichsweise explosiv entstandene Intelligenz an Land hat beobachten können.[12]

Der Verbund von Philosophie und Hirnforschung ist also anders einzuordnen. Das Wesen der Hirnforschung ist naturgemäß induktiv, es können immer nur eine begrenzte Zahl von Vertretern von Neuronenpopulationen, von funktionellen Systemen oder auch von Patienten oder Probanden untersucht werden. Die abgeleiteten Gesetzmäßigkeiten sind daher nie logisch zwingend, weil eine Untersuchung aller möglichen Einzelfälle ausgeschlossen ist. Die Philosophie als deduktiv tätige, argumentativ-begriffliche Operation steht gewissermaßen auf der anderen Seite und bietet möglichst eine konsistente, logisch akzeptable Theorie. In einem positiven Wissenschaftsverständnis und einer optimistischen Sicht vom Verhältnis von Philosophie und Einzelwissenschaften sollte anstelle einer destruktiven Kritik, die nur die Unvereinbarkeit beider Perspektiven betont, stattdessen ein ganz anderer, vielleicht unpopulärer Weg gesucht werden. Anstelle einer Kritik an der Hirnforschung, die einen solchen prinzipiellen Beweis für das Identitätskonzept in einem rein empirischen meßtechnischen Sinn nicht erschöpfend liefern kann, sollte vielmehr der Versuch einer partnerschaftlichen Ergänzung beschritten werden. Deduktive Philosophie kann induktive Hirnforschung ergänzen in ihrem Bemühen der Belegbarkeit des Identitätskonzeptes. Methodisch ist eine konstruktive Zusammenarbeit nur in einem solchen komplementären Sinn denkbar. Das gegenseitige Abtasten der Theorie und ihrer Einzelbefunde ist ein weitaus mehr Erfolg versprechendes Verfahren als gegenseitige Kritik an alten Fronten. Eine solche mögliche konstruktive Synopse läßt sich aufreihen anhand einer hier zunächst nur vorläufig zu formulierenden Reihe von Schlüsselbegriffen.

---

[11] McIntyre 1983

[12] Zentrale Literatur zum Thema "Kommunikation zwischen den Arten" sind insbesondere die Arbeiten von John C. Lilly (1964, 1975, 1984).

E.II. Topologie

Als ein zentraler Begriff der vorliegenden Arbeit läßt sich die topologische Kodierung im Nervensystem destillieren. "The question of how the brain organizes its subsystems to produce integrated behavior is perhaps the most challenging that can be posed."[13] Die Topologie ist, im Repräsentationskonzept dingfest gemacht, das real existente Interface zwischen induktiver Hirnforschung und deduktiver Philosophie. Die Diskussion beider Perspektiven trifft sich auf der Ebene möglicher Repräsentationen. Die Hirnforschung läßt sich in ihrem Wesen auf das Bedürfnis nach einem solchen befundtranszendierenden Konzept reduzieren, das die Philosophie in der Identitätsthese anbietet. Die Philosophie ihrerseits bedarf einer empirischen Bestätigung ihres Theorienapparates, die nur durch die Hirnforschung geleistet werden kann und in einer Zeit von naturalisierter Erkenntnistheorie auch von Philosophen selbst vielfach eingeklagt wird.

Bedenkt man in einer kritischen Näherung methodische Probleme der empirischen Wissenschaft, die zum einen in den Meßapparaturen, zum anderen in der komplexen Natur des Untersuchungsgegenstandes liegen, muß zugegeben werden, daß eine solche postulierte Repräsentation erst in Teilbereichen nachgewiesen ist. Abhängig vom Komplexitätsgrad des untersuchten kognitiven Phänomens findet die tatsächlich vorhandene Realisierung mit unterschiedlicher räumlicher und zeitlicher Auflösung statt, so daß die Suche nach der relevanten Repräsentationsebene im Nervensystem wahrscheinlich nicht eindeutig zu beantworten ist. Die eindeutige Repräsentierung eines mentalen Phänomens im Gehirn zu definieren wird dadurch entsprechend unscharf, die Identifizierung eines mentalen Phänomens entsprechend schwierig. Diese letzte empirische Unsicherheit aber kann vom komplementären philosophischen Konzept aufgefangen werden, so daß begründete Spekulationen über seinen Inhalt legitim werden.

Woher also wissen neuronale Netzwerkverbände, welche Information sie kodieren, salopp: was sie denken? Die Antwort kann nur lauten: Die neuronalen Verbände wissen es eben nicht, ihre Topologie weiß es. "Die entscheidende Frage ist, wie das Gehirn Bedeutungen konstituieren kann, wenn jede neuronale Erregung für sich bedeutungsneutral ist, denn immerhin ist funktional

---

[13] Goldman-Rakic 1988

das Gehirn die Gesamtheit aller neuronalen Erregungen."[14] Die einzelnen neuronalen Bauelemente sind nicht informiert über den semantischen Inhalt ihrer idealen Aktivität, der Bedeutungsinhalt ergibt sich aus der Stellung des Verbandes im Gesamtnetzwerk. "Wahrnehmung bzw. Erkenntnis ist somit immer selbstreferentiell auf die Organisation der Konstruktion selbst bezogen und wird durch interne Leistung des Organismus erbracht."[15]

Der Thalamus und die Großhirnrinde als Hirnareale, die ganz wesentlichen Anteil an höheren Hirnfunktionen haben, können diesen Sachverhalt illustrieren. Am Beispiel des psychologischen Phänomens der selektiven Aufmerksamkeit hat Crick auf empirischer Grundlage mit dem Vorschlag des Nucleus reticularis thalami eine konsistente Hypothese zur organischen Realisierung des Phänomens vorgelegt. Diese Hirnstruktur könnte eine Filterarbeit leisten, die zu einer Art "internal attentional searchlight" nötig wäre. Während die zellulären Elemente dieses Thalamuskerns selbst ihre Aufgabe im Gesamtkontext nicht zu kennen brauchen (und es sicher auch nicht tun), wird ihre Aufgabe erst in der Synopse anhand ihrer Stellung im Gesamtnetzwerk dem äußeren Betrachter des Ganzen evident. Im Bereich der Großhirnrinde imponieren besonders die großen Gebiete mit einer geringen Auflösung mentaler Phänomene. Über den primären Projektionsarealen bleibt ein topographisches Abbildungsprinzip als sogenannte Somatotopie für das Körperempfinden, Retinotopie für die Retina, Tonotopie für das akustische System usw. beherrschend. In der Außenwelt zusammenliegende Gegenstände werden auf Rezeptorebene auf kortikaler Repräsentationsebene zusammenliegend abgebildet. Der hohe Kortexanteil mit geringer funktioneller Auflösung ist dann nicht verwunderlich, wenn die enorme Konstruktivität des Gehirns in Rechnung gestellt wird. Das Gehirn ist (wahrscheinlich genetisch) mit dem nötigen Equipment ausgestattet, sich umweltadäquat selbst zu verdrahten. Reproduzierbar hoch auflösende Hirnrindenabschnitte wie die primären Projektionsareale sind gewisse Ausnahmen von dieser selbstorganisierenden Fähigkeit des Gehirns.

Die autopoietische Topologie ist somit nur ein ökonomisches Bauprinzip, das teleologisch gesehen geringen genetischen Aufwand bedeutet bei hoher Umweltakzeptanz des gesteuerten Organismus. Die topologische Kodierung wäre aus dieser Sicht kein wirkliches Geheimnis mehr. Die Frage nach der Regulation dieser selbstorganisierenden Mechanismen selbst aber führt in einen infiniten Regreß. Die Hirn-Mechanik muß von irgendetwas oder ir-

---

[14] Roth, in: Schmidt 1991

[15] Gutmann und Weingarten 1990

gendwem in Gang gesetzt werden, nur von was oder wem? Nach dem Postulat einer Identität von Gehirn und Geist muß das Regulativum selbst auch wieder Hirnprozeß sein, dieser Hirnprozeß selbst wird infinit regredient auch wieder von einem anderen Hirnprozeß reguliert. Crick formuliert dieses Problem so: "The brain must know what it is searching for."[16] Lediglich das Gehirn als Ganzes also "weiß", was es denkt. Damit wird der Intuition, daß wir ja auch nur mit unserem ganzen Gehirn wir selbst sind und denken können, durchaus recht getan. Bestätigt wird also auch für den Kortex, daß die Möglichkeit einer funktionellen Zuschreibung erst im Gesamtkontext möglich wird.

Die Suche nach einer Zentralorganelle im Gehirn im Sinne einer central processing unit (CPU) wird absurd. Das Ziel einer Verortung der geistregulierenden Phänomene im naiven Sinn ist inadäquat und wird ab einem gewissen Grad gegenstandslos, weil sich die Phänomene auf geheimnisvolle Weise selbst regulieren. Die Frage nach der Regulation dieser selbstorganisierenden Topologie kann nur zirkulär erklärt werden. Topologische Kodierungen im Nervensystem können erst möglich werden durch die Installierung der Konnektivität im Gehirn, die in konstruktiver Auseinandersetzung mit der Umwelt stattfindet. Die Möglichkeit der topologischen Kodierung und ihre organische Realisation laufen parallel und bedingen sich gegenseitig. Die Topologie erschafft sich selbst und wird gerade im Prozeß ihrer Selbstdefinierung erst formiert. Die bedeutungstragende Institution des Gehirns kodiert Information, gerade indem sie diese Information kodiert. Dieser Sachverhalt ist der geheimnisvollste und zugleich der wichtigste in der Auseinandersetzung mit dem Gehirn.

E.III. Symbole

Offenbar kommt es im Gehirn zu einer multiplen räumlichen und auf verschieden dimensionierten Zeitachsen dynamischen Repräsentationen zum Beispiel von visuellen Informationen. Diese Prozesse entsprechen damit nicht im geringsten einer naiven Vorstellung des Gehirns als Siegel, das ins Wachs gedrückt, seinen Abdruck hinterläßt im Sinne einer simplen Isomorphievorstellung. "Certainly it cannot be said that when I see a tree, there is an image of a tree in my brain. What objectively exists in the brain at that moment is a particular neurodynamic system called into being by the influence of the tree

---

[16] Crick 1984

and responsible for the tree that I experience. This image is specifically not a material but an ideational representation of the object."[17] Im Gegensatz zu einer obsoleten naiven Lokalisationsvorstellung wird eine Vorstellung von sequentiellen Transformationen im Gehirn diskutabel, nach der die visuelle Information zunächst abhängig von den jeweiligen Eigenschaften des repräsentierenden neuronalen Netzwerkes, das zum Beispiel auf Farbe oder Form oder Kontrast spezialisiert sein kann, kodiert wird. Eine kohärente Synopse aller dieser Teilaspekte würde dann nach einer (oder mehrfacher) weiterer Transformation stattfinden, die im Ende einer ganzheitlichen Wahrnehmung der visuell angebotenen Figur entspräche. Phänomene der synästhetischen Wahrnehmung oder des assoziativen Gedächtnisses würden dann in einer Art Hypertransformation resultieren. Eine solche Sichtweise verläßt das klassisch-naive Bild einer Lokalisation und betritt den bereits gewohnten, holistisch anmutenden Boden des raum-zeitlichen Repräsentationskonzeptes, wobei Schichten noch erkennbar bleiben, aber erst die Summe der einzelnen Netzwerke das hypertransformierte Symbol des Wahrgenommenen im Gehirn repräsentiert. "The integrated sum of all such symbolic representations of the environment in diverse neuronal networks constitute the sought-after model of the environment, contained within each of our brains."[18]

Einerseits scheint sich aus empirischen Befunden eine "sequentielle Hierarchie der geistigen Funktionen" zu ergeben, andererseits steht ihr aber das "parallele Funktionsmodell" gegenüber, das im wesentlichen durch Quervernetzungen eine sinnvolle Synthese verschiedener Sinnesinformationen mit dem Ziel einer umweltadäquaten Handlungsgeneration erklärt.[19] Als vermittelnde Brücke verschiedener Arbeitsstile im Nervensystem und gewissermaßen höchste Entwicklungs- oder Abstraktionsstufe führt Creutzfeldt unsere "Symbolkompetenz" ein. Sie "befähigt den Menschen, die Schatten der Wirklichkeit, wie sie sich in seinem Gehirn darstellen, also die neuronale Repräsentation seiner Lebenswelt in Symbolen dieser Lebenswelt ... vorzustellen."[20] Die symbolkompetente Ebene unseres Geistes gründet damit auf neuronalen Mechanismen, ist aber durch sie nicht hinreichend charakterisiert, sondern wird notwendig ergänzt durch ihren inhaltlichen Bedeutungsgehalt. Wie aber der Geist, der keine andere Basis haben kann als sein Gehirn, dieses

---

[17] Dubrowski 1969

[18] Creutzfeldt 1976

[19] Id. 1989

[20] Ibid. 1989

Gehirn selbst transzendieren kann und die neuronale Repräsentation in eben diesem Gehirn als Schatten der Wirklichkeit entlarven kann, obwohl der Geist doch nichts anderes sein kann als neuronale Repräsentation dieses Gehirns, bleibt als intransparentes Emergenzphänomen im Dunkeln. "Diese Feststellung ist eine empirische und nicht weiter zu begründen."[21]

Symbole können als eine übergeordnete Musterebene aufgefaßt werden, die sich aus unseren alltäglichen Erfahrungen ableitet. "Als Weltdinge betrachtet sind diese symbolischen Leistungen weder bloß sinnlich wahrnehmbare Gegenstände - also nicht bloß symbolische Dinge wie Lauterzeugnisse oder Buchstaben, Bilder oder Gesten, - noch bloß ´innere´ Vorgänge, Hirnprozesse oder, in einem anderen Sinne von ´Innerlichkeit´, entmaterialisierte Gedanken. Vielmehr sind sie Interaktionen zwischen Hirnprozessen und Symbolsystemen, noch einmal repräsentiert in jenem besonderen Symbolismus, in dem diese Interaktionen als unsere Gedanken ausgeprägt und in Umlauf gebracht werden. Anders gesagt: unser Denken - in dem weiten Sinne unseres geistigen Lebens überhaupt - ist ein Verarbeiten historisch entwickelter Symbolismen durch unser Gehirn, eine Interaktion neuronaler Prozesse und symbolischer Strukturen, die gerade in dieser physiologisch-symbolischen Doppelexistenz ihren eigentümlichen Charakter als ein ´geistiges´ Geschehen gewinnt."[22] Symbolsysteme sind also Teil unserer tradierbaren und über die Umwelt in der frühen Prägungsphase der Kindheit übertragbare Kulturleistungen. Elemente dieser Symbolsysteme formen unsere Gedanken, die als symbolische Strukturen den Bedeutungsgehalten von neuronalen Repräsentationen entsprechen dürften.

Diese untereinander vernetzten Symbolsysteme sind die eigentlichen Grundbausteine und Elemente unserer dynamischen Denktätigkeit, die uns eigentlich interessiert. "Was Denken ausmacht, läßt sich daher ... nur in den Prozessen und Strukturen entdecken, durch die symbolische Prägnanz erzeugt wird, über die sich die Einheit und die Einheiten unseres Wahrnehmens, Vorstellens und Denkens insgesamt herstellen. Dazu sind dann die verschiedenen Symbolismen zu untersuchen, als deren Verarbeitung Denken geschieht: deren interne Verweisungsstruktur und externe Verknüpfungsweisen, deren historische Abhängigkeiten und eigenständige Organisationsformen. Und es sind die neurobiologischen Prozesse zu erforschen, die als das Verarbeiten von Symbolismen auch die Bedingungen der Möglichkeit für die je-

---

[21] Ibid. 1989

[22] Schwemmer 1990, S. 30f

weils erreichte symbolische Kultur, für deren Existenz und Formenreichtum, schaffen und begrenzen."²³ Neuronale Repräsentationen können unbestritten als die Grundlage bestehen unserer gedanklichen und symbolhaften Tätigkeiten und hinzuarbeiten ist auf einen "symbol-level of representation, or to a ´language of thought´: i.e., to representational states that have combinatorial syntactic and semantic structure."²⁴ Ergänzt wird der neuronale Apparat durch seine bedeutungshaltige Symbolnatur, die zusammen unseren Gehirn-Geist-Komplex als ein aspektdualistisches Phänomen formieren. "Denken ... ist nicht die Selbstschaffung eines eigenen Reiches reiner Gedanken jenseits unserer Erfahrungswelt, sondern das Verarbeiten von Symbolismen, das sich stützt und angewiesen bleibt auf die Strukturen der neuronalen Prozesse unseres Gehirns und der symbolischen Systeme unserer Sprach-, Bild-, und Klangwelt, der Welt unserer Empfindungen und Erinnerungen insgesamt."²⁵

Eine solche enge Verzahnung muß in einem optimistischen Wissenschaftsverständnis der bilateralen Komplementarität von Hirnforschung und Gehirn-Geist-Philosophie zuarbeiten. In diesem Sinn argumentiert auch Schwemmer und rät zu einer gegenseitigen Entlastung: "Man kann daher die hier entwickelte Perspektive einer physiologisch-symbolischen Doppelexistenz unseres Geistes auch im Sinne einer Entlastung neurobiologischer Erklärungsansätze verstehen, verbunden zugleich mit der Schaffung neuer Aufgaben für eine ´Symbolforschung´, die sich den Zusammenhang von symbolischen Strukturen und gedanklichen Gehalten zum Thema macht. Es wäre dies eine geisteswissenschaftliche Forschung in einem neuen, nämlich philosophischen und interdisziplinären, Verständnis."²⁶

E.IV. Emergenz

Wie aber kommt es zu einer bedeutungshaltigen Symbolisierung der Welt? Wie kann das Gehirn als eine bestimmte Gesamtheit neuronaler Repräsentationen sich selbst transzendieren als neuronalen Apparat und innerhalb topologisch-dynamischer Kodierungen symbolhafte, bedeutungstragende Gehalte

---

[23] Ibid., S. 32

[24] Fodor und Pylyshyn 1988

[25] Schwemmer 1990, S. 33

[26] Ibid., S. 38

implementieren, wie kann die "causal reality of conscious mental powers as emergent properties of brain activity"[27] entstehen? Warum entsteht ab einem bestimmten Hirnkomplexitätsgrad ein Phänomen wie Bewußtsein, das "Mysterium der psycho-physischen Transsubstantiation"[28]? Warum kann sich ein solches Phänomen entwickeln, das so deutlich verschieden von seiner Emergenzgrundlage ist und philosophisch mindestens einen Dualismus des Aspekts einklagt? In der Formulierung von Nagel: "Wie bringt eine solche Synthese elementarer Bausteine, wie komplex sie auch immer sein mag, nicht allein die bemerkenswerten physischen Fähigkeiten des Organismus hervor, sondern zusätzlich ein Wesen mit einem Bewußtsein, einer subjektiven Perspektive und einem enormen Spektrum subjektiver Erlebnisse und psychischer Fähigkeiten - Aspekte, die sich der physikalischen Auffassung der objektiven Wirklichkeit insgesamt entziehen?"[29] Diese Fragen sind nicht zu beantworten. Es bleibt aber die Möglichkeit einer Erläuterung, die zumindestens einiges Licht auf die Fragen werfen kann.

Die neu auftauchenden Qualitäten, die Emergenten, lassen sich nicht als bloße Summe ihrer Bauteile, den Resultanten auffassen, obwohl sie von ihnen abhängen. In der Emergenzphilosophie wird die von niedrigeren zu höheren Schichten ablaufenden Entwicklung als "Akt unablässiger schöpferischer Wirkung einer idealen Kraft" verstanden.[30] Der Emergentismus bleibt aber außerstande, eine solche Entwicklung zu erklären und läuft Gefahr, in den Bereich einer "nicht-wissenschaftlichen Metaphysik"[31] abgedrängt zu werden. Ohne eine ideale Kraft installieren zu wollen, bleibt aber die Emergenz ein Befund, hält man an der Existenz eines psychischen und physischen Phänomenbereichs fest (der ontologisch allerdings monistisch gedeutet wird). Der Emergenzbefund wird eliminierbar, wenn der Geist auf materieller Ebene gedeutet und damit komplett reduziert wird. Eine solche Substitution der mentalen Welt durch eine detailliertere Beschreibung der neuronalen Welt stößt aber auf die erwähnten Probleme und kommt nicht in Frage. Emergenz bleibt im aspektdualistischen System erhalten.

---

[27] Sperry 1986

[28] Creutzfeldt 1989

[29] Nagel 1992, S. 53f

[30] Stichwort "Emergenz", in: Europäische Enzyklopädie zu Philosophie und Wissenschaften (hrsgb. von H. J. Sandkühler), 1990

[31] Ibid.

Ab einem kritischen Hirngewicht treten emergente Phänomene auf. Rein deskriptiv wird diese Emergenz in der Hirnforschung durch Untersuchung der Hirnevolution und der Hirnentwicklung, also Phylogenese und Ontogenese, abgedeckt. Eine Interpretation der Hirnevolution kann wiederum teleologisch erfolgen. "The development of an inner subjective world may be viewed broadly as part of the evolutionary process of freeing behavior from its initial primitive stimulus-bound condition to provide increasing degrees of freedom of choice and originative central processing."[32] Die Entwicklung des Nervensystems und damit mentaler oder psychischer Phänomene in der Evolution ist grundsätzlich ebenso als eine Anpassung an die Umwelt zu verstehen wie auch die Entwicklung anderer Organe oder Fähigkeiten. Maturana und Varela legen bei der Verwendung des Begriffs Evolution des Nervensystems Wert darauf, daß es nicht nur die Umwelt, sondern vielmehr auch "die Struktur des Lebewesens" ist, "die determiniert, zu welchem Wandel es ... in ihm kommt"[33]. "Die Strukturkopplung ist immer gegenseitig; beide - Organismus und Milieu - erfahren Veränderungen."[34]

Das Nervensystem ist wie alle anderen Organsysteme eingebunden in diesen evolutiven Entwicklungsprozeß. Die Gehirnkapazität als das Volumen im Inneren der Schädelhöhle, des Neurocranium des Hominiden wuchs von 450cm^3 vor 5 Millionen Jahren auf 1300cm^3 vor etwa einer halben Million Jahren. Sprachvermögen, Waffen- und Werkzeuggebrauch entwickelten sich etwa bei einer Gehirnkapazität von 700cm^3. Eine sehr interessante Frage, die sich in diesem Zusammenhang stellt, ist, ob sich eine zukünftige Evolution abschätzen läßt. Geht unsere Hirnentwicklung noch weiter? "Ist eine zukünftige Steigerung der cerebralen Leistungspotenz auf Grund eines Fortganges der Evolution des Menschenhirns denkbar und wenn ja, ist eine zukünftige Evolution bestimmter Teile zu erwarten?"[35] In vorläufiger Beantwortung dieser Frage läßt sich nach Hugo Spatz ein Prinzip der Heterochronie der zerebralen Entwicklung festhalten, nach dem sich unterschiedliche Hirnteile unterschiedlich schnell entwickelt haben. Vergleichend anatomisch sind dabei verschiedene Entwicklungsrichtungen festzustellen, die zum Teil als "Internation" nach innen weisen, zum Teil aber auch eine in verschiedenen Hirnarealen unterschiedliche "Impressionsfähigkeit" am Schädelinneren de-

---

[32] Sperry 1976

[33] Maturana und Varela 1987, S. 107

[34] Ibid., S. 113

[35] Spatz 1961

monstrieren, die als Indikator für ihre Entwicklungspotenz an Schädelausgüssen beobachtet werden kann. Die jüngsten Teile, besonders der frontal gelegene basale Neokortex, zeigen mit dem deutlichsten Relief am Schädelinneren die größte Impressionsfähigkeit und verbürgen so die Ausdehnungstendenz dieses Hirnteils und lassen den Schluß einer noch nicht abgeschlossenen Entwicklung in diesem Bereich zu. Verletzungen dieses Hirnteils bewirken schwere Persönlichkeitsstörungen, die insbesondere durch eine allgemeine pathologische Enthemmung gezeichnet ist und wegen der anatomischen Nähe zum limbischen System durch grobe Veränderung der Gefühle. Positiv formuliert ist der präfrontale Kortex hauptsächlich als Regulativ für Handlungen auf der Grundlage interner Modelle der Realität und nicht für Handlungsgenerierung nach Stimuli aus der externen Welt tätig.[36] Die formale Intelligenz bleibt weitgehend unbeeinträchtigt, "Werkzeugstörungen" wie etwa Sprachstörungen oder Beeinträchtigungen bestimmter Bewegungsabläufe finden sich nicht. Allerdings werden intellektuelle Fähigkeiten durch unbändige Impulsivität und Zerstückelung stark beeinträchtigt. "Der Mensch ist in seinem innersten Kern getroffen"[37]. In welche Richtung sich der Mensch mit weiter entwickeltem basalem Neokortex verändern würde, ist Spekulation. (Spatz hofft auf eine Verbesserung im sittlich-ethischen Bereich.) Empirische Hinweise dieser Art lassen aber durchaus die Hypothese der Weiterentwicklung des Gehirns zu und könnten auch Gegenstand einer spekulativen Diskussion sein.

Das Pendant zur Phylogenese zeigt sich ontogenetisch in der Neuroembryologie. Die Wirklichkeit im Gehirn als die Gesamtheit der neuronalen Repräsentationen der Außenwelt wird während der prägungsfähigen Phase geschaffen und ist nicht eine absolute Größe, die ausschließlich umweltabhängig wäre, sondern ist vielmehr wesentlich durch die Entwicklung des Nervensystems limitiert. Ist das Nervensystem hinreichend entwickelt, sind die neuronalen Repräsentationen etabliert, dann ist auch die Wirklichkeit konstituiert und die Weltsicht komplettiert. Der dann erreichte Zustand ist das fixierte, in sich kohärente Wirklichkeitsabbild, das für den Rest des Lebens eine zwar plastische Grundlage unserer Weltkonstituierung bleibt, die aber nur noch in deutlich schmaleren Grenzen plastisch bleibt. Diese Matrix wird unser geistiges Lineal. Die Welt ist damit eine Folge von Prozessen, denen in der Neuroembryologie nachgegangen wird. Sicher ist diesem Zusammenhang noch

---

[36] Goldman-Rakic 1988

[37] Spatz 1961

zuwenig Aufmerksamkeit geschenkt worden, sieht man vom Konstruktivismus ab, der in diesem Bereich insbesondere vom Hirnforscher Gerhard Roth vertreten wird.

Die phylogenetische und ontogenetische Entwicklung stellen sich dar als Emergenzphänomene. Ein Neuron spricht seine bedeutungslose neuronale Einheitssprache, die erst in dem topologischen Zusammenhang dechiffriert werden kann. Die Weltkodierung ist nicht ohne die Umgebung des Gehirns vorstellbar. "The brain and its environment appear as components of a closed, highly interactive system."[38] Damit werden natürlich auch die aus den neuronalen Repräsentationen hervorgehenden Emergenten weltabhängig, der Geist formiert sich in der Auseinandersetzung mit der Umwelt. Wie aber kann ein das neuronale System transzendierendes Phänomen entstehen? Muß das Psychische nicht schon auch immer im elementaren Baustein bereits enthalten sein? "Denn schließlich müssen sich die psychischen Eigenschaften komplexer Organismen letzten Endes aus Eigenschaften ihrer grundlegenden Bestandteile ergeben, sobald die Zusammensetzung dieser Bestandteile von der richtigen Art ist: und bei diesen elementaren Qualitäten kann es sich nicht um bloß materielle Eigenschaften handeln, da ihre Synthese sonst wiederum nichts als weitere materielle Qualitäten ergäbe."[39] Das aber würde einer Unterstützung des Panpsychismus gleichkommen, einer Position, die so ganz dem wissenschaftlichen Weltbild widerspricht.

Nun kann man gedanklich den menschlichen Geist in seine hemisphärale Hälften zerteilen, wie es zum Beispiel an Untersuchungen von Split-Brain-Patienten deutlich wird. Neuropsychologisch ist eine solche Geistmodularisierung an Hirngeschädigten in einzelne funktionelle Systeme weiter zu verfolgen. Wir könnten zu einem "hemispheric consciousness or modular consciousness"[40] vordringen. Offenbar aber ist irgendwann eine Grenze von solchen Teilungen erreicht, nach deren Atomisierung der Geist verschwunden ist. Geht man den umgekehrten gedanklichen Weg, nämlich vom einzelnen Neuron aus, das seine neuronale Einheitssprache spricht, können wir ohne Zweifel noch nicht sinnvoll von geistigen Phänomenen sprechen. Es ist Allgemeingut, "daß ... es nichts gibt, was auf das Phänomen des Geistes in einer differenzierten Zelle schließen läßt. ... In den differenzierten Zellen des Ge-

---

[38] Singer 1986

[39] Nagel 1992, S. 89

[40] Grotstein 1988

hirns ... gibt es keinen Geist und kann es keinen Geist geben."[41] Ein neuronales System, ein Nervensystem wird aber aller Voraussicht nach, einen solchen Geist ab einem kritischen Hirngewicht hervorbringen, wie die Evolution und Embryologie zeigt. Leibniz veranschaulicht diesen Punkt in seinem "Mühlengleichnis" des Gehirns: "Man muß übrigens notwendig zugestehen, daß die Perzeption und das, was von ihr abhängt, aus mechanischen Gründen, d. h. aus Figuren und Bewegungen, nicht erklärbar ist. Denkt man sich etwa eine Maschine, die so beschaffen wäre, daß sie denken, empfinden und perzipieren könnte, so kann man sie sich derart proportional vergrößert vorstellen, daß man in sie wie in eine Mühle eintreten könnte. Dies vorausgesetzt, wird man bei der Besichtigung ihres Inneren nichts weiter als einzelne Teile finden, die einander stoßen, niemals aber etwas, woraus eine Perzeption zu erklären wäre."[42] Das mentale Phänomen als Produkt ist also emergent im Verhältnis zu seinen neuronalen Edukten.

Diese Überlegungen lassen nur zwei Lösungswege zu. Entweder wir retten das wissenschaftliche Weltbild und sind gezwungen, den Geist auf Materialität zu reduzieren, wodurch das Emergenzphänomen eliminiert wäre, mit ihm aber auch der Geist. Oder wir konservieren die Eigenständigkeit des Geistes als eigene Phänomenwelt neben der Materie. Wir sind aber dann gezwungen, das unerklärliche Emergenzphänomen zuzulassen, wenn wir in der Identitätsbeziehung einen direkten Bezug herstellen. Das Emergenzphänomen bleibt dann entweder als das Hervorgehen des Geistes aus dem neuronalen Equipment rätselhaft. Oder aber das Emergente ist auf eine rätselhafte Weise bereits in seinen Bausteinen implementiert. Mit einer solchen panpsychistischen Spekulation antwortet übrigens Leibniz: "Also muß man diese in der einfachen Substanz suchen und nicht im Zusammengesetzten oder in der Maschine. Auch läßt sich in der einfachen Substanz nichts finden was als eben dieses: Perzeptionen und ihre Veränderungen. In diesen allein können die inneren Tätigkeiten der einfachen Substanzen bestehen."[43]

---

[41] Trincher 1983

[42] Leibniz, "Monadologie", § 17

[43] Ibid.

F. Ausblicke

Anstelle eines Nachwortes möchte ich zuletzt einige Gedanken vorführen, die eher spekulativer Natur sind. Diese Äußerungen geschehen in der Überzeugung, daß gerade die Philosophie in ihrem konsiliaren Auftrag neben der unverzichtbaren analytischen Arbeit auch ein Forum der Spekulation bereitstellen sollte, das in Gedankenexperimenten einen für die Wissenschaften heuristisch nützlichen Hypothesenpool generieren kann. Wissenschaftlichkeit darf sich nicht durch endlose tautologische Reproduktionen auszeichnen, die ein theoretisches Konzept zwangsneurotisch bestätigen und keine Ausbrüche tolerieren. Vielmehr müssen transfinite Ausblicke erlaubt und motiviert werden, um drängenden Fortschritten Wege zu bahnen. Spekulative Arbeit in einem solchen, die etablierte Wissenschaft vitalisierenden Sinn, ist nicht notwendig immer wegweisend und originell, aber sie ist immer notwendig, um Wissenschaft am Leben zu erhalten.

F.I. Gehirne und Gedanken

Unsere Welt der Gedanken fließt in einem einheitlichen Bewußtseinsstrom dahin. Unsere lebenslangen, geistigen Anstrengungen sind zwar offensichtlich plastischen Veränderungen unterworfen, lassen aber nicht zu, den Prozeß ihrer Änderung direkt beobachten zu lassen. Stattdessen empfinden wir unsere lebenslange Ich-Kontinuität. Andererseits aber ist uns gerade diese Veränderlichkeit ebenfalls wie schon der nicht abreißende Bewußtseinsstrom ohne distinkte Zäsuren intuitiv ganz evident. Wir erleben unsere Kontinuität und gleichzeitig unsere Plastizität, leben also in einer Art psychischer, kontinuierlicher Veränderung, die nicht mehr sauber beschreibbar ist. "Da, wo graduelle Verhältnisse flüchtig sind, nicht reproduzierbare Zustände darstellen und in komplexe Überlagerungen eingebettet sind, versagen die diskreten Registraturen" und klagen eine indiskrete Ontologie ein. Diese "geht nicht ´nach außen´ auf den Umfang, sondern ´nach innen´ in die Tiefe der Dinge und beansprucht eine 'vertikale' Dimension."[1] Die Endlichkeit wissenschaftlich operationalisierter Untersuchungen des Geistes stößt wieder auf ihre Grenzen und eröffnet zuletzt wiederum die Orientierung auf die gesamte menschliche Natur, die sich natürlich nicht in diskretisierten Gehirn-Geist-Isomorphien erschöpft. Das "Sicherungsverhalten des Menschen, der stets mit mehr rechnen mußte, als ihm sinnlich präsent war",[2] bedarf eines wesentlich umfassenderen Menschenbildes. Die Retraktion des Alltags in künstliche Labors ist nicht das Ende der Hirnforschung, sondern nur ihre Grundlage, die auf einem anderen, lebensnäheren Weg nicht studierbar ist. Denn die ohnehin schwierige Diskretisierung von mentalen und physischen Phänomenen entspricht auch nicht unserem Empfinden. Die erfahrene, nur künstlich diskretisierte Einheit des Bewußtseins ist möglicherweise ein Effekt der gelungenen Sychronisierung unserer untereinander Kohärenzmerkmale ausprägenden Rindenoszillationen. Die Braitenberg'sche Gedankenpumpe[3] läßt mit einer kontinuierlichen Verschiebung von Aktivitätszonen im Gehirn, die eine kontinuierliche Veränderung metaphorisch markieren, eine solche Intuition eines einheitlichen Bewußtseins zu. Das Möbius'sche Band mit einer Fläche, das als eine Fläche mit zwei Seiten bei einer materiellen Grundlage erscheint, ist ein gelungenes Bild für das Hirn-Geist-Kontinuum.[4] Einerseits kommen wir um einen Dualismus des Aspekts nicht herum, andererseits kann eine plausible ontologische Erklärung nur monistisch ausfallen: The concept of dualism ... turns out to be a monism of Cyclopean simplicity."[5]

Wesentliche Bedeutung hat die "interhemisphäreale Duplikation ... für die mentale Einheit"[6]. Die beiden Hirnhälften formieren diesen "dual track"[7] von

---

[1] Hogrebe 1992, S. 123

[2] Id. 1983

[3] Palm (1990) erläutert die Idee Braitenbergs von einer Gedankenpumpe. Zu Beginn der Beobachtung ist eine bestimmte Neuronenpopulation aktiv, die mit einem bestimmten Gedanken korrespondiert. In der Folge wird die diffuse Eingangserregung erniedrigt, bis die assembly zusammenbricht. Jetzt setzt ein Regelmechanismus ein, der dafür sorgt, daß die Eingangserregung wieder hochreguliert wird, wodurch ein neuer Zustand der Neuronenpopulation stabilisiert wird, der einen anderen Gedanken bedeutet.

[4] Grotstein 1986

[5] Ibid.

[6] Gazzaniga und LeDoux 1983, S. 13

analysierender, diskretisierender Untersuchung und wortloser, diffuser Empfindung, der uns erst ganz zu beschreiben scheint und ebenfalls Konstituens unserer einheitlichen Bewußtseinserfahrung ist. Das geteilte Gehirn eröffnet den Zugang zu einem hemisphäralen Bewußtsein und läßt Zweifel aufkommen an der Unteilbarkeit unserer Person. "It is the idea of a single person, a single subject of experience and action, that is in difficulties."[8] Weil nun in der Nagel-Analyse mit Sicherheit weder der rechten Hemisphäre Geistkompetenz abgesprochen noch zugesprochen werden kann, resultiert die Feststellung, daß der Geist des Gesamthirns nicht sicher teilbar, nicht diskret in ganzen Zahlen quantitativ auszudrücken ist. Das wiederum bedeutet, daß die Idee der personellen Identität als eines Einzigen zur Illusion degeneriert und es wäre möglich, "that the ordinary, simple idea of a single person will come to seem quaint some day, when the complexities of the human control system become clearer and we become less certain that there is anything very important that we are one of."[9] Einheitliche Bewußtseinserfahrung, die sich selbst vereint weiß mit dem Universum und den Göttern ist spätestens mit dem Zusammenbruch einer bihemisphärisch operierenden Psyche zur Diskussion gestellt und mag ihrer möglichen Auflösung zuträglich werden. Heute noch evidente Relikte einer solchen bikameralen Psyche sind als Halluzination längst pathologisiert und verdämmern im Formenkreis der Schizophrenien.[10]

Wie der Strom des Bewußtseins nicht zu spüren ist, sind all die anfänglich in einer Hirnkammer abgelegten Konglomerate des bereits Gedachten, eben das Gedächtnis, wahrscheinlich ebenfalls nirgendwo zu fassen. Die mit coctio oder πεπσις bezeichneten Vorgänge in einer Gedankenküche einer Drei-Zimmer-Immobilie in unserem Kopf sind metaphorische Zeichnungen einer Art von Speicherung, die wahrscheinlich nirgendwo abgelegt, sondern immer nur im aktuellen Vollzug realisiert ist. Das Gedächtnis, anatomisch implementiert als Zahl und Position von Synapsen im Gehirn[11], ist nur in diesem assoziativen recall spürbar, und doch bestimmt es unser Leben wesentlich und ist durch seinen potentiell jederzeit verfügbaren Vollzug ständig präsent und funktional relevant. Lurija beschreibt zwei Patienten, die mit einem Verlust

---

[7] Grotstein 1986

[8] Nagel 1971

[9] Ibid.

[10] Jaynes 1988

[11] Greenough 1984

und einer Hypertrophie des Gedächtnisses geschlagen sind. "Der Mann, dessen Welt in Scherben ging"[12] kann sich nach einer Kriegsverletzung nur noch an wenige Bruchstücke seines früheren Lebens erinnern und muß mühsam sein Leben aus Scherben wieder zusammensetzen, die er in 25 Jahren auf 3000 Tagebuchseiten zusammenpuzzelt. Umgekehrt leidet der geniale Gedächtniskünstler unter dem Nicht-Mehr-Vergessen-Können, als synästhetisch markierte und so fest verankerte, sichere Merkinformationen sein Gehirn überschwemmen und ihn mehr und mehr der Möglichkeit einer Neuorientierung berauben. Das aktuelle Denken braucht zu seiner Lebensfähigkeit das Gedachte und gleichzeitig die Stimulation aus der Welt und transzendiert damit auch bis zu einem gewissen Grad zeitliche Strukturen, die als assoziativ abgerufene Information revitalisierbar und als aktuelle Information auch neu installierbar sind. Die Zeit als ein unidirektional unaufhaltsam fortschreitendes Rahmen-Phänomen unserer Welt ist nach der Etablierung von Raum und Zeit als Anschauungsformen auch neurowissenschaftlich diskutabel. Eine "memory of the future"[13], die Handlungsdirektiven für das Kommende generiert, ist immer auch an die Erinnerung an das Vergangene gebunden, auf deren Grundlage Pläne nur entstehen können. Solch eine Fähigkeit der Erinnerung an die Zukunft ist an den präfrontalen Kortex gebunden, seine Verletzung resultiert in Inaktivität und Antriebsarmut, imponiert also durch mangelndes Interesse an der Umwelt. Eine dynamische Interaktion von Umwelt und Gehirn ist neben der internen Dynamik grundlegend für unser geistiges Geschehen.

Diese Interaktionsmöglichkeiten werden mehr und mehr auch von Computern reproduzierbar, die in Grenzen künstlich intelligent und sogar lernfähig werden. Die Gehirn-Computer-Analogie hat gute Chancen, wie die Leibniz'sche Mühle oder das Uhrwerk, später das Telefon, heute der Computer, lediglich als bildhafte Beschreibung einer Modellvorstellung entlarvt zu werden. Die Computeranalogie ist aber sicherlich mehr als nur eine "bombastische Zeitverschwendung"[14], längst hat die gegenseitige Beobachtung stimulierende Gedanken erbracht. Die Unterschiede aber sind nicht zu leugnen. Bis heute ist es einfacher, einen Computer zu logischen Schlüssen zu bewegen, als ihn mit Bauklötzen spielen zu lassen. Scheinbar primitive Phänomene entpuppen sich als von einem viel höheren Komplexitätsgrad als sie scheinen. Hogrebe macht auf die Unmöglichkeit der algorithmischen Simula-

---

[12] Lurija 1991

[13] Ingvar 1985

[14] Nagel 1992, S. 31

tion des Begriffes Endlichkeit aufmerksam, der einem Menschen intuitiv evident, einem Computer aber nicht beizubringen ist.[15] Auf der organischen Seite scheint es eine "Logik des Gehirns" nicht zu geben. Unser Gehirn folgt nicht der klassischen Aussagenlogik, vielmehr scheint das Gehirn ganz unlogisch-assoziativ Gedanken zu verbinden.[16] Das chinesische Zimmer von Searle zeigt schließlich einen der profiliertesten Kritikpunkte an der Computeranalogie mit seiner Diagnose des semantischen Defizits des Computers.[17] Der Computer braucht für Gehirne relevante Bedeutungsgehalte nur zu simulieren, er kann sie nicht auch "empfinden" wie der menschliche Geist. Ihm fehlt die intentionale Gerichtetheit auf etwas, die "aboutness"[18], der spezifische Charakter eines Gedanken, auf etwas gerichtet zu sein oder von etwas zu handeln. Die Computeranalogie ist nur dann salonfähig, wenn wir eine reduktionistisch-materialistische Geistdeutung vornehmen. Der Computer braucht keinen Geist mehr, weil wir auch keinen haben. Ein prinzipielles Festhalten an der Eigenständigkeit des Geistes heißt so auch Verluste für den Computer bilanzieren zu müssen, der den Geist nur simuliert, aber nicht erlebt. Unsere Emotionen sind nicht nur Erregungsmuster, sondern haben in unserem Mentalraum ihre funktionale Rolle, die verloren geht, wenn der Schmerz nur noch Entladung in C-Fasern ist. Eine solche reduktionistische Interpretation des Schmerzes kann zwar ein Flußdiagramm von Gründen und Auswirkungen des Phänomens zeichnen, die Schmerzempfindung selbst aber, sein Wesen läßt sich in keines der benutzten Kästchen befriedigend hineinprojizieren. Grund dafür ist nach Dennett der subpersonale Charakter einer solchen reduzierenden flußdiagrammatischen Theorie des Schmerzes. Seine physiologischen Komponenten, seine Ursachen, seine Auswirkungen, seine Korrelate sind beobachtbar, das Empfinden des Schmerzes ist einzigartig dem Empfindenden vorbehalten. Das ist ein Grund, warum es keine Computer geben kann, die Schmerz empfinden, daß "wir vielleicht niemals eine neurophysiologische Theorie unserer inneren Vorgänge haben werden, die so verständlich zur Theorie psychischer Zustände in Beziehung gesetzt werden kann, wie die Theorie des

---

[15] Hogrebe 1989, S. 57

[16] Palm 1989; Minsky 1990

[17] Zwierlein 1990

[18] Ziedins 1971

Programmierers über die ´Realisierung´ des Computerprogramms durch die Hardware."[19]

Die Repräsentationskonzeptierung bleibt insgesamt ein zentrales Unternehmen, das aber nicht das Leben selbst, sondern nur seine wissenschaftlich erreichbare Modellierung als eine Grundlage für die weitere Spekulation abbilden soll. Unsere Welt ist nicht durch einen Hirnkatalog von Zuständen umrissen, sondern viel besser durch das transfinite Suchmodell, das unsere Informationsverarbeitung offen hält. Unser Nervensystem hat spätestens mit dem Aufkommen unseres Geistes mysteriöse, emergierende Potenz bewiesen. Insofern ist in der Tat unser neuronales Equipment bereits in seiner Anlage transfinit, vielleicht das Einzelne bereits potentiell mit seinen Emergenten ausgestattet, wie Leibniz angenommen hat. Wie hätte es sonst etwas völlig Neues hervorbringen können? Die Evolution des basalen Neokortex, der noch am stärksten das Schädelinnere imprimiert und so seine noch bevorstehende Entwicklung indiziert, läßt hoffen. Heute ist davon nur zu ahnen und doch scheint es bereits jetzt, "daß sich unser Hirn selbst ein Fenster geschaffen hat, aus dem wir uns zwar nicht hinauslehnen, ja nicht einmal hinaussehen können, das aber doch den opalen Schimmer der Unbestimmtheit in uns hineinläßt."[20] Dieser Schimmer flieht erfolgreich vor der Operationalisierung des Labors und bleibt doch Teil unseres spannenden Lebens.

F.II. Gehirne im Glas

Wie also könnte es weitergehen? Auf welche visionären Reisen können wir uns aus den wissenschaftlichen Labors führen lassen? Es sind häufig die isolierten Gehirne, die vielleicht als eine Überzeichnung der Wissenschaft fungieren, um uns zu zeigen, daß wir eben nicht nur Gehirn sind. Isolierte Neuronenkulturen, die spontan neurontypische Aktivität entwickeln, sind bereits empirisches Faktum. Gehirne im Glas sind ein recht häufiges Motiv in der Literatur, also das Motiv eines von seiner Außenwelt oder von seinem Körper abgetrennten Gehirns.

Es sind häufig verrückte oder zumindestens eines gesunden Realitätssinns beraubte Hirnforscher, die ein Interesse an der Erhaltung eines individuellen

---

[19] Rorty 1987, S. 268

[20] Hogrebe 1989, S. 130

Gehirns entwickeln, das bar einer Umwelt und/oder bar eines zugehörigen Körpers künstlich erhalten wird.[21] Zum Teil sind sogar die Sinnesorgane entfernt beziehungsweise ersetzt durch Computer, die einen Sinnesapparat simulieren. In "William und Mary" von Roald Dahl[22] wird Williams Gehirn von dem Neurochirurgen Landy nach dessen Tod explantiert und in einer Nährlösung am Leben erhalten. Im Brief an seine Frau Mary schreibt William: "War nicht doch etwas Tröstliches an dem Gedanken, daß mein Gehirn nicht unbedingt in wenigen Wochen sterben und verschwinden mußte? Ja, so war es. Ich bin stolz auf mein Gehirn. Es ist ein empfindungsreiches, lichtvolles, fruchtbares Organ. Es enthält einen gewaltigen Vorrat an Wissen und ist immer noch fähig, schöpferisch zu sein und selbständige Theorien zu produzieren. Wie Gehirne so sind, ist es ein verdammt gutes, das muß ich bei aller Bescheidenheit sagen. Mein Körper dagegen, mein armer alter Körper, den Landy wegwerfen will, - nun, sogar Du, meine liebe Mary, wirst zugeben, daß wirklich nichts an ihm ist, was wert wäre, erhalten zu bleiben."[23] Das Experiment ist erfolgreich, das Gehirn überlebt in einer Emailleschale, gespeist von einer Herzlungenmaschine. Es ist durchaus denkbar, daß das Gehirn weiterlebt, aber er-lebt es auch weiterhin? Der potentiell mögliche und aktuell immer wieder vollzogene Umgang mit der Welt und nicht nur die erhaltene Speicherung vergangener Eindrücke kennzeichnen unser Leben. Das Gehirn wäre gefangen in seiner Emailleschale. Darin das Fremdpsychische erkennen zu wollen, scheint einerseits als weiter bestehende Existenz des Gehirns möglich, andererseits aber wegen der total fehlenden Interaktionsmöglichkeit absurd. Das Gehirn bleibt Geist nur in seinem Körper, der als Instrument zur Weltinteraktion unverzichtbar ist, sowohl als Eingabe- als auch als Augabe-Schnittstelle.

Eine verwandte technisch-spielerische Anwendung, heute noch in den Anfängen, sind die Experimente zur virtuellen Realität. Durch Computermedien werden künstliche Welten geschaffen, in die sich der Besucher ein"klinken" kann, indem er mit entsprechenden Sensorien ausgestattet wird, die dem Computer erlauben, seine Positionen und seine Bewegungen in der virtuellen Realität zu bestimmen. Der Besucher seinerseits erfährt seine Position in der virtuellen Realität durch computergestützte Bild-Ton-Informationen, so daß er sich zuletzt selbst in der künstlichen Welt bewegen kann als vermeintliches

---

[21] Dell'Utri 1990

[22] Dahl 1983

[23] Ibid., S. 28

Glied dieser Welt. Genau das ist in ihrer Extrapolation die Welt, in die uns auch ein verrückter Hirnforscher katapultieren könnte. Die Fraglichkeit des Realitätsanspruches dieser Welt macht diese Vision zu einem epistemologischen Problem. Zuletzt hält uns nur das Schopenhauer'sche Traumkriterium an der Realität fest, wonach Traum (oder virtuelle Realität) das ist, woraus man erwachen kann. Kann man nicht erwachen, ist auch der Realitätsstatus nicht zu erfassen. Lediglich Plausibilitätsüberlegungen schützen uns vor dem virtuellen Übergriff. Das Subjekt wird in eine nicht von ihm selbst konstruierte Umwelt integriert. Diese andere Umwelt ist also neu und ungewohnt. In Umkehrung des Traumkriteriums spüren wir also den Verlust "unserer" Realität und nicht erst das Wiedereintauchen in sie. Die virtuelle Realität ist weiterhin nicht organisch gewachsen, trifft uns also nicht in unserer Prägungsphase, sondern sie wird in ihrer Gänze plötzlich angeboten und ist damit wahrscheinlich schnell als künstlich zu entlarven. Die virtuelle Realität ist somit im Sinne der Konstruktivisten nicht erschaffen, sondern kann nur bestenfalls von ihr moduliert werden.

Ist die postulierte Identitätstheorie wahr, dann ist das Gehirn tatsächlich Träger des Geistes dieser intakten Person. Wäre es technisch vielleicht möglich, anstelle der künstlichen Realität "künstlich ein intaktes Gehirn zu erzeugen, das zu keinem Zeitpunkt jemals Bestandteil eines Lebewesens gewesen ist, das aber dennoch ein individuelles Subjekt wäre"[24]?

Die technisch reproduzierbare Gehirnmaschinerie entwirft Lem in "Gibt es Sie, Mr. Jones?"[25] Der Rennfahrer Jones wird darin nach zahlreichen Unfällen mit diversen Verletzungen von der Firma Cybernetics Company mit Prothesen aller Art versorgt, unter anderem auch mit einem künstlichen Gehirn. Er wird verklagt, weil er nicht zahlen kann. In Jones' Akten vor Gericht "figuriert unter anderem als Ersatz für eine Großhirnhalbkugel ein Elektronengehirn Marke Geniox zum Preis von 26500 Dollar ... mit Stahlröhren, farbentreuer Traumbildanlage, Stimmungsentstörer und Sorgendämpfer". Später klagte Jones "über eine Reihe von Beschwerden und Gebrechen, die sich, wie unsere Experten feststellten, daraus ergaben, daß sich seine alte Hirnhalbkugel in der neuen, sozusagen zur Gesamtprothese gewordenen Umgebung nicht wohl fühlte. Aus Menschenfreundlichkeit ließ sich die Firma nochmals herbei, die Bitte des Beklagten zu erfüllen und ihn ganz zu genialisieren, das heißt, seinen eigenen alten Gehirnteil durch einen genauen Zwil-

---

[24] Nagel 1992, S. 72

[25] Lem 1981

ling des bereits eingebauten Apparats Marke Geniox zu ersetzen. Für diese neue Forderung stellte uns der Beklagte Wechsel auf die Summe von 26950 Dollar aus, wovon er bis heute lediglich 232 Dollar und 18 Cents bezahlt hat."[26] Die Frage bleibt, ob Mr. Jones noch ein Mensch ist oder nur noch eine Totalprothese. Weil er nur noch aus Prothesen besteht, insbesondere ein Kunstgehirn besitzt, ist seine menschliche Natur nur noch schwer nachzuvollziehen. Andererseits verhält er sich wie Mr. Jones, offenbar ein Ergebnis guter Prothesenanpassung. Ist er aber eine Maschine, ist er juristisch Eigentum der Firma Cybernetics Company, solange er seine Schulden nicht bezahlt hat, darüberhinaus aber mit seiner Maschinennatur als juristische Person vor Gericht auch nicht zu belangen. Das Gericht in Lems Geschichte vertagt verständlicherweise die schwierige Entscheidung.

Aus dieser entworfenen Überlegung ist bereits eine "possible cure for death"[27] durch Komplett-Reproduktion des neuronalen Musters des versterbenden Gehirns in einem künstlichen Gehirn entwickelt worden. Wie ist der Status einer solchen Kopie im Verhältnis zu seinem Original? Die Antwort ist relativ einfach. "Könnte man irgendwie ein eigenständiges materielles Duplikat von mir erzeugen, das in einer Kontinuität mit mir stünde, obgleich mein Gehirn zerstört worden wäre, dann wäre dieses Duplikat nicht ich und sein Überleben (für mich) nicht so gut wie mein eigenes Überleben."[28] Es ist nicht mehr Ich, der da als Kunstgehirn existiert, "the brain does not think; only a person can think"[29]. Es ist gewissermaßen ein Klonierungsverfahren entstanden, das eine ganze Serie von Kopien von mir zu schaffen vermag. Es bleiben aber Kopien, die zwar optimalerweise ununterscheidbar von mir wären, aber letzten Endes sie selbst sind und nicht Ich. Insofern ist mein Überleben für mich wichtiger als das Überleben meiner Kopie, wenngleich zugestanden werden muß, daß der Status, eine Kopie zu sein wahrscheinlich nur für das Original Problem sein wird, das sich über seinen Originalstatus im klaren ist und die Kopiehaftigkeit der anderen Exemplare begreift. Die Kopie ihrerseits sollte eigentlich dieses Wissen um ihre eigene Kopienatur nicht in sich haben dürfen, wenn es eine perfekte Kopie ist. Die Kopie hält sich dann eben selbst für das Original, und insofern lebt das Original in seiner Kopie tatsächlich

---

[26] Ibid., S. 283ff

[27] Olson 1988

[28] Nagel 1992, S. 80

[29] Conn 1987

weiter. Ein Problem bleibt die Hirnklonierung nur, wenn das Original überlebt. Zuletzt kann es nur ein Hirn geben.

F.III. Gehirne über sich selbst

Bevor das Gehirn als eine Gedanken sezernierende Mentaldrüse zum Zentralorgan des Geistes avancierte, waren heute animistisch anmutende Auffassungen im Umlauf, nach denen sich in den aristotelisch als kalt und feucht charakterisierten Gehirnwindungen Gedanken aus den Körpersäften niederschlagen könnten, ähnlich den Kühlrippen eines Kühlschrankes. Die so gewonnenen Kondensate wurden dann über das Blut in den Körper transportiert, wo schließlich die Bedeutungshaltigkeit der transformierten Flüssigkeit die Erfolgsorgane erreichen konnte. Nach der endgültigen Verlegung unserer Geistproduktion in das Neurokranium erkennt sich das Gehirn aber immer noch genausowenig selbst wie ein Kühlschrank in sich selbst hineinpaßt.[30] Der Kühlschrank ist immer zu groß, um in sich selbst Platz zu finden. So dünn die Wände des Kühlschrankes auch immer sein mögen, der Innenraum, also seine funktionale Kapazität, wird immer kleiner bleiben als seine Ausdehnung, also seine strukturelle Gegebenheit, die die Funktion in der Wirklichkeit realisiert. Werden die Wände auf Null reduziert, ist maximal das exakte Zusammenfallen vorstellbar. Nur: wenn die Wände eine Dicke von Null hätten, würde der Kühlschrank - um im Bild zu bleiben - auch in seiner Kühlkapazität funktional empfindlich auf Null reduziert und wäre kein Kühlschrank mehr. Die Analogie zum Gehirn übersetzt sich so. Das Gehirn hat seine strukturellen Gegebenheiten, die es unter anderem zu einer Verstandestätigkeit ermächtigen, die den Analyseprozeß seiner selbst starten kann. Es müßte aber (gewissermaßen mindestens) die totale neuronale Ausstattung zur Verfügung stehen, um den Eigenapparat in einem autoepistemischen Unternehmen zu studieren.

Das ist aber nicht der Fall. Stattdessen bleiben erhebliche Resourcen für archaische Instinkt- und Emotional-Apparate konserviert, die uns nur in Ausnahmesituationen als Unter-, Un-, Vor-Bewußtes zugänglich werden können. Im großen Bereich der psychoanalytischen Forschung treten solche Phänomene auf, die in der Regel nur durch Interpretation eines Geschulten, also durch Unterstützung Außenstehender erhellt werden können. In experimentellen

---

[30] Palm 1988

LSD-Sitzungen von normalen Versuchspersonen und psychiatrischen Patienten sind besonders von Stanislaf Grof zahlreiche Bestätigungen des Konzepts der Psychoanalyse bestätigt worden. LSD wirkt in diesem Selbsterkenntnisprozeß als Katalysator ansonsten nicht erreichbarer Potentiale.[31] Häufig unter LSD-Einfluß auftretende Autoskopie-Erlebnisse, in denen der Patient einer Kopie seiner selbst gegenübersitzt, könnten als eine Art ultimative Form der Selbsterkenntnis angesehen werden.[32] Es bleibt aber immer eine Basis an neuronaler Apparatur, die submental wirksam ist und nicht einsehbar verbleibt. Gerade das Nicht-Bewußte kann erhebliche Schwierigkeiten bereiten insofern, als es für unseren bewußten Phänomenbestand ja nicht unmittelbar existiert, sondern oft nur auf Umwegen und indirekt zugänglich wird. Das Nicht-Bewußte schränkt so den Bereich der potentiell überprüfbaren Relation von mentalen und physiologischen Phänomenen ein, nämlich auf den bewußten Bereich, der uns nur als Phänomen zugänglich ist.[33] Als Beispiel könnte die distributive Natur des Bewußtseins als hirnorganisches Phänomen angeführt werden, das in ganz verschiedene Hirnareale des Hirnstamms, des Thalamus und des Kortex verteilt ist. Ohne diese unspezifischen, diffus unsere Aufmerksamkeit modulierenden Aktivitäten wäre eine bewußte Tätigkeit nicht denkbar. Wären diese unspezifischen, Vigilanz herstellenden Neuronenpopulationen ebenfalls inhaltlich gerichtet, würde die Erkenntnisfähigkeit mit seinem Gegenstand maximal zusammenfallen, nur wäre das Bewußtsein als Ingredienz des geistigen Prozesses nicht erreichbar und würde notwendig zu dessen Autolyse führen.

Die Introspektion läßt uns keine Chance. Wenn ich mich bemühe, über mein Gehirn nachzudenken, so ist es zunächst eine gute Näherung, mir irgendein Gehirn vorzustellen. Die Anatomie liefert ein gut approximiertes Bild

---

[31] Grof 1988. Neben ästhetischen, psychodynamischen und sogenannten transpersonalen Erfahrungen sind in den LSD-Sitzungen auch perinatale Erlebnisse der Probanden und Patienten beschrieben worden, die überraschend gut mit Berichten übereinstimmen, die von beteiligten Zeugen der Geburtsvorgänge berichtet wurden. Diese Übereinstimmungen erlauben die Hypothese einer möglichen, durch LSD aktivierbaren Erinnerbarkeit von Erlebnissen, die weit vor dem Bereich der uns üblicherweise aus der Kindheit zugänglichen Erfahrungswelt liegt und bis zur Geburt selbst reichen soll. Wollte man eine solche Hypothese verfolgen, so würde ein hochinteressantes neues Licht auf die Neuroembryologie fallen, aus der dann ein Monitoring dieser frühen Entwicklung abzulesen wäre.

[32] Grotstein 1983

[33] Whiteley 1970

von dem Schopenhauer´schen Kohlkopf von etwa 1300 g. Dieses Gehirn auf dem Seziertisch läßt mich eines Einblicks in seine innere Struktur mit einer überraschend einfach strukturierten Verteilung von grauer und weißer Substanz gewahr werden. Wenn das tote Gehirn bereits ein Mysterium ist, insofern, als es einmal Geistträger gewesen ist, so ist das erst recht mein Gehirn in meinem Kopf für meinen Geist, der sich jetzt damit beschäftigt. Von meinen Extremitäten und willkürlich bewegbaren Körperteilen erfahre ich ständig etwas über ihre Stellung im Raum, Schmerz, Temperatur, usw. Von meinen Eingeweiden erfahre ich - wenn auch deutlich diffuser - gelegentlich etwas über ihren Zustand bei unterschiedlichen Füllungs- oder Aktivitätszuständen, bei Schmerzen und Unwohlsein. Von meinem Gehirn als Organ und Körperteil erfahre ich nichts. Ich denke zwar, aber ich "spüre" mein Denken nicht, ich kann mir mein Gehirn höchstens vorstellen in seinem "Rindenraum"[34]. Der einzige Zugang, den ich zum Gehirn habe, ist der Zugang des Denkens. Ich kann nur über mein Gehirn im Sinne einer Analogie zu einem Gehirn außerhalb meiner selbst nachdenken. Der Geist als Gehirn hat zwar diesen privilegierten Zugang zu sich selbst, indem das Gehirn denkt, nutzt es sich aber selbst und kann sich daher nie vollständig zum Gegenstand seiner selbst machen. Denn "wir philosophieren nicht nur über das Gehirn, sondern es ist auch das Gehirn, welches philosophiert."[35]

Wieder bleibt uns nur die Operationalisierung und die Hilfe von außen, in diesem Fall technische Hilfe. Die Autozerebroskopie ist in der Unmöglichkeit einer zerebralen Selbsterkenntnis als Operationalisierung das einzig mögliche, beschränkte Medium, das uns Einblicke in unser Hirn gestattet. Schopenhauer hat die metaphysische (Das Gehirn ist Organ des Erkennens, damit Objektivation des Willens im Sinne einer lebenserhaltenden Dienstleistung.) und organische (Das Gehirn ist zugleich Erkanntes und Erkennendes.) Doppeldeutung des Gehirns erkannt, sie aber als Konfliktpotential in ein und demselben Gehirn noch nicht expliziert. Durch die Einführung von strukturell und funktionell bildgebenden Verfahren ist eine solche Verknüpfung experimentell prinzipiell möglich. Die spekulative Leitidee dahinter ist die einer "Gehirnmeßmaschine"[36], die die geistigen Zustände des Gehirneigentümers physiologisch nachvollzieht. Raymond Smullyan beschreibt in einem erkenntnistheoretischen Alptraum einen "experimentellen Erkenntnistheoreti-

---

[34] Gottfried Benn, "Der Aufbau der Persönlichkeit", Bd. III

[35] Linke 1982

[36] Smullyan 1985, S.79ff

ker", der, mit einem Gehirnmeßgerät ausgestattet, Geisteszustände erfassen kann. Die Autozerebroskopie Feigl'scher Prägung wird das vorläufig endgültige Lineal bleiben. Es zeigt sich im Experiment, daß "die Korrespondenz, z.B. zwischen unmittelbar erlebten Musiktönen und gewissen Erregungsmustern in den Temporallappen des Gehirns, die sich auf dem Bildschirm als wahrnehmbare Muster darstellen, einfach eine Beziehung zwischen Mustern in zwei Erscheinungsbereichen ist."[37]

Das Gehirn kann sich selbst nicht in toto erkennen so wie ein Kühlschrank nicht in sich selbst hineinpaßt. "The psychological sciences face a double dose of the openness which troubles the biological sciences, for a nervous system is not only part of a larger biological system, and thus biologically open, it is by its very nature an informational system."[38] Der menschliche Geist und sein Gehirn sind in ihrer Relation zueinander sinnvoll nur aspektdualistisch zu deuten und schmilzen in ihrer Ontologie doch monistisch zusammen. Das Identifikationskriterium ist zwar in der "psychophysischen Tragödie"[39] nur in Spielräumen einzulösen, aber nur in dieser Unschärferelation verbirgt sich das Verbindende. Das neuzeitliche, progreßorientierte "Gehirn, Gehirn im Rindentaumel"[40] muß sich aber hüten vor der restlos materialisierenden, wissenschaftlichen "Wasserspülung bis in die Zirbeldrüse"[41], ein Duft verkommt dabei leicht und zurück bleibt "nur eine süße Vorwölbung der Luft gegen mein Gehirn"[42].

---

[37] Feigl, zit.n. Gadamer und Vogler 1973, Bd.5, S.18

[38] Foss 1992

[39] Gottfried Benn, "Der Ptolemäer", Bd. V

[40] Ibid.

[41] Id., "Diesterweg", Bd. III

[42] Id., "Nachtcafé", Bd. I

Zusammenfassung

Die Beziehung zwischen Gehirn und Geist ist gemeinsamer Gegenstand der Hirnforschung und der Philosophie. Innerhalb der interdisziplinär organisierten Hirnforschung zeichnet sich als Fluchtpunkt auf verschiedenen Beobachtungsebenen das Bestreben nach raum-zeitlicher Bestimmung mentaler Phänomene im Gehirn ab. Im argumentativen Diskurs der Philosophie erwächst die Problemstellung des traditionellen Leib-Seele-Problems aus der Ontologisierung eines Dualismus zwischen Gehirn und Geist cartesischer Prägung. Es resultiert die Unvereinbarkeit von ontologischem Substanzendualismus, der mentalen Verursachbarkeit von Verhalten und der methodologischen Forderung nach kausaler Geschlossenheit der Welt. Diese Inkompatibilität löst sich erst auf in einer aspektdualistischen Formulierung der Identitätstheorie, die ontologisch monistisch und methodologisch pluralistisch geprägt ist. Eine Identifikation kann zustande kommen, wenn der intensionale Gehalt des intentional gerichteten, mentalen Phänomens getrennt wird vom extensionalen, physiologischen, bedeutungsneutralen Phänomen, auf das das mentale Phänomen materiell referiert. Die philosophische Identitätsthese konvergiert als deduktives Konzept mit ihrem induktiven Pendant der Repräsentationsbestrebungen mentaler Phänomene im Gehirn. Beide Konzepte lassen sich bei Annahme einer prinzipiellen Einheit der Wissenschaften als komplementäre Verfahren auffassen, in der die Identitätsthese empirisch belegt wird und das empirische Repräsentationsunternehmen konzeptuell gestützt wird. Als Verpflichtungen eines empirisch und diskursiv begriffenen Identitätspostulats ergeben sich die methodisch notwendige Atomisierung mentaler und physischer Phänomene, die nur operationalisiert möglich ist sowie die Bestimmung der Repräsentationsebene, die Träger der Identifikationsbehauptung werden kann. Aus Sicht der Hirnforschung kommt als Substrat der Identifikationsbehauptung als erster Kandidat die Ebene neuronaler Netzwerkverbände in Betracht, die wesentlich als dynamische Prozessierung zu verstehen ist. Mit der Konvergenz der Konzepte von Repräsentation und Identität, der Diskussion um die Diskretisierung mentaler und physischer Phänomene und der Bestimmung der Repräsentationsebene wird die Grundlage bereitgestellt für das Projekt einer detaillierten Neuroepistemologie.

Literaturverzeichnis

Ackerknecht, H.: Das Reich des Asklepios. Hans Huber Verlag, Stuttgart, 2. Aufl., 1966

Ackley, D.H., *Hinton*, G.E., *Sejnowski*, T.J.: A learning algorithm for Boltzmann machines. Cognitive Sciences 9, 147-160, 1985

Adelman, G. (Hrsg.): Encyclopedia of neuroscience. 2 Bände, Birkhäuser, Boston Basel Stuttgart, 1987

Aertsen, A., *Gerstein*, G., *Johannesma*, P.: From neuron to assembly: neuronal organization and stimulus representation. In: Brain Theory (Hrsg. Palm, G., Aertsen, A.), 7-24, Springer Verlag, Berlin Heidelberg, 1986

Aitkenhead, A.M., *Slack*, J.M. (Hrsg.): Issues in cognitive modeling. Lawrence Erlbaum Associates, Publishers, London, 1985

Alexander, G.E., *DeLong*, M.R., *Strick*, P.L.: Parallel organization of functionally segregated circuits linking basal ganglia and cortex. Annual Review in Neuroscience 9, 357-381, 1986

Alkon, D.L., *Amaral*, D.G., *Bear*, M.F., *Black*, J., *Carew*, T.J., *Cohen*, N.J., *Disterhoft*, F., *Eichenbaum*, H., *Golski*, S., *Gorman*, L.K., *Lynch*, G., *McNaughton*, B.L., *Mishkin*, M., *Moyer*, J.R., *Olds*, J.L., *Olton*, D.S., *Otto*, T., *Squire*, L.R., *Staubli*, U., *Thompson*, T., *Wible*, C.: Learning and memory. Brain Research Review 16, 193-220, 1991

Anderson, J.A.: A memory storage model utilizing spatial correlation functions. Kybernetik 5, 113-119, 1968

Anderson, J.R.: The architecture of cognition. Cambridge, MA, Harvard University Press, 1983

Anderson, J.R.: Kognitive Psychologie. Spektrum der Wissenschaft, Heidelberg, 1988

Aristoteles: Vom Himmel. Von der Seele. Von der Dichtkunst. Deutscher Taschenbuch Verlag, München 1987

Arbib, M.A.: Brain theory and cooperative computation. Human Neurobiology 4, 201-218, 1985

Armstrong, D.M.: A materialist theory of mind. London, New York, 1968

Ballard, D.H., *Hinton*, G.E., *Sejnowski*, T.J.: Parallel visual computation. Nature 306, 21-26, 1983

Barinaga, M.: The mind revealed? Science 249, 856-858, 1990

Barlow, H.: The mechanical mind. Annual Review of Neuroscience 13, 15-24, 1990

Bateson, G.: Geist und Natur. Eine notwendige Einheit. Suhrkamp Verlag, Frankfurt a. M., 1984

Bateson, G.: Ökologie des Geistes. Suhrkamp Verlag, Frankfurt a. M., 1985

Bear, M.F., *Singer*, W.: Modulation of visual cortical plasticity by acetylcholine and noradrenaline. Nature 320, 172-176, 1986

Belliveau, J.W., *Kennedy*, D.N., *McKinstry*, R.C., *Buchbinder*, B.R., *Weisskoff*, R.M., *Cohen*, M.S., *Vevea*, J.M., *Brady*, T.J., *Rosen*, B.R.: Functional mapping of the human visual cortex by magnetic resonance imaging. Science 254(5032), 716-719, 1991

Benesch, H.: Zwischen Leib und Seele. Grundlagen der Psychokybernetik. Fischer Taschenbuch Verlag, Frankfurt a. M., 1988

Benn, G.: Sämtliche Werke (Stuttgarter Ausgabe). (Hrsg. Schuster, G.) Klett-Cotta Verlag, Stuttgart, 1986

Benson, D.F., *Marsden*, C.D., *Meadows*, J.C.: The amnesic syndrome of posterior cerebral artery occlusion. Acta Neurologica Scandinavica 50, 133-145, 1974

Berger, H.: Über das Elektro-Encephalogramm des Menschen. Archiv für Psychiatrie 87, 1929

Bergson, H.: Materie und Gedächtnis. Ullstein Materialien, 1982

Berkeley, G.: Eine Abhandlung über die Prinzipien der menschlichen Erkenntnis. Felix Meiner Verlag, Hamburg, 1979

Bieri, P. (Hrsg.): Analytische Philosophie des Geistes. Anton Hain Meisenheim GmbH, Königstein, 1981

Bieri, P. (Hrsg.): Analytische Philosophie der Erkenntnis. Athenäum, Frankfurt a. M., 1987

Birnbacher, D.: Das ontologische Leib-Seele-Problem und seine epiphänomenalistische Lösung. In: Aspekte des Leib-Seele-Problems. (Hrsg. Bühler, K.E.), Königshausen und Neumann, Würzburg, 1990

Blakemore, C., *Greenfield*, S.: Mindwaves. Basil Blackwell Ltd., Oxford, 1989

Blasdel, G.G., *Salama*, G.: Voltage-sensitive dyes reveal a modular organization in monkey striate cortex. Nature 321, 579-585, 1986

Bleuler, E.: Naturgeschichte der Seele und ihres Bewußtwerdens. Mnemistische Biopsychologie. Julius Springer Verlag, Berlin, 2. Aufl., 1932

Bleuler, E.: Lehrbuch der Psychiatrie. Überarb. von Bleuler M, Springer Verlag, Berlin Heidelberg, 15.Aufl., 1983

Bogen, J.E., *Bogen*, G.M.: Creativity and the corpus callosum. Psychiatric Clinics of North America 11(3), 1988

Bogousslavsky, J., *Regli*, F., *Delaloye*, B., *Delaloye-Bischof*, A., *Assal*, G., *Uske*, A.: Loss of psychic self-activation with bithalamic infarction. Acta Neurologica Scandinavica 83, 309-316, 1991

Bower, J.M.: Reverse engineering the nervous system: an anatomical, physiological, and computer-based approach. In: An introduction to neural and electronic networks. (Hrsg. Zornetzer, S.F., Davis, J.L.. Lau, C.) Academic Press Inc., 1990

Bower, J.M., *Haberly*, L.B.: Facilitating and nonfacilitating synapses on pyramidal cells. A correlation between physiology and morphology. Proceedings of the National Academy of Sciences of the USA 83, 1115-1119, 1986

Bradley, S.J.: Affect regulation and psychopathology: bridging the mind-body gap. Canadian Journal for Psychiatry 35, 540-547, 1990

Braitenberg, V.: Two views of the cerebral cortex. In: Brain Theory (Hrsg. Palm, G., Aertsen, A.), Springer Verlag Berlin Heidelberg 1986

Braitenberg, V.: Thoughts on the cerebral cortex. Journal of Theoretical Biology 46, 421-447, 1974

Brindley, G.S.: The classification of modifiable synapses and their use in models for conditioning. Proceedings of the Royal Society London (B) 168, 361-376, 1967

Broca, P.: Perte de la parole. Ramollissement chronique et destruction partielle du lobe antérieur gauche du cerveau. Bull Soc Anthropol (Paris) 2, 219, 1861

Brodal, A.: Neurological anatomy in relation to clinical medicine. Oxford University Press, New York Oxford, 3. Aufl., 1981

Brodmann, K.: Vergleichende Lokalisationslehre der Großhirnrinde, in ihren Prinzipien dargestellt auf Grund des Zellenbaues. (Original 1909) Verlag Johann Ambrosius Barth, Leipzig, 1985

Brooks, D.J.: PET: its clinical role in neurology. Journal for Neurology, Neurosurgery and Psychiatry 54, 1-5, 1991

Brown, J.: Some tests of decay theory of immediate memory. Quarterly Journal of Experimental Psychology 10, 12-21, 1958

Brown, S.H., *Hefter*, H., *Mertens*, M., *Freund*, H.J.: Disturbances in human arm movement trajectory due to mild cerebellar dysfunction. Journal for Neurology, Neurosurgery and Psychiatry 53, 306-313, 1990

Bühler, K.E. (Hrsg.): Aspekte des Leib-Seele-Problems. Philosophie, Medizin, Künstliche Intelligenz. Verlag Königshausen und Neumann, Würzburg, 1990

Bunge, M., *Ardila*, R.: Philosophie der Psychologie. Verlag J. C. B. Mohr, Tübingen, 1990

Campbell, K. (Hrsg.): Body and Mind. 2nd edition, University of Notre Dame Press, 1984

Candlish, S.: Mind, brain and identity. Mind 79, 502-518, 1970

Canguilhem, G.: Wissenschaftsgeschichte und Epistemologie. Suhrkamp Verlag, Frankfurt a. M., 1979

Carpenter, G.A.: Neural network models for pattern recognition and associative memory. Neural Networks 2, 243-257, 1989

Carrier, M., *Mittelstraß*, J.: Geist, Gehirn, Verhalten. Das Leib-Seele-Problem und die Philosophie der Psychologie. de Gruyter Verlag, Berlin New York, 1989

Casey, G.: Mind and machines. American Catholic Philosophical Quarterly LXVI (1), 57-80, 1992

Changeux, J.P., *Danchin*, A.: Selective stabilisation of developing synapses as a mechanism for the specification of neuronal networks. Nature 264, 705-712, 1976

Changeux, J.P., *Dehaene*, S.: Neuronal models of cognitive functions. Cognition 33, 63-109, 1989

Chisholm, R.: Intentionality and the theory of signs. Philosophical studies 3, 56-63, 1952

Churchland, P.S.: Neurophilosophy. Toward a unified science of the mind/brain. Bradford Book, MIT Press, Cambridge Massachusetts, 1986

Churchland, P.S., *Sejnowski*, T.J.: Perspectives on cognitive neuroscience. Science 242, 741-745, 1988

Clair, J., *Pichler*, C., *Pircher*, W. (Hrsg.): Wunderblock. Eine Geschichte der modernen Seele. (Hrsg. von den Wiener Festwochen). Löcker Verlag, Wien, 1989

Clarke, E., *Dewhurst*, K., *Straschill*, M.: Die Funktionen des Gehirns. Lokalisationstheorien von der Antike bis zur Gegenwart. Heinz Moos Verlag, München, 1973

Coder, D.: How brains think. Dialogue 12(1), 78-86, 1973

Cohen, D., *Cuffin*, B.N.: Demonstration of useful differences between magnetoencephalography and electroencephalogram. Electroencephalography and Clinical Neurophysiology 56, 38-51, 1983

Coles, M.G.H.: Modern mind-brain reading: psychophysiology, physiology, and cognition. Psychophysiology 26(3), 251-269, 1989

Conn, J.H.: The body and its mind. Maryland Medical Journal 36(2), 133, 1987

Connelly, A., *Jackson*, G.D., *Frackowiak*, R.S., *Belliveau*, J.W., *Vargha-Khadem*, F., *Gadian*, D.G.: Functional mapping of activated human primary cortex with a clinical MR imaging system. Radiology 188(1), 125-130, 1993

Costall, A.P.: Are theories of perception necessary? A review of Gibson's the ecological approach to visual perception. Journal of the Experimental Analysis of Behavior 1, 41, 109-115, 1984

Corbetta, *Miezin*, F.M., *Dobmeyer*, S., *Shulman*, G.L., *Petersen*, S.E.: Attentional modulation of neural processing of shape, color, and velocity in humans. Science 248, 1556-1559, 1990

Corner, M.: The nature of consciousness: some persistent conceptual difficulties and a practical suggestion. In: Perspectives in Brain Research. Progress in Brain Research 45 (Hrsg. Corner, M.A., Swaab, D.F.), 471-475. 1976

Cowan, J.D.: The problem of organismic reliability. Progress in Brain Research 17, 9-63, 1968

Cowan, J.D., *Sharp*, D.H.: Neural nets. Technical report (unveröffentlicht), Los Alamos, 1988

Creutzfeldt, O.D.: The brain as a functional entity. In: Perspectives in Brain Research. (Hrsg. Corner, M.A., Swaab, D.F.). Progress in Brain Research 45, 451-462, 1976

Creutzfeldt, O.D.: Modelle des Gehirns - Modelle des Geistes? Veröffentlichungen der Joachim Jungius-Gesellschaft der Wissenschaften Hamburg 61, 249-285, 1989

Crick, F.: Function of the thalamic reticular complex: the searchlight hypothesis. Proceedings of the National Academy of Sciences 81, 4586-4590, 1984

Crick, F.: The recent excitement about neural networks. Nature 337, 129-132, 1989a

Crick, F.: Neural Edelmanism. Trends in Neuroscience 12(7), 240-248, 1989b

Dahl, R.: Küßchen, Küßchen. Rowohlt Taschenbuch Verlag GmbH, Reinbek bei Hamburg, 1983

Dale, H.H.: Pharmacology and nerve-endings. Proceedings of the Royal Society of London (B) 28, 319-322, 1935

Darwin, C.J., *Turvey*, M.T., *Crowder*, R.G.: The auditory analogue of the sperling partial report procedure: evidence for brief auditory storage. Cognitive Psychology 3, 255-267, 1972

Davidson, D.: Mental events. In: Experience and Theory. (Hrsg. Forster, L., Swanson, J.W.), University of Massachusetts Press, 1970, deutsch in: Bieri 1981

Davidson, D.: Handlung und Ereignis. Suhrkamp Verlag, Frankfurt a. M., 1990

Dejong, R.N., *Itabashi*, H.H., *Olson*, J.R.: Memory loss due to hippocampal lesions. Report of a case. Archives of Neurology 20, 339-348, 1969

Dennett, D.C.: Why you can't make a computer that feels pain. Synthese 38, 415-456, 1978

Dennett, D.C.: Philosophie des menschlichen Bewußtseins. Hoffmann und Campe, Hamburg, 1994

Descartes, R.: Die Prinzipien der Philosophie. Felix Meiner Verlag, Hamburg, 1955

Descartes, R.: Meditationen über die Grundlagen der Philosophie. Felix Meiner Verlag, Hamburg, 1960

Descartes, R.: Über den Menschen. (Übers. von Rothschuh, K.E.), Verlag Lambert Schneider, Heidelberg, 1969

Diemer, A.: Grundriß der Philosophie. 2 Bände. Verlag Anton Hain, Meisenheim, 1964

Dimsdale, H., *Logue*, V., *Piercy*, M.: A case of persisting impairment of recent memory following right temporal lobectomy. Neuropsychologia 1, 287-298, 1964

Dinse, H.R., *Recanzone*, G.H., *Merzenich*, M.M.: Direct observation of neural assemblies during neocortical representational reorganization. In: Parallel Processing in Neural Systems and Computers (Hrsg. Eckmiller, R., Hartmann, G., Hauske, G.). Elsevier Publishers, 1990

Droge, M.H., *Gross*, W., *Hightower*, M.H., *Czisny*, L.E.: Multielectrode analysis of coordinated, multisite, rhythmic bursting in cultured CNS monolayer networks. Journal of Neuroscience 6(6), 1583-1592, 1986

Drux, R. (Hrsg.): Menschen aus Menschenhand. J. B. Metzlersche Verlagsbuchhandlung, Stuttgart, 1988

Dubrowski, D.I.: Brain and mind. On the groundlessness of a philosophical rejection of the psychophysiological problem. Soviet Studies in Philosophy 8, 67-86, 1969

Duerr, H.P.: Ni Dieu - ni mètre. Anarchische Bemerkungen zur Bewußtseins- und Erkenntnistheorie. Suhrkamp Verlag, Frankfurt a. M., 1985

Duffy, C.J.: The legacy of association cortex. Neurology 34, 192-197, 1984

Duus, P.: Neurologisch-topische Diagnostik. Thieme, Stuttgart, 3. überarb. Aufl., 1983

Ebbinghaus, H.: Über das Gedächtnis. Duncker and Humblot, Leipzig, 1885

Ebert, D., *Feistel*, H., *Barocka*, A.: SPECT und PET in psychiatrischer Forschung und Klinik. Nervenheilkunde 10, 237-240, 1991

Eccles, J.C.: Das Gehirn des Menschen. Piper Verlag, München, 1979

Eccles, J.C.: Do mental events cause neural events analogously to the probability fields of quantum mechanics? Proceedings of the Royal Society of London (B) 227, 411-428, 1986

Eccles, J.C.: Die Evolution des Gehirns - die Erschaffung des Selbst. Piper Verlag, München Zürich, 1989

Eccles, J.C.: A unitary hypothesis of mind-brain interaction in the cerebral cortex. Proceedings of the Royal Society of London (B) 240, 433-451, 1990

Eccles, J.C., *Ito*, M., *Szentágothai*, J.: The Cerebellum as a Neuronal Machine. Springer-Verlag, Berlin Heidelberg New York, 1967

Eckhorn, R., *Bauer*, R., *Jordan*, W., *Brosch*, M., *Kruse*, W., *Munk*, M., *Reiboeck*, H.J.: Coherent oscillations: a mechanism of feature linking in the visual cortex. Biological Cybernetics 60, 121-130, 1988

Eckhorn, R., *Reitboeck*, H.J., *Dicke*, P., *Arndt*, M., *Kruse*, W.: Feature linking across cortical maps via synchronization. In: Parallel Processing in Neural Systems and Computers (Hrsg. Eckmiller, R., Hartmann, G., Hauske, G.), Elsevier Publishers, 1990

Edelman, R.R.: Magnetic resonance imaging of the nervous system. Discussions in Neuroscience 7(1), 1-64, 1990

Epikur: Die Überwindung der Furcht. (Hrsg. Gogon, O.), Artemis Verlag, München, 1983

Epstein, H.T.: The molecular biology of brain and mind development. BioEssays 10 (2-3), 44-48, 1989

Falletta, N.: Paradoxon. Widersprüchliche Streitfragen, zweifelhafte Rätsel, unmögliche Erläuterungen. Verlag Hugendubel, München, 1985

Feigl, H.: The "mental" and the "physical". The essay and a postscript. University of Minnesota Press, 1967

Feldman, J.A.: Structured neural networks in nature and in computer science. In: Neural Computers (Hrsg. *Eckmiller*, R., *von der Malsburg*, C.), 17-21, Springer Verlag, Berlin Heidelberg, 1988

Ferrier, D.: The functions of the brain. 2nd edition, Verlag Smith, Elder and Co., London, 1878

Finkel, D.H., *Edelman*, G.E.: Interaction of synaptic modification rules within populations of neurons. Proceedings of the National Academy of Science USA 82, 1291-1295, 1985

Fishman, J., Schwartz, F., Bertuch, E., Lesser, B., Rescigno, D., Viegener, B.: Laterality in Schizophrenia. European Archives of Psychiatry and Clinical Neurosciences 241, 126-130, 1991

Fodor, J.A.: Methodological solipsism considered as a research strategy in cognitive psychology. The Behavioural and Brain Sciences 3, 63-109, 1980

Fodor, J.A.: Fodor's guide to mental representation: the intelligent auntie's vademecum. Mind 94, 76-100, 1985

Fodor, J.A., McLaughlin, B.P.: Connectionism and the problem of sytematicity: why Smolensky's solution doesn't work. Cognition 35, 183-204, 1990

Fodor, J.A., Pylyshyn, Z.W.: Connectionism and cognitive architecture: a critical analysis. Cognition 28, 3-71, 1988

Foley, P., Foley, P.: On the semantics of the chemical brain. Veröffentlichungen der Joachim Jungius-Gesellschaft der Wissenschaften Hamburg 61, 319-325, 1989

Forel, A.: Hygiene der Nerven und des Geistes. Moritz Verlag, Stuttgart, 5. Aufl., 1918

Foss, J.: Introduction to the epistemology of the brain: indeterminace, micro-specifity, chaos, and openness. Topoi 11, 45-57, 1992

Freeman, W.J.: Nonlinear dynamics of paleocortex manifested in the olfactory EEG. Biological Cybernetics 35, 21-37, 1979

Frégnac, Y., Shulz, D., Thorpe, S., Bienenstock, E.: A cellular analogue of visual cortical plasticity. Nature 333, 367-370, 1988

Frick, H., Leonhardt, H., Starck, D.: Spezielle Anatomie II. Thieme Verlag, Stuttgart, 2. überarb. Aufl., 1980

Fritsch, G., Hitzig, G.: Über die elektrische Erregbarkeit des Großhirns. Archiv für Anatomie und Physiologie 4, 300-332, 1870

Fukushima, K.: A hierarchical neural network model for associative memory. Biological Cybernetics 50, 105-113, 1984

Gadamer, H.G., Vogler, P. (Hrsg.): Neue Anthropologie. 7 Bände, Thieme Verlag, Stuttgart, 1972

Galen: Opera omnia. 20 Bände, (Hrsg. Kühn, C.G.), Leipzig, 1821-1833

Gall, F.J.: Sur les fonctions du cerveau et sur celles des chacune de ses parties. 6 Bände. Verlag J. B. Baillière, Paris, 1825

Gardner, H.: Dem Denken auf der Spur. Der Weg der Kognitionswissenschaft. Klett-Cotta, Stuttgart, 1989

Gazzaniga, M.S.: The bisected brain. New York, Appleton Century Crofts, 1970

Gazzaniga, M.S.: Organization of the human brain. Science 245, 947-952, 1989

Gazzaniga, M.S., *LeDoux*, J.E.: Neuropsychologische Integration kognitiver Prozesse. Enke Verlag, Stuttgart, 1983

Gerlach, J.: Über neurologische Erkenntniskritik. Ein Beitrag zur Frage der Beziehungen der Einzelwissenschaften zur Philosophie. Schopenhauer Jahrbuch 53, 393-401, 1972

Gerstein, G.L., *Bedenbaugh*, P., *Aertsen*, A.M.H.J.: Neuronal assemblies. IEEE Transactions in Biomedical Engineering 36(1), 4-14, 1989

Geschwind, N.: Disconnection syndromes in animals and man. Brain 88, 237-294, 385-644, 1965

Getting, P.A.: Emerging principles governing the operation of neural networks. Annual Review of Neuroscience 12, 185-204, 1989

Geulincx, A.: Ethik. (Übers. von Schmitz, G.) R. Meiner Verlag, Hamburg, 1948

Gibb, F.W.: Joseph Priestley. Doubleday and Company Inc., Garden City New York, 1967

Gihr, M., *Pilleri*, G.: Hirn-Körpergewichts-Beziehungen bei Cetaceen. In: Investigations on Cetaceae (Hrsg. Pilleri, G.), Band I, 109-126, 1969

Gilbert, C.D.: Horizontal integration in the neocortex. Trends in Neuroscience 8(4), 160-165, 1985

Gillet, G.R.: Neuropsychology and meaning in psychiatry. Journal of Medicine and Philosophy 15, 21-39, 1990

Globus, G.G.: Biological foundations of the psychoneural identity hypothesis. Philosophy of science 39, 291-300, 1972

Götz, K.G.: Cortical templates for the self-organization of orientation-specific d- and l-hypercolumns in monkeys and cats. Biological Cybernetics 58, 213-223, 1988

Goldmann-Rakic, P.S.: Topography of cognition: parallel distributed networks in primate association cortex. Annual Review of Neuroscience 11, 137-156, 1988

Gonzales, M.E.O.: A connectionist approach to mental representation. Neural Networks 1 (Suppl), 179, 1988

Grant, P.E., *Lumsden*, C.J.: An action function approach to network dynamics and the meaning of representations. Neural Networks 1 (Suppl), 180, 1988

Graybiel, A.M.: Correspondence between the dopamine islands and striosomes of the mammalian striatum, Neuroscience 13, 1157-1187, 1984

Graybiel, A.M., *Ragsdale*, C.W. jr: Histochemically distinct compartments in the striatum of human, monkey and cat demonstrated by acetylcholinesterase staining. Proceedings of the National Academy of Sciences of the USA, 75, 5723-5726, 1978

Graybiel, A.M., *Ragsdale*, C.W. jr: Fiber connections of the basal ganglia. In: Development and Chemical Specificity of Neurons. (Hrsg. Bloom, R.E., Kreutzberg, G.W., Cuénod, M.). Elsevier, Amsterdam, 239-283, 1979

Graybiel, A.M., *Ragsdale*, C.W. jr: Biochemical anatomy of the striatum. In: Chemical Neuroanatomy. (Hrsg. Emson, P.C.). Raven Press, New York, 427-504, 1983

Gray, C.M., *König*, P., *Engel*, A.K., *Singer*, W.: Oscillatory responses in cat visual cortex exhibit inter-columnar synchronization which reflects global stimulus properties. Nature 338, 334-337, 1989

Green, H.S.: A zonal model of cortical functions. Journal of Theoretical Biology 136, 87-116, 1989

Greenough, W.T.: Structural correlates of information storage in the mammalian brain: a review and a hypothesis. Trends in Neuroscience 7(7), 229-233, 1984

Griesinger, W.: Die Pathologie und Therapie der psychischen Krankheiten. Stuttgart, 1845

Grotstein, J.S.: Autoscopy: The experience of oneself as a double. Hillside Journal of Clinical Psychiatry 5(2), 259-304, 1983

Grotstein, J.S.: The dual track: contribution toward a neurobehavioral model of cerebral processing. Psychiatric Clinics of North America 9(2), 353-365, 1986

Grotstein, J.S.: The "siamese twinship" of the cerebral hemispheres and of the brain-mind continuum. Psychiatric Clinics of North America 11(3), 399-413, 1988

Grünbaum, A.S.F., *Sherrington*, C.S.: Observations on the physiology of the cerebral cortex of some the higher apes. Proceedings of the Royal Society of London (B) 69, 206-209, 1902

Grünthal, E.: Psyche und Nervensystem. In: Erfahrung und Denken. Band 27, Duncker & Humblot, Berlin, 1968

Gustaffson, B., *Wigström*, H., *Abraham*, W.C., *Huang*, Y.Y.: Long-term potentiation in the hippocampus using depolarizing current pulses as the conditioning stimulus to single volley synaptic potentials. Journal of Neuroscience 7(3), 774-780, 1987

Gutmann, W.F., *Weingarten*, M.: Die biotheoretischen Mängel der Evolutionären Erkenntnistheorie. Journal for General Philosophy of Science 21, 309-328, 1990

Harrison, J.: Drei philosophische Märchen. Ratio 23(3), 161-167, 1981

Harrison, P.: Do animals feel pain? Philosophy 66, 25-40, 1991

Harth, D. (Hrsg.): Die Erfindung des Gedächtnisses. Keip Verlag, Frankfurt am Main, 1991

Hartnack, J.: On thinking. Mind 81, 543-552, 1972

Hastedt, H.: Das Leib-Seele-Problem. Zwischen Naturwissenschaft des Geistes und kultureller Eindimensionalität. Suhrkamp Verlag, Frankfurt a.M., 1988

Haugeland, J.: Künstliche Intelligenz - Programmierte Vernunft? Mc Graw Hill Book Company GmbH, Hamburg, 1985

Hebb, D.O.: The organization of behaviour. Wiley, New York, 1949

Hécaen, H.: Cortical localization of function. In: Stereotaxy of the Human Brain. (Hrsg. Schaltenbrand, G., Walker, A.E.), 2. überarb. Aufl., Thieme, Stuttgart, 293-305, 1982

Heil, J.: Mentality and causality. Topoi 11, 103-110, 1992

Hökfelt, T., *Johansson*, O., *Ljungdahl*, A., *Lundberg*, J.M., *Schultzberg*, M.: Peptidergic neurones. Nature 285, 476-478, 1980

Hoffmeister, J.: Wörterbuch der philosophischen Begriffe. Felix Meiner Verlag, 2. Aufl., 1955

Hofstadter, D.R., *Dennett*, D.C.: Einsicht ins Ich. Fantasien und Reflexionen über Selbst und Seele. Klett-Cotta, Stuttgart, 1986

Hofstätter, R.: Philosophische Probleme der Psychologie. Philosophia naturalis 18, 50-66, 1980

Hogrebe, W.: Initialien prognostischer Rationalität. Zeitschrift für philosophische Forschung 37 (1), 21-35, 1983

Hogrebe, W.: Prädikation und Genesis. Metaphysik als Fundamentalheuristik im Ausgang von Schellings "Die Weltalter". Suhrkamp Verlag, Frankfurt a. M., 1989

Hogrebe, W.: Metaphysik und Mantik. Die Deutungsnatur des Menschen (Système orphique de Iéna). Suhrkamp Verlag, Frankfurt a. M., 1992

Holenstein, E.: Menschliches Selbstverständnis. Suhrkamp Verlag, Frankfurt a. M., 1985

Homer: Ilias. (Hrsg. Schwartz, E.), Tempel Verlag, Berlin Darmstadt, 1960

Hopfield, J.J.: Neural networks and physical systems with emergent collective computational abilities. Proceedings of the National Academy of Sciences of the USA 79, 2554-2558, 1982

Hopfield, J.J.: Neurons with graded response have collective computational properties like those of two-state neurons. Proceedings of the National Academy of Sciences of the USA 81, 3088-3092, 1984

Hopfield, J.J., *Tank*, D.W.: Computing with neural circuits: a model. Science 233, 625-633, 1986

Horgan, T., *Tienson*, J.: Connectionism and the Kuhnian crisis in cognitive science. Acta analytica 6, 5-17, 1990

Horgan, T., *Tienson*, J.: Cognitive systems as dynamical systems. Topoi 11, 27-43, 1992

Hubel, D.H., *Wiesel*, T.N.: Receptive fields, binocular interaction and functional architecture in the cat's visual cortex. Journal of Physiology, 160 106-154, 1962

Hubel, D.H., *Wiesel*, T.N.: Shape and arrangement of columns in the cat's striate cortex. Journal of Physiology 165, 559-568, 1963

Hubel, D.H., *Wiesel*, T.N.: Receptive fields and functional architecture in two non-striate visual areas (18 and 19) of the cat. Journal of Neurophysiology 28, 229-289, 1965

Hubel, D.H., *Wiesel*, T.N.: Receptive fields and functional architecture of monkey striate cortex. Journal of Physiology 195, 215-243, 1968

Hunter, L.: Neural networks as theories of mind. Neural Networks 1 (Suppl), 185, 1988

Ingvar, D.H.: "Memory of the future": an essay on the temporal organization of conscious awareness. Human Neurobiology 4, 127-136, 1985

Ito, M.: The modifiable neuronal network of the cerebellum. Japanese Journal of Physiology 34, 781-792, 1984

Ito, M.: Long-term depression as a memory process in the cerebellum. Neuroscience Research 3, 531-539, 1986

Jaynes, J.: Der Ursprung des Bewußtseins durch den Zusammenbruch der bikameralen Psyche. Rowohlt Verlag GmbH, Reinbek bei Hamburg, 1988

Johnston, D., *Brown*, H.: Control theory applied to neural networks illuminates synaptic basis of interictal epileptiform activity. Advances in Neurology 44, 263-274, 1986

Jonas, H.: Macht oder Ohnmacht der Subjektivität? Das Leib-Seele-Problem im Vorfeld des Prinzips Verantwortung. Suhrkamp Verlag, Frankfurt a. M., 1987

Kandel, E.R., *Schwartz*, J.H.: Molecular biology of learning: modulation of transmitter release. Science 218, 433-443, 1982

Kanitscheider, B.: Gehirn und Bewußtsein. Ontologische und epistemologische Aspekte des Leib-Seele-Problems. Philosophisches Jahrbuch 94(1), 96-110, 1987

Kant, I.: Werkausgabe. 12 Bände. (Hrsg. Weischedel, W.), Suhrkamp Verlag, Frankfurt a.M., 1977

Kapur, S., *Craik*, F.I., *Tulving*, E., *Wilson*, A.A., *Houle*, S., *Brown*, G.M.: Neuroanatomical correlates of encoding in episodic memory: levels of processing effect. Proceedings of the National Academy of Sciences of the USA 91(6), 2008-2011, 1994

Kew, J.J., *Goldstein*, L.H., *Leigh*, P.N., *Abrahams*, S., *Cosgrave*, N., *Passingham*, R.E., *Frackowiak*, R.S., *Brooks*, D.J.: The relationship between abnormalities of cognitive function and cerebral activation in amyotrophic lateral sclerosis. A neuropsychological and positron emission tomography study. Brain 116, 1399-1423, 1993

Kienzle, B., *Pape*, H.: Dimensionen des Selbst. Selbstbewußtsein, Reflexivität und die Bedingungen von Kommunikation. Suhrkamp Verlag, Frankfurt a. M., 1991

Kleist, K.: Gehirnpathologie. Barth, Leipzig, 1934

Klüver, H., *Bucy*, P.C.: Psychic blindness and other symptoms following bilateral temporal lobectomy in rhesus monkeys. American Journal of Physiology 119, 352-353, 1937

Knudsen, E.I., *du Lac*, S., *Esterly*, S.D.: Computational maps in the brain. Annual Review of Neuroscience 10, 41-65, 1987

Knippers, R., *Philippsen*, P., *Schäfer*, K.P., *Fanning*, E.: Molekulare Genetik. Thieme Verlag, Stuttgart, 1990

Kohonen, T.: Associative memory - A system-theoretical approach. Springer Verlag, Berlin, 1977

Kolb, B., *Wishaw*, I.Q.: Fundamentals of human neuropsychology. W. H. Freeman and Company, New York, 2. Aufl. 1985, 3. Aufl. 1990

Kosslyn, S.M.: Aspects of a cognitive neuroscience of mental imagery. Science 240, 1621-1626, 1988

Krause, F.: Chirurgie des Gehirns und Rückenmarks nach Erfahrungen. Urban und Schwarzenberg, Berlin, 1909-1911

Krings, H., *Baumgartner*, M., *Wild*, C. (Hrsg.): Handbuch philosophischer Grundbegriffe. 6 Bände. Kösel Verlag, München, 1973

Kuffler, S.W., *Nicholis*, J.G., *Martin*, A.R.: From neuron to brain. A cellular approach to the function of the nervous system. Sinauer Associates Inc. Publishers, Sunderland Massachusetts, 1984

Kuhlenbeck, H.: Schopenhauers Satz "Die Welt ist meine Vorstellung" und das Traumerlebnis. Schopenhauer-Jahrbuch 53, 376-392, 1972

Kuhlenbeck, H.: Gehirn und Bewußtsein. (engl. Original 1957) Deutsch in: Erfahrung und Denken, Bd. 39, Duncker & Humblot, Berlin, 1973

Kuhlenbeck, H.: The Human Brain and Its Universe. Vol. 1: The World of Natural Sciences and Its Phenomenology. 2. Aufl., Karger Verlag, Basel München, 1982

Kuhlenbeck, H.: The Human Brain and Its Universe. Vol. 2: The Brain and Its Mind. 2. Aufl., Karger Verlag, Basel München, 1982

Kuhlenbeck, H.: Gehirn, Bewußtsein und Wirklichkeit. (Hrsg. Gerlach, J.) Steinkopff Verlag, Darmstadt, 1986

Kukla, R.: Cognitive models and representation. British Journal of the Philosophy of Science 43, 219-232, 1992

Kurfeß, F.: Logic and reasoning with neural models. Neural Networks 1(Suppl), 192, 1988

Kurthen, M.: Das Problem des Bewußtseins in der Kognitionswissenschaft. Perspektiven einer Kognitiven Neurowissenschaft. Enke Verlag, Stuttgart, 1990

Kurthen, M.: Qualia, Sensa und absolute Prozesse. Zu W. Sellar's Kritik des psychocerebralen Reduktionismus. Journal for the General Philosophy of Science 21, 25-46, 1990

Kurthen, M.: Neurosemantik. Grundlagen einer Praxiologischen Kognitiven Neurowissenschaft. Enke Verlag, Stuttgart, 1992

Kurthen, M., *Moskopp*, D., *Linke*, D.B., *Reuter*, E.M.: The locked-in syndrome and the behaviorist epistemology of other minds. Theoretical Medicine 12, 69-79, 1991

Lashley, K.S.: Functional determinant of cerebral localization. Archives of Neurology and Psychiatry 38, 371-387, 1937

Lashley, K.S.: In search of the engramm. Symposia of the Society for Experimental Biology. Bd. 4: Physiological Mechanisms in Animal Behavior. S. 454-482, Cambridge, 1950

Leibniz, G.W.: Betrachtungen über die Lebensprinzipien und über die plastischen Naturen. Aus: Handschriften über die Grundlegung der Philosophie. (Hrsg. Cassirer, E.) Verlag der Dürr'schen Buchhandlung, Leipzig 1906

Leibniz, G.W.: Vernunftprinzipien der Natur und der Gnade. Monadologie. Felix Meiner Verlag, Hamburg, 1982

Leise, E.M.: Modular construction of nervous systems: a basic principle of design for invertebrates and vertebrates. Brain Research Review 15, 1-23, 1990

Lem, S.: Nacht und Schimmel. Suhrkamp Verlag, Frankfurt a. M., 1981

Levanen, S., *Hari*, R., *McEvoy*, L., *Sams*, M.: Responses of the human auditory cortex to changes in one versus two stimulus features. Experimental Brain Research 97(1), 177-183, 1993

Levy, J., *Trevarthen*, C., *Sperry*, R.W.: Perception of bilateral chimeric figures following hemispheric disconnection. Brain 95, 61-78, 1972

Levy, J., *Stenning*, K.: A PDP implementation of a psychological model of memory. Neural Networks 1(Suppl), 195, 1988

Levy, W.B., *Steward*, O.: Synapses as associative memory elements in the hippocampal formation. Brain Research 175, 233-245, 1979

Lewin, R.: The origin of the modern human mind. Science 236, 668-670, 1987

Lewis, D.: An argument for the identity theory. (Original: Journal of Philosophy 63, 1966). Deutsch in: Lewis, D.: Die Identität von Körper und Geist. Klostermann, Frankfurt a. M., 1983

Lilly, J.C.: Animals in aquatic environments: adaption of mammals to the ocean. Handbook of Physiology. American Physiological Society, Washington, 1964, S. 741-747

Lilly, J.C.: Man and Dolphin. in: Lilly on Dolphins. Anchor Press, Doubleday, Garden City New York, 1975

Lilly, J.C.: Der Scientist. Sphinx Verlag, Basel, 1984

Linke, D.B.: Philosophie des Gehirns. Philosophia Naturalis 19, 342-349, 1982

Linke, D.B., Kurthen, M.: Parallelität von Gehirn und Seele. Neurowissenschaften und Leib-Seele-Problem. Enke Verlag, Stuttgart, 1988

Linsker, R.: Perceptual neural organization: some approaches based on network models and information theory. Annual Review of Neuroscience 13, 257-281, 1990

Lundberg, J.M., *Hökfelt*, T.: Coexistence of peptides and classical neurotransmitters. Trends in Neuroscience 6, 325-333, 1983

Lurija, A.R.: Der Mann, dessen Welt in Scherben ging. Rowohlt 1991

Lurija, A.R.: Das Gehirn in Aktion. Einführung in die Neuropsychologie. Rowohlt 1992

Loftus, E.F.: Activation of semantic memory. American Journal of Experimental Psychology 86, 331-337, 1974

Lorenté de No: Architecture, intracortical connections, motor projections. In: Physiology of the nervous system. (Hrsg. Fulton, J.F.), Oxford University Press, 274-301, 1943

Lycan, W.G. (Hrsg.): Mind and cognition. Basil Blackwell Ltd Oxford, 1990

MacDonald, C.: Weak externalism and mind-body identity. Mind 99, 387-404, 1990

Mainzer, K.: Philosophical concepts of computational neuroscience. In: Parallel Processing in Neural Systems and Computers (Hrsg. Eckmiller, R., Hartmann, G., Hauske, G.), Elsevier Publishers, 9-12, 1990

Malach, R.: In vivo visualization of callosal pathways: a novel approach to the study of cortical organization. Journal of Neuroscience Methods 25, 225-238, 1988

von der Malsburg, C.: Am I thinking assemblies? In: Brain Theory (Hrsg. Palm, G., Aertsen, A.), Springer Verlag Heidelberg Berlin 1986

Mann, D.W.: Theoretical issues in psychiatry: an introduction. Theoretical Medicine 12, 1-5, 1991

Mansfeld, J. (Hrsg.): Die Vorsokratiker. Reclam, Stuttgart, 1987

Marmarelis, V.Z.: Signal transformation and coding in neural systems. IEEE Transactions in Biomedical Engineering 36(1), 15-24, 1989

Marr, D.: A theory of cerebellar cortex. Journal of Physiology (London) 202, 437-470, 1969

Marr, D.: Simple memory: a theory for archicortex. Philosphical Transactions of the Royal Society London (B) 176, 161-234, 1971

Marras, A.: Reduction in psychology. Acta analytica 6, 65-78, 1990

Massing, W.: Schizophrenie und die Theorie neuronaler Netzwerke. Fortschritte der Neurologie und Psychiatrie 57, 70-73, 1989

Mattson, M.P.: Neurotransmitters in the regulation of neuronal cytoarchitecture. Brain Research Review 13, 179-212, 1988

Maturana, H.R., *Varela,* F.J.: Der Baum der Erkenntnis. Scherz Verlag, Bern München Wien, 1. Aufl., 1987

Maurer: Brain mapping, Springer Verlag, Heidelberg, 1991

McCarthy, R.A., *Warrington,* A.K.: Cognitive neuropsychology. A clinical introduction. Academic Press, 1990

McCasland, J.S., *Woolsey,* T.A.: High-resolution 2-desoxyglucose mapping of functional cortical columns in mouse barrel cortex. Journal of Comparative Neurology 278, 555-569, 1988

McConnell, S.K.: Development and decision-making in the mammalian cerebral cortex. Brain Research Review 13, 1-23, 1988

McConnell, S.K.: The generation of neuronal diversity in the central nervous system. Annual Review of Neuroscience 14, 269-300, 1991

McCulloch, W.S., *Pitts*, W.: A logical calculus of the ideas immanent in nervous activity. Bulletin of Mathematics and Biophysics 5, 115-133, 1943

McGinn, C.: Can we solve the mind-body-problem? Mind 98, 349-366, 1989

McIntyre, J. (Hrsg.): Der Geist in den Wassern. (Übers. von Kaiser, R.) Zweitausendeins Verlag, Frankfurt a. M., 1983

Mecacci, L.: Das einzigartige Gehirn. Über den Zusammenhang von Hirnstruktur und Individualität. Campus Verlag, 1986

Metzinger, T.: Das Leib-Seele-Problem in den achtziger Jahren. Conceptus XXV (64), 99-114, 1991

Milner, B., *Corkin*, S., *Teuber*, H.L.: Further analysis of the hippocampal amnesic syndrome:14-year follow-up study of H.M. Neuropsychologia 6, 215-234, 1968

Minsky, M.: Mentopolis. Klett-Cotta Stuttgart 1990

von Monakow, C.: Die Lokalisation im Großhirn und der Aufbau der Funktion durch kortikale Herde. Bergmann, Wiesbaden, 1914

Mountcastle, V.B.: Modality and topographic properties of single neurones of cat's somatic sensory cortex. Journal of Neurophysiology 20, 408-434, 1957

Mpitsos, G.J., *Cohan*, C.S.: Convergence in a distributed nervous system: Parallel processing and self-organization. Journal of Neurobiology 17(5), 517-545, 1986

Müller, R.A.: Der (un)teilbare Geist. Modularismus und Holismus in der Kognitionsforschung. De Gruyter Verlag, Berlin New York, 1991

Münch, D. (Hrsg.): Kognitionswissenschaft. Grundlagen, Probleme, Perspektiven. Suhrkamp Verlag, Frankfurt a. M., 1992

Nagel, T.: Physicalism. (Original: The Philosophical Review 74, 339-356, 1965) Deutsch in: Bieri 1981

Nagel, T.: Brain bisection and the unity of consciousness. Synthese 22, 396-413, 1971

Nagel, T.: Der Blick von Nirgendwo. Suhrkamp Verlag, Frankfurt am Main, 1992

Neisser, U.: Cognitive Psychology. Appleton, New York, 1967, deutsch: Kognitive Psychologie. Klett-Cotta, Stuttgart, 1974

Nelson, M.E., *Bower*, J.M.: Brain maps and parallel computers. Trends in Neuroscience 13(10), 403-408, 1990

von Neumann, J.: Probabilistic logics and the synthesis of reliable organisms from unreliable components. In: Automata studies (Hrsg. Shannon, C.E., McCarthy, J.). Princeton University Press, Princeton, New Jersey, 43-98, 1956

von Neumann, J.: The computer and the brain. Yale University Press 1958

Niedermeyer, E., *Lopes da Silva*, F.: Electroencephalography: basic principles, clinical applications and related fields. Urban und Schwarzenberg, Baltimore, 1982

Nietzsche, F.: Sämtliche Werke. 15 Bände (Hrsg. Colli, G., Montinari, M.), Deutscher Taschenbuch Verlag, München, 1980

Nieuwenhuys, R.: Chemoarchitecture of the Brain. Springer Verlag, Berlin Heidelberg New York London Paris Tokyo, 1985

Nieuwenhuys, R., *Voogd*, J., *van Huijzen*, C.: The human central nervous system. A synopsis and atlas. Springer Verlag, Berlin Heidelberg New York London Paris Tokyo, 1988

North, G.: A celebration of connectionism. Nature 328, 107, 1987

Obermayer, K., *Ritter*, H., *Schulten*, K.: A principle for the formation of the spatial structure of cortical feature maps. Proceedings of the National Academy of Sciences of the USA 87, 8345-8349, 1990a

Obermayer, K., *Ritter*, H., *Schulten*, K.: Large-scale simulation of a self-organizing neural network: formation of a somatotopic map. In: Parallel processing in neural systems and computers (Hrsg. Eckmiller, R., Hartmann, G., Hauske, G.). Elsevier Publishers, 1990b

Oeser, E., *Seitelberger*, F.: Gehirn, Bewußtsein und Erkenntnis. Wissenschaftliche Buchgesellschaft Darmstadt, 1988

Okazaki, H.: Fundamentals of neuropathology. Igaku-Shoin, New York Tokyo, 1983

Olson, C.B.: A possible cure for death. Medical Hypotheses 26, 77-84, 1988

Palm, G.: Associative networks and cell assemblies. In: Brain Theory (Hrsg. Palm, G., Aertsen, A.). 211-228, Springer Verlag, Berlin Heidelberg, 1986

Palm, G.: Assoziatives Gedächtnis und Gehirntheorie. Spektrum der Wissenschaft Juni 1988, 54-64

Palm, G.: Gibt es eine Logik des Gehirns? oder Was kann die Hirnforschung über unsere Logik sagen? Veröffentlichungen der Joachim Jungius-Gesellschaft der Wissenschaften Hamburg 61, 315-318, 1989

Palm, G.: Cell assemblies as a guideline for brain research. Concepts in Neuroscience 1(1), 133-147, 1990

Papez, J.W.: A proposed mechanism of emotion. Archives of Neurology and Psychiatry 38, 725-743, 1937

Pardo, V., *Fox*, P.T., *Raichle*, M.E.: Localization of a human system for sustained attention by positron emission tomography. Nature 349, 61-64, 1991

Pawlow, I.P.: Ausgewählte Werke. (Hrsg. Koschtojanz, C.S., Pickenhain, L.) Akademie-Verlag, Berlin, 1953

Pechura, C.M., *Martin*, J.B. (Hrsg.): Mapping the brain and its functions. Integrating enabling technologies into neuroscience research. National Academy Press, Washington, D.C., 1991

Pellionisz, A., *Llinás*, R.: Tensor network theory of the metaorganization of functional geometries in the central nervous system. Neuroscience 16(2), 245-273, 1985

Penfield, W., *Boldrey*, E.: Somatic motor and sensory representation of man as studied by electrical stimulation. Brain 60, 389-443, 1937

Petersen, S.E., *Fox*, P.T., *Posner*, M.I., *Mintun*, M., *Raichle*, M.E.: Positron emission tomographic studies of the cortical anatomy of single-word processing. Nature 331, 585-589, 1988

Pitts, W., *McCulloch*, W.S.: How we know universals: the perception of auditory and visual forms. Bulletin of Mathematics Biophysics 9, 127-147, 1947

Place, U.T.: Is consciousness a brain process?. (Original 1956) In: The Mind-Brain-Identity Theory. (Hrsg. Borst, C.V.), London 1970, S. 42-51

Place, U.T.: Intensionalism, connectionism and the picture theory of meaning. Acta analytica 6, 47-63, 1990

Platon: Sämtliche Werke. 6 Bände (Hrsg. Grassi, E., übers. von Schleiermacher, F.). Rowohlt Taschenbuch Verlag, 1958

Poeck, K.: Klinische Neuropsychologie. 2. Aufl., Thieme Verlag, Stuttgart New York, 1989

Pöppel, E. (Hrsg.): Gehirn und Bewußtsein. VCH Verlagsgsellschaft, Weinheim, 1989

Popham, A.E.: The drawings of Leonardo da Vinci. Jonahan Cape, London, 1977

Popper, K., *Eccles*, J.C.: Das Ich und sein Gehirn. Piper Verlag, München, 3.Aufl., 1984

Posner, M.I., *Petersen*, S.E., *Fox*, P.T., *Raichle*, M.E.: Localization of cognitive operations in the human brain. Science 240, 1627-1631, 1988

Prange, S.J.: Emulation of biology-oriented neural networks. In: Parallel Processing in Neural Systems and Computers (Hrsg. Eckmiller, R., Hartmann, G., Hauske, G.), Elsevier Publishers, 1990

Pribram, K.H.: Functional organization of the cerebral isocortex. In: Stereotaxy of the Human Brain (Hrsg. Schaltenbrand, G., Walker, A.E.). 2. Aufl., Thieme Verlag, Stuttgart, 1982

Pribram, K.H.: The cognitive revolution and mind/brain issues. American Psychologist 41(5), 507-520, 1986

Quine, W.V.O.: Word and Object. Cambridge/Massachusetts, 1960

Rau, A.: Das Wesen des menschlichen Verstandes und Bewußtseins. Nach monistischer und dualistischer Auffassung. Verlag von Ernst Reinhardt, München, 1910

Rausch, R., *Henry*, T.R., *Ary*, C.M., *Engel*, J., *Mazziotta*, J.: Asymmetric interictal glucose hypometabolism and cognitive performance in epileptic patients. Archives of Neurology 51(2), 139-144, 1994

Recce, M., *Treleaven*, P.C.: Parallel architectures for neural computers. In: Neural Computers. (Hrsg. Eckmiller, R., von der Malsburg, C.), Springer Verlag Berlin Heidelberg, 487-495, 1988

Reicher, G.: Perceptual recognition as a function of meaningfullness of stimulus material. Journal of Experimental Psychology 81, 275-280, 1969

Reichert, H.: Neurobiologie. Thieme Verlag, Stuttgart New York, 1990

Rescorla, R.A., *Wagner*, A.R.: A theory of Pavlovian conditioning: variations in the effectiveness of reinforcement and nonreinforcement. In: Classical Conditioning II (Hrsg. Black, A.H., Prokasy, W.F.). Appleton-Century-Crofts, New York, 64-99, 1972

Ridgway, S.H., *Flanigan*, H.J., *McCormick*, J.G.: Brain-spinal cord ratios in porpoises: possible correlations with intelligence and ecology. Psychological Sciences 6, 491-492, 1966

Riegas, V., *Vetter*, C.: Gespräch mit Humberto R. Maturana. In: Zur Biologie der Kognition. (Hrsg. Riegas, V., Vetter, C.), Suhrkamp Verlag, Frankfurt a. M., 1990

Rogers, R.L., *Baumann*, S.B., *Papanicolaou*, A.C., *Bourbon*, T.W., *Alagarsamy*, S., *Eisenberg*, H.M.: Localization of the P3 sources using magnetoencephalography and magnetic resonance imaging. Electroencephalography and Clinical Neurophysiology 79, 308-321, 1991

Roland, P.E., *Seitz*, R.J.: Organization of neuronal work in the human brain: neuronal population activation and cortical field activation. In: Study week on: The principles of design and operation of the brain (Hrsg. Eccles, J.C., Creutzfeldt, O.). Pontificiae academiae scientiarum scripta varia 78, 161-177, 1990

Romani, G.L., *Rossini*, P.: Neuromagnetic functional localization: principles, state of the art and perspectives. Brain Topography 1, 5-21, 1988

Rorty, R.: Mind-body identity, privacy and categories. (Original in Materialism and the mind-body problem. Hrsg. von Rosenthal, D.M., Englewood Cliffs/New Jersey 1971). Deutsch in Bieri 1981

Rorty, R.: Der Spiegel der Natur. Eine Kritik der Philosophie. Suhrkamp Verlag, Frankfurt a. M., 1987

Rosen, B.R., *Aronen*, H.J., *Kwong*, K.K., *Belliveau*, J.W., *Hamberg*, L.M., *Fordham*, J.A.: Advances in clinical neuroimaging: functional MR imaging techniques. Radiographics 13(4), 889-896, 1993

Rosenberg, J.F.: Connectionism and cognition. Acta analytica 6, 33-46, 1990

Rosenblatt, F.: The perceptron, a probabilistic model for information storage and organization in the brain. Psychological Review 62, 386-408, 1958

Roth, G.: Erkenntnis und Realität. Das reale Gehirn und seine Wirklichkeit. In: Der Diskurs des Radikalen Konstruktivismus (Hrsg. Schmidt, S.J.). Suhrkamp Verlag, Frankfurt a. M., 1988

Roth, G.: Neuronale Grundlagen des Lernen und Gedächtnisses. In: Gedächtnis (Hrsg. Schmidt, S.J.). Suhrkamp Verlag, Frankfurt a. M., 1991

Roth, G.: Das konstruktive Gehirn: Neurobiologische Grundlagen von Wahrnehmung und Erkenntnis. In: Kognition und Gesellschaft. Der Diskurs des Radikalen Konstruktivismus 2 (Hrsg. Schmidt, S.J.). Suhrkamp Verlag, Frankfurt a. M., 1992

Rumelhart, D.E., *McClelland,* J.L. (Hrsg.): Parallel distributed processing. Cambridge, MA, MIT Press, 1986

Ryle, G.: The concept of mind. London 1949

Sacks, O.: Der Mann, der seine Frau mit einem Hut verwechselte. Rowohlt 1987

Salu, Y.: Theoretical models and computer simulations of neural learning systems. Journal of Theoretical Biology 111, 31-46, 1984

Salmelin, R., *Hari,* R., *Lounasmaa,* O.V., *Sams,* M.: Dynamics of brain activation during picture naming. Nature 368(6470), 463-465, 1994

Sandkühler, H.J.: Europäische Enzyklopädie zu Philosophie und Wissenschaften. Felix Meiner Verlag, Hamburg, 1990

Santa, J.L.: Spatial transformations of words and pictures. Journal of Experimental Psychology: Human Learning and Memory 3, 418-427, 1977

de Saunders, J.B., *O'Malley,* C.D.: The anatomical drawings of Andreas Vesalius. Crown Publishers Inc., New York, 1982

Sass, H.M.: Brain life and brain death: a proposal for a normative agreement. Journal of Medicine and Philosophy 14, 45-59, 1989

Schadewaldt, H.: Medizinhistorische Betrachtungen zu einigen Modellvorstellungen von der Funktionsweise des Nervensystems. Der Ministerpräsident des Landes Nordrhein-Westfalen, Landesamt für Forschung, Jahrbuch 1967, 481-512

Schaltenbrand, G., *Walker,* A.E. (Hrsg.): Stereotaxy of the human brain. 2. überarb. Aufl., Thieme, Stuttgart, 1982

Scheler, M.: Die Stellung des Menschen im Kosmos (Original 1928). Bouvier Verlag Bonn, 1988

Schlesinger, B.: Zu Schopenhauers Hirnparadoxon. Schopenhauer-Jahrbuch 59, 184-185, 1978

Schlick, M.: Allgemeine Erkenntnislehre. (Original 1925) Suhrkamp Verlag, Frankfurt a. M., 1979

Schmidt, S.J. (Hrsg.): Der Diskurs des Radikalen Konstruktivismus. Suhrkamp Verlag, Frankfurt a. M., 1988

Schmidt, S.J. (Hrsg.): Gedächtnis. Probleme und Perspektiven der interdisziplinären Gedächtnisforschung. Suhrkamp Verlag, Frankfurt am Main, 1991

Schopenhauer, A.: Zürcher Ausgabe. Werke in zehn Bänden. (Hrsg. Hübscher, A.). Diogenes Verlag, 1977

Schott, H.: Das Gehirn als "Organ der Seele". Anatomische und physiologische Vorstellungen im 19. Jahrhundert. Ein Überblick. Philosophia Naturalis 24, 3-14, 1987

Schütz, A., *Palm,* G.: Density of neurons and synapses in the cerebral cortex of the mouse. Journal of Comparative Neurology 286, 442-455, 1989

Schumacher, J.: Antike Medizin. Walter de Gruyter & Co., Berlin, 2. Aufl., 1963

Schuster, H.G.: Lernen - Erkennen - Abstrahieren. Was kann die Physik zum Verständnis höherer Gehirnfunktionen beitragen? Verhandlungen der Gesellschaft Deutscher Naturforscher und Ärzte "Materie und Prozesse vom Elementaren zum Komplexen.", 137-186, 1991

Schustermann, R.J., *Thomas,* J.A., *Wood,* F.G. (Hrsg.): Dolphin cognition and behaviour: a comparative approach. Lawrence Erlbaum Associates, Hillsdale New Jersey, 1986

Schwartz, J.: Propositional attitude psychology as an ideal type. Topoi 11, 5-26, 1992

Schwemmer, O.: Die Philosophie und die Wissenschaften. Zur Kritik einer Abgrenzung. Suhrkamp Verlag, Frankfurt a. M., 1990

Scoville, W.B., B.: Loss of recent memory after bilateral hippocampal lesions. Journal of Neurology, Neurosurgery and Psychiatry 20, 11-21, 1957

Searle, J.R.: Geist, Hirn und Wissenschaft. Suhrkamp Verlag, Frankfurt a. M., 1984

Searle, J.R.: Intentionalität. Eine Abhandlung zur Philosophie des Geistes. Suhrkamp Verlag, 1991

Seifert, J.: Das Leib-Seele-Problem und die gegenwärtige philosophische Diskussion. Eine systematisch-kritische Analyse. Wissenschaftliche Buchgesellschaft Darmstadt, 1989

Sejnowski, T.J.: Neural populations revealed. Nature 332, 308, 1988

Sejnowski, T.J., *Rosenberg*, C.R.: NETtalk, a parallel network that learns to read aloud. Technical report JHU/EECS-86/01 (Johns Hopkins University Electrical engineering and Computer Sciences), 1986

Sergent, J., *Ohta*, S., *MacDonald*, B.: Functional neuroanatomy of face and object processing. Brain 115, 15-36, 1992

Shanon, B.: Are connectionist models cognitive? Philosophical Psychology 5(3), 235-255, 1992

Shaw, G.L., *Harth*, E., *Scheibel*, A.B.: Cooperativity in brain function: assemblies of approximately 30 neurons. Experimental Neurology 77, 324-358, 1982

Shaw, G.L., *Silverman*, D.J., *Pearson*, J.C.J.: Model of cortical organization embodying a basis for a theory of information processing and memory recall. Proceedings of the National Academy of Sciences of the USA 82, 2364-2368, 1985

Shaw, G.L., *Silverman*, D.J., *Pearson*, J.C.: Trion model of cortical organization: toward a theory of information processing and memory. In: Brain Theory (Hrsg. Palm, G., Aertsen, A.), 177-191, 1986

Silverman, D.J., *Shaw*, G.L., *Pearson*, J.C.: Associative recall properties of the trion model of cortical organization. Biological Cybernetics 53, 259-271, 1986

Singer, W.: The brain as a self-organizing system. European Archives for Psychiatry and Neurological Sciences 236, 4-9, 1986

Singer, W.: Hirnentwicklung oder die Suche nach Kohärenz. Verhandlungen der Gesellschaft Deutscher Naturforscher und Ärzte "Materie und Prozesse vom Elementaren zum Komplexen.", 187-206, 1991

Skillen, A.: Mind and matter: a problem that refuses dissolution. Mind 93, 514-526, 1984

Smart, J.J.C.: Sensations and brain processes (Original: Philosophical Review LXVIII 141-156, 1959). In: The philosophy of mind (Hrsg. Chapell, V.C.), Dover Publications Inc., New York, 1981

Smart, J.J.C.: Philosophy and scientific realism. London, New York, 1963

Smart, J.J.C.: Physicalism and emergence. Neuroscience 6, 109-113, 1981

Smullyan, R.: Simplicius und der Baum. Wolfgang Krüger Verlag, Frankfurt a. M., 1985

Sömmering, T.: Über das Organ der Seele (Original Königsberg 1796). Verlag E. J. Bonset, Amsterdam 1966

Spatz, H.: Gedanken über die Zukunft des Menschenhirns und die Idee vom Übermenschen. In: Der Übermensch. Rhein-Verlag AG, Zürich, 1961

Sperry, R.W.: Lateral specialization in the surgically seperated hemispheres. In: The Neurosciences Third Study Program. (Hrsg. Schmitt, F.O., Worden, F.G.) Cambridge, Massachusetts, MIT Press, 1974

Sperry, R.W.: A Unifying Approach to Mind and Brain: Ten Year Perspective. In: Perspectives in Brain Research. (Hrsg. *Corner*, M.A., *Swaab*, D.F.). Progress in Brain Research 45, 463-469, 1976

Sperry, R.W.: The new mentalist paradigm and ultimate concern. Perspectives in Biology and Medicine 29(3), 413-422, 1986

Springer, S.P., *Deutsch*, G.: Linkes, Rechtes Gehirn. Spektrum der Wissenschaft, 1987

Stecker, R.: Does Reid reject/refute the representational theory of mind? Pacific Philosophical Quarterly 73, 174-184, 1992

Steinmetz, H., *Huang*, Y.: Two-dimensional mapping of brain surface anatomy,. American Journal of Neuroradiology 12, 997-1000, 1991

Steinmetz, H., *Jäncke*, L., *Kleinschmidt*, A., *Schlaug*, G., *Volkmann*, J., *Huang*, Y.: Sex but no hand difference in the isthmus of the corpus callosum. Neurology 42, 749-752, 1992

Sternberger, L.A.: Immunocytochemistry. J Wiley & Sons, New York, 1979

Stich, S.: What is a theory of mental representation? Mind 101, 243-261, 1992

Stowell, H.: Connectionism and an inescapable defect. International Journal of Neurosciences 47, 309-315, 1989

Szentágothai, J.: Architecture of the cerebral cortex. In: Basic Mechanisms of the Epilepsies. (Hrsg. Jasper, H.H., Ward, A.A., Pope, A.). Verlag Little, Brown Co., Boston, S.13-28, 1969

Szentágothai, J.: The module-concept in cerebral cortex architecture. Brain Research 85, S.475-496, 1975

Szentágothai, J.: The modular architectonic principle of neural centers. Reviews in Physiology, Biochemistry and Pharmacology 98, 11-61, 1983

Szentágothai, J.: Theorien zur Organisation und Funktion des Gehirns. Naturwissenschaften 72, 303-309, 1985

Szentágothai, J., *Arbib*, M.A.: Conceptual models of neural organization. Neurosciences Research Program Bulletin, 12, MIT Press, Cambridge, Massachusetts, London, 1975

Taylor, W.K.: Electric stimulation of some nervous system functional activities. In: Information Theory 3 (Hrsg. Cherry, E.C.), 314-328, Butterworths, London, 1964

Teyler, T.J., *DiScenna*, P.: Long-term potentiation as a candidate mnemonic device. Brain Research Review 7, 15-28, 1984

Teyler, T.J., *DiScenna*, P.: Long-term potentiation. Annual Review of Neuroscience 10, 131-162, 1987

Thompson, R.F.: The neurobiology of learning and memory. Science 233, 941-947, 1986

Trincher, K.: Die Konkretheit des Geistes. Ein struktur-thermodynamischer Versuch zur Lösung des Leib-Seele-Problems. Philosophia Naturalis 20, 45-57, 1983

Ts'o, D.Y., *Frostig*, R.D., *Lieke*, E.E., *Grinvald*, A.: Functional organization of primate visual cortex revealed by high resolution optical imaging. Science 249, 417-420, 1990

Turing, A.M.: On computable numbers with an application to the Entscheidungsproblem. Proceedings of the London Mathematical Society, Series 2, XLII, 230-265, 1936

Turing, A.M.: Computing machinery and intelligence. Mind 59, 434-460, 1950

Ulrich, J.: Grundriß der Neuropathologie. Springer Verlag, Berlin Heidelberg New York, 1975

Dell'Utri, M.: Choosing conceptions of realism: the case of the brains in a vat. Mind 99, 79-90, 1990

Uttley, A.M.: The classification of signals in the nervous system. Electroencephalography and Clinical Neurophysiology 6, 479-494, 1954

Varela, F.J.: Kognitionswissenschaft - Kognitionstechnik. Suhrkamp Verlag, Frankfurt a. M., 1990

Venter, J.C., *Di Porzio*, U., *Robinson*, D.A., *Shreeve*, S.M., *Lai*, J., *Kerlavage*, A.R., *Fracek*, S.P., *Lentes*, K.U., *Fraser*, C.M.: Evolution of neurotransmitter receptor systems. Progress in Neurobiology 30, 105-169, 1988

Vesalius, A.: De corporis humani fabrica. 1543

Vogt, K.: Physiologische Briefe für Gebildete aller Stände. Stuttgart Tübingen, 1847.

Volkow, D., *Tancredi*, L.R.: Biological correlates of mental activity studied with PET. American Journal of Psychiatry 148(4), 439-443, 1991

Wallace, E.R.: Mind-body and the future of psychiatry. Journal of Medicine and Philosophy 15, 41-73, 1990

Walters, E.T., *Byrne*, J.H.: Associative conditioning of single sensory neurons suggests a cellular mechanism for learning. Science 219, 405-408, 1983

van Wagenen, W., *Herren*, R.: Surgical division of commissural pathways in the corpus callosum. Archives of Neurology and Psychiatry 43, 429-452, 1940

Warrington, E.K., *McCarthy*, R.A.: The fractionation of retrograde amnesia. Brain and Cognition 7, 184-200, 1988

Weber, B.: „Über das Organ der Seele." Samuel Thomas Soemmering (1796). Kölner medizinhistorische Beiträge, Arbeiten der Forschungsstelle des Instituts für Geschichte der Medizin der Universität zu Köln (Hrsg. Putscher, M.), Köln, 1987

Wernicke, C.: Der aphasische Symptomenkomplex. M. Chon und Weigert, Breslau, Polen, 1874

Whiteley, C.H.: The mind-brain identity hypothesis. The Philosophical Quarterly 20(80), 193-199, 1970

Widrow, B., *Hoff*, M.E.: Adaptive switching circuits. WESCON convention record IV, 96-104, 1960

Willis, T.: Opera omnia. 2 Bände, Verlag J. A. Huguetan & Soc., Lyon, 1681

Wilson, R., *Cowan*, J.D.: Excitatory and inhibitory interactions in localized populations of model neurons. Biophys J 12, 1-24, 1972

Wilson, R., *Cowan*, J.D.: A mathematical theory of the functional dynamics of cortical and thalamic nervous tissue. Kybernetik 13, 55-80, 1973

Wise, S.P., *Desimone*, R.: Behavioral neurophysiology: insights into seeing and grasping. Science 242, 736-741, 1988

Wise, R., *Chollet*, F., *Hadar*, U., *Driston*, K., *Hoffner*, E., *Frackowiak*, R.: Distribution of cortical neural networks involved in word comprehension and word retrieval. Brain 114, 1803-1817, 1991

Witelson, S.F.: Cognitive neuroanatomy: a new era (editorial). Neurology 42, 709-713, 1992

Yang, X.D.: A neuronal network model of associative memory and a brain theory. International Journal of Neuroscience 34, 63-84, 1987

Yolton, J.W.: Representation and realism: some reflections on the way of ideas. Mind 96, 319-330, 1987

Ziedins, R.: Identification of characteristics of mental events with characteristics of brain events. American Philosophical Quarterly 8(1), 13-23, 1971

Zwierlein, E.: Künstliche Intelligenz und Philosophie. Journal for the General Philosophy of Science 21, 347-358, 1990

Autorenverzeichnis

Ackerknecht, H. 50
Ackley, D.H. 83
Adelman, G. 31, 57, 62, 66, 75, 150
Aertsen, A. 273
Aitkenhead, A.M. 15
Anderson, J.A. 81
Aristoteles 40, 184
Arbib, M.A. 17, 275
Ardila, R. 178, 204, 213
Armstrong, D.M. 209

Ballard, D.H. 124
Barinaga, M. 76
Bateson, G. 15
Baumgartner, M. 150
Belliveau, J.W. 37
Benesch, H. 32, 178, 246
Benn, G. 190, 219, 304, 305
Benson, D.F. 64
Berger, H. 64
Berkeley, G. 188
Bieri, P. 14-16, 23, 87, 137, 142-143, 145-147, 159, 181-182, 185-187, 196, 199, 204, 210, 215, 218, 220, 232, 239
Birnbacher, D. 232, 235
Blakemore, C. 15
Blasdel, G.G. 68, 72
Bleuler, E. 106, 205, 230
Bogen, G.M. 127
Bogen, J.E. 127
Boldrey, E. 53, 92
Bower, J.M. 63, 84, 259, 272
Bradley, S.J. 105
Brindley, G.S. 81

Broca, P. 51, 91-92
Brodal, A. 99-101
Brodmann, K. 33, 51, 61, 92-93, 133, 256, 263, 272
Brooks, D.J. 115
Brown, H. 68
Bucy, P.C. 103
Bühler, K.E. 15, 232, 235
Bunge, M. 178, 204, 213
Byrne, J.H. 63

Carpenter, G.A. 273
Carrier, M. 15, 171, 176, 194, 202, 224, 229
Casey, G. 231
Changeux, J.P. 22, 32, 64, 246
Chisholm, R. 221
Churchland, P.S. 15-16, 22-23, 32, 271, 278
Clarke, E. 42
Cohan, C.S. 124
Cohen, D. 66
Coles, M.G.H. 15
Conn, J.H. 301
Connelly, A. 37
Costall, A.P. 246
Corbetta, 55, 116, 131
Cowan, J.D. 79, 81-82, 86
Creutzfeldt, O.D. 22, 28, 32, 71, 75, 153, 249, 254, 256, 278-279, 285-286, 288
Crick, F 54, 68, 108, 284
Cuffin, B.N. 66

Dahl, R. 299
Dale, H.H. 58

Danchin, A. 64
Davidson, D. 211
Dehaene, S. 22, 32, 246
Dejong, R.N. 64
Dennett, D.C. 15, 221
Desimone, R. 162, 279
Descartes, R. 45-47, 127, 158-161, 233
Deutsch, G. 112
Diemer, A. 185
Dimsdale, H. 64
Dinse, H.R. 259
LeDoux, J.E. 113, 127-128, 131, 154, 176, 250, 294
Droge, M.H. 77, 82, 258, 271
Drux, R. 47
Dubrowski, D.I. 285
Duffy, C.J. 91
Duus, P. 267

Eccles, J.C. 15, 18, 46, 54, 102, 144, 160-163, 177, 198, 233, 237
Eckhorn, R. 76, 85, 258, 271
Edelman, R.R. 115
Epikur 185
Epstein, H.T. 121

Falletta, N. 168
Feigl, H. 138, 147, 180, 208, 219, 223, 230, 305
Feldman, J.A. 124
Ferrier, D. 92
Fodor, J.A. 194, 195, 270, 275, 287
Forel, A. 130, 149, 157, 205, 230-231, 235
Foss, J. 305
Freud, S. 265
Frégnac, Y. 65, 76, 258, 271
Frick, H. 103
Fritsch, G. 91
Fukushima, K. 273

Gadamer, H.G. 180, 230, 305
Galen 40-41
Gall, F.J. 51
Gardner, H. 15

Gazzaniga, M.S. 113, 127-128, 131, 154, 176, 250, 254, 294
Gerstein, G.L. 17, 68
Geschwind, N. 89
Getting, P.A. 274, 278
Geulincx, A. 165-166
Gibb, F.W. 185
Gihr, M. 125
Gilbert, C.D. 74
Gillet, G.R. 105
Globus, G.G. 204
Götz, K.G. 72
Goldmann-Rakic, P.S. 282, 290
Gonzales, M.E.O. 124
Grant, P.E. 124
Graybiel, A.M. 69, 72
Gray, C.M. 76, 85, 258, 271
Greenfield, S. 15
Greenough, W.T. 75, 295
Griesinger, W. 39
Grof, S. 303
Grotstein, J.S. 114, 291, 294-295, 303
Grünbaum, A.S.F. 92
Grünthal, E. 40-41, 48
Gustaffson, B. 63
Gutmann, W.F. 283

Haberly, L.B. 63
Harrison, J. 271
Harrison, P. 280
Harth, D. 245
Hartnack, J.
Hastedt, H. 14, 20, 23, 142, 147, 176, 178-180, 182, 197, 209, 211-212, 214, 219, 272
Haugeland, J. 79
Hebb, D.O. 80-81
Hécaen, H. 38, 86, 91, 95, 123
Heil, J. 14
Herren, R. 112
Hitzig, G. 91
Hökfelt, T. 58
Hoff, M.E. 80
Hoffmeister, J. 200, 241, 244, 246
Hofstadter, D.R. 15, 221

Hofstätter, R. 279
Hogrebe, W. 132, 232, 294, 297-298
Homer 47
Hopfield, J.J. 81, 124
Horgan, T. 125, 247, 275
Huang, Y. 115
Hubel, D.H. 68
Hunter, L. 124
Huxley, T.H. 171

Ingvar, D.H. 296
Ito, M. 62, 102

Jaynes, J. 295
Johnston, D. 68
Jonas, H. 174-176

Kandel, E.R. 63
Kanitscheider, B. 14, 232, 235
Kant, I. 49
Kapur, S. 55
Kew, J.J. 55
Kleist, K. 52
Klüver, H. 103
Knippers, R. 57
Kohonen, T. 81
Kolb, B. 38, 54, 58, 67, 87, 109
Kosslyn, S.M. 17, 131
Krause, F. 92
Krings, H. 150
Kuffler, S.W. 62
Kuhlenbeck, H. 15, 18, 23, 28, 30,
    39, 54, 88, 95, 98, 108,
    134-136, 147, 168-169,
    230, 233, 238, 268
Kukla, R. 132
Kurfeß, F. 124
Kurthen, M. 15, 18-19, 39, 169, 170,
    223, 233-234, 243, 280

Lashley, K.S. 95, 123
Leibniz, G.W. 47, 164-165, 207, 292
Leise, E.M. 17, 69, 71, 73
Lem, S. 300-301
Leonhardt, H. 103
Levanen, S. 66

Levy, J. 112, 124
Levy, W.B. 63
Lewis, D. 204, 210
Lilly, J.C. 13, 126, 177, 281
Linke, D.B. 14-16, 18, 23, 169-170,
    223, 233, 243, 304
Linsker, R. 68
Llinás, R. 86
Lumsden, C.J. 124
Lundberg, J.M. 58
Lurija, A.R. 13, 253, 266, 296
Lorenté de No 68
Lycan, W.G. 15

Mainzer, K. 124
von der Malsburg, C. 273-274
Mansfeld, J. 184
Marmarelis, V.Z. 120
Martin, J.B. 119, 264
Marr, D. 81
Marras, A. 221
Massing, W. 68
Mattson, M.P. 60, 132, 258, 259,
    261
Maturana, H.R. 31, 67, 190, 289
Maurer, 65
McCarthy, R.A. 64
McCasland, J.S. 68
McCleland, J.L. 124, 255
McConnell, S.K. 71
McCulloch, W.S. 78, 80
McIntyre, J. 281
Mecacci, L. 225, 265
Metzinger, T. 15
de La Mettrie, O. 47
Milner, B. 64
Minsky, M. 17, 122, 130, 297
Mittelstraß, J. 15, 171, 176, 194,
    202, 224, 229
von Monakow, C. 90
Mountcastle, V.B. 68, 71
Mpitsos, G.J. 124
Müller, R.A. 123, 249, 251-252

Nagel, T. 87, 226, 279-280, 288,
    291, 295-296, 300-301

Nelson, M.E. 259
von Neumann, J. 79
Niedermeyer, E. 64
Nietzsche, F. 242
Nieuwenhuys, R. 60, 99

Obermayer, K. 72, 85
Oeser, E. 15, 29, 103, 106
Okazaki, H. 100
Olson, C.B. 301

Palm, G. 61, 67, 82, 85, 124, 271-274, 294, 297, 302
Papez, J.W. 104
Pardo, V. 55, 116, 131, 249
Pawlow, I.P. 14, 28
Pechura, C.M. 119, 264
Pellionisz, A. 86
Penfield, W. 53, 92
Petersen, S.E. 55, 116, 131, 249
Pilleri, G. 125
Pitts, W. 78, 80
Place, U.T. 209, 216
Platon 39
Plutarch 184
Poeck, K. 110-111
Pöppel, E. 15
Popham, A.E. 43
Popper, K. 15, 54, 161-162, 177
Posner, M.I. 55, 117
Prange, S.J. 78
Pribram, K.H. 15, 86, 206, 220, 278
Pylyshyn, Z.W. 270, 275, 287

Quine, W.V.O. 186

Ragsdale, C.W. 69, 72
Rau, A. 153, 155, 184
Rausch, R. 55
Recce, M. 124
Reichert, H. 63, 65
Rescorla, R.A. 81
Ridgway, S.H. 125
Riegas, V. 31, 67, 217
Rogers, R.L. 66
Roland, P.E. 117, 131, 249

Romani, G.L. 66
Rorty, R. 187, 194, 207-208, 219, 222, 227, 298
Rosen, B.R. 37
Rosenberg, J.F. 83, 276
Rosenblatt, F. 80
Rossini, P. 66
Roth, G. 29, 109, 191, 193, 221, 283
Rumelhart, D.E. 124, 255

Sacks, O. 13, 266
Salama, G. 68, 72
Salu, Y. 124
Salmelin, R. 66
Sandkühler, H.J. 288
de Saunders, J.B. 44
Sass, H.M. 260
DiScenna, P. 63
Schadewaldt, H. 40
Scheler, M. 150, 171-174
Schlesinger, B. 168
Schlick, M. 207
Schmidt, S.J. 15, 30, 129, 190-192, 221, 245, 283
Schopenhauer, A. 34, 39, 51, 53-54, 166-168, 189, 237
Schott, H. 38
Schütz, A. 61
Schumacher, J. 40
Schuster, H.G.
Schustermann, R.J. 125
Schwartz, J. 63, 132, 245
Schwemmer, O. 191, 286-287
Scoville, W.B. 64
Searle, J.R. 195
Seiffert, J. 20, 171
Seitelberger, F. 15, 29, 103, 106
Seitz, R.J. 117, 131, 249
Sejnowski, T.J. 22, 32, 83, 124, 271, 278
Sergent, J. 249
Shanon, B. 273, 275
Sharp, D.H. 79, 81, 86
Shaw, G.L. 85
Sherrington, C.S. 92
da Silva, L. 64

Silverman, D.J. 273
Singer, W. 56, 76, 257-258, 260, 271, 291
Skillen, A. 143
Slack, J.M. 15
Smart, J.J.C. 209
Smullyan, R. 221, 304
Sömmering, T. 49
Spatz, H. 125, 157, 289-290
Spinoza, B. 206
Sperry, R.W. 113, 126, 176-177, 278, 288-289
Springer, S.P. 112
Starck, D. 103
Stecker, R. 132
Steinmetz, H. 113, 115
Stenning, K. 124
Sternberger, L.A. 58
Steward, O. 63
Stich, S. 132
Szentágothai, J. 17, 28, 69-70, 75, 102

Tank, D.W. 124
Taylor, W.K. 81
Teyler, T.J. 63
Theophrast 184
Thompson, R.F. 57
Tienson, J. 125, 247, 275
Trelaeven, P.C. 124
Trincher, K. 49, 155, 234, 292
Ts'o, D.Y. 68
Turing, A.M. 22, 79, 197

Ulrich, J. 100

Dell'Utri, M. 299
Uttley, A.M. 80

Varela, F.J. 16, 289
Venter, J.C. 122
Vesalius, A. 43-44
Vetter, C. 31, 67, 217
Vogler, P. 180, 230, 305
Vogt, K. 41
Volkow, D. 265

Wallace, E.R. 231
Walters, E.T. 63
van Wagenen, W. 112
Wagner, A.R. 81
Warrington, E.K. 64
Weber, B. 48
Weingarten, M. 283
Wernicke, C. 51, 89, 91-92
Whiteley, C.H. 303
Widrow, B. 80
Wiesel, T.N. 68
Wild, C. 150
Willis, T. 48
Wilson, R. 82, 84
Wise, R. 55, 116, 131, 279
Wishaw, I.Q. 38, 54, 58, 67, 87, 109
Witelson, S.F. 116
Woolsey, T.A. 68

Yang, X.D. 273
Yolton, J.W. 132

Ziedins, R. 297
Zwierlein, E. 297

Printed by Libri Plureos GmbH
in Hamburg, Germany